BIBLIOTHÈQUE DE L'ENSEIGNEMENT AGRICOLE

PUBLIÉE SOUS LA DIRECTION DE

M. A. MÜNTZ

Professeur à l'Institut National Agronomique

LES ENGRAIS

TOME II

ENGRAIS AZOTÉS — ENGRAIS PHOSPHATÉS

PAR

A. MÜNTZ
Professeur-directeur des Laboratoires

A.-CH. GIRARD
Chef-adjoint des Travaux chimiques

à l'Institut National agronomique.

PARIS

LIBRAIRIE DE FIRMIN-DIDOT ET Cie

IMPRIMEURS DE L'INSTITUT

56, RUE JACOB, 56

LES ENGRAIS

TYPOGRAPHIE FIRMIN-DIDOT. — MESNIL (EURE).

BIBLIOTHÈQUE DE L'ENSEIGNEMENT AGRICOLE
PUBLIÉE SOUS LA DIRECTION DE
M. A. MÜNTZ
Professeur à l'Institut National Agronomique

LES ENGRAIS

TOME II

ENGRAIS AZOTÉS — ENGRAIS PHOSPHATÉS

PAR

A. MÜNTZ
Professeur-directeur des Laboratoires

A.-Ch. GIRARD
Chef-adjoint des Travaux chimiques

à l'Institut National agronomique.

PARIS
LIBRAIRIE DE FIRMIN-DIDOT ET Cie
IMPRIMEURS DE L'INSTITUT
56, RUE JACOB, 56

1889

LES ENGRAIS

INTRODUCTION

LES ENGRAIS CHIMIQUES.

Les principes fertilisants dont les plantes ont besoin pour leur développement se rencontrent généralement dans tous les sols, mais en proportions essentiellement variables; il peut donc arriver, et il arrive fréquemment, que l'un ou l'autre de ces éléments ou plusieurs à la fois ne se trouvent pas dans la terre en quantité suffisante pour la production de récoltes moyennes; à plus forte raison ces quantités sont-elles insuffisantes, si nous tendons à obtenir des rendements élevés. Le fumier de ferme et la plupart des engrais naturels, dont nous avons parlé dans le premier volume de cet ouvrage, constituent plutôt une restitution qu'un apport nouveau; et d'une façon générale on peut dire que leur intervention ne suffit pas pour enrichir le sol au point d'obtenir les fortes récoltes qui, dans les conditions économiques actuelles, permettent à l'agriculteur d'exploiter ses champs avec profit.

Les recherches des savants ont montré quels sont les

éléments constitutifs des plantes; elles ont fait connaître les sources auxquelles il faut s'adresser pour trouver, sous une forme concentrée, les principes que les engrais naturels contiennent en trop minime proportion; elles ont mis hors de doute que, quelle que soit leur origine, les substances similaires de celles qu'on trouve dans les fumiers servent à l'alimentation végétale, au même titre que les principes préexistants dans le sol ou incorporés par le fumier de ferme.

Rôle des engrais chimiques. — On a donné le nom général d'*engrais chimiques* aux substances qui, renfermant à l'état de concentration les éléments de la fertilité, peuvent servir d'adjuvants aux fumiers ou leur être substitués. Grâce à l'emploi des engrais chimiques, l'agriculture est entrée dans une phase nouvelle; la quantité de principes fertilisants que l'agriculteur veut donner au sol ne se trouve plus limitée aujourd'hui, comme à l'époque où les fumiers naturels étaient seuls employés; ils peuvent être fournis en aussi forte proportion qu'on voudra, pour servir ainsi à enrichir le sol presque indéfiniment, sans autre limite que la dépense à effectuer.

L'efficacité de ces produits d'origine variée, tirés ou du sein de la terre, ou des eaux marines, constituant dans d'autres cas les résidus de nos industries, n'est plus aujourd'hui à démontrer. Des recherches de laboratoire, que la pratique a pleinement confirmées, ont fait voir que la plante pouvait trouver son alimentation dans les diverses formes que ces substances revêtent, aussi bien et souvent mieux que dans les produits similaires que renferment le sol et les fumiers. Il ne s'agit plus à présent que d'étudier l'économie de leur emploi, les conditions de leur efficacité et la pratique de leur application.

Aussi longtemps que l'agriculture indigène n'a pas eu

à soutenir la concurrence des contrées plus privilégiées, où une immense étendue de sol vierge fournit avec peu de frais d'abondants produits, elle pouvait se contenter d'exploiter le sol à la manière de nos pères, c'est-à-dire en pratiquant simplement une restitution plus ou moins parfaite à l'aide du fumier de ferme. Mais aujourd'hui une cruelle expérience a montré qu'il fallait entrer dans une voie nouvelle et tirer d'une même surface de terrain de plus abondantes récoltes qu'autrefois, afin de les produire à meilleur marché. L'emploi des engrais chimiques a surtout contribué à atteindre ce but. La nature a mis à notre disposition d'immenses réserves des principes fertilisants les plus importants; nous trouvons ainsi l'azote accumulé sous forme de nitrate dans des gisements très étendus; nous le retirons à l'état d'ammoniaque de la houille qui alimente les foyers industriels; l'acide phosphorique se rencontre en abondance dans divers terrains où il forme des accumulations; la potasse existe dans l'eau de mer et dans les cendres végétales, ainsi que dans des dépôts salins formant des bancs puissants.

Les moyens employés pour extraire les principes fertilisants sont aujourd'hui très perfectionnés et très rapides; aussi, grâce à une production active et à une consommation abondante, les prix de ces substances se sont-ils abaissés de telle sorte qu'elles sont devenues abordables pour le cultivateur. L'élément utile qu'elles renferment est coté à un prix qui ne s'éloigne pas beaucoup de celui qui est assigné aux mêmes éléments dans les engrais naturels.

Par suite de leur richesse, ces matières sont peu encombrantes et ne se trouvent pas grevées de frais aussi élevés que les engrais de la ferme, si elles sont transportées au loin. On peut donc les employer et elles s'imposent même là où, en raison de l'éloignement ou de la difficulté des routes, il ne serait pas possible d'apporter le fumier.

L'introduction des engrais chimiques dans la pratique culturale a donc été un progrès énorme, que nous résumons ainsi : augmentation de la fertilité des terres et des rendements culturaux, par suite, diminution des prix de revient; mise en valeur de terrains peu fertiles.

Mais pour que l'agriculteur retire tout le profit de ces heureuses innovations, il est nécessaire qu'il connaisse la composition et la valeur relative des matières qu'il met en œuvre; qu'il apprenne le moyen de les appliquer judicieusement, suivant les sols, suivant les récoltes, suivant les climats, suivant les conditions économiques. Si, par un emploi raisonné, l'agriculteur intelligent peut obtenir d'heureux résultats, l'agriculteur ignorant s'exposera souvent à faire en pure perte des sacrifices d'argent et de coûteuses écoles.

La manière dont s'était pratiqué jusqu'à ces derniers temps le commerce des engrais n'était pas sans ajouter aux déboires qui résultaient pour le cultivateur du manque de données sur la composition et la valeur de ces substances. Aujourd'hui, qu'il est plus instruit et mieux protégé contre les fraudes, il peut s'adresser avec plus de confiance aux engrais concentrés, mais à la condition de se rendre compte de leur véritable richesse et de leurs effets.

Pour tirer de ces produits le parti le plus avantageux, il doit posséder un certain nombre de connaissances; il ne lui suffit pas de mettre sans discernement de fortes quantités d'engrais commerciaux dans les champs, comme on faisait autrefois avec le fumier de ferme; il faut qu'il soit éclairé non seulement sur la composition des engrais, mais encore sur la constitution du sol et les exigences de la plante, afin de fournir les éléments qui manquent.

Ceux qu'il ajouterait sans nécessité peuvent être regardés comme occasionnant une perte sèche, de même que ceux qu'il appliquerait sans satisfaire les autres exigences de la plante.

L'agriculteur doit tendre à obtenir avec la dépense la plus faible le maximum de résultat utile, ce qui l'oblige à manier les engrais chimiques comme de véritables instruments de précision, dont le fonctionnement doit changer suivant les cas et dont les résultats dépendent de l'habileté de celui qui s'en sert.

On ne saurait donc trop insister auprès des agriculteurs pour qu'ils se mettent au courant des règles de l'application des engrais, afin de s'en servir de la manière la plus avantageuse suivant les conditions dans lesquelles ils se trouvent placés.

Fumier de ferme et engrais chimiques. — Nous avons montré dans le premier volume de cet ouvrage ce que devient une ferme soutenue uniquement par le fumier qu'elle produit; nous avons vu que, par suite des exportations incessantes qu'occasionnent les récoltes ou les animaux, par suite des déperditions que subissent les fumiers, on n'arrive jamais, à moins de circonstances exceptionnelles, à des rendements élevés et que le sol, loin de gagner par la succession des cultures, marche insensiblement vers l'épuisement de sa fertilité.

Le rôle de l'engrais chimique consiste à compenser ces pertes, et en outre à apporter un surcroît de production qui permettra d'atteindre les forts rendements et d'arriver ainsi à des prix de revient rémunérateurs. C'est, dans les cas où la valeur du sol est élevée, un principe économique dont l'agriculteur doit toujours se souvenir, que plus la production sur une surface donnée sera grande, moins seront élevés les frais généraux et les frais afférents à l'unité de poids de la récolte obtenue. Il y a en effet des dépenses qui sont fixes et invariables, quel que soit le rendement, et qui affectent plus une faible production qu'une récolte abondante. En étudiant l'emploi rationnel des engrais chimiques, il faut non seulement tenir compte de la dépense effectuée pour leur achat, mais encore de l'économie que leur emploi a occasionnée pour la production de l'unité de mesure.

Un point sur lequel il y a lieu d'insister dans la comparaison entre le fumier produit à la ferme et les engrais commerciaux, c'est que le premier ne fournit pas au sol tout ce qui lui manque; il ne fait qu'une restitution, c'est-à-dire que dans le cas où le sol est pauvre en acide phosphorique, l'engrais qu'il aura produit contiendra lui-même de petites quantités de cet élément et son apport au sol n'enrichira pas ce dernier en phosphate. Comme auparavant, la terre manque de cet élément et reste donc indéfiniment dans un état d'infériorité, qui ne permet de lui demander que de maigres récoltes. Le fumier étant pour ainsi dire le reflet du sol, son grand inconvénient est de donner à celui-ci en plus forte proportion ce dont il n'a pas besoin et en moindre proportion ce dont il manque.

Les engrais chimiques sont constitués par des composés définis, dont chacun renferme presque exclusivement l'un des éléments de la fertilité : les nitrates et les sels ammoniacaux, l'azote; les phosphates, l'acide phosphorique; les sels potassiques, la potasse. Si la terre manque de l'un de ces éléments, on peut donner par l'engrais chimique celui qui précisément fait défaut.

Si nous voulons donc modifier un sol que le fumier de ferme est incapable de modifier au point de vue chimique, il nous suffira de lui donner le phosphate, si c'est le phosphate qui manque; on réalisera ainsi, par l'application d'une matière simple, ce que, malgré la complexité de sa composition, le fumier de ferme n'aura pu réaliser, et on donnera à la terre l'aptitude à porter d'abondantes récoltes.

L'engrais de ferme, et tous les engrais naturels que nous avons étudiés dans le premier volume, portent avec eux, en plus ou moins forte proportion, les divers éléments de la fertilité; dans le cas où l'on n'aurait besoin que de l'un de ces éléments, comme il est impossible de l'isoler, il faut les donner tous dans le mélange qui les contient, alors même qu'il y en a d'inutiles; ces derniers sont donc appliqués sans profit pour la récolte. S'agira-t-il, par exemple, de fumer une légumineuse telle que le trèfle, qui a besoin d'engrais phosphatés et potassiques, et voudra-t-on employer le fumier de ferme, on donnera en supplément et en pure perte tout l'azote que ce dernier renferme et qui, comme nous le savons, ne produit pas d'effet sur les légumineuses. Si dans le même but nous nous adressons aux engrais chimiques, nous pourrons appliquer sous forme de phosphate de chaux et sous celle de chlorure de potassium les deux principes qui nous sont utiles, sans en mettre un autre dont nous n'avons pas besoin.

Le fumier de ferme est un engrais qui, sous un grand volume et même sous un fort poids, ne contient qu'une proportion très restreinte d'éléments fertilisants; c'est un engrais délayé, étendu par la masse d'eau qui l'imbibe, par les pailles et substances végétales qui l'accompagnent et qui sont toutes très pauvres en principes utiles. Il faut donc, pour fumer une surface donnée, transporter une grande quantité de substances encombrantes. La caractéristique des engrais chimiques, c'est au contraire leur concentration; ils renferment, sous un faible volume, une dose élevée de principes fertilisants : 100 kilogr. de sulfate d'ammoniaque contiennent autant d'azote que 3,500 à 4,000 kilogr. de fumier ordinaire; 100 kilogr. de chlorure de potassium, autant de potasse que 10,000 kilogr. de fumier. Pour représenter les principes fertilisants contenus dans une tonne de fumier de ferme de composition moyenne, il faudra environ :

10 kil. de phosphate précipité,
10 de chlorure de potassium,
25 de sulfate d'ammoniaque.

Cette concentration des engrais chimiques donne la possibilité de fumer les terres dans lesquelles le transport des fumiers serait trop onéreux.

La manutention du fumier de ferme est coûteuse, en raison du volume de la matière et des quantités énormes qu'il faut mettre en jeu; sa conservation entraîne également à des frais et nécessite un espace considérable, tandis que la garde des engrais chimiques, qui se trouvent tout préparés et généralement enfermés dans des sacs ou des barils, n'exige aucune main-d'œuvre et se fait dans un espace très petit, qui ne doit répondre à d'autres conditions que d'être à l'abri de l'humidité. Il n'est pas d'ailleurs nécessaire d'avoir des approvisionnements d'engrais chimiques; on peut se les procurer dans le commerce, tandis que le fumier de ferme a besoin d'être préparé à l'avance et ne s'obtient pas à volonté.

L'action des engrais chimiques proprement dits est en général beaucoup plus rapide que celle du fumier, et l'agriculteur est plus maître de la régler suivant les besoins des plantes. Dans le fumier, les principes fertilisants ne se trouvent pas pour la plupart à un état immédiatement assimilable et doivent subir au préalable, dans le sol, des transformations permettant aux plantes de les utiliser, des décompositions souvent lentes et incomplètes, tandis que les éléments des engrais chimiques sont, du moins en général, directement et immédiatement assimilables. Prenons comme exemple l'azote qui se trouve dans le fumier à l'état de matière organique et qui a besoin d'être transformé en nitrate pour être utilisé; il ne sera à la disposition des plantes qu'après un temps plus ou moins long; car sous la forme qu'il revêt dans le fumier, il subit cette transformation avec une très grande lenteur, tandis que le nitrate de soude et le sulfate d'ammoniaque offrent aux plantes l'azote sous un état soluble dont elles se nourrissent immédiatement.

Par contre, le fumier de ferme, par suite de sa décomposition lente, agit pendant une période d'années et n'épuise pas son action fertilisante aussi rapidement que la plupart des engrais chimiques. On peut donc l'employer au début d'une rotation qui comporte plusieurs années de culture, et l'enfouir dans le sol longtemps à l'avance, ce qui n'est pas permis avec tous les engrais chimiques.

Grâce aux engrais commerciaux, on n'est plus comme autrefois astreint aussi étroitement aux règles des assolements, puisqu'on est toujours maître de donner l'élément nécessaire à chaque culture. Une première récolte aura-t-elle épuisé l'un des principes donnés par le fumier, les récoltes suivantes manqueront alors de cet élément; cet inconvénient n'est plus à craindre, lorsqu'on dispose à sa volonté de chacun des éléments qui peuvent faire défaut.

Si nous comparons les prix des éléments fertilisants dans les engrais chimiques et dans les fumiers ou engrais des villes, poudrette, etc., nous trouvons qu'en général dans ces derniers ils sont un peu moins élevés; nous avons vu dans le tome Ier que la valeur des principes utiles du fumier de ferme, calculés au prix qu'ils ont dans les engrais chimiques, est ordinairement comprise entre 9 et 12 francs la tonne. Or, le fumier de ferme se vendant le plus habituellement au prix de 8 à 9 fr. la tonne, il s'ensuit qu'on y paye les éléments fertilisants un peu moins cher que dans les engrais chimiques. Mais si nous comptons les frais élevés du transport et de la manutention du fumier, cette diminution se trouve sensiblement compensée. Il est donc permis de dire que celui qui achète une certaine quantité de matières fertilisantes les paye actuellement à peu près au même prix, qu'il les achète sous forme d'engrais chimiques ou sous celle de fumier de ferme. Mais ce qui donne une supériorité incontestable aux premiers, c'est qu'on peut employer chacun des éléments isolément et suivant les besoins, tandis que, avec le fumier de ferme, il faut les employer en bloc. Si une terre contient, par exemple, des quantités suffisantes de potasse, nous nous dispenserons, en employant les engrais chimiques, de lui donner cette base; tandis que si nous fumons au fumier de ferme, nous ferons un apport de potasse qui ne sera d'aucune utilité et dont la valeur ne devra pas figurer dans le calcul du prix d'achat du fumier. Cet exemple montre combien il est plus facile d'appliquer judicieusement les matières fertilisantes en se servant des engrais chimiques, dans lesquels en réalité, d'après les considérations que nous venons d'exposer, on paye les substances fertilisantes vraiment utiles à un prix qui n'est pas supérieur, qui est quelquefois même inférieur à celui qu'elles ont dans le fumier de ferme. Ceci est exact à l'heure actuelle; mais il y a peu d'années encore, l'agriculteur, dans son ignorance de la composition et de l'emploi des engrais chimiques, n'avait pas le même intérêt à s'adresser à ceux-ci, car leurs prix étaient alors notablement plus élevés. Comme le plus souvent ils étaient vendus à l'état de mélanges portant le nom d'engrais complet, outre l'inconvénient de se prêter plus facilement à des falsifications, ils avaient, comme le fumier de ferme, celui de faire payer aux agriculteurs des éléments dont le sol peut n'avoir pas besoin.

Ces raisonnements ne s'appliquent qu'au cas où l'on achète du fumier ou des produits similaires, gadoues, vidanges, etc.; en règle générale, il est préférable d'acheter des engrais chimiques, à moins qu'on ne trouve les fumiers à un prix suffisamment bas et à proximité des cultures ou que le sol ait besoin de matières organiques.

Les considérations de prix n'ont plus la même signification pour l'agriculteur qui produit lui-même son fumier, comme c'est presque toujours le cas. Dans cette circonstance, le fumier est le résidu de l'exploitation du bétail, et il faut l'utiliser puisqu'on le tient à sa disposition et qu'il n'y a pas à faire de dépenses directes pour son acquisition. L'agriculteur qui négligerait d'employer son fumier pour s'adresser aux engrais chimiques commettrait une erreur économique dont il serait difficile de citer des exemples. On peut cependant signaler des circonstances particulières où l'on trouve avantage à vendre le fumier produit, pour le remplacer par des engrais chimiques. Il y a lieu d'examiner si l'agriculteur a intérêt à fabriquer du fumier, c'est-à-dire à exploiter du bétail principalement dans ce but. Dans beaucoup d'exploitations, on regarde le bétail comme un mal nécessaire, pour lequel il faut faire de grands sacrifices, mais dont on ne peut se délivrer, parce que le fumier est indispensable à l'obtention des récoltes. Cette obligation disparaît aujourd'hui devant la possibilité d'employer les engrais chimiques, alors que la production du fumier constitue une charge trop grande. Dans ces conditions, l'agriculteur aura donc tout intérêt à conduire son exploitation de manière à obtenir des récoltes qu'il portera directement au marché. L'agriculture peut vivre aujourd'hui, grâce aux engrais chimiques, dans une indépendance absolue vis-à-vis du bétail, source de fumier.

Mais lorsque l'exploitation du bétail n'est pas aussi onéreuse et que le fumier peut être considéré comme un produit accessoire, comme un résidu qui s'obtient pour ainsi dire gratuitement, il n'en est plus ainsi; alors seulement le fumier doit être regardé comme réellement avantageux pour le producteur. Ce sont par conséquent les conditions économiques qui seules apprennent à l'agriculteur s'il a intérêt à produire lui-même le fumier ou à s'adresser aux engrais chimiques.

Il existe aujourd'hui de grandes exploitations qui sont conduites uniquement aux engrais chimiques, les cultivateurs ayant renoncé à la production trop onéreuse du fumier. Si d'un côté, les spéculations sur le bétail devenaient plus avantageuses, ou si de l'autre le prix des engrais chimiques atteignait de nouveau les cours élevés d'autrefois, la production du fumier pourrait redevenir plus avantageuse que l'achat d'engrais commerciaux; c'est donc une question d'opportunité, qui oblige l'agriculteur à examiner attentivement les conditions économiques dans lesquelles il se trouve placé.

Nous devons étudier ici quelles conséquences le remplacement du fumier de ferme par les engrais chimiques peut avoir, au point de vue de la production végétale et de l'amélioration du sol. Nous savons que la terre végétale contient de l'humus, un des éléments qui, au point de vue chimique autant qu'au point de vue physique, a le plus d'influence sur la fertilité des terres. L'humus, en effet, ameublit les terres fortes et donne du corps aux sols légers, leur permet d'absorber les principes fertilisants, leur communique la propriété de retenir plus d'eau et de garder ainsi une certaine fraîcheur; il modifie la coloration de la terre et la rend plus apte à absorber les rayons solaires et à se maintenir ainsi plus chaude. Des sols riches en humus sont donc en même temps et plus humides et plus chauds, par suite plus favorables à la végétation. Cet humus, dont les effets sont si heureux, tend à disparaître incessamment sous l'influence de la nitrification; mais l'apport du fumier de ferme maintient sa présence en compensant les pertes. Les engrais chimiques et en général les engrais commerciaux n'apportent pas au sol des matières organiques en quantité appréciable. Dans l'emploi exclusif de ces derniers, les résidus des récoltes restés sur le sol sont seuls chargés d'entretenir la présence de l'humus et se trouvent souvent insuffisants pour compenser ce qui est constamment enlevé.

L'emploi exclusif des engrais chimiques conduit donc fatalement à l'appauvrissement du sol en matières organiques et lui enlève ainsi quelques-unes de ses qualités les plus utiles. Dans le cas où les terres ne sont pas abondamment pourvues de matières organiques, il est nécessaire, pour que le sol conserve ses propriétés primitives, de faire de temps en temps un apport de matières organiques sous la forme de fumier ou, à son défaut, sous celle d'engrais verts. C'est donc avec certaines précautions qu'il faut employer les engrais chimiques, si l'on ne veut pas s'exposer à voir le sol perdre les propriétés les plus précieuses de la terre arable.

Nous ne préconisons donc pas l'emploi exclusif des engrais chimiques, pas plus que l'emploi exclusif des fumiers. Suivant les conditions qui sont dictées par la situation économique, par la nature des terres, on emploiera en plus forte proportion les uns ou les autres. On aurait tort de chercher à établir un antagonisme entre le fumier et l'engrais chimique, dont l'un peut toujours être regardé comme l'adjuvant et le correctif de l'autre.

Nous désignons sous le nom d'engrais chimiques ou commerciaux des substances se trouvant à l'état concentré et que des industries spéciales fournissent à l'agriculture. Ces engrais ne sont pas ordinairement de nature complexe comme les fumiers et les engrais végétaux que nous avons étudiés dans le premier volume. En les appliquant, on donne donc des éléments déterminés et non pas l'ensemble des substances utiles à l'alimentation des végétaux. Le fumier est un engrais complet, en ce sens qu'il renferme les divers éléments nécessaires aux plantes; les engrais commerciaux au contraire sont nécessairement des engrais incomplets, puisqu'ils ne renferment qu'un ou rarement deux des éléments de la fertilité; ils peuvent devenir engrais complets quand on les associe de manière à constituer artificiellement des mélanges qui, dans une certaine mesure, sont comparables au fumier de ferme.

Dans un sol où tous les principes fertilisants font défaut, l'application d'un engrais chimique isolé ne produirait aucun résultat. De même lorsqu'un sol manquera de phosphate, on aura beau lui donner de l'azote ou des sels potassiques, on n'augmentera pas la production végétale; il faut que tous les éléments nécessaires aux plantes soient présents pour que les uns et les autres produisent leur effet; de là la nécessité de donner simultanément les différents engrais chimiques lorsque le sol ne contient pas par lui-même les éléments de l'un d'entre eux. En étudiant isolément l'application d'une catégorie d'engrais et les résultats qu'elle donne nous devons donc toujours supposer que le sol est suffisamment pourvu, soit naturellement soit par l'apport de fumures, des autres éléments de fertilité, et que par suite l'engrais que nous envisageons est à même de produire tous ses effets.

Les engrais chimiques proprement dits comprennent les sels minéraux : nitrates, sels ammoniacaux et potassiques, phosphates. On en rapproche avec raison des débris organiques ayant ou non subi des traitements industriels, sang, os, guanos, etc., qui sont riches en principes utiles. L'ensemble de ces substances peut être désigné sous le nom d'engrais commerciaux. La forme très concentrée sous laquelle ces produits présentent les éléments fertilisants se prête essentiellement aux transactions commerciales et aux transports à distance.

Classification des engrais commerciaux. — Les divers engrais que le commerce fournit à l'agriculteur peuvent être classés dans les catégories suivantes.

1° *Les engrais azotés* comprenant :

Les nitrates.
Les sels ammoniacaux.
Les débris animaux.
Les guanos azotés.

2° *Les engrais phosphatés* comprenant :

Les phosphates minéraux naturels.
Les phosphates d'os.
Les guanos phosphatés.
Les mêmes produits ayant subi des traitements chimiques.
Les scories de déphosphoration.

3° *Les engrais potassiques* comprenant :

Les sels potassiques extraits de l'eau de mer.

Les sels potassiques extraits des cendres végétales.
— extraits des gisements salins.

4° *Les engrais calcaires* comprenant :

La chaux.
La marne.
Les tangues, merls, etc.
Les cendres.
Le plâtre.

5° *Les substances diverses* telles que :

Les composés magnésiens.
Les sels de soude.
Les sels de fer, etc.

Nous examinerons successivement ces divers engrais, pour arriver ensuite à les associer suivant les besoins, abordant ainsi l'étude des engrais complexes auxquels l'agriculteur doit souvent recourir, et qu'il doit savoir préparer lui-même.

Les questions se rattachant à l'emploi des engrais chimiques prennent une importance capitale dans l'agriculture moderne ; il est donc nécessaire que le cultivateur prête la plus grande attention à leur étude, s'il ne veut pas agir en aveugle et s'exposer à de cruels déboires.

PREMIÈRE PARTIE

ENGRAIS AZOTÉS

Origine de l'azote des végétaux. — Tous les êtres vivants, animaux et végétaux, contiennent dans leurs tissus de l'azote, qui est un des principes constituants de la matière dans laquelle on peut placer le siège de la vie. Sous les diverses formes qu'il revêt dans les substances albuminoïdes, l'azote doit donc être regardé comme jouant un rôle prépondérant dans les fonctions vitales. Nous n'aurons à l'envisager qu'au point de vue de la nutrition des plantes, puisque les engrais sont destinés uniquement à cet effet et que l'étude des engrais correspond à celle de l'alimentation végétale. Quand les végétaux sont élaborés, ils servent d'aliments aux animaux, et nous entrons alors dans l'alimentation animale qui ne nous intéresse pas ici.

En combinaison avec le carbone, l'hydrogène et l'oxygène, l'azote constitue la matière dite azotée ou albuminoïde ou encore protéique, dans laquelle il entre pour la proportion d'environ 16 p. 100. Cette matière azotée, quoique répandue dans toutes les parties de l'organisme végétal, se concentre principalement dans les graines; elle affecte dans les plantes des formes diverses, mais qui se rattachent toutes au même type.

Toutes les récoltes exportent de l'azote, qui est surtout emprunté au sol. Celui-ci s'appauvrit donc par des cultures successives, lorsqu'une restitution suffisante n'est pas opérée. Nous avons exposé dans le premier volume l'état actuel de nos connaissances sur l'origine de l'azote des récoltes; nous avions admis que l'azote libre de l'air n'est pas absorbé par les plantes, et que nous ne sommes pas encore suffisamment fixés sur les propriétés que possède le sol de soutirer cet élément à l'atmosphère pour l'offrir aux plantes sous une forme utilisable. Nous avions donc tenu compte uniquement de l'azote existant à l'état de combinaison dans la terre et dans les eaux, dans l'acide nitrique et l'ammoniaque que renferme l'atmosphère, et enfin dans les matières azotées diverses que nous donnons comme engrais.

Mais nous devons dire qu'un courant d'opinion très accentué se manifeste aujourd'hui en faveur d'une utilisation de l'azote gazeux, soit directement par les plantes, soit après l'absorption de cet élément par le sol. Bien des expériences semblent appuyer cette idée, à laquelle toute une génération d'agronomes était réfractaire. Il y a donc lieu, quant à présent, de s'abstenir d'affirmations trop absolues et de suivre les travaux entrepris sur cet important sujet par des savants éminents. Quoi qu'il en soit ce sont les faits culturaux qui doivent nous guider dans l'étude des engrais azotés.

Le sol ne contient pas des quantités illimitées d'azote; l'apport de l'acide nitrique et de l'ammoniaque par les eaux pluviales est minime. Quant à la contribution de l'ammoniaque atmosphérique, elle est encore indéterminée; l'air en effet ne renferme que des quantités très minimes de cet élément, environ 2 milligr. par 100 mètres cubes, et s'il est hors de doute que cette ammoniaque puisse être utilisée par les plantes, nous ne savons encore rien sur l'importance de cet apport. Cependant, si nous considérons le mouvement de l'atmosphère et les masses énormes d'air qui passent au-dessus de la surface d'un hectare dans le courant d'une période culturale, nous arrivons à des quantités d'ammoniaque considérables. Si une faible fraction seulement de cette ammoniaque est utilisée par les plantes, ce sera déjà pour celles-ci un appoint dont il y a lieu de tenir compte.

Le sol lui-même a la propriété de fixer l'ammoniaque gazeuse de l'air et de s'enrichir ainsi en azote; il exerce cette action pendant tout le courant de l'année.

Mais l'azote contenu dans la terre fournit aux besoins des plantes dans une proportion beaucoup plus grande que ne le fait celui qui existe dans l'atmosphère. Aussi, lorsqu'un sol manque d'azote, les récoltes restent-elles très faibles, à moins qu'on ne leur donne des fumures azotées. Ce fait seul de la nécessité d'enrichir le sol par un apport d'azote pour obtenir une production végétale importante, montre clairement que l'azote provenant de l'une ou de l'autre des formes qu'il revêt dans l'atmosphère, ne joue qu'un rôle secondaire dans la végétation.

Une famille de plantes bien caractérisée, celle des légumineuses, paraît cependant pouvoir tirer la plus grande partie de l'azote de sources autres que la terre et forme une exception que nous devons signaler. Une théorie récente place le siège de l'absorption de l'azote libre par les légumineuses dans des radicelles tuberculeuses, spéciales à cette famille, opérant avec le concours de microorganismes et des résultats d'expérience semblent démontrer cette hypothèse. La question de l'utilisation de l'azote libre est encore trop controversée pour que nous croyions devoir l'adopter ici sans aucune réserve; mais bien des faits culturaux paraissent donner raison aux expériences des savants qui voient dans ce gaz un aliment pour les plantes. Il n'en est pas moins vrai que, pour toutes les récoltes, sauf les légumineuses et dans tous les terrains, sauf ceux d'une richesse exceptionnelle, l'emploi de fumures azotées est une condition indispensable à l'obtention de bonnes récoltes. L'intérêt qui s'attache à l'étude de la composition et de l'application des engrais azotés est donc indépendant des théories opposées sur l'intervention de l'azote atmosphérique dans l'enrichissement des terres ou dans la nutrition végétale.

Les engrais azotés. — En général on peut dire qu'il y a dans la nature une insuffisance de l'azote apte à servir d'aliment aux plantes. Si l'agriculteur veut tirer de son sol une récolte supérieure à celle que celui-ci produirait naturellement, il faut qu'il en augmente par des engrais appropriés la quantité d'azote utilisable.

Pendant longtemps, les déjections animales, et particulièrement le fumier de ferme, étaient les seuls engrais azotés destinés à augmenter la fertilité de la terre. Cette dernière, en effet, tout en contenant une certaine quantité d'azote combiné, n'en est pas en général suffisamment pourvue pour la production de récoltes abondantes, et son azote n'est que lentement et graduellement rendu apte à servir d'aliment aux plantes.

Sans insister davantage sur ces considérations qui ont été assez longuement développées en leur place, nous pouvons diviser les divers engrais azotés en deux classes bien distinctes :

1° L'azote minéral ou salin comprenant : l'ammoniaque et ses diverses combinaisons avec les acides; l'acide nitrique ou azotique dans ses diverses combinaisons avec les bases, formant les nitrates.

2° L'azote organique comprenant : les déjections des animaux, fumiers, engrais humain, guanos, etc.; les résidus laissés par le corps des animaux, sang, viande, corne, cuir, laine, etc.; les résidus laissés par les plantes, engrais verts, litières, plantes marines, tourteaux, etc.

Dans cette dernière classe les produits les plus concentrés, qui méritent plus spécialement le nom d'engrais azotés et les seuls dont nous ayons à nous occuper ici, sont les débris du corps animal; nous y joindrons les guanos qui s'en rapprochent beaucoup, en ce sens qu'ils sont très riches et qu'ils sont formés autant par les cadavres des animaux que par leurs déjections.

Quant aux fumiers, aux déjections humaines et aux engrais végétaux, nous les avons étudiés dans le premier volume de cet ouvrage.

Après avoir résumé, dans un chapitre préliminaire, les considérations générales s'appliquant à l'azote, quelle que soit la forme à laquelle il appartienne, nous parlerons d'abord de l'azote minéral, qui paraît être la seule forme sous laquelle les plantes peuvent utiliser l'azote et à laquelle tous les autres engrais azotés doivent être ramenés avant de servir à l'alimentation végétale. Nous examinerons ensuite la catégorie des engrais organiques.

CHAPITRE PREMIER

GÉNÉRALITÉS SUR L'EMPLOI DES ENGRAIS AZOTÉS

§ I. — RAPPORT DES ENGRAIS AZOTÉS AVEC LE SOL.

Origine de l'azote des sols. — Avant d'aborder l'étude de l'application des engrais azotés au sol, nous devons parler de l'azote que celui-ci renferme naturellement et qui existe dans tous les cas, mais dans des proportions extrêmement variables.

Sols abandonnés à eux-mêmes. — Quelle est l'origine de l'azote ainsi accumulé dans la terre, abstraction faite de celui qui est fourni par l'intervention de l'homme? Cet azote peut être regardé comme emprunté tout entier à l'atmosphère; si en effet nous prenons un sol dont nous avons fait disparaître toute la matière azotée qu'il renfermait, tel par exemple qu'une terre calcinée, et que nous l'exposions à l'air, nous voyons au bout de quelque temps des végétaux microscopiques et particulièrement des algues vertes s'y développer. Tous les observateurs qui ont opéré dans des conditions analogues ont signalé l'apparition de ces végétaux; MM. Lawes et Gilbert y ont appelé l'attention depuis de longues années déjà.

Ces végétations contiennent de l'azote qu'elles laissent à la terre après leur mort, et leurs générations successives finissent par produire une véritable accumulation de matière organique. L'origine de l'azote qu'elle renferme se trouve dans l'ammoniaque et dans l'acide nitrique, ainsi que dans les substances organiques que contiennent les eaux pluviales; elle se trouve encore dans le carbonate d'ammoniaque qui existe dans l'air à l'état gazeux. Suivant M. Berthelot, l'azote libre lui-même est absorbé par le sol sous l'influence de micro-organismes.

Quoique l'azote sous ces diverses formes n'intervienne que par petites doses, la continuité de son apport peut cependant déterminer, au bout d'un long temps, un enrichissement notable, et le sol aura acquis des proportions très appréciables de matière azotée. Si dans une pareille terre il tombe des grains de végétaux supérieurs, ceux-ci se développent dans un milieu qui n'est pas tout à fait stérile; leur action absorbante vis-à-vis de l'ammoniaque aérienne est augmentée par le développement de leur surface agissant dans l'atmosphère, et après leur mort l'azote ainsi conquis vient s'ajouter à celui que le sol renfermait avant l'ensemencement. Sous l'influence de l'action continue de la végétation, en dehors de toute exportation opérée par la main de l'homme, la terre soutire donc à l'atmosphère des quantités d'azote qui s'ajoutent les unes aux autres. Voilà la véritable source de la matière azotée qui existe dans les terres en dehors de celle qui a été apportée comme fumure. Mais il ne faudrait pas croire que cet azote s'accumule indéfiniment.

A côté des faits qui déterminent l'accumulation, il en est d'autres qui occasionnent des déperditions et l'azote qui restera ne représentera en résumé que la différence entre ces deux actions inverses. La plus importante, sinon la seule de ces déperditions est celle qui s'opère à la suite de la nitrification; lorsque la constitution du sol le permet, l'azote se transforme en nitrate que les eaux pluviales viennent dissoudre et entraîner dans les eaux de drainage. Plus cette nitrification sera favorisée, moins le sol s'enrichira en éléments azotés. Si au contraire la terre n'est pas apte à nitrifier, par exemple si elle manque de calcaire, cette cause de perte disparaît entièrement et nous voyons alors la matière azotée s'accumuler pour ainsi dire indéfiniment et former les terres de landes, de bruyères, et enfin les tourbes.

Sols en culture. — Nous venons d'examiner le cas d'un sol abandonné à lui-même; sous l'influence de la culture, des phénomènes analogues se produisent, mais les conditions de l'accumulation et celles de la déperdition d'azote sont profondément modifiées; d'un côté l'exportation des récoltes et l'apport des engrais, de l'autre la transformation que les façons culturales et les amendements font subir à la terre, viennent compliquer les considérations que nous venons d'exposer; mais les faits qui président à l'enrichissement ou à l'appauvrissement en azote sont les mêmes. La circulation de cet élément se trouve considérablement augmentée, dans un sens par l'apport des fumures et par les résidus des récoltes, dans l'autre par la soustraction opérée par les mêmes récoltes, enfin par les façons culturales qui tendent à donner à l'azote une plus grande mobilité. Nous devons ici parler des causes qui déterminent le départ de l'azote.

Pertes d'azote par les eaux de drainage. — Les pluies tombant à la surface du sol y apportent de petites quantités d'ammoniaque, d'acide nitrique et de matière organique, qu'elles ont ramassées dans leur passage à travers les couches de l'atmosphère.

Mais ces quantités sont peu importantes; on peut admettre que l'ensemble de l'azote ainsi fourni au sol ne représente, dans le courant d'une année et pour une surface d'un hectare, qu'environ 5 kilogrammes. En traversant la terre, les eaux pluviales se chargent des nitrates qu'elle renferme et en éliminent une certaine partie dans les eaux de drainage. Plaçons en regard de l'apport d'azote la perte qui est ainsi déterminée, en nous basant principalement sur les travaux effectués par MM. Lawes, Gilbert et Warington. Toute l'eau qui tombe à la surface d'un champ ne s'écoule pas dans les profondeurs; une notable partie est évaporée, soit directement par le sol, soit plus encore par la végétation; les quantités qui traversent le sol sont extrêmement variables et dépendent en partie des propriétés physiques de la terre, en partie aussi de la végétation qui la couvre. Prenons le cas d'une terre non cultivée; nous trouverons en général pour le courant d'une année entière une évaporation constituant un peu plus de la moitié de l'eau tombée, c'est-à-dire que la quantité d'eau de drainage est un peu inférieure à la moitié de l'eau reçue par le sol. Voici quelques exemples représentant la moyenne des observations d'un grand nombre d'années pour les volumes d'eau tombée et évaporée à la surface d'un hectare.

	Quantité de pluie tombée.	Quantité d'eau évaporée ou retenue.	Eau de drainage.
Première série..........	7.720 m. c.	4.580 m. c.	3.140 m. c.
Deuxième série..........	8.370	4.580	3.790

Si, au lieu de considérer une année entière, nous divisons l'année en saisons, d'un côté la saison d'été et de l'autre la saison d'hiver, les résultats sont très différents. Comme on doit s'y attendre, l'évaporation est beaucoup plus active en été, et par suite les eaux de drainage sont moins abondantes :

	Quantité de pluie tombée.	Eau évaporée ou retenue.	Eau de drainage.
Première série.			
Mars à septembre.......	4.390 m. c.	3.380 m. c.	1.010 m. c.
Octobre à février........	3.330	1.200	2.130
Deuxième série.			
Mars à septembre.......	4.590	3.380	1.210
Octobre à février.......	3.780	1.240	2.540

On voit quelle différence existe dans les quantités d'eau de drainage, suivant l'époque de l'année.

On doit donc s'attendre à constater des déperditions de nitrate beaucoup plus considérables pendant la mauvaise saison; de fait il en est ainsi, et nous trouvons que pour une perte de 43 kilog. d'azote nitrique par hectare et par an, l'entraînement a été :

De mars à septembre..................	16 kilog.
D'octobre à février......................	27 —

C'est donc en hiver que les entraînements d'azote à l'état de nitrate sont le plus accentués. Mais l'eau de drainage n'a pas une composition uniforme; on comprend facilement que dans la saison chaude, où la nitrification est plus active et les eaux de drainage plus concentrées, ces dernières soient plus riches en nitrate; aussi a-t-on trouvé par mètre cube :

	gr.	
Au mois de mars..........	6.2	d'azote nitrique.
— septembre.....	17.6	—

Ce sont en général les premières pluies tombées à la fin de la saison chaude qui donnent les liquides de drainage les plus chargés de nitrate, puisqu'elles balayent une terre où la nitrification a été très énergique.

Lorsque le sol est couvert de végétation, l'évaporation se trouve notablement accrue et cela dans une proportion d'autant plus importante, que la végétation a été plus active. D'un autre côté, la richesse des eaux en nitrate et, par suite, la perte d'azote occasionnée est d'autant plus forte que le sol a reçu de plus grandes quantités de fumure azotée. A Rothamsted, on a trouvé comme moyenne d'azote nitrique, pour l'année entière, et par mètre cube :

Dans un sol non fumé.	Dans un sol fumé.
3 gr. 4	5 gr. 8

Une végétation très abondante qui absorbe beaucoup de nitrates tend à en diminuer les proportions dans les eaux du sous-sol.

Ce sont donc des causes multiples, s'exerçant souvent en sens inverse, qui déterminent les quantités d'eau enlevées par les drains naturels et les proportions de nitrate qui y sont contenues, et il est impossible de fixer le poids moyen de nitrate perdu par le sol sous l'influence des eaux qui le traversent. Mais il faut s'attendre à une déperdition représentée par un chiffre élevé et l'azote ainsi entraîné n'est pas inférieur à celui qu'enlèverait une récolte moyenne.

Formes de l'azote dans le sol. — Quelle que soit l'origine de l'azote existant dans la terre végétale, on le rencontre toujours sous trois formes bien définies :

1° A l'état insoluble, engagé dans des combinaisons organiques constituant l'humus, les débris végétaux, et en général tout ce qu'on peut appeler matière carbonée du sol; c'est sous cette forme qu'il est de beaucoup le plus abondant et qu'il constitue la réserve graduellement et lentement disponible pour les besoins de la végétation.

2° A l'état de combinaisons ammoniacales; nous entendons par là non seulement l'ammoniaque toute formée, mais encore les substances azotées diverses très facilement altérables, constituées par les corps amidés, dans lesquelles l'ammoniaque se trouve en quelque sorte à l'état latent. La forme ammoniacale paraît être tout à fait transitoire, en quelque sorte intermédiaire entre l'état organique et l'état de nitrate. La proportion n'en est jamais qu'extrêmement minime, ce qui s'explique aisément par la rapidité avec laquelle le ferment nitrique la transforme.

L'azote organique est insoluble; l'azote ammoniacal est fixé et pour ainsi dire immobilisé par les propriétés absorbantes du sol; la terre n'est donc pas dépouillée par les eaux pluviales de l'azote qui se trouve sous ces deux états.

3° Il n'en est pas de même de celui qui existe dans les nitrates et qui se produit incessamment aux dépens des deux premiers. Le nitrate constitue la forme mobile sous laquelle l'azote se trouve, d'un côté, enlevé par la végétation, de l'autre, entraîné par les eaux. On ne constate donc jamais de grandes accumulations de ce sel et ce n'est que par petites portions qu'on le trouve dans la terre, dans laquelle il cherche constamment à se former et de laquelle aussi il tend constamment à disparaître.

Plus la nitrification est active, plus le sol est porté à s'appauvrir en azote, en déterminant une végétation active et épuisante, aussi bien qu'en donnant des liquides de drainage riches.

Le propre des cultures intensives est précisément de mettre en circulation de grandes quantités d'azote et d'occasionner ainsi un appauvrissement de la terre qu'il faut réparer par d'abondantes fumures.

Lorsque le sol est suffisamment pourvu de matières azotées, l'agriculteur peut vivre un certain temps sur ce stock accumulé, qu'il lui suffit de rendre mobile. Quand il n'en est pas ainsi, c'est l'intervention de la fumure qui seule arrive à compenser l'insuffisance de la richesse du sol en azote.

Il est donc des terres dans lesquelles il ne convient pas d'employer les engrais azotés. Il en est d'autres dans lesquelles ceux-ci sont indispensables pour la production de la récolte. Comment l'agriculteur peut-il déterminer si les fumures azotées sont utiles au terrain qu'il exploite?

Moyens de déterminer les besoins du sol en azote. — Plusieurs moyens sont à sa disposition. Les uns sont empiriques et seulement approximatifs, les autres sont plus scientifiques et ont un caractère de précision plus grand.

Aspect du sol. — Parmi les moyens empiriques, nous citerons ceux qui dérivent de l'aspect du sol. Les sols riches en azote sont toujours accompagnés d'une proportion élevée de matières organiques, qui communiquent à la terre une teinte plus ou moins brune; c'est ainsi que la couche végétale, dans laquelle s'accumulent les débris de récoltes et les fumiers, se distingue très nettement par la coloration de la couche inférieure. Les sols de prairies sont également très bien caractérisés par la couleur noire que leur donne l'abondance des matières humiques. Les terres tourbeuses et les terres de défrichement sont encore mieux définies et le simple examen suffit à déceler l'existence de fortes proportions de matériaux azotés. Mais ce mode d'appréciation n'a quelque valeur que dans les cas extrêmes.

Aspect des récoltes. — L'aspect des récoltes offre des caractères utiles à consulter. Si, par exemple, les céréales se présentent au printemps avec une coloration jaune, au lieu d'avoir une belle teinte verte, si la végétation foliacée est chétive, on peut dans beaucoup de cas conclure à l'insuffisance de l'azote; au contraire, quand la pousse des feuilles et des tiges est très abondante, un peu désordonnée, et quand la verse se manifeste, c'est que la plupart du temps l'azote est en excès.

Mais ces procédés empiriques sont aléatoires et souvent trompeurs; il est naturel que pour la solution d'un problème aussi important dans la pratique, on ait senti impérieusement le besoin de recourir à des procédés plus scientifiques.

Analyse chimique. — Le premier qui se présente, c'est l'analyse chimique du sol, qui est appelée à rendre aux praticiens de grands services et au sujet de laquelle nous avons, dans un précédent volume, exprimé notre manière de voir.

Il est des cas où les résultats qu'elle donne ont une netteté très grande; ce sont les cas extrêmes des terres très riches ou des terres très pauvres.

1° *Terres très riches.* — Certaines terres, celles précisément qui se caractérisent par une couleur foncée, telles que les terres de défrichement, de landes ou de bruyères, les terres tourbeuses, les terreaux ou terres de jardin, les vieilles terres de prairies, certaines terres d'alluvion, etc., donnent à l'analyse des quantités d'azote pouvant varier de 2 à 10 grammes par kilogr.; de semblables terres n'ont que faire des engrais azotés, et, quand elles sont cultivables, on doit même y redouter la verse.

Nous avons déjà dit que cet azote accumulé ne peut

entrer en circulation que si la nitrification vient à s'effectuer; et elle ne s'effectuera que dans le cas où la terre contient l'élément calcaire en proportion suffisante. Il faut donc mettre en regard du dosage d'azote celui du calcaire. Toutes les fois que ce dernier élément accompagne les matières organiques, l'agriculteur se trouve en présence de sols privilégiés; il pourra pendant de longues années se dispenser de l'apport onéreux d'engrais azotés. Les terres noires de Russie, certaines terres vierges de l'Amérique du Nord, des alluvions profondes de quelques-unes de nos vallées réputées par leur fertilité, se trouvent dans ce cas.

Mais lorsque l'analyse démontre l'absence de calcaire, et c'est le cas des terres tourbeuses et des terres de défrichement qui couvrent les formations granitiques, tout cet azote est immobilisé et reste à l'état inerte. Les plantes sont incapables de trouver dans de pareils terrains leur nourriture azotée et souffrent au sein de l'abondance. Conseillerons-nous à l'agriculteur d'avoir recours à des engrais azotés tout préparés et directement assimilables, comme le nitrate de soude? La question qui se posera c'est de savoir s'il est plus avantageux pour lui d'acheter des engrais azotés au commerce ou d'établir dans son sol une fabrique de nitrate, en se servant d'une matière première qui ne lui coûte rien. Cette question sera longuement étudiée lorsque nous parlerons du chaulage; mais la logique indique déjà que l'addition d'engrais azotés dans un sol qui regorge d'azote constituerait une opération dénuée de sens.

2° *Terres très pauvres*. — Le second cas extrême, c'est celui où le sol est très pauvre et où l'analyse chimique décèle un taux inférieur à 0,5 pour 1000. Nous citerons comme exemples les grès vosgiens, les craies de la Champagne. En admettant que les autres éléments, acide phosphorique, potasse et chaux soient en proportion convenable, l'insuffisance d'éléments azotés se fera sentir par une végétation languissante ; les rendements élevés ne seront jamais obtenus que par l'apport d'engrais azotés. C'est alors une question d'ordre économique qui domine le problème ; si l'on peut disposer de matières azotées à un prix très bas, sous forme de gadoues, de fumiers de ville, de matières de vidange, etc., et dont le transport n'offre pas trop de difficultés, on peut chercher à enrichir le sol ; mais si l'on ne se trouve pas dans ces conditions exceptionnellement favorables, M. Risler n'hésite pas à conseiller de mettre ces terres en période forestière ; « quelles que soient les conditions où elles se trouvent placées ; elles ne sont pas, pour ce qui est de l'azote, dans les conditions chimiques nécessaires pour passer dans la période céréale. » Il convient en effet de remarquer que de pareils sols manquent de matières organiques ; car la rareté de l'azote implique nécessairement la rareté de ces dernières. Or nous savons que l'absence même de ces matières organiques influe considérablement sur les propriétés absorbantes ; les nitrates et les engrais azotés à décomposition rapide, incorporés dans ces terres que l'eau traverse avec une grande facilité, seraient rapidement entraînés ; il ne serait donc possible de constituer le stock d'azote nécessaire qu'au moyen d'engrais organiques tels que les fumiers, c'est-à-dire d'engrais d'un transport ordinairement coûteux. Sur les terres de très faible valeur il n'est pas rationnel de faire des frais considérables, d'enfouir un capital d'exploitation important pour une valeur foncière presque nulle. En un mot, il serait peu prudent de chercher à améliorer ces terrains à force d'y mettre des capitaux ; il vaut mieux agir par le temps, laisser à la végétation forestière ou herbagère le soin d'accumuler les matières organiques.

On fournira ainsi au sol l'élément azoté, plus lentement mais plus économiquement.

Pour montrer cet enrichissement progressif nous citerons un chiffre emprunté aux nombreuses analyses de MM. Risler et Colomb-Pradel; un défrichement de pinière dans les Landes de Gascogne a fourni un sol contenant 1,47 pour 1000 d'azote, tandis que des terres semblables, mais non couvertes de végétation, ne contiennent que des traces de cet élément.

3° *Terres moyennes.* — En éliminant ces cas d'extrême richesse et d'extrême pauvreté, nous arrivons aux situations moyennes qui intéressent plus particulièrement l'agriculteur et dans lesquelles sont compris les sols de culture, où la teneur en azote varie en général de 0.5 à 2 pour 1000.

Les agronomes qui se sont particulièrement occupés de l'analyse des terres et qui ont accompagné leurs analyses d'observations directes : MM. de Gasparin, Risler, Joulie, etc., classent les terres de la façon suivante :

Terres très pauvres au-dessous...	de 0.5	pour 1000
Terres pauvres....................	de 0.5 à 1	—
Terres de richesse moyenne.......	1	—
Terres riches......................	de 1 à 2	—
Terres très riches au-dessus de....	2	—

C'est dans les limites de 0,8 à 1,2 pour 1000 que l'utilité des engrais azotés paraît la plus accentuée. Au-dessus de 1,5 pour 1000, l'agriculteur doit chercher simplement à maintenir la fertilité acquise en compensant les quantités exportées par des quantités importées correspondantes.

Assimilabilité de l'azote du sol. — Présentée sous cette forme, la question de l'azote du sol paraît très simple, beaucoup plus simple qu'elle ne l'est en réalité. Le dosage de l'azote total donne seulement le stock qui existe dans la terre. Ce point est évidemment très intéressant à connaître; mais ce qui l'est davantage, c'est la quantité de cet azote qui peut devenir utilisable, c'est-à-dire le taux d'azote nitrique qui s'y forme dans le courant d'une année culturale. Nous ne cessons d'insister sur ce point capital, que l'azote n'est assimilé par les végétaux qu'autant qu'il a été transformé par les ferments du sol, et pour ainsi dire minéralisé. Sans parler des terrains tourbeux qui contiennent d'énormes quantités d'azote immobilisé et sans valeur pour les végétaux, il existe de nombreuses terres contenant de 1 à 2 pour 1000 d'azote et qui sont d'une fertilité très faible. C'est que cet élément n'y revient pas à l'état assimilable. Le dosage de l'azote total d'un sol ne nous donne aucun renseignement sur l'aptitude de cet azote à nitrifier; le plus grand reproche qu'on puisse adresser à la plupart des analyses de terres qui ont été faites jusqu'ici, c'est de ne pas tenir compte de la facilité plus ou moins grande avec laquelle la nitrification peut s'opérer. Dans le sol, la formation de l'ammoniaque est toujours extrêmement limitée et ne se produit avec quelque intensité que lorsque l'oxygène fait défaut, c'est-à-dire dans les sols submergés ou imperméables, dans lesquels les racines des plantes se développent avec peine. Ce n'est donc pas dans les terres arables que nous pouvons constater la formation de quantités appréciables d'ammoniaque; on peut même dire que la constatation de cet alcali caractérise les terres qui ne sont pas cultivables, parce qu'elle dénote l'absence de l'oxygène. Nous devons en réalité, pour des terres susceptibles d'être cultivées, regarder la nitrification comme étant l'unique agent de la minéralisation de l'azote, comme étant la seule cause qui rend assimilable l'azote des matières organiques du sol.

Au point de vue de l'utilisation de l'azote qu'elles renferment, nous devons diviser les terres en deux catégories : celles qui nitrifient et celles qui ne nitrifient pas. Nous savons qu'une des conditions indispensables de la nitrification, c'est l'alcalinité qui est donnée au sol par le carbonate de chaux; quand une terre est acide par suite de l'excès de matières organiques, aucune nitrification ne peut s'y développer. C'est donc à la présence du calcaire qu'est intimement liée la transformation de l'azote organique en azote nitrique, et nous pouvons dire que dans tous les sols où le calcaire fait défaut, l'azote n'est pas utilisable, immobilisé qu'il est sous une forme inaccessible aux plantes.

L'absence du calcaire dans un sol le range donc d'emblée dans la catégorie des terres auxquelles manquent les combinaisons azotées assimilables. Mais il faut spécifier ce que nous entendons par le calcaire; il ne suffit pas en effet qu'un sol contienne de la chaux pour être apte à nitrifier. Si cette chaux se trouve tout entière à l'état de sulfate ou d'humate, les conditions d'alcalinité indispensables ne se trouvent pas réalisées; il faut qu'il y ait non seulement de la chaux, mais encore du carbonate de chaux. La présence de ce sel montre qu'il y a excès de chaux sur la matière organique et que par suite la terre est alcaline. C'est donc non pas la chaux contenue dans la terre qu'il faut considérer, mais le carbonate de chaux. Aussi pour qu'une terre soit regardée comme apte à nitrifier, doit-on pouvoir y constater un dégagement d'acide carbonique lorsqu'on la traite par un acide. Il n'est pas nécessaire que le calcaire se trouve en forte proportion, mais il faut qu'il existe.

Le dosage de l'azote dans une terre doit donc toujours

être accompagné du dosage du calcaire, ce dernier montrant si l'azote accumulé a ou non une valeur comme matière fertilisante.

L'appréciation de l'assimilabilité de l'azote peut encore se faire par la recherche du nitrate dans le sol; quand cette substance existe, fût-ce en très petite quantité, le sol est apte à nitrifier; son absence complète caractérise nettement les terres non calcaires.

Nous avons donc des moyens de savoir si l'azote que nous dosons dans une terre est susceptible d'être transformé en produits assimilables ou s'il doit être regardé comme inerte et sans effet utile.

Par ce qui précède, nous voyons en résumé qu'il y a surtout intérêt à donner des fumures azotées aux sols qui contiennent moins de 1.5 p. 1000 d'azote et qui par leur nature calcaire sont aptes à utiliser les engrais azotés.

Quand les terres sont plus riches, elles peuvent être regardées comme n'ayant pas besoin d'azote, puisque, lorsqu'elles sont calcaires, elles nitrifient celui qu'elles renferment en abondance, et que, dans le cas contraire, l'azote qu'on leur fournirait à l'état organique, garderait cette forme indéfiniment. Dans ce cas, plutôt que de leur donner des nitrates ou des sels ammoniacaux, on provoque la nitrification de l'azote qu'elles renferment en procédant à un chaulage ou à un marnage.

La pratique agricole et l'expérimentation directe par les plantes indiqueront à l'agriculteur, aussi bien et même mieux que ne le ferait l'analyse chimique, si le sol est sensible à l'application des engrais azotés.

Épuisement du sol par les engrais azotés. — Nous devons ici, en parlant des rapports des engrais azotés avec le sol, signaler l'action indirecte que ceux-ci peuvent exercer sur les éléments minéraux contenus dans la terre. On a souvent observé que l'emploi des fumures azotées laissaient le sol, après une période plus ou moins longue de temps, dans un état d'épuisement et on a adressé particulièrement aux engrais azotés rapidement assimilables, tels que le nitrate de soude, le reproche de fatiguer la terre. Ce reproche est justifié et facilement explicable, dans le cas où l'application de l'azote est exclusive et immodérée. Les engrais azotés en effet poussent beaucoup à la végétation ; ils sont très épuisants pour le sol en ce sens que n'apportant par eux-mêmes que l'élément azoté, ils déterminent un appel notable de phosphates, de potasse, etc., dans les récoltes. Leur emploi exclusif n'est permis que dans les terres qui sont abondamment pourvues des autres éléments; les terres ordinaires seraient rapidement épuisées, si on les utilisait seuls pendant plusieurs années consécutives. En général il convient de les additionner d'engrais potassiques et surtout d'engrais phosphatés, qui empêchent l'épuisement du sol et corrigent dans une certaine mesure ce que leur action sur la végétation a de trop énergique.

Mais cet épuisement de la terre a déterminé une production correspondante de récolte. L'agriculteur a utilisé en un temps plus court la richesse de son sol; il le laisse à la fin dans un état d'infertilité qui nécessite sa reconstitution par les engrais minéraux.

Nous discuterons, en parlant des divers engrais azotés, l'emploi le plus avantageux de chacun d'eux dans les diverses natures de terres.

§ II. — RAPPORT DES ENGRAIS AZOTÉS AVEC LES CULTURES.

Exigences des récoltes en azote. — Les proportions d'azote que renferme une récolte varient dans des limites considérables, d'un côté avec le rendement, de l'autre avec la nature de la plante. Nous rappelons quelques chiffres qui montrent quelles sont en moyenne, pour les principales plantes cultivées et pour des rendements connus, les quantités d'azote qui sont enlevées au sol, en comprenant dans ce chiffre les pailles, fanes, feuilles, etc.

Céréales.

	Rendement à l'hectare. —	Azote dans la récolte. — kil.
Blé	15 hectol.	38.0
Id	40 —	102.0
Orge	25 —	38.0
Seigle	20 —	40.0
Avoine	25 —	31.5
Maïs	25 —	51.0
Sarrasin	25 —	41.5

Légumineuses (graines).

Haricot	16 hectol.	64.5
Pois	18 —	90.0
Féverole	20 —	114.0
Lentille	15 —	63.0

Plantes industrielles.

Colza	30 hectol.	93.0
Œillette	20 —	45.5
Lin	4.000 kilog. (récolte sèche)	33.5
Houblon	1.000 — (cônes secs)	52.0

Racines.

Carotte	30.000 kilog.	114.0
Navet	25.000 —	95.0
Rutabaga	45.000 —	182.5
Betterave fourragère	40.000 —	132.0
— à sucre	30.000 —	84.0

Tubercules.

Pomme de terre	18.000 kilog.	78.5
Topinambour	28.000 —	123.5

Plantes fourragères.

	Rendement à l'hectare. —		Azote dans la récolte. — kil.
Prairie	6.000 kilog.	(foin sec)	78.5
Seigle	20.000 —	(vert)	86
Maïs fourrage	60.000 —	—	170
Choux fourrage	40.000 —	(feuilles)	128
Trèfle rouge	8.000 —	(foin sec)	160
Luzerne	10.000 —	—	200
Sainfoin	4.500 —	—	81
Vesce	4.000 —	—	91

Cultures arbustives.

Vigne	10 hectolitres	(vin)	31.7
—	50	—	38.5
—	100	—	47.0
Pommier	10.000 kilog.	(pommes)	31.0

Nous voyons que les quantités d'azote enlevées par les diverses récoltes sont loin d'être les mêmes. A première vue, il semble logique de donner de plus fortes fumures azotées aux récoltes qui contiennent le plus d'azote. Dans la généralité des cas, on serait dans le vrai ; dans d'autres, on s'exposerait à commettre des erreurs graves. En effet, les diverses plantes ne prennent pas toutes leur azote aux mêmes sources; les céréales, les graminées fourragères ne paraissent pas avoir une grande aptitude à l'emprunter aux principes azotés existant dans le sol et dans l'atmosphère; aussi, abandonnées à ces seules ressources, ne sont-elles pas susceptibles de donner des rendements élevés; elles profitent au contraire largement de l'apport des fumures azotées.

D'autres plantes, appartenant toutes à la famille des légumineuses, ont une aptitude spéciale à soutirer l'azote aux sources naturelles, et par suite n'ont pas besoin qu'on leur en fournisse sous forme de fumure.

Pendant longtemps on a cherché d'où provient l'azote qui s'accumule dans les légumineuses. On leur a attribué une aptitude plus grande à absorber l'ammoniaque qui existe dans l'air; on a admis que leurs racines peuvent trouver dans le sous-sol l'azote inaccessible aux autres récoltes; aujourd'hui on est porté à croire quelles sont aptes à utiliser l'azote libre de l'atmosphère. Toujours est-il que l'application des fumures azotées aux légumineuses ne produit que très peu d'effet, et qu'au point de vue économique, il n'y a aucun intérêt à leur en donner.

Les plantes cultivées peuvent donc se diviser, sous le rapport de l'emploi des fumures azotées, en deux classes bien distinctes : celles qui sont sensibles à cette application et celles qui ne le sont pas.

Récoltes qui supportent les fortes fumures azotées. — Parmi les plantes dont les fumures azotées sont susceptibles d'augmenter la récolte ! il en est dont le rendement est assez restreint et s'arrête bientôt au delà d'un apport déterminé; c'est-à-dire que si on leur donne une quantité d'azote dépassant un certain chiffre, cet azote n'a plus d'influence sur leur production.

Il en est d'autres pour lesquelles cette limite est beaucoup supérieure et dont les rendements s'accroissent, non pas indéfiniment, mais tout au moins dans une proportion bien plus notable, avec l'augmentation des fumures azotées. Certaines plantes sont capables en effet d'atteindre un grand développement végétal et de fournir une somme de matières organiques très élevée.

Comparons, par exemple, deux plantes fourragères, telles que le seigle en vert et le maïs fourrage. Quelles que soient les fumures appliquées au premier, quand il sera arrivé à la limite de son développement, il s'arrêtera alors sans assimiler davantage. Le maïs fourrage atteindra également une limite, mais qui sera beaucoup plus éloignée que la précédente; il continuera à se développer, surtout en hauteur, et pourra utiliser une plus grande quantité de la fumure qui lui est donnée; il y a là une sorte d'aptitude spécifique qui tient principalement à la différence de taille que peuvent prendre les espèces végétales. Supposons qu'on applique à ces deux plantes une fumure azotée exagérée, répondant par exemple à 300 kilog. d'azote par hectare; tous les autres principes fertilisants étant d'ailleurs suffisants, nous obtiendrons pour le seigle un maximum qui pourra être de 30.000 kilog. ayant utilisé 130 kilog. d'azote, tandis que, avec le maïs fourrage, dans les mêmes conditions de fumure exagérée, il est permis d'atteindre jusqu'à 100.000 kilog. pouvant utiliser 285 kilog. d'azote.

Ce qui est vrai pour les plantes d'espèces différentes est également vrai pour les variétés de la même espèce; par sélection on est arrivé à obtenir des végétaux ayant une taille plus élevée, une productivité plus grande, et par suite une aptitude à utiliser de plus fortes quantités de principes fertilisants.

Des considérations précédentes nous tirerons cette conclusion évidente par elle-même, que les récoltes susceptibles d'utiliser les doses les plus élevées d'azote sont celles qui peuvent atteindre un développement végétal très considérable.

Considérations économiques sur l'emploi des fumures azotées. — Nous avons laissé de côté dans cette discussion le point de vue économique de l'application des engrais azotés. Ces engrais, de beaucoup les plus coûteux, ne doivent être employés qu'avec mesure. La question qui se pose pour l'agriculteur est de savoir jusqu'à quelle limite on peut pousser les fumures azotées pour avoir des résultats rémunérateurs.

Théoriquement, il semblerait qu'il suffise, pour obtenir un surcroît de récolte déterminé, de fournir au sol la quantité d'azote contenue dans ce surcroît; 15 hectol. de blé, par exemple, contiennent avec leur paille 38 kilogrammes d'azote : chaque hectolitre supplémentaire contiendra 2^k535 d'azote, qui, à 1 fr. 60 le kilog, représente une valeur de 4 fr.05. Tel serait le prix de revient idéal de cet hectolitre supplémentaire.

Un résultat aussi avantageux ne peut malheureusement pas s'obtenir; car la plante n'est pas un instrument assez parfait pour absorber intégralement les matériaux qu'on met à sa disposition. L'engrais répandu à la surface du champ n'est pas pris tout entier par les racines; quelque considérable que soit le développement de ces dernières, elles ne peuvent fouiller le sol sur tous les points et ne sont susceptibles de lui soutirer qu'une fraction des matières données comme fumure, d'autant plus qu'une partie de celles-ci doivent se perdre dans le sous-sol. Dans les expériences directes de Rothamsted on a obtenu en moyenne 1 hectolitre de blé avec la paille afférente avec un apport supplémentaire de 6 kilog. d'azote valant 9 fr. 60.

Il y a donc entre le calcul théorique et le résultat expérimental une grande différence; le premier n'indique qu'une exigence de 2^k 5 d'azote, quand en réalité il a fallu 6^k de cet élément; la différence de 3^k 50 représente la quantité d'azote qu'on a été obligé de donner en pure perte et qui n'a pas été utilisée par la récolte de blé. Il faut avoir recours à l'expérience pour savoir dans quelles limites se produit la récupération de l'azote, et évaluer l'avantage qu'on peut retirer des fumures azotées; les résultats obtenus dans un cas ne peuvent être généralisés.

Parmi les considérations générales qui permettent

de déterminer quelles sont les plantes auxquelles on a le plus d'intérêt à donner des engrais azotés, il en est d'ordre purement économique qui ressortiront des chiffres suivants, montrant pour ainsi dire la plus-value qu'acquiert l'azote donné comme engrais en se transformant en produits végétaux marchands. Nous ne considérons ici que les produits vendables, en négligeant la paille, les fanes et les feuilles.

Pour obtenir :

	1.000 kilog. de produits marchands ayant une valeur de :	On a consommé azote :
	fr.	kilog.
Céréales.		
Blé	245	31.8
Orge	164	23.3
Seigle	160	27.5
Avoine	176	26.2
Maïs	160	29.2
Sarrasin	190	27.6
Plantes légumineuses (graines).		
Haricot	250	51.5
Pois	220	60.0
Féverole	180	64.9
Plantes industrielles.		
Colza	280	45.5
Œillette	450	38.0
Houblon	1200	52.0
Tabac	800	158.0
Racines.		
Carotte	25	3.8
Turneps	22	3.8
Betterave fourragère	20	3.3
— à sucre	22	2.8
Pomme de terre	60	4.4
Plantes fourragères.		
Foin	75	13.2
Luzerne } Trèfle }	65	20.0

On peut représenter sous une autre forme les résultats qui précèdent :

		fr.
Pour 100 kilog. d'azote absorbé, on produit pour		770 de blé.
—	—	704 d'orge.
—	—	585 de seigle.
—	—	672 d'avoine.
—	—	550 de maïs.
		690 de sarrasin.
—		615 de colza.
—	—	1.184 d'œillette.
—	—	506 de tabac.
—	—	660 de carottes, betteraves, turneps, etc.
—	—	785 de betteraves à sucre.
—	—	1.363 de pommes de terre.
—	—	531 de foin.
—	—	485 de haricots.
—	—	366 de pois.
—	—	277 de féverolles.
—	—	325 de trèfle, de luzerne, de sainfoin.

On voit, par ce tableau, qu'il y a des plantes qui transforment l'azote d'une façon plus avantageuse que d'autres; c'est surtout à celles-ci qu'il y a avantage à donner des fumures azotées, puisque la dépense supplémentaire se traduira par une recette plus importante. Dans cette catégorie se placent toutes les céréales, le blé en première ligne, quelques plantes industrielles, telles que l'œillette, la pomme de terre, la betterave à sucre; puis viennent les plantes cultivées pour leurs racines.

Les légumineuses, au contraire, se placent en dernière ligne.

Dans cet exposé il faut chercher non pas des chiffres absolus, puisque les cours sont très variables et qu'en outre nous ne faisons pas figurer la valeur des pailles, des feuilles et des fanes; il y a là seulement une règle générale.

Ainsi, nous constatons que si le blé a des exigences plus grandes que les autres céréales, c'est lui, par contre, qui, pour une même quantité d'azote absorbé, fournit en argent les résultats les plus avantageux; en effet, sa valeur marchande est de beaucoup plus élevée que la valeur des autres céréales.

Cette considération de la valeur du produit méritait plus d'attention qu'on ne lui en a accordée jusqu'à ce jour; elle nous permet de nous rendre compte plus exactement des résultats d'une expérience; dans le cas actuel, elle fait disparaître l'opposition apparente qui existe entre la pratique et l'expérimentation, et nous permet de conclure que, dans la généralité des situations, la culture du blé paye mieux les engrais que la culture des autres céréales. Si la valeur de l'orge, par suite des demandes de la brasserie, venait à s'élever, il se pourrait que la conclusion fût différente; c'est le prix de vente, c'est la mercuriale qui dirigera l'agriculteur.

Nous passerons en revue les principales cultures et nous montrerons quelle action spéciale les engrais azotés peuvent avoir sur chacune d'elles.

CÉRÉALES.

Les céréales occupent les terres du mois de novembre au mois d'août, c'est-à-dire pendant huit mois, et, durant ce long espace de temps, leurs racines, pourtant très développées en poids et en surface, n'absorbent que des quantités minimes d'azote ; en effet, si l'on considère les chiffres donnés précédemment, on voit que l'emprunt d'azote qu'elles font au sol est relativement peu considérable. Cependant, on peut dire d'une façon générale que les céréales sont, parmi les plantes cultivées, celles qui se montrent le plus sensibles à l'action des engrais azotés et qui donnent à l'agriculteur, les leur appliquant judicieusement, les résultats les plus rémunérateurs.

Rien n'est plus facile que de déterminer si un champ de céréales a besoin d'engrais azotés ; il suffit de considérer la teinte qu'il affecte. Si les feuilles sont jaunissantes et les tiges étiolées, l'agriculteur doit se tenir pour averti et peut, dans la plupart des cas, conclure que la plante souffre par le manque d'azote. Si, au contraire, les feuilles sont vertes, larges et vigoureuses, c'est que cet élément est en proportion suffisante ou même en excès. Peu de plantes sont aussi impressionnables que les céréales à l'action des fumures azotées. Quand elles en manquent, on doit être certain qu'une addition convenable change rapidement leur état misérable. Mais autant elles profitent de cet élément, autant elles peuvent en souffrir quand il leur est donné en trop grande abondance, par l'avidité même avec laquelle elles l'absorbent. En effet, dans ce cas, la végétation devient trop luxuriante et un développement hâtif et exagéré fait verser les céréales.

Il faut donc leur appliquer avec précaution l'azote, qui peut produire, suivant les cas, des effets avantageux ou funestes.

Pour étudier les résultats économiques de l'application des engrais, on ne doit pas envisager la récolte totale obtenue, mais bien le supplément de récolte qui est réellement attribuable à la fumure. Le sol non fumé donne par lui-même une certaine production ; il y a donc dans toute récolte une partie qui n'emprunte rien aux engrais et qu'il ne faut pas faire entrer en ligne de compte pour calculer l'effet de ces derniers. L'accroissement du rendement seul doit donc être comparé avec les quantités d'engrais employées.

Blé. — MM. Lawes et Gilbert ont fixé, par des expériences directes, les quantités d'azote nécessitées pour accroître d'un hectolitre la production du grain avec la paille corespondante; nous résumons dans un tableau les chiffres obtenus par les célèbres expérimentateurs :

QUANTITÉ D'AMMONIAQUE DANS L'ENGRAIS POUR PRODUIRE 1 HECTOLITRE DE BLÉ D'EXCÉDENT AVEC SA PAILLE.

ENGRAIS PAR HECTARE ET PAR AN.	MOYENNE		
	De 1852 à 1868.	De 1869 à 1885.	De 1852 à 1885.
	kilog.	kilog.	kilog.
224 kilog. sels ammoniacaux et engrais minéraux.	6.3	7.8	7.0
448 — —	6.6	7.3	6.9
672 — —	8.6	8.6	8.6
616 kilog. nitrate de soude et engrais minéraux.	6.0	5.2	5.6
448 kilog. sels ammoniacaux seuls.............	13.6	18.4	15.7

Cette expérience nous montre quels résultats heureux MM. Lawes et Gilbert ont pu atteindre par l'emploi des engrais azotés, puisqu'ils ont obtenu en moyenne 1 hectolitre de blé avec la paille afférente par une fumure supplémentaire de 7 kilog. d'ammoniaque correspondant à 6 kilog. d'azote, c'est-à-dire avec une dépense d'environ 9 fr. C'est là un résultat remarquable, qui peut séduire l'agriculteur et le solliciter à exagérer les doses d'engrais afin d'augmenter d'autant ses récoltes. Mais l'accroissement de récoltes n'est pas, au delà de certaines limites, proportionnel à la quantité de l'engrais azoté. En triplant la dose, ce n'est plus 7 kilog. d'ammoniaque qui ont déterminé un excédent de 1 hectolitre, c'est 9 kilog.; c'est-à-dire qu'au delà de certaines quantités, déterminées dans chaque cas particulier par l'expérimentation directe, l'emploi des fumures azotées devient onéreux. La plante a une limite d'absorption qu'il ne faut pas dépasser.

Les chiffres qui précèdent n'ont rien d'absolu; ils s'appliquent à des terres riches en principes minéraux, acide phosphorique, potasse et chaux; si ces éléments font défaut, il faut des doses énormes d'azote pour arriver à un supplément de récolte; 12 à 15 kilog. de cet élément sont exigés pour la production de 1 hectolitre supplémentaire; l'opération devient alors ruineuse et ne saurait dans aucun cas être conseillée.

Nous citerons encore les recherches poursuivies par MM. Lawes et Gilbert dans les champs de Stackyard, pendant la période décennale de 1877 à 1886.

Rendements par hectare (moyenne de 10 ans).

	BLÉ.	
	Grain.	Paille.
	hectol.	quintaux.
Sans fumure	15.09	22.14
Engrais minéral seul	15.90	22.91
224 kil. sels ammoniacaux seuls	22.81	31.07
Engrais minéral + 224 kilog. sels ammoniacaux	28.29	40.17
Engrais minéral + 448 kilog. sels ammoniacaux	34.85	32.88
Engrais minéral + 616 kilog. nitrate de soude.	33.41	55.55

Ces résultats confirment les précédents et sont plus accentués; l'emploi de l'azote s'est montré encore plus rémunérateur.

Les expérimentateurs ont soin de faire observer que de pareils accroissements de rendement ne seront pas ordinairement obtenus dans la pratique, et cela pour diverses raisons : 1° la distribution de l'engrais n'est jamais aussi bien faite sur un champ très vaste que sur de petites parcelles; 2° l'engrais azoté pousse énormément au développement des mauvaises herbes dont on se débarrasse difficilement et imparfaitement dans la grande culture.

L'engrais azoté ne produit son effet qu'à la condition d'être accompagné des autres éléments de la fertilité. L'agriculteur qui le considère comme un engrais universel se trompe gravement; il n'apporte par lui-même que de l'azote, et son action est toujours limitée, quelquefois nulle et même nuisible lorsque les autres éléments, ou seulement l'un d'eux, font défaut au sol. La cause des grosses récoltes de blé ne réside donc pas uniquement dans l'emploi des fumures azotés, qui, isolées, manquent souvent leur effet.

Des considérations économiques s'opposent en outre à l'emploi inconsidéré des fumures azotées; il en est d'autres encore qui s'y ajoutent et qui sont d'ordre physiologique.

Verse des céréales. — En général l'azote a une influence très marquée sur la production foliacée, et peut la développer au détriment de la formation du grain ou des fruits.

Pour les céréales notamment, il est parfaitement reconnu que l'excès de nourriture azotée provoque la verse; sous son action la rigidité des chaumes devient moins grande, la production abondante des feuilles nuit à l'éclairement du pied, et, pour diverses raisons que nous n'avons pas à examiner ici, il arrive souvent que la céréale se couche avant la maturité; dans ces conditions les récoltes sont diminuées considérablement. Cet inconvénient grave est plus fréquent avec l'emploi des engrais à action rapide, tels que le nitrate, qu'avec l'emploi des engrais à action lente, comme les engrais organiques.

Il faut tenir compte dans la pratique de cette disposition des céréales à verser sous l'influence des engrais azotés. Aussi a-t-on pour principe général d'éviter l'application directe des fumures aux céréales; c'est aux plantes sarclées qui les précèdent qu'on distribue libéralement la fumure. Comme nous le verrons, ces dernières en général n'ont pas à redouter des accidents spéciaux et la céréale trouve encore après elles de quoi satisfaire à ses exigences, sans avoir à souffrir d'une trop grande abondance d'azote. Si au printemps l'aspect extérieur annonce une insuffisance, on est encore à temps pour la corriger.

Le plus grand intérêt s'attache à la recherche des variétés de blé qui peuvent supporter de fortes fumures azotées sans verser et dont on peut alors obtenir des récoltes plus considérables et partant plus rémunératrices. Dans ces dernières années, ce résultat a été atteint par l'adoption des variétés à épi-carré (Schirriff's-square-head), qui, à l'aide d'abondantes fumures, atteignent des rendements très élevés, dépassant quelquefois 50 hectolitres et dont la paille forte et rigide, résiste parfaitement à la verse. Cette variété, malheureusement, ne donne des résultats favorables que dans la région du Nord, où les chaleurs précoces sont peu à redouter; elle ne pourait convenir, à cause de sa maturité tardive, à une région méridionale où le blé doit mûrir tôt, pour n'être pas exposé à l'échaudage. Les blés inversables offrent un intérêt tout particulier pour les régions betteravières. Ces variétés plus productives ont d'ailleurs, comme de raison, des besoins plus considérables que les variétés à faibles rendements.

L'exigence en azote peut, d'après M. Vandelbenque, se chiffrer ainsi pour un hectare :

	BLÉ SQUARE-HEAD.		BLÉ DU PAYS.	
		Azote.		Azote.
	kilog.	kilog.	kilog.	kilog.
Grain....	4.475 à 2.37 % =	106.05	2.800 à 2.17 % =	66.36
Paille....	6.600 à 0.40 % =	26.40	6.600 à 0.40 % =	26.40
		132.45		92.76

Ces chiffres permettent de répondre à un préjugé qui existe chez beaucoup de cultivateurs et qui consiste à croire que l'accroissement d'une récolte dépend uniquement de l'espèce ou de la variété. Cela n'est vrai que si on a soin de donner des fortes fumures ou de choisir des sols riches. Une variété très prolifique donnera souvent moins de rendement dans un sol médiocre et pauvrement fumé que la variété locale. C'est exactement ce qui se passe dans les espèces animales; les races les plus perfectionnées doivent recevoir une nourriture plus abondante et de meilleure qualité que celles qui sont à un degré inférieur.

Influence de l'azote sur la maturité. — Après avoir signalé cette action spéciale des engrais azotés sur les céréales, nous examinerons un autre point important pour la pratique, c'est l'influence marquée que les engrais azotés exercent sur la maturité des récoltes.

Employés tardivement ou en trop grande abondance, ils entretiennent et ravivent l'activité végétale, ils provoquent la formation de feuilles et de pousses vertes et par suite la plante a une maturité moins précoce. C'est là un fait qui peut avoir des conséquences fâcheuses.

Lorsque les grandes sécheresses arrivent, si la plante végète encore, si le grain est encore laiteux, il se trouve saisi, se dessèche et se racornit. Le rendement sera alors très restreint, malgré l'abondance de la paille ; cet accident porte le nom d'*échaudage* ou de *brûlure*.

Outre l'échaudage on a encore à craindre la *rouille*, qui envahit les blés quelques semaines avant la moisson, surtout par les temps chauds et humides. Ce champignon peut faire de grands ravages ; il attaque d'abord les feuilles, puis la tige et enfin les épillets dont les grains deviennent incapables de mûrir. On a observé que la rouille attaque plus particulièrement les blés qui restent longtemps verts après la floraison. C'est ce qui arrive avec l'usage tardif ou excessif des engrais azotés ; ceux-ci entretiennent le végétal dans un état de verdeur très favorable au développement du cryptogame, dont le mycelium pénètre facilement dans un tissu lâche et peu résistant.

Verse, échaudage, rouille, tels sont les inconvénients qui peuvent résulter des engrais azotés, si l'on abuse de leur emploi, si on les applique d'une façon inopportune, si enfin on n'a pas soin de choisir parmi les nombreuses variétés de blé celles qui se montrent plus réfractaires à ces accidents.

Céréales autres que le blé. — Tout ce qui précède s'applique aux céréales en général. Y a-t-il lieu d'établir des distinctions entre les diverses céréales : blé, orge, avoine, seigle, maïs, sarrasin? Nous ne le pensons pas ; cependant les exigences du blé en azote sont plus grandes que celles des autres espèces, comme le montrent les chiffres suivants, résultats de moyennes nombreuses :

Comparaison avec le blé. — Pour produire un hectolitre de différentes céréales avec la paille correspondante, il faut en azote :

Blé.	Orge.	Seigle.	Avoine.	Maïs.	Sarrasin.
2 k. 547	1 k. 520	2 k. 005	1 k. 260	2 k. 040	1 k. 660

C'est-à-dire que pour obtenir un nombre égal d'hectolitres des autres céréales, il faut une quantité sensiblement moindre d'azote que pour le blé, et, partant, des sols moins riches et des fumures moins abondantes. Mais pour établir une comparaison exacte, l'hectolitre est une unité mal choisie, parce que son poids est très différent suivant les espèces; il vaut mieux envisager l'unité de poids du grain. On voit alors que pour produire 100 kilogr. de grains, avec la paille, il faut en azote :

Blé.	Orge.	Seigle.	Avoine.	Maïs.	Sarrasin.
3 k. 185	2 k. 330	2 k. 750	2 k. 620	2 k. 920	2 k. 760

C'est encore le blé qui présente des exigences plus fortes, et ainsi s'expliquent et se justifient les soins plus grands qu'on lui donne, les dépenses plus élevées qu'on fait pour lui, et aussi le choix des meilleurs terrains pour sa culture. Les petites céréales sont réservées aux terrains de moindre valeur où, du reste, elles donnent de faibles rendements; souvent encore on les fait succéder au froment, et elles sont chargées de récolter, de glaner pour ainsi dire derrière lui, les engrais assimilables qu'il a laissés. Mais dans de semblables conditions, on comprendra que l'on n'obtienne le plus souvent que de maigres récoltes; et c'est une grave erreur de croire que l'application de l'azote à la culture des céréales de second ordre ne soit pas avantageuse.

Orge. — Nous citerons les expériences de MM. Lawes et Gilbert sur l'orge qui, en Angleterre comme dans beaucoup de régions de la France, est cultivée sur une grande échelle, en vue de la fabrication de la bière. Voici pour

Rothamsted, la moyenne de 20 années d'expériences consécutives :

	Récolte par hectare.
	hectol.
Sans engrais	17.96
Engrais minéraux seuls	24.70
Engrais azotés seuls	29.20
Engrais minéraux et azotés	41.50 à 44.70

La moyenne de 10 années (1877 à 1886) pour une expérience faite à Stackyard, est la suivante :

	Grain.	Paille.
	hectol.	quintaux.
Sans engrais	20.66	17.10
Engrais minéraux seuls	20.93	16.95
— azotés seuls	35 à 36	29 à 31.5
— minéraux et azotés	38 à 48	33 à 42

L'influence des engrais azotés ressort de ces chiffres d'une manière frappante.

Comme ils l'ont fait pour le blé, à Rothamsted, les expérimentateurs ont cherché à déterminer le quantum d'ammoniaque nécessaire pour obtenir un excédent d'un hectolitre d'orge, avec la paille correspondante. Les résultats obtenus montrent que ce chiffre est plus bas que pour le blé, dans le cas seulement où l'apport d'azote n'est pas excessif et où le sol ne manque pas d'éléments minéraux.

Ainsi d'une part l'azote semble utilisé mieux par l'orge que par le blé, puisque la même quantité d'azote fournit une récolte supérieure; on peut trouver l'explication de ce fait dans une faculté spéciale des racines de l'orge, et surtout dans cette considération que, les engrais azotés ayant été appliqués à la sole d'orge, non pas avant l'hiver comme pour le blé, mais seulement au printemps, les déperditions dans le sol ont été de beaucoup diminuées et les plantes ont eu en réalité une plus grande quantité d'azote à leur disposition. Mais, d'autre part, en considérant la valeur des produits obtenus sur une même surface de terrain, l'avantage reste au blé qui, à production égale, laisse un bénéfice plus élevé.

Avoine. — Quant à l'avoine, elle est, comme les précédentes céréales, extrêmement sensible à l'action des engrais azotés, ainsi que le montrent les expériences suivantes de MM. Lawes et Gilbert, qui portent sur une moyenne de cinq années consécutives.

	Récolte par hectare.
	hectol.
Sans engrais	17.84
Engrais minéraux seuls	22.00
— azotés seuls	42.26
— minéraux et azotés	52.32

Ici encore les fumures azotées ne donnent leur plein effet que si la terre est suffisamment pourvue d'engrais minéraux.

Nous n'avons à citer aucune expérience sur le seigle, qui, du reste, se comporte vis-à-vis des engrais azotés comme l'orge et l'avoine.

Maïs. — Il n'y a donc aucun doute à avoir sur l'utilité des fumures azotées appliquées aux céréales. Les considérations qui précèdent s'appliquent également à la culture du maïs en grains qui, dans la région du midi et du sud-ouest de la France, occupe de vastes surfaces. Dans les départements où on le cultive, le maïs vient ordinairement en tête d'assolement, et joue le rôle de plante sarclée; il reçoit donc une fumure abondante, à laquelle il se montre très sensible. Si on compare les récoltes de blé succédant au maïs, à celles qui suivent les plantes racines, on constate presque toujours une infériorité notable pour les premières; aussi est-il d'usage constant dans le sud-ouest de fumer le blé venant sur maïs. Le maïs cultivé pour ses grains épuise en effet beaucoup la terre, et si l'on se rapporte aux chiffres de la page 53, on voit que ses exigences en azote se rapprochent de celles du blé.

L'application des engrais azotés produit sur cette plante des résultats très remarquables, et l'on pourrait forcer les doses d'azote sans avoir à craindre la verse; la plante, en effet, a une tige solide, elle reçoit en outre un buttage, aussi se maintient-elle droite et rigide; mais avec l'application de fortes fumures azotées il est nécessaire de surveiller de plus près l'écimage des épis mâles, qui tendront à se développer vigoureusement. Alors, comme pour le blé, on aura à redouter un retard dans la maturation du grain qui, si les gelées précoces l'atteignent quand il est encore laiteux, est arrêté dans sa formation; dans ce cas la récolte se trouve compromise.

Doit-on conseiller l'extension de la culture du maïs? Tel n'est pas notre avis. Nous avons en effet montré qu'au prix actuel de 16 francs les 100 kilog., cette plante est parmi les céréales celle qui utilise le plus mal l'azote; le maïs, autrefois recherché, voit aujourd'hui sa valeur considérablement amoindrie par la concurrence que lui font les maïs d'Amérique. On peut s'étonner que sa culture, bien que jouant le rôle de culture sarclée, persiste dans les départements méridionaux, malgré les faibles bénéfices qu'elle donne.

Sarrasin. — Le sarrasin est cultivé surtout dans les terres de défrichement, où il trouve une quantité d'azote la plupart du temps surabondante; mais dans les cas où le sol a été amélioré, ce qui se fait principalement par le chaulage, on a intérêt à lui substituer la culture des autres céréales. Pour le sarrasin, l'application des engrais azotés est tout à fait incertaine; la plante, on le sait, développe ses fleurs et ses graines d'une façon capricieuse et suit plutôt les influences du temps que celles de l'engrais. Le maïs et le sarrasin, comme végétaux alimentaires pour l'homme, ne tarderont pas à être abandonnés, en raison du bas prix du blé; la substitution par ce dernier serait un bienfait pour les populations, si nombreuses encore, condamnées à une alimentation grossière et, en somme, moins économique qu'on le supposerait.

Céréales de printemps. — Après avoir parlé des diverses espèces cultivées comme céréales, nous devons encore les envisager suivant l'époque des semailles, en les divisant en céréales d'hiver et en céréales de printemps. Ces dernières ayant une période de végétation moins longue, exigeront des engrais azotés à plus rapide décomposition, ou encore des terres naturellement riches, car les fumures azotées trop actives pourraient déterminer la verse. Les semis d'hiver ont une réussite beaucoup plus assurée et ont toujours la préférence sur les semis de printemps; on n'a recours aux derniers que quand les circonstances climatériques s'opposent à la bonne exécution des premiers. Mais leur succès dépend beaucoup plus de la saison que des engrais.

Nous avons déterminé d'une façon générale les exigences des céréales en principes azotés, autant qu'il est permis de le faire quand on s'attache à examiner un point spécial subordonné à beaucoup d'autres, et qu'il est difficile d'envisager isolément, en faisant abstraction des divers principes fertilisants qu'on doit toujours supposer présents.

Proportions d'azote de l'engrais recouvrées par les céréales. — Il nous reste à examiner une dernière question, qui a son importance au point de vue de l'application des engrais azotés : c'est la proportion d'azote que les céréales ont la faculté de recouvrer dans les fumures. En effet, nous avons vu qu'on donne presque toujours plus de principes fertilisants qu'il n'en faut aux plantes pour se développer; une fraction de ceux-ci seulement est donc utilisée, et le reste peut être regardé comme perdu, s'il est de nature à être enlevé au sol par les eaux. Nous nous appuierons sur les données obtenues dans la longue série d'expériences de Rothamsted, que nous résumons dans le tableau suivant établi par M. Ronna.

AZOTE RECOUVRÉ DANS L'ACCROISSEMENT DU PRODUIT DES CÉRÉALES POUR 100 D'AZOTE CONTENU DANS L'ENGRAIS.

FUMURE.	Pour 100 d'azote de l'engrais	
	recouvré.	non recouvré.
Blé (culture de 20 années).		
Mélange d'engrais minéraux avec 45k96 azote ammoniacal.	32.4	67.6
— — 91.91 —	32.9	67.1
— — 137.87 —	31.5	68.5
— — 183.82 —	28.5	71.5
— — 91.91 azote nitrique.....	45.3	54.7
Fumier de ferme (35.000 kilog.)........................	14.6	85.4
Orge (culture de 20 années).		
Mélange d'engrais minéraux avec 45k96 azote ammoniacal.	48.1	51.9
— — 91.91 —		
— — 45.96 —	49.8	50.2
— — 45.96 azote nitrique.....		
— — 106.48 az. des tourteaux..	36.3	63.7
— — 53.24 —		
Fumier de ferme (35.000 kilog.)........................	10.7	89.3
Avoine (culture de 3 années).		
Engrais minéraux avec........... 91k91 azote ammoniacal.	51.9	48.1
— .... 91.91 — nitrique.....	50.4	49.6

Pour aucune céréale on n'a retrouvé dans l'augmentation de produit plus de la moitié de l'azote apporté par l'engrais; la partie qui n'est pas absorbée s'accumule dans le sol à la disposition des récoltes à venir ou se pérd dans les eaux de drainage.

Pour une proportion donnée d'azote, on a obtenu moins de matières azotées dans la récolte de blé que dans celles d'orge et d'avoine; cette dernière, sous ce rapport, semble occuper le premier rang.

Culture continue des céréales. — Il est bon de mettre en relief la possibilité pour l'agriculteur de faire succéder le blé au blé, l'orge à l'orge, etc., pendant un temps pour ainsi dire indéfini.

Pendant plus de trente années consécutives, MM. Lawes et Gilbert ont cultivé du blé sur le même sol, sans engrais ou avec des engrais différents. Nous extrayons de leurs études quelques résultats qui nous paraissent intéressants :

RENDEMENT MOYEN A L'HECTARE.

FUMURE.	De 1844 à 1863. (20 ans).		De 1852 à 1881. (30 ans).	
	Grain vanné.	Paille.	Grain vanné.	Paille.
	hect.	kilog.	hect.	kilog.
Parcelle sans engrais	14.6	1.897	11.83	1.442
— avec engrais minéral	20.4	2.715	13.81	1.658
— complet	30.1	4.260	29.30	4.155
— avec fumier de ferme	29.1	3.940	30.22	4.006

Voilà des chiffres qui démontrent bien nettement qu'il n'est nullement impossible de perpétuer sur une terre la culture des céréales (pour l'orge les résultats sont les mêmes); sur un sol pratiquement épuisé par une rotation de cinq ans, on a pu, sans engrais, maintenir un rendement à peu près constant. La règle des assolements n'est donc pas aussi rigoureuse qu'on le croit en général et, avec les ressources en principes fertilisants dont on dispose aujourd'hui, il est permis à l'agriculteur de diriger ses cultures comme il le juge le plus convenable dans le milieu économique où il se trouve. Une exception à cette règle se présentera toutefois pour les légumineuses dont nous ferons l'étude plus bas.

Doses d'engrais azotés. — Il nous reste à examiner les doses d'engrais azotés qu'il convient d'appliquer aux cultures des céréales. Cette question est très complexe et fort difficile à résoudre autrement que par l'expérimentation directe.

Si le sol est très riche, si les fumures antérieures ont été abondantes, un apport d'azote ne manquera pas de provoquer la verse ou l'échaudage. Dans certains cas, que la pratique enseignera à reconnaître, il est possible d'obtenir de bons rendements sans avoir recours à de nouvelles fumures azotées. Nous avons vu d'ailleurs que l'emploi des engrais azotés au delà de certaines doses n'est plus avantageux au point de vue économique, et nous ne reviendrons pas sur ce point.

Il faut pourtant fixer certaines limites pour les cas ordinaires de la culture. Étant donné un sol bien fourni de matières minérales, dont le rendement sans fumures azotées s'élève à 15 hectolitres à l'hectare, sachant d'ailleurs par les expériences précédentes qu'un surcroît d'un hectolitre est obtenu en moyenne par l'emploi de 6 kilog. d'azote, nous voyons que pour augmenter le rendement de 10 hectolitres, par exemple, il faudra employer 60 kilog. d'azote correspondant à 300 kilog. de sulfate d'ammoniaque ou à 375 kilog. de nitrate de soude.

Observation générale. — Il peut paraître étrange que nous empruntions dans cette étude beaucoup d'exemples à des expérimentateurs opérant sous des climats et dans des conditions différentes des nôtres, alors que de nombreuses expériences culturales ont été effectuées en France. Nous avons, pour le faire, des raisons qu'il convient de mettre en relief.

Des expériences de cette nature ne sont concluantes qu'autant qu'elles embrassent une période d'années assez longue pour faire disparaître l'influence des saisons et les causes accidentelles; or les essais de longue durée ne sont pas nombreux, et ceux de Rothamsted offrent, à ce point de vue, une supériorité incontestable. Nous citerons quelques chiffres qui préciseront ce point en faisant ressortir les variations de rendement, suivant les années, pour des fumures identiques.

Dans la période décennale de 1877 à 1886, à Stackyard, les rendements ont oscillé entre les chiffres suivants :

	BLÉ.		ORGE.	
	Maxima.	Minima.	Maxima.	Minima.
	hect.	hect.	hect.	hect.
Sans fumure	22.98	8.62	39.54	17.14
Engrais minéraux	25.33	9.34	30.18	10.60
Sels ammoniacaux	36.20	10.33	45.97	24.34
— + engrais minéral.	43.83	24.25	56.19	27.66
Nitrate de soude + engrais minéral	45.80	23.45	60.00	33.23

Ainsi une année les sels ammoniacaux ont fourni 36 hectolitres de blé; une autre année, 10 seulement. Ces différences sont considérables et montrent la nécessité de poursuivre les expériences, sans y rien changer, pendant un certain laps de temps. On aurait tort de tirer des conclusions d'essais culturaux, si bien conduits qu'on les suppose, mais qui seraient limités à une durée d'un ou deux ans.

En étudiant l'action des engrais sur les cultures, ce

n'est pas le manque de documents qui peut embarrasser, c'est au contraire leur abondance, et il faut apporter du discernement dans leur choix, en éliminant ceux qui n'embrassent pas des périodes assez longues pour que les nombreuses causes qui modifient les résultats disparaissent dans la moyenne.

LÉGUMINEUSES.

Inefficacité des engrais azotés. — C'est ici le lieu d'établir d'une façon précise le grand fait agricole de l'inefficacité des engrais azotés sur les légumineuses, en nous basant sur des expériences directes :

Trèfle. — Nous citerons en première ligne celles de MM. Lawes et Gilbert qui ont porté sur le trèfle et sur les fèves :

EXPÉRIENCES SUR LA CULTURE DU TRÈFLE.

ENGRAIS	PRODUITS A L'HECTARE DES 3 COUPES.	
	Poids à l'état vert.	Poids à l'état de foin.
Sans engrais	35.377 kilog.	9.431 kilog.
Engrais minéraux divers	38.400 à 45.320	10.000 à 11.450
Engrais azotés	32.300 à 37.300	8.500 à 9.850
Engrais azotés avec engrais minéraux	33.950 à 44.280	8.920 à 11.280

Il ressort clairement de ce tableau que l'influence des engrais azotés seuls ou mélangés avec les engrais minéraux a été nulle, quelquefois même dépressive.

Le trèfle ne supporte donc pas l'engrais azoté ou tout au moins n'en profite pas.

Fèves. — Les expériences sur les fèves qui se sont prolongées pendant une très longue série d'années ont montré qu'en général les engrais azotés n'avaient pas augmenté le rendement en grain.

Luzerne. — M. Garola cite l'expérience suivante sur la luzerne :

	Produit de deux coupes.
Carré avec engrais complet...............	69 quintaux.
— — moins l'azote.	73 —
Carré sans engrais........................	52 —

C'est-à-dire que l'engrais azoté a eu plutôt une influence dépressive.

Sainfoin. — M. Dehérain, dans ses expériences sur la culture du sainfoin dans le sol un peu calcaire de Grignon, appauvri par des cultures de betteraves et de maïs fourrage, a montré que cette légumineuse peut donner, sans engrais, des récoltes à peu près aussi abondantes et quelquefois plus abondantes que lorsqu'on lui donne comme fumure du nitrate de soude ou du sulfate d'ammoniaque.

Pois et lupins. — M. Wagner a obtenu dans ses expériences des résultats de même ordre ; par l'emploi d'engrais azotés, seuls ou mélangés avec différents engrais minéraux, les excédents de rendements par rapport à des parcelles de même nature recevant les mêmes engrais sans azote ont été de :

2 à 6 o/o pour les pois.
0 à 2 o/o pour les lupins.

C'est un point parfaitement acquis à la pratique que les légumineuses ne sont pas sensibles à l'application des engrais azotés.

Voilà donc des plantes qui absorbent beaucoup d'azote et qui ont la faculté précieuse de le soutirer aux sources naturelles, sans avoir besoin qu'on leur en fournisse comme aux autres végétaux, et qui, malgré l'exportation considérable de cet élément par la récolte qu'elles produisent, laissent après leur culture le sol enrichi en azote, et dans un état de fertilité plus grand. Pour cette raison, elles ont reçu depuis longtemps le nom de plantes améliorantes.

Enrichissement du sol en azote par la culture des légumineuses. — Tous les agriculteurs savent qu'une céréale succédant à une luzerne ou à un trèfle donne sans fumure des rendements très élevés par rapport aux terres qui ont porté d'autres récoltes, telles que des racines ou des plantes industrielles.

Pour mettre ce fait en évidence, nous citerons une expérience très intéressante de MM. Lawes et Gilbert.

En pratiquant pendant seize ans une culture alterne de fèves et de blé, on est arrivé à ce résultat remarquable que huit récoltes de blé venues après les fèves ont présenté un poids de grain à peu près égal à celui de 16 récoltes venues sans interruption sur un champ voisin sans engrais et égal à celui de huit récoltes de blé venues sur un troisième champ sans engrais, mais avec alternance de jachère nue. La quantité d'azote enlevée par hectare et calculée pour une période de dix ans donne les chiffres suivants :

TENEUR EN AZOTE DES RÉCOLTES DE BLÉ (1850-1860).

RÉCOLTES.	Azote à l'hectare.
	kilog.
Blé 10 récoltes successives sans engrais................	262.29
Blé 5 — alternant avec fèves sans engrais........	253.09
Blé 5 — — jachères nues sans engrais.	245.81

Les fèves cependant avaient exporté dans leurs 5 récoltes 574 kilog. 06 d'azote; malgré cette forte exportation, le sol n'est pas épuisé puisque la récolte de céréales qui suit les fèves peut absorber une proportion d'azote double de celle qu'elle prend dans la parcelle non fumée.

La récolte de légumineuses, tout en contenant de grandes quantités d'azote, laisse le terrain dans un état de fertilité aussi élevé que la jachère nue qui n'occasionne aucune exportation.

Dans une seconde expérience, on obtient, après un trèfle qui a exporté 231 kilog. 80 d'azote, une récolte de blé qui puise 50 kilog. d'azote dans le sol, et arrive à un rendement (26 hect.), double de celui (14 hect.) obtenu sur une parcelle restée sans engrais depuis longtemps et égal à celui d'une parcelle fumée au fumier de ferme.

Dans un autre champ, une orge après orge sans fumure donne 29 hect. 41 à l'hectare, et une orge après trèfle également sans fumure donne 52 hect. 09.

Il nous semble inutile de multiplier les exemples qui montrent l'enrichissement du sol sous l'influence des légumineuses. On peut conclure de l'ensemble de ces faits encore mal expliqués, que sur un défrichement de légumineuses, l'agriculteur n'a pas à se préoccuper des fumures azotées à fournir aux céréales, et que, dans un assolement, on a le plus grand avantage à introduire à intervalles aussi rapprochés que possible les cultures de ces plantes. Ce fait ressort des belles études de M. Boussingault sur les assolements ; elles montrent que la culture des légumineuses équivaut à une véritable fumure.

Cet éminent agronome calcule les quantités d'azote données sous forme de fumier et celles qui ont été obtenues en produits divers; il étudie ainsi :

I. L'assolement quinquennal :		1re	année.	Betteraves.
—	—	2e	—	Froment.
—	—	3e	—	Trèfle.
—	—	4e	—	Froment.
—	—	5e	—	Avoine.

II. L'assolement triennal :	1re année.	Jachère fumée.
— —	2e —	Froment.
— —	3e —	—
III. L'assolement quadriennal :	1re année.	Pommes de terre et Betteraves.
— —	2e —	Froment.
— —	3e —	Trèfle.
— —	4e —	Froment.

Le résultat final se résume dans le tableau suivant :

	I.	II.	III.
Azote dans la fumure...........	203.2	82.8	182.1
— dans les récoltes...........	254.2	87.4	304.5
Excédent d'azote après la rotation complète................	51.0	4.6	122.4
Excédent moyen d'azote par an..	10.2	1.5	30.6

On voit que c'est la rotation dans laquelle la légumineuse revient le plus souvent qui laisse le plus d'azote dans le sol.

L'assolement de six ans usité dans le pays de Caux se fait ainsi :

1re année.....................	Blé.
2e —	Avoine.
3e —	Trèfle.
4e —	Blé.
5e —	Seigle. Colza. Betteraves.
6e —	Trèfle incarnat. Pois et vesces. Pommes de terre.

M. Marchand trouve pour cet assolement les résultats ci-dessous :

Azote du fumier....................	394 kilog.
— des récoltes..................	634
Excédent d'azote dans les récoltes..	240, soit 40 kilog. par an.

L'utilisation de l'azote varie avec les pays, les climats, les terrains, etc., mais dans tous les cas ce sont les assolements comportant la culture la plus étendue de légumineuses, qui présentent les plus grands excédents d'azote.

Voilà un fait dont les praticiens habiles savent tirer parti. Peu leur importe l'explication à laquelle on s'arrête, ils ont assez de preuves de l'efficacité des légumineuses pour l'amélioration des terres.

Malheureusement les légumineuses fourragères (le trèfle incarnat excepté) et particulièrement les luzernes et les trèfles présentent en même temps une particularité qui vient s'opposer à un usage plus fréquent de ces plantes améliorantes : elles refusent pendant un temps assez long de végéter sur le sol qu'elles ont occupé; ce fait reste inexpliqué ; MM. Lawes et Gilbert ont essayé sans succès leur culture continue en pratiquant des défoncements et des fumûres à des profondeurs variées; seule une bande de terre de jardin a pu, pendant une longue suite d'années, porter du trèfle sans que celui-ci parût péricliter.

On voit donc qu'au point de vue pratique comme au point de vue scientifique, la végétation des légumineuses mérite la plus sérieuse attention et qu'elle joue un rôle considérable sous le rapport de l'utilisation et de la circulation de l'azote.

PLANTES CULTIVÉES POUR LEURS RACINES.

Cette catégorie de plantes comprend les carottes, les navets, raves ou turneps, les rutabagas et les betteraves fourragères. (Les betteraves sucrières, ayant des exigences spéciales, seront examinées à part). Pour ces plantes destinées à l'alimentation du bétail, on cherche à obtenir la plus grande somme possible d'aliments digestibles et particulièrement de principes azotés. Leur partie aérienne ou foliacée est d'une valeur très minime, sa fonction est d'alimenter la partie souterraine qui constitue la véritable matière comestible. Ces cultures demandent en abondance des engrais azotés, mais leurs exigences sont différentes, comme le montre le tableau suivant :

1000 kilogrammes des différentes racines exigent, en comprenant dans ces chiffres la production des feuilles, les quantités suivantes d'azote :

Betteraves fourragères.	Carottes.	Turneps.	Rutabagas.
3 kil. 300	3 kil. 800	3 kil. 800	4 kil. 055

Comparaison avec les céréales. — Pour rapprocher les exigences de ces plantes de celles des céréales, il faut prendre pour terme de comparaison la matière sèche qu'elles renferment; on voit alors que pour les céréales les quantités d'azote absorbé pour produire 1000 kilog. de grains secs (avec paille afférente) varient de 25 à 35 kilog., tandis que pour la production de 1000 kilog. de racines sèches (avec feuilles afférentes) il y a seulement de 16 kilog. 5 à 20 kilog. d'azote fixé.

Cette comparaison permet de dire que les plantes à racines sont moins exigeantes, à poids égal de matière sèche, que les céréales. Pour savoir quelle est de ces deux catégories de plantes celle qui paie le plus cher l'azote qu'elle absorbe, calculons la valeur argent des récoltes obtenues par la consommation d'une même quantité d'azote. Les chiffres donnés à la page 44 montrent que 100 kilog. d'azote absorbé produisent en moyenne 660 francs de céréales; la valeur moyenne des racines qui ont consommé 100 kil. d'azote est également de 660 francs environ. On peut donc dire que l'unité d'azote absorbé donne pour une même somme de céréales et de racines.

Si on compare les racines entre elles, on voit que sous le rapport de l'épuisement du sol, la betterave fourragère vient en dernière ligne; le turneps, la carotte et surtout le rutabaga se montrent sensiblement plus exigeants.

L'agriculteur doit toujours rechercher les variétés qui sont susceptibles de donner les plus hauts rendements, et qui sont capables d'utiliser au maximum les fumures qu'on leur applique. C'est là, du reste, un principe de culture intensive qui est vrai pour toutes les plantes cultivées.

Turneps. — Nous allons, comme pour les céréales, démontrer par des expériences directes quel rôle les engrais azotés jouent dans la végétation des plantes à racines; et nous exposerons les recherches de MM. Lawes et Gilbert sur les turneps qui, en Angleterre, occupent une grande place dans les assolements.

Ces expérimentateurs ont installé leurs essais dans des champs pratiquement épuisés, c'est-à-dire où le turneps ne pourrait prospérer sans engrais; les résultats obtenus peuvent être récapitulés comme suit :

Augmentation de rendement à l'hectare.

Engrais minéral sans azote	13.558 kilog.
— avec azote	25.637

L'action de l'azote a donc été très sensible.

En comparant entre eux les divers engrais azotés, les mêmes savants ont trouvé que pour cette culture la forme organique de l'azote est préférable à la forme minérale et qu'en général le sol doit être abondamment pourvu de matières carbonées pour que l'azote produise tout son effet. On ne peut donc pas, comme pour les céréales, augmenter dans une terre quelconque le rendement en racines par l'apport des engrais azotés à action rapide ; il faut ici que le sol soit préparé de longue main ou se trouve dans des conditions spéciales de richesse en humus, élément favorable au développement des racines.

Influence de l'azote sur les organes foliacés. — Comme pour les autres plantes, l'emploi excessif des engrais azotés a l'inconvénient de développer outre mesure les organes foliacés, souvent au détriment de la récolte en vue de laquelle la culture a été instituée.

Le rapport des feuilles à 1000 de racines dans les expériences précédentes a été de :

338 pour les parcelles avec engrais minéraux.
423 — — — + tourteaux.
512 — — — + ammoniaque.
610 — — — + tourteaux + ammoniaque.

Dans une autre parcelle le rapport est de 884 avec une fumure azotée ordinaire, tandis qu'il est de 338 dans une parcelle sans azote, avec un poids moyen du bulbe de 222 gr. dans le premier cas et de 527 gr. dans le second. Ce rapport passe de 884 à 897, à 922, à 1077, à mesure qu'on augmente la dose d'azote.

Un champ de turneps très feuillu offrirait au premier coup d'œil l'apparence d'une fort belle récolte et on pourrait croire que le développement foliacé est la mesure du développement souterrain. Mais en réalité il n'en est pas ainsi et le poids le plus élevé des bulbes ne correspond pas à l'abondance des feuilles ; un excès d'azote pousse trop aux organes foliacés au détriment de la racine. Ainsi, dans l'année 1843, le poids moyen du bulbe a été de 0 kilog. 666 avec l'engrais purement minéral, 0 kilog. 466 avec le sulfate d'ammoniaque, 0 kilog. 489 avec le tourteau de navette.

Influence de l'azote sur la maturité. — Pour toutes les plantes en général, on peut dire que les engrais azotés, en prolongeant la végétation, retardent la maturité. Ce résultat présente pour les racines des avantages, et des inconvénients; des avantages en ce sens que la plante, moins avancée, peut, si le temps n'est pas trop froid et le climat pas trop rude, poursuivre sa végétation assez avant dans l'hiver, et rester en terre où on la prend à mesure de la consommation; des inconvénients, parce que les racines récoltées avant la maturité parfaite et mises en tas pourrissent plus rapidement, leurs tissus, plus lâches et plus humides, offrant plus de facilité au développement des maladies.

Culture continue. — Enfin, ajoutons que la culture continue des racines sur une terre sans engrais fait diminuer les rendements très rapidement et devient impossible au bout de peu d'années. L'exemple suivant pour le turneps est emprunté à MM. Lawes et Gilbert.

Années.	Rendement des parcelles sans engrais.
1843	10.516 kilog.
1844	5.555
1845	1.722
1846	0.000
1847	—
1848	—
1849	—
1850	—

Épuisement du sol. — L'épuisement du sol en azote par les racines est plus considérable que par les céréales; voici, en l'absence d'engrais azotés, l'exportation moyenne en azote par hectare et par année :

Blé de 1844 à 1859	27 kilog.	32
Orge 1852 à 1859	27 »	65

Fèves 1847 à 1858.............. 53 kilog. 50
Turneps 1845 à 1852.............. 47 » 02

Après dix récoltes successives de turneps, l'orge ne fournit qu'une quantité bien inférieure aux rendements obtenus après des cultures successives d'orge ou de blé. Les céréales venant après des racines n'ayant pas reçu de fumures azotées ont de très faibles rendements, ce qui indique un épuisement du sol en azote. Les racines sont donc susceptibles de tirer du sol des quantités d'azote plus considérables que les céréales. Aussi se montrent-elles un peu moins sensibles à l'action des engrais azotés, et laissent-elles après la récolte le sol très appauvri en azote; cet épuisement se dévoile par les faibles rendements des récoltes subséquentes et aussi par l'analyse chimique.

Influence de l'azote sur la composition des racines. — Cette influence est considérable; le taux d'azote peut doubler par l'intervention des engrais azotés; mais, comme nous l'avons dit, dans ce cas la production des feuilles est exubérante; la valeur alimentaire de la plante est plus faible parce que les principes alimentaires paraissent être moins bien élaborés. Nous citerons à ce propos une expérience faite à Rothamsted. Deux lots de 6 moutons ont été nourris pendant 68 jours, l'un avec 3,014 kilog. de turneps qui, venus sur engrais complets et tenant 0,252 % d'azote, renfermaient un total de 216 kilog. de matières organiques sèches avec 21 kilog. de matières minérales et 7 kilog. 57 d'azote; l'autre nourri avec 3.223 kilog. de turneps, qui contenaient seulement 0,146 % d'azote et renfermaient au total 290 kilog. de matières organiques sèches et 4 kilog. 80 d'azote.

Le premier lot a perdu 9 kilog. tandis que le deuxième a gagné 12 kilog. 7.

Betteraves et rutabagas. — Nous parlerons à présent des expériences de Vœlcker sur les navets de Suède ou rutabagas et sur les betteraves mangolds. Ces expériences ne comprennent pas, comme celles de Rothamsted, une série continue d'années, mais elles ont été faites sur un très grand nombre de points différents :

Rendement à l'hectare des rutabagas.

	Sans engrais.	Engrais minéral sans azote (1).	Engrais minéral avec azote.	Engrais azoté seul.
	—	—	—	—
	kilog.	kilog.	kilog.	kilog.
1855	13.056	34.164	29.187	25.107
1856	6.990	20.505	20.885	6.585
1857	16.536	22.465	23.003	13.330
1859	36.943	52.189	51.090	39.903 à 46.360
1868	41.427	60.259	65.702	47.306 à 52 413

Rendement à l'hectare des betteraves mangolds.

	Sans engrais.	Fumier de ferme.	Engrais minéral sans azote.	Engrais minéral avec azote.
	—	—	—	—
	kilog.	kilog.	kilog.	kilog.
1869 (moy. de 3 champs)	29.330	52.304	40.105	44.500
1869 (moy. de 2 —)	54.610	67.790	62.770	75.996
1869	56.492	76.580	73.440	77.844
1870	35.779	49.000	49.558	48.330

Si on compare les parcelles sans engrais et les parcelles avec engrais azotés seuls, on voit que l'accroissement de rendement attribuable à l'azote n'est pas en général très élevé, et quelquefois même le résultat est négatif; si on compare les engrais minéraux avec et sans azote, on voit que l'augmentation est assez aléatoire, parfois nulle, le plus souvent peu considérable. L'influence de l'azote

(1) Composition diverse; tantôt cendres d'os, mais comparable à l'engrais minéral avec azote.

sur les terres moyennement riches, est donc moins marquée et le résultat moins rémunérateur pour les plantes à racines que pour les céréales.

Nous adopterons en résumé les conclusions de MM. Lawes et Gilbert qui conseillent « l'apport abondant de matières organiques principalement carbonées qui activent la végétation, l'azote devant être rarement fourni par les engrais spéciaux, mais le plus souvent par la culture. » — C'est, du reste, un usage constant et justifié à tous les points de vue, d'appliquer à haute dose le fumier aux plantes à racines; et, dans les conditions habituelles, il est très rare qu'on doive avoir recours aux fumures complémentaires d'azote, qu'on réserve au blé succédant aux plantes sarclées.

Betterave à sucre. — Quant à la betterave à sucre, l'agriculteur s'efforce, pour donner satisfaction aux exigences industrielles, d'augmenter dans la racine la proportion d'éléments hydrocarbonés et d'éviter l'accumulation de matières azotées et de nitrates que produit l'emploi des fumures azotées. Le but qu'on poursuit consiste, en un mot, à obtenir à l'hectare le maximum de sucre cristallisable.

On peut y arriver par deux procédés : soit en sacrifiant la richesse centésimale des racines en sucre, mais en produisant de très forts rendements en poids; soit en sacrifiant les forts rendements et en s'attachant à la richesse saccharine. Le premier procédé était autrefois le seul mis en pratique; on forçait les fumures, et particulièrement les fumures azotées, et on livrait aux industriels des betteraves pauvres; les prix étaient établis uniformément d'après les 1000 kilog. Mais depuis quelques années, les industriels imposent, avec juste raison, l'achat à la densité et refusent les racines dont le jus offre une densité inférieure à 4°,5. Actuellement la culture de la betterave est dominée par la législation qui fait porter l'impôt non plus comme autrefois sur le sucre à la sortie de l'usine, mais sur la betterave elle-même, en adoptant des moyennes de richesse qui sont les suivantes :

	Sucre raffiné par 100 kil. de betteraves.
	—
De 1887 à 1888	6.250
De 1888 à 1889	6.500
De 1889 à 1890	6.750
De 1890 à 1891	7.000

Les conditions de la culture de la betterave sont complètement modifiées par la loi nouvelle, et un grand intérêt s'attache à produire des betteraves avec une richesse saccharine de plus en plus grande.

Nous n'avons pas à examiner ici les conditions (choix des graines, rapprochement des plants, façons culturales, etc.), qui concourent à la réalisation des exigences nouvelles; nous ne retiendrons que les faits concernant les engrais. Nous poserons en principe qu'il est impossible d'atteindre en même temps les gros rendements et les grandes richesses, et que, par conséquent, les fortes fumures azotées qui donnent des betteraves grosses, mais pauvres, doivent être rejetées. Nous citerons les résultats qui établissent cette règle :

MM. Lawes et Gilbert.	Rend. à l'hectare en racines.	Taux % de sucre dans la racine.
	—	—
Sans fumure azotée	14.562	13.36
1° Avec fumures azotées (moy. de 5 années).	37.536	11.35
2° — —	29.376	12.62
3° — —	42.307	11.84
4° — —	34.900	12.33

	Rend. à l'hectare en racines.	Taux % de sucre dans la racine.
M. Dehérain.	—	—
Sans engrais	17.400	14.50
Avec engrais azotés	16.400 à 21.400	12.04 à 13.0
M. Petermann.		
1° Sans azote	28.600	13.09
Avec azote	42.204	12.17
2° Sans azote	45.400	13.84
Avec azote	46.800	11.73
3° Sans azote	49.400	12.16
Avec azote	53.000	11.11
M. Pagnoul.		
1° Sans engrais		13.3
Avec azote		10.5
2° Sans engrais		12.6 à 13.9
Engrais azoté complet		10.2 à 11.4
Fumier et sulfate d'ammoniaque		5.4

Nous pourrions multiplier ces exemples, mais ils suffisent pour démontrer que si le sol est susceptible de donner par lui-même de bons rendements, la récolte est peu impressionnée par l'apport de fumures azotées ; et que, quand celles-ci peuvent augmenter dans des proportions plus ou moins fortes les rendements en poids, presque toujours elles le font au détriment de la qualité sucrière.

Les nombreuses expériences pratiques entreprises tant en France qu'en Belgique et en Allemagne donnent les règles suivantes, communément adoptées pour la fumure azotée des betteraves à sucre : employer le plus tôt possible avant l'hiver une petite quantité de fumier de ferme, et, au printemps, en plusieurs fois, les engrais azotés salins à dose modérée. Il convient de ne pas appliquer les fumures d'une façon massive ou à une époque tardive, pour ne pas pousser trop au développement des feuilles et entretenir une vie végétale qui retarde la maturité. L'hiver surprendrait la plante avant qu'elle ait mûri et élaboré le maximum de produit utile.

En Allemagne, où tous les efforts tendent à obtenir des betteraves très saccharines, résultat que les fortes fumures ne donnent pas, on commence à cultiver les blés en tête d'assolement. Renversant les usages reçus, c'est à la céréale qu'on applique la fumure principale; la betterave lui succède et ne reçoit qu'une fumure complémentaire. La richesse saccharine de la racine est augmentée par cette pratique.

PLANTES CULTIVÉES POUR LEURS TUBERCULES.

Pommes de terres. — D'après les chiffres que nous avons précédemment donnés, on voit d'une part que la pomme de terre, sans être très exigeante en azote, l'est cependant sensiblement plus, à poids égal, que les plantes racines, et d'autre part que sa valeur marchande, relativement élevée, la classe dans la catégorie des plantes qui payent largement les fumures azotées. Pour montrer l'effet de ces dernières sur la production des pommes de terre, nous citerons les expériences de Vœlcker :

	Rendements à l'hectare.
1868. Sans engrais	8.390 à 14.437 kilog.
Engrais minéral sans azote	18.260 à 18.427
— avec azote	20.556 à 22.867
Fumier	20.825 à 21.720

	Rendements à l'hectare.			
	kilog.	kilog.	kilog.	kilog.
1869. Sans engrais	16.662	16.522	9.041	10.457
Engrais minéral sans azote.	20.202	21.229	17.037	21.408
— avec azote.	20.528	30.802	17.687	22.574
Fumier	24.754	28.112	19.678	25.679

Dans la plupart des cas, l'engrais azoté a donné des excédents de rendements sinon très élevés, du moins rémunérateurs. Ce n'est que dans les années sèches et dans les terres argileuses que l'effet a été nul ou peu sensible La pomme de terre a une valeur plus élevée que celle des racines, de sorte qu'une augmentation de récolte, même faible, peut largement payer l'engrais qu'on lui a fourni. Mais une fumure trop abondante ne serait plus avantageuse; elle favoriserait la production des fanes dans des proportions exagérées, elle retarderait la maturité, diminuerait la formation de la fécule, et rendrait les tubercules plus attaquables par les maladies. De nombreuses expériences montrent qu'après une fumure moyenne au fumier de ferme, la dose complémentaire d'azote à employer au printemps ne doit pas dépasser 30 à 40 kilogrammes par hectare.

Le topinambour, en apparence un peu plus exigeant que la pomme de terre, à cause de son fort développement foliacé, se rapproche d'elle et se comporte de la même façon vis-à-vis des engrais azotés.

En cultivant les plantes à racines ou à tubercules, on vise surtout à la production des parties souterraines; le développement exagéré des parties aériennes, feuilles et tiges, provoqué par l'abondance des matières azotées, peut dans de certaines mesures nuire à la qualité et à la quantité des produits utilisables. Il y a donc en quelque sorte, entre les parties aériennes et les parties souterraines, un état d'équilibre qu'il faut conserver ou modifier au profit de la partie qu'on veut développer.

Nous ajouterons qu'il est difficile de fixer d'une manière absolue les doses d'engrais à employer; elles dépendent surtout de la richesse du sol, et seront d'autant plus élevées que la teneur de ce dernier en azote sera plus faible.

PLANTES INDUSTRIELLES.

Colza. — Le colza, plante industrielle cultivée pour la production de la graine, se rapproche beaucoup des céréales; comme ces dernières, il se montre très sensible à l'action des engrais azotés; nous pouvons, du reste, poser en principe que pour les plantes productrices de graines, l'absence ou l'abondance d'azote se font vivement sentir.

Le colza est une plante bisannuelle; repiquée au mois de septembre, elle ne donne sa récolte qu'à l'été suivant. C'est surtout au début de la végétation qu'il faut lui fournir les engrais azotés pour que la plante se développe vigoureusement; mais il n'est pas prudent, lorsque cette fumure a été abondante, d'appliquer au printemps une fumure azotée complémentaire, qui déterminerait une végétation luxuriante de feuilles, sans favoriser la formation des fleurs et des fruits; on aurait un choux-fourrage et non une plante à graines. Ce n'est que dans les cas où, par suite des fumures insuffisantes au repiquage, ou des intempéries de l'hiver, le colza se montrerait étiolé et peu vigoureux, qu'une application d'engrais azotés, à assimilation rapide, pourrait rendre de bons services; mais encore serait-il alors difficile de rattraper le temps perdu.

Pavot. — Le pavot ou œillette se place également par ses exigences à côté des céréales; c'est une des plantes qui, par la haute valeur de ses produits paye le plus cher les engrais azotés; on ne doit donc pas craindre de les lui distribuer libéralement au moment de la semaille.

Pour ces deux récoltes du reste, l'application de l'azote n'a aucune action particulière sur la qualité des produits.

Lin. — Le lin est cultivé soit pour sa tige, soit pour ses grains; dans ce dernier cas, il est, comme toutes les plantes à graine, très sensible à l'action des engrais azotés. Mais lorsqu'on le cultive au contraire pour faire de la filasse le produit marchand, il faut être sobre des engrais azotés à action rapide, qui ont une influence très marquée sur la végétation; ils la développent de telle sorte que la qualité et la quantité même de la filasse sont notablement diminuées; cette dernière est lâche et n'offre pas de résistance. Aussi les lins venus après fumure au guano subissent une dépréciation sur les marchés.

Houblon. — Le houblon, par son développement aérien très abondant, exige beaucoup d'azote; aussi la pratique a-t-elle adopté l'usage des fortes fumures azotées à décomposition lente; l'emploi des fumures azotées complémentaires appliquées en couverture est peu répandu; cependant leur effet est presque toujours remarquable. MM. Lawes et Gilbert ont fait à ce sujet, avec M. Paine, des expériences culturales démontrant que l'application, au mois de juillet, d'environ 80 kilog. d'azote soluble, sous forme de sulfate d'ammoniaque, donnait les meilleurs résultats au point de vue de la qualité et de l'abondance des cônes. L'application, au moment de la floraison, d'une certaine quantité de nitrate de soude produit souvent des effets très satisfaisants. Mais les prix du houblon sont sujets à de telles variations qu'il n'est pas permis de prévoir le résultat économique qu'on peut attendre de l'emploi coûteux des engrais azotés distribués à haute dose.

Tabac. — La récolte de tabac est une de celles qui, d'après l'analyse chimique, contient les plus fortes quantités d'azote et qui, par conséquent, doit exiger les plus grosses fumures azotées. En effet les cultivateurs réservent à cette culture rémunératrice de hautes doses de fumier de ferme.

Cependant M. Schloesing, opérant sur un sol très riche, a démontré qu'au delà de certains chiffres, les fumures azotées étaient sans influence sur le rendement, et que le poids moyen des feuilles restait sensiblement constant; ce poids est le suivant :

	Alsace.	Pas-de-Calais.
kilog.	gr.	gr.
Avec 140.7 d'azote sous forme de fumier.	10.80	8.53
— 282 — —	10.42	8.75
— 563 — —	11.01	8.36
Plus de 500 sous formes diverses...	11.01 à 12.42	7.95 à 9.78
Alors que le poids moyen des feuilles pour les carrés non fumés est de................	10.91 et	7.49

Quand le sol est dans un état de richesse satisfaisant, il ne faut donc pas abuser des fumures azotées, dont l'emploi n'est plus rémunérateur et qui ont du reste l'inconvénient de pousser fortement à la production des bourgeons axillaires dont l'enlèvement est long et dispendieux; en outre elles élèvent beaucoup le taux de nicotine qui, dans les expériences précédentes, a pu passer de 3,37 à 4,70 % sous l'influence de cet élément; le tabac prend un goût très fort, et perd ses qualités de combustibilité; les feuilles plus épaisses sont moins appréciées et payées moins cher par l'administration; enfin l'abus ou l'application tardive de l'azote au tabac peut prolonger la végétation et, en retardant la maturité, exposer la récolte aux gelées précoces de l'hiver.

PLANTES FOURRAGÈRES.

Les récoltes fourragères comprennent les plantes de la famille des légumineuses : trèfle, luzerne, sainfoin, vesces et gesces, lentillons, lupins, pois, etc., fauchées avant que les graines ne soient formées, et celles de la famille des graminées : céréales, maïs géant, sorgho fauchés en vert, et enfin les prairies naturelles qui comportent le mélange en proportions diverses de graminées et de plantes d'autres familles.

Au sujet des légumineuses, nous renverrons à ce que nous avons dit dans les pages précédentes ; des expériences nombreuses et répétées ont démontré qu'elles ne sont pas sensibles à l'action des engrais azotés, dont l'application constituerait une dépense inutile.

Quant aux graminées, de toutes les plantes cultivées, ce sont celles qui peut-être sont le plus fortement influencées par les fumures azotées. Lorsqu'une culture de maïs fourrage, de sorgho, de seigle, d'orge ou d'avoine manque d'azote, l'agriculteur est immédiatement averti par l'aspect jaunissant et étiolé des plantes et alors, si le sol, comme nous le supposons dans toute cette étude, est suffisamment pourvu d'aliments minéraux, l'application des engrais azotés produira des résultats frappants ; il n'y a pas dans ce cas le moindre doute à avoir et on peut agir à coup sûr. Si la plante au contraire se présente avec une belle couleur verte et une grande apparence de vigueur, on doit conclure à l'inutilité de l'apport de cet élément.

Maïs. — Nous citerons ici les résultats obtenus dans nos expériences sur le maïs géant, dans une terre légère contenant des engrais minéraux :

	Rendements à l'hectare.
Sans azote..........................	38.000 kilog.
Avec azote minéral (moyennes)......	70.000
— organique (moyennes)....	60.000

Deux mois après la semaille l'aspect du champ était caractéristique.

Le maïs fourrage nous semble être la plante la mieux désignée pour mesurer les besoins d'azote d'une terre.

Verse des graminées fourragères. — En parlant des céréales, nous avons signalé les dangers que présentent au point de vue de la verse les fumures azotées employées en excès. Cet inconvénient est beaucoup moins à redouter lorsqu'on cultive ces mêmes plantes dans le but d'en obtenir du fourrage, parce que les céréales, telles que le seigle, sont fauchées en vert de très bonne heure, au printemps, et que la verse, se produisant même à cette époque prématurée, n'aurait d'autre résultat fâcheux que de rendre la fauchaison plus difficile. Si cependant des pluies abondantes survenaient, la pourriture des plantes pourrait se produire. Quant au maïs et au sorgho, leur port rigide et leur tige solide les prémunissent contre cet accident et presque toujours, lorsqu'ils sont cultivés en ligne, un buttage qui recouvre les racines axillaires les consolide encore davantage. Nous avons vu cependant, dans les expériences ci-dessus, la verse se produire sur un champ de maïs sous l'influence d'une quantité d'azote de 100 kil. à l'hectare; elle nous a obligés à enlever la récolte à la fin d'août et nous a fait perdre ainsi un mois de végétation.

Prairies naturelles. — Si nous passons aux herbes des prairies, nous aurons à ajouter aux considérations présentées dans le 1er volume (page 155), quelques remarques spéciales. Nous savons qu'en général le sol des vieilles prairies est riche en matières organiques accumulées par suite de la décomposition des racines; quand le terrain est bas, un peu humide, à sol et sous-sol argileux, les quantités d'azote sont souvent considérables, parce que la nitrification étant peu intense, les pertes par les eaux de drainage sont peu élevées; souvent même en l'absence de calcaire, il y a formation de terres acides; alors les joncs, les carex, les prêles, les oseilles, etc., poussent en abondance, tandis que les légumineuses, plantes calcicoles, sont absentes.

M. Joulie a analysé 125 terres de vieilles prairies provenant des points les plus divers; il a dosé :

Dans	38	échantillons, de	1 à 2	pour 1000 d'azote.
—	67	—	2 à 5	—
—	20	—	plus de 5	—

C'est-à-dire que d'une façon très générale les vieux prés ne manquent pas d'azote, et il suffit de mettre en circulation celui qui existe, ce qui se fait principalement par le chaulage. Les jeunes prairies se rapprochent plus ou moins des terres de culture; dans les prairies sèches et en sols légers et calcaires une nitrification abondante favorise la disparition de l'azote. Dans ces deux conditions l'application des engrais azotés peut produire les meilleurs effets.

Il est toujours prudent de se rendre compte, par un essai en petit, de l'efficacité des fumures azotées, avant de les appliquer sur une grande échelle. Il ne faut pas oublier que l'engrais azoté coûte cher et que le foin n'a pas une valeur élevée. C'est donc avec discernement qu'il convient d'appliquer aux prairies les fumures azotées. Deux exemples feront ressortir l'importance de cette observation.

Application des engrais azotés sur les vieilles prairies. — Nous citerons d'abord les expériences suivantes de Rothamsted instituées sur des prairies d'ancienne création :

	Rendement moyen par hectare.	Augmentation de produit annuel par l'engrais.	Augmentation attribuable à l'azote.	Azote pour 100 des engrais: recouvré par l'augmentation.	Azote pour 100 des engrais: non recouvré par l'augmentation.
Sans engrais............	3.164^{k}9	»		»	»
308 kil. nitrate de soude.	4.264.9	1.100^{k}0		37.7	62.3
616 —	4.624.7	1.459.8		29.9	70.1
Avec engrais minéral...	4.398.8	1.233.9		»	»
Avec engrais minéral... 308 kil. nitrate de soude.	5.536.0	1.233.9 2.371	1.143^{k}	61.9	37.6
Avec engrais minéral + 616 kil. nitrate de soude.	6.482.1	3.317	2.089	36.1	65.4

L'augmentation de rendement attribuable à l'azote est d'environ 1.100^{k} pour une dose de 48 kilog. d'azote et de 1.460 à 2.090 pour une dose de 96 kilog.

En évaluant l'azote aux cours actuels, qui sont très bas, on voit que les 1.000 kilog. de foin produits en surcroît reviennent dans le premier cas à environ 70 fr.; dans le second à 100 fr. et à 60 francs. C'est-à-dire que l'excédent de récolte n'a pas payé l'excédent de dépense. Ceci s'explique en considérant combien est faible la proportion d'azote qui a été recouvrée par l'engrais. Ce n'est donc pas le produit brut, mais toujours le produit net qu'il convient d'envisager et nous ne saurions trop recommander aux praticiens d'appliquer aux résultats des expériences le calcul dont nous venons de donner un exemple.

Application des engrais azotés sur les prairies sèches. A côté des expériences prolongées de Rothamsted, nous en citerons une de M. Garola dans laquelle l'engrais a donné des résultats financiers excellents, pour une prairie sèche :

	Rendements à l'hectare.
Pas d'engrais	3.750 kilog.
Engrais azoté (48 kilog.)	6.000
Engrais minéral sans azote	3.850
— avec azote (48 kilog.)	6.475

Dans ce cas, l'emploi de l'azote a été très rémunérateur; une fumure d'environ 78 fr. par hectare a produit un excédent de récolte de 180 francs.

C'est surtout dans les prés secs ou de création récente, dans lesquels la matière organique est peu abondante et disparaît assez rapidement, que l'emploi de l'azote produira d'utiles effets. Dans les cas où le besoin d'azote se fait sentir ce n'est pas à l'état organique que nous conseillons de donner cet élément, mais à l'état salin et à petites doses.

Influence des engrais azotés sur la floré des prairies. Ils ont une action spéciale sur le développement de la flore et nous résumerons ainsi, d'après M. Ronna, les observations de MM. Lawes et Gilbert :

L'herbe venue sans engrais renferme une grande variété d'espèces ; les fétuques et les avoines prédominent ; la récolte est homogène mais courte et peu fournie en tiges.

Les engrais azotés employés seuls forcent la proportion et le nombre des graminées, à l'exclusion presque complète des légumineuses et des autres plantes, dont quelques-unes cependant, le rumex, le plantain, l'achillée, le pissenlit, le cumin, la centaurée, la renoncule prennent un développement luxuriant ; les fétuques, l'agrostis et les vulpins dominent. Les feuilles du pied se développent et la maturité est retardée ; l'herbe est plus pourvue en feuilles qu'en chaumes.

Les engrais azotés venant compléter la fumure minérale,

assurent la plus forte proportion de graminées et chassent pour ainsi dire les légumineuses et les autres plantes ; le dactyle et le pâturin, les avoines, l'agrostis, l'ivraie et la houlque laineuse se développent abondamment ; les fétuques, le fromental, le vulpin et le brôme disparaissent.

CULTURES ARBUSTIVES.

Vigne. — La vigne est classée avec juste raison parmi les plantes peu exigeantes en azote ; c'est en effet dans le feuillage que se rencontre en grande partie l'azote contenu dans les récoltes, et comme dans presque tous les cas le feuillage revient directement au sol, on peut dire que l'appauvrissement est insignifiant ; il ne dépasse pas en effet 20 kilog. pour d'abondantes récoltes ; d'autre part l'appareil radiculaire étant très développé dans tous les sens, l'absorption de l'azote du sol est plus considérable qu'avec des végétaux herbacés. La vigne peut donc prospérer très longtemps sur le même terrain sans manifester des besoins d'azote.

Les engrais azotés ont sur la vigne une action particulière, qui règle les conditions de leur emploi ; donnés en excès ou mal à propos dans des terres riches, ils provoquent un développement abondant de feuilles et de sarments ; les grappes se nourrissent alors imparfaitement et ne mûrissent pas ; la qualité comme la quantité sont déprimées. La vigne, dit-on, *s'affole* ; le pincement et l'effeuillage peuvent dans de certaines limites, corriger cet excès de vigueur. Cette observation justifiée par la pratique servira de guide au viticulteur, qui doit s'abstenir de fumures azotées lorsque la végétation normale est vigoureuse.

Une situation toute nouvelle a été créée par le phylloxéra et les cas sont nombreux aujourd'hui où la vigne est languissante et développe mal son bois et ses feuilles; il faut alors recourir aux fumures azotées à action rapide. Développer le système aérien, c'est développer en même temps le système radiculaire, c'est donc en quelque sorte régénérer la vigne. Les traitements par les insecticides devront toujours être accompagnés de l'application d'engrais et particulièrement d'engrais azotés. Lorsque la vigne a une vigueur satisfaisante et qu'elle n'est pas attaquée par l'insecte, on la maintient par des fumures de restitution, en ayant recours aux engrais azotés à décomposition lente.

Dans le cas des vignes submergées, les fumures azotées devront être appliquées chaque année, car les nitrates et les sels ammoniacaux, c'est-à-dire l'azote assimilable, ont disparu par le lavage de la terre; il est indispensable de les renouveler aussitôt après l'inondation, sous peine de voir la vigne péricliter; l'expérience devra fixer les doses à employer, qui doivent être strictement nécessaires; car les quantités mises en excès seront complètement perdues pour la récolte suivante; s'il s'agit d'engrais solubles la perte est totale, s'il s'agit d'engrais organiques la perte ne s'exercera que sur la partie nitrifiée.

Les considérations qui s'appliquent à la vigne peuvent s'appliquer aux cultures des arbres fruitiers en général, auxquels on a coutume d'appliquer de loin en loin des fumures azotées à décomposition lente.

CHAPITRE II.

AZOTE NITRIQUE.

Les nitrates sont le résultat de la combinaison de l'acide nitrique avec une base. L'acide nitrique contient l'azote en combinaison avec l'oxygène; à l'état anhydre il a pour formule AzO^5 et renferme 26 pour 100 de son poids d'azote.

Cette forme oxygénée de l'azote se rencontre abondamment; deux causes naturelles lui donnent naissance :

1° L'électricité atmosphérique, qui opère la combinaison de l'azote et de l'oxygène existant dans l'air; mais ce phénomène est très limité et les quantités d'acide azotique ainsi formées et que les pluies amènent au sol, dans une année, n'atteignent que le poids d'un petit nombre de kilogrammes, si on les rapporte à une surface de 1 hectare. Cet acide nitrique se trouve disséminé dans des masses énormes d'air ou d'eau, et il nous est impossible de le saisir; il arrive au végétal sans notre intervention.

2° La nitrification, qui s'opère au sein de la terre végétale, sous l'influence du ferment nitrique, porte l'oxygène sur l'azote des matières organiques qui ont cessé de vivre et donne naissance à des quantités énormes de nitrates. En général le sel est diffusé dans le sol ou dilué dans les eaux ; mais dans certaines conditions, il se concentre en des points déterminés et forme alors des gisements d'où l'extraction est possible et qui sont la source de tout le nitrate qui est employé en agriculture.

L'industrie est encore impuissante à l'heure actuelle à le produire de toutes pièces.

Les nitrates, par l'azote qu'ils renferment, servent d'aliment aux plantes, et l'on peut même dire que de toutes les formes que revêt l'azote, c'est celle de nitrate qui convient le mieux aux végétaux. Aussi depuis que la propriété fertilisante des nitrates a été reconnue et que des gisements importants ont été découverts, ces sels ont-ils pris une large place parmi les engrais chimiques. Il y a quarante ans à peine que les premiers essais sur l'emploi des nitrates ont été effectués ; les résultats obtenus les ont rapidement fait entrer dans la pratique agricole.

Les principaux nitrates qui existent dans la nature sont : 1° Le nitrate de chaux qui se forme généralement lorsque l'azote nitrifie au contact des matières terreuses, et qui peut être regardé comme le produit fondamental d'où dérivent les autres nitrates. 2° Le nitrate de soude qu'on trouve en gisements considérables sur les côtes de l'océan Pacifique. 3° Le nitrate de potasse ou salpêtre proprement dit, qu'on rencontre en efflorescences sur certains terrains et principalement dans des grottes, aux Indes, en Espagne et dans d'autres localités des pays chauds. 4° Le nitrate d'ammoniaque et quelques autres nitrates d'une importance secondaire et sur lesquels nous n'insisterons pas.

§ I. — FORMATION DES NITRATES.

Nous devons entrer dans quelques détails pour montrer comment l'azote des matières organiques et des sels ammoniacaux produit des nitrates, quelles sont les formes que ces derniers revêtent et quelles transformations ils subissent pour arriver à l'état final sous lequel nous les rencontrons.

Conditions générales de la nitrification. — Les conditions indispensables de la formation des nitrates dans le sol sont les suivantes :

1° La présence d'une matière azotée organique ou ammoniacale destinée à fournir l'azote.

2° La présence d'une matière carbonée qui sert d'aliment au ferment nitrique. Dans le cas d'une matière azotée organique, le carbone est fourni par cette dernière; mais pour les sels ammoniacaux, leur nitrification ne s'opère qu'à la condition qu'ils se trouvent en présence d'une substance contenant du carbone.

3° Une substance basique destinée à saturer et à retenir l'acide nitrique qui se forme. Cette base doit être en quantité suffisante pour donner une réaction alcaline à la terre, c'est-à-dire qu'elle doit se trouver en excès sur les matières humiques. Dans la nature, c'est à peu près exclusivement le carbonate de chaux qui remplit ce rôle; aussi trouve-t-on dans le sol l'acide nitrique combiné à la chaux et les terres auxquelles le calcaire manque complètement ne sont-elles pas aptes à nitrifier.

4° La présence du ferment nitrique, sans l'intervention duquel la combinaison de l'azote et de l'oxygène n'a pas lieu; les terres dans lesquelles ce ferment a été tué ou dans lesquelles il ne peut pas se développer n'engendrent jamais de nitrates.

5° La présence de l'oxygène; en effet, la formation du nitre est un phénomène d'oxydation, que l'organisme chargé de cette fonction ne saurait effectuer qu'en présence d'une quantité suffisante d'oxygène. C'est l'air atmosphérique qui fournit ce gaz, en pénétrant dans le sein de la terre; mais pour que cette pénétration ait lieu, il faut que le sol soit suffisamment ameubli et offre entre ses particules des interstices permettant la circulation de l'air. Quand une terre est trop compacte ou trop fortement tassée ou submergée, l'air n'y circule plus et la nitrification y est arrêtée.

6° L'humidité du sol est indispensable. Si en effet la dessiccation du milieu est trop grande, le ferment nitrique est entravé dans son action; une humectation convenable active dans une forte proportion la transformation des matières azotées.

7° Il faut une certaine température comprise entre les limites de l'activité des ferments. Quand elle est trop basse, c'est-à-dire au dessous de 5°, la nitrification peut être regardée comme sensiblement nulle; si elle dépassait 40°, le même effet se produirait, c'est donc entre ces deux limites que se trouve comprise la sphère d'activité du ferment nitrique. La température la plus favorable est un peu supérieure à 35°. On comprend donc que pendant les froids de l'hiver, la nitrification soit entièrement arrêtée et qu'en été elle ait son maximum d'intensité.

Ces principes fondamentaux étant exposés, nous allons considérer les principales conditions dans lesquelles les nitrates se produisent.

Nitrification générale du sol. — Les conditions que nous venons d'exposer sont réalisées dans la plupart des sols; en réalité, il n'y a d'exception que pour les terres acides telles que les tourbières, les terres de landes et de bruyères ou pour celles qui sont constituées par de l'argile presque pure. Dans tous les autres sols, nous avons une nitrification continue qui transforme incessamment en nitrate l'azote des résidus organiques laissés par les végétations antérieures. La surface des continents doit donc être envisagée comme une immense nitrière. Mais le nitre ainsi formé ne reste pas dans le sein de la terre, dont les propriétés absorbantes ne s'exercent pas à son endroit. Les eaux pluviales qui traversent le sol l'entraînent et l'emportent avec elles dans les cours d'eau. Dans ces conditions, les nitrates ne s'accumulent pas, et malgré l'intensité du phénomène qui leur donne naissance, ils n'existent dans le sol qu'en petite quantité. L'agriculteur ne dispose donc pas de ces nitrates comme il l'entend; les plantes en tirent parti dans une certaine mesure, mais on ne peut pas les conserver dans la terre; encore moins peut-on les extraire pour les appliquer suivant les besoins, c'est-à-dire en faire un engrais chimique, substance maniable et concentrée représentant une valeur réalisable. La terre n'est donc pas la source à laquelle nous devons puiser pour obtenir les nitrates sous une forme que nous puissions appliquer à volonté.

Nitrières artificielles. — L'impossibilité de retirer des terres normales les nitrates qu'elles renferment a conduit à l'établissement de nitrières artificielles, qui ne consiste en réalité qu'à placer les terres dans les conditions les plus favorables à la nitrification et à empêcher le départ des nitrates à mesure de leur formation. Dans ces conditions, la production du nitre est beaucoup plus intense, sans qu'il y ait de déperdition par les eaux pluviales. Au bout d'un certain temps, la richesse de la masse en nitre devient beaucoup supérieure à celle des terres les plus fertiles et l'extraction par le lessivage peut alors devenir rémunératrice.

A l'heure actuelle, où l'on tire des gisements de l'Amérique du Sud des quantités énormes de nitrates, l'établissement des nitrières artificielles destinées à la production du salpêtre n'a qu'une importance tout à fait secondaire; mais il peut intervenir des conditions, telles que l'épuisement des gisements de nitrates ou une interruption des communications, qui obligeraient à produire, comme on le faisait autrefois, le nitre soit pour les besoins de l'industrie, soit pour ceux de l'agriculture. Il est donc utile de connaître les conditions les plus favorables à l'établissement de nitrières artificielles, destinées à transformer en nitrates l'azote des matières organiques.

A la fin du siècle dernier, les besoins de la fabrication de la poudre ont porté divers savants à étudier cette importante question, et des instructions très précises ont été publiées à cette époque.

Il n'y a pas à y apporter de grandes modifications, puisqu'elles ont répondu au but désiré. Aujourd'hui que nous connaissons les conditions exactes de la nitrification, nous sommes même étonnés de voir avec quelle clairvoyance ces instructions étaient rédigées.

Matériaux propres à l'établissement des nitrières artificielles. — Les nitrières artificielles sont constituées par un mélange de matériaux servant de support et permettant l'aération, auxquels on incorpore des substances nitrifiables et les éléments calcaires qui sont nécessaires. Par un arrosage convenable, on maintient la masse à un certain degré d'humidité ; on l'abrite en construisant un hangar grossier et on laisse la nitrification suivre son cours, en ajoutant à mesure les matériaux nitrifiables dont on dispose. Comme support, on choisit une terre meuble permettant l'aération. Les terres des étables, des caves, des celliers, les débris de démolition, le terreau, substances qui toutes renferment déjà des matières azotées, doivent être employés de préférence.

Il faut s'assurer au préalable que ces matériaux sont calcaires ; s'ils ne l'étaient pas, il faudrait les mélanger avec les substances calcaires qu'on aurait à sa disposition, de préférence la craie, les calcaires tendres, les plâtras, etc. La chaux peut encore être employée; placée en morceaux dans le sein de la masse, elle a l'avantage de favoriser la désagrégation des matières organiques et de donner à la nitrière une plus grande porosité, car en se délitant elle foisonne. Aussi longtemps qu'elle est à l'état de chaux vive, elle s'oppose à la nitrification, à cause de sa causticité qui est défavorable au développement du ferment nitrique; mais dès qu'elle est carbonatée, ce qui ne tarde guère, elle devient apte à favoriser la nitrification, qui est alors d'autant plus rapide que la désagrégation des matériaux organiques par l'action préalable de la chaux a été plus complète.

Nous savons que l'aération est une condition essentielle de la nitrification; pour la rendre plus facile, on dispose les matériaux sur une claie ou sur tout autre support permettant l'introduction de l'air; des fagots, des branchages, des plâtras, des pierres mêmes serviront à cet effet.

Toutes les substances azotées, animales ou végétales, peuvent être introduites dans la nitrière; quand elles sont solides, on les emploie en couches alternantes avec la terre; quand elles sont liquides, on pratique des arrosages qui ont en même temps l'avantage d'entretenir une certaine humidité. La somme de matériaux azotés à introduire dans la nitrière n'est pas illimitée; aussi doit-on judicieusement pratiquer les mélanges. Quand on opère sur des sols de bergerie par exemple, qui sont pour ainsi dire saturés de matières azotées, on se borne à les exposer en tas pour leur permettre de nitrifier l'azote qu'ils renferment; quand on opère sur des terres plus pauvres, on y introduit des débris de toutes sortes, des déjections d'hommes et d'animaux, des urines, etc., même des matières végétales. Nous renvoyons d'ailleurs à ce que nous avons dit sur l'établissement des composts qui sont en somme de véritables nitrières.

Arrosage. — La question des matériaux à employer étant élucidée, abordons celle de l'arrosage. Il est indispensable que la masse soit maintenue humide, mais sans toutefois que la quantité de liquide nuise à la perméabilité. La terre doit rester parfaitement meuble et ne laisser suinter les liquides en aucun point. Pour l'arrosage, on emploiera de préférence les urines, les purins, les eaux ménagères, etc., à leur défaut, de l'eau pure. Il est important de répartir uniformément ces liquides; un arrosoir muni d'une pomme pourra remplir ce but. On asperge la surface de la nitrière de petites quantités de liquide à la fois, ce qui permet de les laisser pénétrer dans la masse, avant d'en rajouter une nouvelle quantité; on évite ainsi de noyer la terre par places. On peut encore se servir de vases en terre poreuse, qui sont enterrés à la partie supérieure des tas et qu'on remplit de liquide; celui-ci, renouvelé de temps en temps suivant les besoins, et filtré lentement à travers les parois se répartit d'une manière uniforme.

Ordinairement on donne à la nitrière la forme d'un tas parallélépipédique allongé et on la couvre d'un hangar destiné à la protéger contre les eaux pluviales.

Lorsqu'il est possible de soumettre la masse à un mélange fréquent, on active dans une proportion considérable la formation du nitre. Un ou plusieurs recoupages, les labours à la charrue ou tout autre moyen destiné à renouveler les surfaces, produisent des effets extrêmement favorables. Pendant les chaleurs la nitrification est activée, aussi les nitrières établies dans les pays chauds opèrent-elles plus rapidement la formation du salpêtre.

Rendement des nitrières. — Dans les conditions les plus favorables, la proportion de nitre produit est assez limitée ; elle dépasse rarement 5 kilog. par mètre cube de terre, et cette proportion n'est ordinairement atteinte qu'au bout d'un temps assez long, compris entre un et deux ans.

Pour obtenir 1 kilog. de nitre contenant 14 % d'azote, il faudrait, en supposant que la transformation fût intégrale, les quantités suivantes des principaux matériaux employés à cet effet :

Bouses de vaches	43	kilog.
Crottins de cheval	25	
Urine de vache	31	—
— d'homme	19	—
Fumier d'écurie	34	—
Purin	23	—
Sang d'abattoir	5	—

Extraction du nitre. — Pour extraire le nitre, on procède à un lavage méthodique, en traitant plusieurs masses successives de terre par la même eau, de manière à obtenir des solutions assez concentrées qui contiennent le nitre en majeure partie à l'état d'azotate de chaux. Nous avons vu comment on peut produire le nitre, nous n'entrerons pas dans les procédés usités pour retirer de ces solutions le nitrate de potasse; il nous suffira de dire qu'on opère une double décomposition entre le nitrate de chaux que contient la lessive et des sels de potasse tels que le sulfate, le carbonate ou le chlorure de potassium. Des cristallisations successives donnent le nitrate de potasse à l'état de pureté.

En nous plaçant purement au point de vue agricole, nous n'avons pas à nous préoccuper de l'extraction du nitre contenu dans les nitrières; en effet, lorsque l'agriculteur établit une nitrière ou plus simplement un compost, il répand à la surface de ses terres le terreau chargé de nitre qu'il a obtenu.

Pour l'agriculteur, la nitrière artificielle doit être en réalité un véritable compost dans lequel il fait subir aux matières organiques azotées dont il dispose et qui, en général, sont peu assimilables pour les plantes, une transformation qui fournit de l'azote immédiatement utilisable sous la forme de nitrate. Au lieu de laisser les matières organiques et détritus de toutes sortes se perdre dans les fermes, nous engageons les agriculteurs à fabriquer des composts dont l'établissement se rapprochera autant que possible des conditions que nous venons de décrire et sur l'avantage desquels nous avons déjà appelé l'attention (t. I, p. 553).

Exemples de nitrières artificielles. — Dans plusieurs pays, on utilise des conditions spéciales pour la production du salpêtre, soit qu'on tire parti des matériaux qui s'enrichissent naturellement, soit qu'on favorise cette action par l'apport de substances nitrifiables.

Nitrières de Hongrie. — Dans certaines parties de la Hongrie, on trouve le salpêtre formant des efflorescences à la surface des sols. C'est surtout sur des terrains inclinés formant un sol noir composé de sable et de calcaire et dont la pente se dirige vers des marais, que cette nitrification se produit. Pour la rendre plus énergique, on dirige sur ces terres les urines, les purins et en général des matériaux nitrifiables ; on répand en même temps des cendres destinées à apporter l'élément potassique qui transforme le nitre en azotate de potasse. Dans les saisons chaudes, ce sel, par suite de l'évaporation de l'eau qui le tenait en dissolution, se concentre dans les couches supérieures et effleurit à la surface.

On écroûte la terre au moyen d'une sorte de couteau traîné par un cheval et on enlève les parties qui se sont chargées de salpêtre, au point d'en contenir 2 à 3 pour 1000. On peut faire sur la même surface plusieurs récoltes dans l'année et on obtient ainsi jusqu'à 3 ou 4000 kilogrammes de salpêtre par hectare. Un certain nombre de villages se livrent encore actuellement à cette exploitation et alimentent des usines.

Nitrières de Suisse. — En Suisse, on exploite pendant l'été la terre des étables et des caves, qu'on lave de manière à obtenir des solutions assez concentrées. Celles-ci sont additionnées de cendres destinées à la transformation du nitrate de chaux en nitrate de potasse. Après clarification et décantation, on évapore et on obtient ainsi des cristaux de salpêtre brut.

On peut exploiter le sol des étables tous les sept ans; suivant leur dimension, on obtient au bout de ce temps 25 à 100 kilog. de salpêtre brut par étable.

Nitrières de Suède. — En Suède, on produit également du salpêtre, et les paysans de certaines localités payent une partie de l'impôt en nature avec ce sel; ces nitrières sont disposées dans des huttes, suivant les règles que nous avons exposées en parlant des nitrières artificielles. On retourne les tas fréquemment, une fois par mois en hiver et une fois par semaine en été; ce recoupage active la nitrification. Les lessivages se font au bout de deux ans.

Nitrières de Longpont. — Dans beaucoup d'autres localités, on suit des pratiques analogues; à Longpont, par exemple, on utilise des carrières humides, chaudes et aérées pour y établir des nitrières formées de couches de terre et de fumier que l'on arrose avec du purin. Au bout de deux ans on retire la terre, on la met en tas à l'air et on la remue; on laisse encore en tas pendant deux ans et alors on procède au lessivage; on compte qu'on obtient ainsi 5 à 600 kilog. de salpêtre brut avec le fumier de vingt-cinq animaux de ferme.

Il existe, comme on voit, des pratiques très diverses

pour la poduction du salpêtre; toutes se résument à se rapprocher autant que possible des conditions que réalisent les nitrières artificielles et que nous avons exposées en détail.

Nous devons ajouter que la production du nitre n'a plus aujourd'hui qu'une importance secondaire, depuis que l'exploitation des gisements de nitrate de soude a pris une si grande extention. Mais on ne doit pas perdre de vue que si cette source venait à tarir un jour, il faudrait de nouveau avoir recours aux nitrières artificielles. Dans ce cas, la fabrication du salpêtre pourrait devenir une industrie agricole rémunératrice, non pas en vue de l'emploi dans les cultures, mais comme produit destiné à l'industrie et surtout à la fabrication de la poudre.

A l'heure actuelle, on emploie les nitrates naturels, parce que le prix de l'azote qu'ils renferment est peu élevé; s'il fallait payer cet azote plus cher, l'agriculteur ne pourrait plus en tirer profit. Si donc les gisements actuels des nitrates venaient à tarir, l'agriculteur ne saurait en trouver la compensation dans la confection des nitrières artificielles. Celles-ci, par les frais d'installation et la main-d'œuvre qu'elles exigent, par la lenteur de leur travail, par les frais d'extraction, ne pourront donner que du nitre à un prix élevé. Ce sera seulement pour les usages industriels et spécialement pour la fabrication de la poudre que les nitrières artificielles rendront des services, lorsque l'Amérique du Sud ne nous fournira plus le nitrate de soude qui approvisionne aujourd'hui tous les marchés.

Terres nitrées. — On trouve fréquemment dans les pays chauds, et surtout entre les tropiques, des terres nitrées incomparablement plus riches en nitrate que les sols les plus fertiles de nos contrées. Dans l'Amérique du Sud, par exemple, on constate sur une vaste échelle les accumulations de nitre dans le sol.

L'origine de ces énormes quantités de nitrate a été souvent discutée, elle a été attribuée tantôt à l'action de l'électricité atmosphérique produisant les nitrates que les pluies amènent au sol, tantôt à l'oxydation des résidus animaux tels que les guanos, etc. Dans le doute où l'on se trouvait jusqu'à présent sur l'origine de ces nitrates, nous avons entrepris, une série de recherches destinées à élucider le phénomène de la nitrification dans les pays chauds. Les expériences ont été effectuées au Vénézuéla, dans l'Amérique du Sud, avec le concours de M. Marcano.

Terres nitrées du Vénézuéla. — Dans cette région, on trouve fréquemment des terres chargées à un haut degré de nitre dont les indigènes se servaient depuis de longues années, pour la fabrication de la poudre.

L'examen de ces terres nous a montré que les accumulations de nitre sont le résultat de la transformation en acide nitrique de l'azote des matières animales, oxydées sous l'influence du ferment nitrique. Dans ces régions, on trouve en abondance des déjections d'animaux vivant en société, tels que les oiseaux marins et les chauves-souris, qui déposent leurs déjections en des points déterminés, où ils se réunissent et où ils laissent également leurs cadavres. La nourriture qu'ils vont chercher au loin vient donc se réunir sous forme de déjections sur un point très restreint et constitue dans la suite des temps ces gisements qui sont bien connus. Les guanos se sont accumulés de cette sorte; les déjections des chauves-souris remplissent d'énormes cavernes dans le flanc de la Cordillière.

Lorsque cette matière azotée se trouve dans les conditions favorables à la nitrification, elle se transforme en nitrate; la température élevée et régulière qui règne dans ces pays rend cette nitrification extrêmement intense. D'un autre côté, là où les pluies sont rares, le nitre formé n'est pas entraîné dans le sous-sol, comme il l'est dans les régions tempérées ; il reste dans la terre, qui se charge graduellement, aussi longtemps qu'il s'y trouve de la matière azotée à décomposer.

Dans le cours de nos recherches, nous avons pu suivre cette oxydation de la matière azotée, et nous avons littéralement observé les gisements en voie de formation. La nitrification s'opérant au contact du sol qui est calcaire, donne naissance à du nitrate de chaux, et c'est toujours sous cet état que nous avons rencontré, dans les terres nitrées, la plus grande partie sinon la totalité du nitre.

Comme exemple de cette transformation graduelle, nous citerons les chiffres suivants se rapportant à la grotte de la Marguerite, au Vénézuela, en ramenant les résultats à 100 kilog. de matière sèche.

	Guano de l'intérieur de la grotte.	Terre à l'extérieur de la grotte.	Terre plus éloignée de la grotte.
Azote organique................	11.74	2.41	0.80
Azotate de chaux...............	0.00	4.67	16.00
Acide phosphorique............	3.68	1.15	6.10

On voit l'azote organique disparaître à mesure que l'azote nitrique se forme.

La teneur de ces terres est extrêmement variable, souvent très élevée ; au voisinage des cavernes remplies de déjections de chauves-souris, nous en avons trouvé contenant plus de 35 pour 100 de nitrate de chaux, soit environ 80 fois plus que ce que nous pouvons obtenir dans une nitrière artificielle.

Ce milieu est rempli de ferment nitrique, dont nous avons constaté la présence à l'état vivant.

D'autres terres nitrées des mêmes régions ont pour point de départ les cadavres d'animaux antédiluviens; au milieu de la terre chargée de nitre, nous avons découvert en effet les ossements d'animaux appartenant à des époques géologiques éloignées.

La conclusion de ces recherches a été que les terres nitrées doivent leur origine à une cause analogue à celle qui produit la nitrification dans les pays tempérés, mais qui agit là avec une intensité incomparablement plus grande.

Nous avons encore constaté que les terres qui se sont chargées de nitre aux dépens des matières animales sont extrêmement riches en phosphate. En effet, dans les produits animaux, l'acide phosphorique et l'azote sont toujours réunis; il n'y a donc rien d'étonnant à ce que les résidus qu'ils laissent se retrouvent dans les mêmes lieux, lorsque aucune cause ne tend à les séparer.

Ce que nous avons dit plus haut sur la nitrification des matières organiques, montre que c'est le calcaire qui fournit la base indispensable à la nitrification et que, par suite, c'est à l'état de nitrate de chaux que l'on trouve le salpêtre dans le sol; mais il est des cas spéciaux où la chaux peut être remplacée par une autre base et notamment par la magnésie, quelquefois même par la potasse, la soude, l'ammoniaque, lorsque ces alcalis se trouvent à l'état carbonaté et en petite quantité. Il arrive alors que le nitre se présente sous la forme d'azotate de magnésie, de potasse, de soude, d'ammoniaque.

Dans d'autres cas, qui sont beaucoup plus fréquents, on rencontre simultanément dans le sol les éléments calcaires, en même temps que des combinaisons de la magnésie, de la potasse, de la soude. Il s'effectue alors un partage de l'acide nitrique formé entre les diverses bases, de sorte qu'en réalité on trouve simultanément dans le sol le nitrate de chaux, le nitrate de magnésie, le nitrate de potasse et le nitrate de soude. Ce mélange complexe, dans lequel le premier sel est à peu près toujours prédominant, peut se séparer sous certaines influences et notamment par la cristallisation, qui élimine à l'état solide les composés les moins solubles, alors que les autres restent en dissolution.

Ce que nous venons de dire explique pourquoi dans certaines conditions on trouve le nitrate combiné à d'autres bases que la chaux. Nous parlerons de quelques-uns des cas les plus intéressants.

Salpêtre des murailles. — Les liquides du sol qui tiennent en dissolution le salpêtre, en même temps que d'autres substances solubles, sulfate et bicarbonate de chaux, chlorures alcalins, etc., cheminent dans la terre, et lorsqu'ils rencontrent une masse poreuse, ils l'imprègnent; c'est le cas des murailles. L'évaporation produite à la surface appelle sans cesse de nouvelles quantités de liquide qui vient déposer son résidu salin. Au bout d'un certain temps, on voit alors les murs se recouvrir d'efflorescences blanches constituées par un mélange extrêmement complexe, auquel on donne communément le nom de salpêtre. En réalité, les nitrates ne constituent qu'une partie de la masse de ces efflorescences; celles-ci sont formées par l'ensemble de toutes les substances qui se trouvaient en même temps dans les liquides du sol, chlorures, sulfates, carbonates, etc. En général, le salpêtre proprement dit n'y entre que dans une proportion de 2 à 10 pour 100; les carbonates et les sulfates de chaux et de magnésie y sont plus abondants. En traitant des plâtras par l'eau et en évaporant, on obtient un résidu auquel

Thénard a trouvé la composition centésimale suivante :

Azotate de potasse et chlorure de potassium........	10
— de chaux et de magnésie.....................	70
Chlorure de sodium..............................	15
Chlorures de calcium et de magnésium............	5

Partout où les mêmes conditions sont remplies, on voit se concentrer le salpêtre brut dans les parties où l'évaporation se produit. Dans les pays chauds, la nitrification étant plus énergique et les phénomènes d'évaporation plus actifs, la concentration est plus abondante. Aussi voyons-nous dans les Indes, et à Ceylan par exemple, de véritables exploitations d'un salpêtre qui arrive sur les marchés de l'Europe; nous les passerons en revue d'une façon sommaire.

Salpêtre de Ceylan. — Des cavernes se trouvant dans des roches calcaires renfermant du feldspath et servant d'habitations à des chauves-souris, se recouvrent de nitre qui délite les parties superficielles de la roche; celles-ci sont détachées avec un pic; on les triture grossièrement, et on extrait le salpêtre, suivant des procédés que nous indiquons plus loin.

Davy donne pour composition de ces roches salpétrées les chiffres suivants :

Azotate de potasse..............................	2.4
— de magnésie.............................	0.7
Sulfate de chaux................................	0.2
Carbonate de chaux..............................	26.5
Eau...	9.4
Résidu sableux..................................	60.8
	100.0

Des grottes analogues sont répandues dans beaucoup de localités.

Salpêtre des Indes. — Dans les Indes, dans le Bengale, dans l'Arabie, en Égypte, en Perse, en Chine, en Espagne, etc., on extrait du salpêtre en grande quantité. De vastes étendues de terre se recouvrent de ce produit, qui forme des couches en général très peu épaisses, remplies d'efflorescences. La surface de la terre, en se desséchant, pompe par capillarité les liquides des couches inférieures et laisse les sels cristalliser à l'extérieur. Le salpêtre accumulé pendant la saison sèche est ramassé et traité en vue de la production du nitrate de potasse.

Voici des analyses de ces efflorescences :

	Salpêtre brut des Indes.		Terre de nitre d'Égypte.
	DAVY.	HAYNES.	VŒLCKER.
Azotate de potasse	8.3	2.26	1.01
— de soude	»	6.32	»
— de chaux	3.7	»	»
Chlorure de sodium	0.2	14.81	1.42
Sulfate de chaux	0.8	1.43	1.05
— de magnésie	»	1.38	»
Carbonate de chaux	35.0	73.80 (Carbonate de chaux, Eau et matières organiques, Matières insolubles)	3.06
Eau et matières organiques	12.0		»
Matières insolubles	40.0		72.03
	100.0	100.00	

§ II. — NITRATE DE POTASSE.

C'est ordinairement des matériaux salpêtrés qu'on extrait le nitrate de potasse, en traitant par un sel potassique le produit de leur lessivage, qui contient le nitrate à l'état de sel calcaire ou magnésien. On peut encore l'obtenir par double décomposition du chlorure de potassium avec le nitrate de soude et aujourd'hui ce dernier procédé fournit une grande quantité du salpêtre consommé.

Traitement des matériaux salpêtrés. — Après avoir passé en revue les matériaux dans lesquels le nitre s'est accumulé, soit sous l'influence de phénomènes naturels, soit avec notre intervention, nous devons exposer les procédés généraux suivis pour retirer le nitrate du mélange complexe dans lequel il est engagé, pour le concentrer et l'amener ainsi à un certain degré de pureté.

Nous avons vu que le nitre existe principalement à l'état de nitrates de chaux, de magnésie, de soude, de potasse ; en général, on ne se contente pas d'extraire le nitre sous cette forme complexe; on l'amène au même état de combinaison et c'est comme azotate de potasse ou salpêtre proprement dit qu'on le livre au commerce. La potasse n'existe pas toujours dans ces matériaux en quantité suffisante pour saturer l'acide nitrique; il faut donc en ajouter et, suivant les localités, on la donne sous des formes très variées. Dans les pays où les bois sont abondants, ce sont des cendres végétales qui fournissent cette base; on emploie aussi le sulfate de potasse et le chlorure de potassium, sels qui sont déjà eux-mêmes le résultat d'une extraction.

Lessivage des matériaux salpêtrés. — La première opération consiste dans le lessivage des matériaux salpêtrés; elle s'effectue d'une façon méthodique, permettant de faire passer successivement des quantités d'eau relativement minimes sur de grandes masses de matériaux, de manière à avoir un liquide déjà concentré et marquant à l'aréomètre Baumé 12° à 15°; quelquefois, avant de procéder au lavage, on mélange à la matière à traiter des cendres, qui apportent l'élément potassique. Les nitrates de chaux et de magnésie sont ainsi décomposés et les eaux de lavage renferment le nitrate à l'état de sel potassique que, par l'évaporation, on obtient plus ou moins pur.

Transformation en sel potassique. — Mais dans la grande généralité des cas on ne procède à la transformation en sel potassique que dans la lessive elle-même. Lorsqu'on emploie du carbonate de potasse sous forme de lessives, de cendres ou de salins ou même de carbonate de potasse purifié, la chaux et la magnésie se précipitent à l'état de carbonates; lorsqu'on emploie le sulfate de potasse, on ajoute en même temps un lait de chaux et on obtient alors un dépôt insoluble de magnésie et de sulfate de chaux; dans ces divers cas, l'élimination de la chaux et de la magnésie se fait directement par précipitation. Mais lorsqu'on emploie le chlorure de potassium, il faut procéder d'une autre manière; on commence par transformer les azotates de chaux et de magnésie en azotates de soude par l'intervention du sulfate de soude et de la chaux qui, comme dans le cas précédent, opèrent l'élimination de la chaux et de la magnésie. Il s'agit alors de transformer l'azotate de soude obtenu en azotate de potasse; cette réaction s'opère en ajoutant le chlorure de potassium qui, par double décomposition avec le nitrate de soude, fournit de l'azotate de potasse et du chlorure de sodium ou sel marin. Ce dernier est facile à enlever pendant la concentration des liquides; il se dépose en effet à chaud, tandis que l'azotate de potasse ne cristallise qu'après refroidissement.

Cristallisation du nitrate de potasse. — Pour concentrer les liquides clarifiés, on les évapore dans des chaudières portées à l'ébullition, on enlève graduellement les mousses noires qui se forment à la surface, ainsi que les parties terreuses qui se déposent au fond. Pendant la concentration, le chlorure de sodium se dépose; on l'enlève à mesure sans cesser l'ébullition; on laisse alors refroidir et le nitrate de potasse cristallise à l'état impur. On le raffine suivant des procédés dont nous n'avons pas à nous préoccuper ici. Les eaux mères contiennent encore beaucoup de nitrates; pour en tirer parti, le mieux est de les remettre avec les lessives à traiter.

La fabrication industrielle au moyen du nitrate de soude du Pérou se fait comme dans le cas précédent, où les nitrates primitivement formés sont ramenés à l'état de nitrate de soude avant la transformation en sel de potasse.

Composition. — A l'état pur le nitrate de potasse se présente en cristaux ayant la forme de prismes droits à base rhombe; il est de saveur fraîche et piquante, très soluble dans l'eau; lorsqu'on le jette sur un charbon ardent, il en active la combustion. Formé d'acide azotique et de potasse (KO, AzO^5), il contient pour 100 :

Potasse.......	46.54	
Acide azotique.	53.46 correspondant à azote..	13.86

A l'état raffiné, le nitrate de potasse est rarement employé en agriculture, à cause de son prix relativement élevé; mais à l'état brut il l'est souvent et c'est un engrais très puissant, puisqu'il apporte, outre l'azote, une grande quantité de potasse. La richesse des nitrates de potasse bruts est assez variable. Le salpêtre des Indes contient en général 8 à 10 et quelquefois jusqu'à 15 et 20 % d'impuretés; les produits qu'on trouve ordinairement dans le commerce titrent 92 % de nitrate de potasse pur et contiennent :

Azote à l'état nitrique...............	12.75 pour 100
Potasse..............................	42.80 —

Les nitrates de potasse d'autres provenances, surtout ceux qui sont obtenus par la double décomposition entre le chlorure de potassium et le nitrate de soude, renferment également des impuretés, dont le taux est voisin de 5 % et qui consistent principalement en humidité et en chlorure de sodium ; il y a en outre un peu de chlorure de potassium, des sulfates de soude et de potasse et un résidu sableux.

Les nitrates de potasse bruts sont donc relativement purs. M. Joulie y a trouvé pour 100 :

	Minimum.	Maximum.	Moyenne de beaucoup d'analyses.
Azote nitrique........	12.28	13.71	13.06
Potasse	41.30	46.08	44.38

Salpêtre extrait des eaux d'osmose. — Nous devons dire encore quelques mots du nitrate de potasse provenant des eaux d'osmose. Les betteraves concentrent dans leurs tissus une quantité assez notable des nitrates qu'elles ont puisés dans le sol; elles contiennent en outre des proportions importantes de potasse. Les éléments salins se concentrent dans les mélasses et lorsqu'on traite celles-ci dans les osmogènes, les eaux d'exosmose sont assez chargées de nitrate de potasse pour pouvoir être évaporées en vue de l'extraction de ce sel, ordinairement accompagné d'autres sels tels que le chlorure de potassium. A l'état brut il renferme de 33 à 55 pour 100 de nitrate de potasse contenant de 5 à 7.5 d'azote nitrique; on peut l'employer à cet état, mais il constitue alors plus spécialement un engrais potassique ; en le raffinant on obtient des produits qui se rapprochent des salpêtres dont nous avons parlé plus haut.

Falsifications. — Lorsque le nitrate de potasse est falsifié, on reconnaît facilement la fraude par le dosage de la potasse et par celui de l'acide nitrique, dont la proportion baisse pour l'un ou l'autre ou pour tous les deux, suivant la nature de la falsification.

Les substances qu'on a employées pour le frauder sont

surtout le chlorure de sodium ou sel marin et le sulfate de soude, qui sont d'un prix extrêmement minime; quelquefois on y mélange des matières inertes telles que du sable; toutes ces additions abaissent simultanément la richesse en azote et celle en potasse. Une autre fraude, plus fréquente, consiste à y ajouter du nitrate de soude; elle ne diminue que la richesse en potasse et élève au contraire la teneur en azote, parce que le nitrate de soude en contient plus que le nitrate de potasse. Si on ajoute au nitrate de potasse simultanément du nitrate de soude et d'autres sels de soude, chlorure ou sulfate, on peut arriver à donner à ce produit falsifié une richesse en azote pareille à celle des nitrates de potasse. Quand on se contente de doser dans les produits l'azote nitrique, on risque de laisser échapper la fraude. Il est donc toujours indispensable de déterminer en même temps la potasse, qui doit correspondre à la quantité d'acide nitrique.

Prix. — Le nitrate de potasse doit se vendre suivant les cours de l'azote nitrique et de la potasse; il n'y a aucune raison en effet pour attribuer, à l'azote et à la potasse qu'il renferme, une valeur différente de celle qui est attribuée à ces éléments dans le nitrate de soude et le chlorure de potassium. Toutefois il faut remarquer que ce produit est très concentré, puisqu'il contient deux principes fertilisants et que, par suite, les frais de transport sont relativement moins élevés pour les mêmes proportions de matière fertilisante.

Le prix du nitrate de potasse, qui, il y a quelques années, était monté jusqu'à 60 francs les 100 kilog., a beaucoup diminué, suivant en cela les cours des autres engrais azotés; à l'heure actuelle le nitrate des Indes est offert à l'agriculture à raison de 43 francs, sur le port de Marseille, avec une contenance de 92 % de nitrate de potasse réel.

On peut se demander s'il est plus avantageux pour l'agriculteur d'acheter le nitrate de potasse que de recourir au nitrate de soude et au chlorure de potassium, qui sont d'un usage beaucoup plus courant. A première vue, étant donné qu'en général le nitrate de potasse est le résultat d'une fabrication dans laquelle interviennent les nitrates de soude et le chlorure de potassium, on est porté à croire qu'il doit être plus onéreux d'employer le nitrate de potasse, puisque celui-ci est grevé des frais de fabrication nécessaires à sa production. Établissons par un exemple de calcul les valeurs comparées de la potasse et de l'azote nitrique, d'un côté dans le nitrate de potasse; de l'autre dans le nitrate de soude et le chlorure de potassium.

Le nitrate de soude, qui règle le cours de l'azote nitrique, se vend en gros, pris à Dunkerque, environ 22 francs les 100 kilog., avec une teneur moyenne de 15 à 16 % d'azote, ce qui met le kilog. d'azote nitrique à 1 fr. 40 ou 1 fr. 45. Appliquant ce prix au nitrate de potasse dont nous venons de parler et qui contient 12,75 d'azote, la valeur de l'azote sera de 18 fr. 50; les 42 kilog. 8 de potasse reviennent donc à 24 fr. 50, soit 0 fr. 57 le kilog. de potasse; or dans le chlorure de potassium le prix de la potasse est seulement de 0 fr. 40 à 0 fr. 45. Dans le cas présent, nous avons donc intérêt à acheter séparément le nitrate de soude et le chlorure de potassium, puisque à égalité de matières fertilisantes, nous payerons dans le dernier cas 37 fr. 75 ce que dans le premier cas nous payons 43 francs. L'économie réalisée sur le transport d'une moindre masse, lorsqu'on s'adresse au nitrate de potasse, ne saurait compenser un écart aussi considérable. Les éléments fertilisants du nitrate de potasse sont donc cotés à un prix trop élevé.

Cet engrais offre un autre inconvénient, c'est de contenir la potasse en excès sur l'azote, ce qui fait qu'on ne doit pas l'employer seul, mais l'additionner d'autres engrais azotés. En employant les deux éléments séparément, on a toute latitude pour en faire varier les proportions suivant les besoins des cultures et les exigences des terrains. C'est principalement en raison de la potasse qu'il renferme que le nitrate de potasse est employé, aussi y reviendrons-nous en parlant des engrais potassiques. En tant qu'engrais azoté, on peut lui appliquer ce qui sera dit du nitrate de soude. En effet, comme ce dernier, il apporte à un état facilement assimilable l'azote nitrique, qui se comporte vis-à-vis des cultures et vis-à-vis du sol d'une façon identique, quelle que soit la combinaison dans laquelle il est engagé.

§ III. — NITRATE DE SOUDE.

Le nitrate de soude ou salpêtre du Chili est aujourd'hui la principale source de l'azote nitrique employé par l'agriculture et par l'industrie.

Gisements de nitrate. — Ce sel est retiré sur une vaste échelle des gisements qui existent dans l'Amérique du Sud, sur les côtes du Pacifique, et dont les principaux sont situés au voisinage de l'Équateur, entre 19° et 21° de latitude sud. Le Pérou, le Chili et la Bolivie renferment des gisements qui sont soumis à l'exploitation.

Dans la province de Tarapaca (Pérou) règne un vaste plateau désert et aride, appelé *Pampa Negra;* ce plateau, qui a une altitude moyenne de 1.000 mètres au-dessus du niveau de la mer, est limité à l'est par les Andes et à l'ouest par une chaîne de montagnes longeant la mer et formée de granit, de porphyre et de trachyte. On reconnaît facilement les gisements à des caractères extérieurs tels que l'absence des phonolites (roches volcaniques) qui recouvrent les autres parties du plateau. Sur le versant oriental, s'étendent d'immenses gisements de salpêtre, connus sous le nom de *calicheros* ou *salitrales*, qui occupent les hauts plateaux, au milieu d'un vrai désert dépourvu de végétation.

En Bolivie, on trouve le désert d'Atacama qui est placé dans des conditions identiques et qui contient également des gisements importants de nitrate; certaines parties du Chili sont dans le même cas.

Dans les calicheros, le nitre est sous forme d'amas irréguliers et discontinus. L'épaisseur de la couche, quelquefois très faible, peut atteindre 5 mètres; mais, en général, elle ne dépasse pas 1 mètre; elle est ordinairement recouverte d'une couche sableuse et d'une partie dure cimentée par de l'argile (costra); parfois on trouve plusieurs couches superposées et séparées. Il existe diverses variétés de caliches offrant des aspects différents et ayant une richesse plus ou moins grande, suivant la proportion de chlorure de sodium qui y est contenue. Ils sont plus ou moins compacts, plus ou moins colorés; ce sont en général les parties cristallisées qui sont d'un travail plus facile et dont la richesse est la plus élevée; les parties dures sont d'une extraction plus pénible et contiennent de plus fortes quantités de chlorure de sodium.

Origine des gisements. — L'origine de ces gisements a été souvent discutée; elle a été attribuée tantôt à l'électricité atmosphérique, tantôt à la nitrification de produits azotés d'origine animale ou végétale. Nous avons entrepris sur ce sujet une série de recherches, ayant pour but de résoudre les questions suivantes :

1° Quelle est l'origine de l'azote que renferment ces cristaux ?

2° Pourquoi cet azote se trouve-t-il à l'état d'acide nitrique?

3° Pourquoi cet acide nitrique est-il combiné à la soude, alors que la nature nous le montre à peu près toujours combiné à la chaux?

4° Pourquoi enfin ce nitre est-il mélangé de grandes quantités de sel marin et comment s'est-il localisé dans les lieux qu'il occupe actuellement?

L'origine de l'azote est à chercher dans les matières azotées, résidus de la vie animale, qui, nous l'avons vu en parlant des terres nitrées, s'accumulent par quantités énormes dans les régions équatoriales. Les déjections d'oiseaux et de chauves-souris, réunies dans certaines localités par millions de mètres cubes, ont fourni l'azote auquel est due la production du nitre. La transformation de cet azote en acide nitrique s'est effectuée sous l'influence du ferment de la nitrification, au contact des sols calcaires, et il en est résulté des terres nitrées très riches en azotate de chaux.

Originairement, c'est donc le nitrate de chaux qui avait pris naissance, mais l'intervention du sel marin, dont on constate encore l'abondance dans les gisements et dans les terrains avoisinants, a opéré une double décomposition qui a produit du nitrate de soude et du chlorure de calcium. Ce dernier sel déliquescent s'est enfoncé à l'état liquide dans les profondeurs du sol et a ainsi été éliminé; il est resté, dans les parties superficielles, du nitrate de soude mélangé avec le chlorure de sodium en excès. C'est ainsi que se sont constitués les gisements actuellement exploités.

Ce nitre ne paraît pas s'être formé dans les endroits où nous le trouvons; nous avons vu, en effet, que lorsque la matière animale nitrifie, elle laisse sur place de grandes quantités de phosphate. Ici rien de pareil ne se présente, et cette absence de phosphate nous montre que le nitre a quitté son lieu d'origine, après avoir été dissous par les eaux et qu'il s'est concentré par évaporation dans les lieux qu'il occupe actuellement.

Fabrication du nitrate. — Le nitrate s'extrait des caliches. Nous examinerons successivement la composition de ceux-ci, et les opérations qu'on leur fait subir pour en extraire le produit commercial.

Composition des caliches. — La teneur des caliches en nitrate de soude est extrêmement variable; elle est ordinairement comprise entre 20 et 80 pour 100; le plus souvent on n'exploite que les parties suffisamment riches et contenant au moins 40 pour 100 de nitrate de soude. Outre le chlorure de sodium (15 à 40 pour 100), ces caliches renferment d'autres substances, en plus faibles proportions, telles que le sulfate de soude; dans certains gisements du Chili ce dernier sel devient extrêmement abondant; on y rencontre encore des matières terreuses, des sels de chaux et de magnésie, etc., enfin de petites quantités d'iode à l'état d'iodate, indiquant l'intervention des éléments marins.

Voici des analyses se rapportant à des caliches du Pérou ; pour 100 :

	Caliches. I.	Caliches. II.	Costra (croûte superficielle)
	—	—	—
Nitrate de soude..........	64.98	60.97	18.60
Iodate —	0.63	0.73	»
Chlorure de sodium......	28.69	16.85	33.80
Sulfate de soude..........	3.00	4.56	16.64
Chlorure de potassium....	»	»	2.44
Chlorure de magnésium..	»	»	1.62
Sulfate de magnésie.......	»	5.88	»
— chaux.........	»	1.31	»
Carbonate de chaux......	»	»	0.10

On trouve quelquefois dans les mêmes régions des gisements de nitrate contenant beaucoup de potasse et dont, par suite, la valeur est plus grande. Les produits qu'on en extrait contiennent ordinairement aux environs de 60 % de nitrate de soude et de 30 à 35 % de nitrate de potasse; leur taux d'azote est voisin de 15 et celui de la potasse de 15 à 16 %. Il existe même dans la Bolivie des nitrates de potasse contenant très peu de sels de soude; il est à désirer que ces produits, qui renferment deux éléments fertilisants, arrivent sur les marchés européens.

Les caliches du Chili sont différents des caliches du Pérou ; voici l'analyse de quelques échantillons :

	I.	II.	III.	IV.
Nitrate de soude.......	47.20	26.80	32.30	10.00
Chlorure de sodium....	7.40	2.60	traces.	35.50
Sulfate de soude et eau combinée............	26.70	55.60	21.00	22.50
Iodate de soude........	»	0.22	»	0.58
Matières insolubles....	18.70	14.80	41.70	31.40

On voit combien est variable la richesse de ces produits, et combien doit différer leur rendement en nitrate commercial. Les caliches du Chili sont ordinairement beaucoup plus pauvres que ceux du Pérou ; aussi les gisements sont-ils encore peu exploités. Ceux de la Bolivie ont en général une épaisseur de 30 à 40 centimètres et contiennent de 20 à 40 % de nitrate.

Le développement de ces gisements est immense et les quantités de nitrate qui s'y trouvent atteignent des proportions qu'il est impossible de chiffrer. A l'heure actuelle, comme nous l'avons dit, on se borne à extraire les parties les plus riches; mais il est à prévoir que celles-ci finiront par s'épuiser et qu'alors on sera forcé de s'adresser à des caliches moins riches; les frais d'extraction se trouveront augmentés, mais il n'en est pas moins vrai que pendant une période très longue, l'agriculture pourra compter sur les salpêtres du Chili pour augmenter ses récoltes.

Exploitation du caliche. — Le caliche se présentant en masse assez dure, doit être exploité à la mine; à cet effet on creuse, jusqu'au-dessous de la couche, un trou de sonde pouvant recevoir une forte charge de poudre grossière, constituée par un mélange de nitrate de soude, de charbon et de soufre et brûlant avec une certaine lenteur. La masse est soulevée sans projections et divisée en gros morceaux que l'on concasse ensuite en retirant les fragments terreux. Ces morceaux sont traités par l'eau bouillante, qui dissout une grande quantité de nitrates; ceux-ci se déposent par le refroidissement sous forme de cristaux, tandis que le sel marin, aussi soluble à froid qu'à chaud, reste tout entier dans le liquide. On obtient ainsi, du premier coup, un nitrate titrant 94 à 96 % de nitrate pur.

Les chaudières qui servent à opérer la dissolution sont de plusieurs sortes : les plus primitives sont chauffées à feu nu ; on verse peu à peu le caliche dans l'eau et on enlève les écumes et le sel qui restent insolubles. Lorsque la saturation est obtenue, on fait écouler le liquide et on laisse cristalliser.

D'autres systèmes sont chauffés à la vapeur; on y introduit le caliche placé dans des caisses perforées qui retiennent la plus grande partie du sel marin et les substances terreuses. On décante les liquides saturés et clarifiés et on les fait cristalliser.

On a perfectionné ces chaudières, en remplaçant les caisses perforées par des wagonnets pouvant entrer directement avec les caliches et être enlevés à la fin de la cuite avec les matières insolubles qui y sont restées. Les eaux mères, d'où le nitrate s'est déposé, contiennent encore beaucoup de nitrate; quelquefois on les évapore et on obtient ainsi des produits de second jet; souvent aussi on les emploie à la dissolution de nouvelles quantités de caliches. Les dernières eaux mères servent principalement à l'extraction de l'iode qui s'y est concentré, elles retiennent d'ailleurs encore 23 % de nitrate de soude.

Les sels cristallisés, séchés au soleil, sont mis en sacs pour l'expédition; ils sont transportés à dos d'âne aux ports d'embarquement (Piragua, pour la région du nord, Iquique pour la région du centre).

L'exploitation remonte à 1825; les produits étaient expédiés du Chili, d'où le nom de *salpêtre du Chili* qui s'est conservé dans le langage courant.

Composition. — Le nitrate de soude à l'état pur est un sel blanc qui cristallise en rhomboèdres transparents, anhydres, d'une saveur âcre et fraîche; il est déliquescent, et l'eau à 15° peut en dissoudre 84 % de son poids. Sous l'action de la chaleur il fond, puis se décompose. Il est essentiellement formé d'acide azotique et de soude (NaO, AzO^5) et contient pour 100.

Soude...........	36.47		
Acide azotique...	65.53	correspondant à azote..	16.47

Les nitrates du commerce sont toujours mélangés d'une certaine proportion d'impuretés; ils se présentent ordinairement avec une coloration plus ou moins brunâtre et sous un aspect sale; ils sont légèrement humides.

Les cristaux ont une grosseur variable, dépassant rarement celle d'un pois; ce sont des rhomboèdres tronqués qui ressemblent à des cubes, d'où le nom de *salpêtre cubique*.

La composition des produits commerciaux est en général comprise entre 94 et 97 % de nitrate pur. On peut admettre comme moyenne le chiffre de 95,50, correspondant à 15,7 % d'azote. Le commerce vend ordinairement avec garantie de 15 à 16 % d'azote.

Malgré la fixité relative de composition de ces produits, il est toujours utile de les faire analyser, ne fût-ce que pour se prémunir contre les fraudes.

Quoique la quantité d'impuretés contenue dans les sels commerciaux ne dépasse pas 5 à 6 %, nous donnons, à titre de renseignement, l'analyse de quelques-uns de ces produits :

	HOFFSTETTER.	WAGNER.	LECANU.
Nitrate de soude.......	94.29	94.03	96.70
Nitrite —	»	0.31	»
Nitrate de potasse......	0.43	»	»
— de magnésie....	0.85	»	»
— de chaux.......	»	»	traces.
Chlorure de sodium....	1.99	1.52	1.30
— de potassium.	»	0.64	»
— de magnésium	»	0.93	»
Sulfate de soude.......	»	0.92	»
— de potasse......	0.24	»	traces.
Iodate de soude.......	»	0.29	»
Humidité.............	1.99	1.36	2.00
Matières insolubles....	0.21	»	»
	100.00	100.00	100.00

Dans d'autres produits, principalement dans ceux qui sont fabriqués actuellement, la proportion de chlorure de sodium se trouve inférieure à 1 pour 100.

Hygroscopicité. — Le nitrate de soude, par lui-même et par les impuretés qui l'accompagnent, est très hygrométrique, il se mouille de plus en plus à la longue ; aussi les sacs dans lesquels on l'expédie ordinairement s'imprègnent de sa dissolution; et il est arrivé quelquefois que ces sacs vides mis en tas se sont enflammés. La toile d'un sac peut en effet absorber entre un demi-kilog. et 1 kilog. de nitrate, ce qui explique son inflammabilité. Il est donc prudent de ne pas s'approvisionner longtemps à l'avance, afin de n'avoir pas à employer un sel trop humide, dont le maniement est difficile. Pour la même raison doit-on le conserver en lieu sec et clos. Ces propriétés hygroscopiques du nitrate de soude empêchent de l'employer en poudre, il ferait pâte dans les mélanges s'il était très divisé.

Falsifications. — Les chiffres que nous avons donnés se rapportent au nitrate de soude tel que le livre le commerce loyal; mais ce produit contient souvent de grandes quantités de chlorure de sodium ou de sulfate de soude, qu'on y a laissés dans le cours de la fabrication ou qu'on a introduits après coup. L'apparence extérieure ne suffit pas pour reconnaître les produits adultérés; seul le dosage de l'azote, qui doit être supérieur à 15 %, garantit contre les fraudes.

Les proportions de sulfate et de chlorure qu'on trouve dans les nitrates frelatés sont très variables; elles atteignent parfois 20 à 25 %; Vœlcker a analysé des échantillons contenant jusqu'à 86 % de chlorure de sodium. Mais la fraude qui s'exerce le plus souvent consiste à ajouter seulement de petites quantités, 5 à 6 %, de produits inertes tels que le sel marin. Ces produits sont alors vendus avec une garantie de 15 % d'azote; leur analyse n'accusera que 14 à 14,50 %, titre inférieur à celui qui est garanti. Mais en présence de la faible différence, l'acheteur hésite souvent à refuser une livraison; il n'en est pas moins vrai qu'il a payé le nitrate 5 ou 6 % en plus de sa valeur et que le marchand a réalisé un bénéfice illicite. Nous engageons donc les agriculteurs à ne jamais payer que l'azote réellement dosé dans le nitrate, suivant les cours et suivant les conventions stipulées avec le marchand. Les procédés de dosage de l'azote nitrique sont très rigoureux et ne permettent pas de commettre une erreur de plus de 0,2 %.

Commerce. -- Nous avons vu quelle est l'importance des gisements de nitrate de soude et le développement donné à leur extraction. La consommation de ce produit est en rapport avec les installations industrielles qui ont appelé la vie dans les régions désolées de l'Amérique du Sud.

Importance des exportations. — L'exportation du salpêtre du Chili, dont la découverte remonte à 1825, a été pendant longtemps très peu élevée; elle atteignait par an :

Entre 1825 et 1830........................	1.000	Tonnes.
En 1850 elle atteignait........................	26.000	—
Entre 1860 et 1870 elle était restée inférieure à	100.000	—

Mais à partir de cette époque, on constate une progression rapide.

En 1875 l'exportation a approché de 300,000 tonnes. Ce chiffre a été dépassé à des époques plus rapprochées de nous et on constate aujourd'hui des fluctuations qui paraissent devenir le régime habituel de ce produit.

Voici, par exemple, les chiffres des exportations dans ces dernières années :

En 1880.......	220.000	tonnes.
» 1881	300.000 à 350.000	—
» 1882............	450.000 à 500.000	—
» 1883............	550.000 à 600.000	—
» 1884 environ.............	540.000	—
» 1885 plus de.............	400.000	—
» 1886 —	500.000	—

Même avec cette extractation énorme de nitrate, les gisements pourront suffire pendant de longues années; ceux de Tarapaca, qui ont une étendue de 116.000 hectares, alimenteraient à eux seuls une consommation pareille pendant plus d'un siècle. Mais ces gisements ne constituent qu'une fraction de ceux qui sont aujourd'hui exploités, sans compter les gisements connus dont on ne tire pas encore parti ou ceux qu'on pourra découvrir dans la suite.

Pays d'importation. — L'Amérique emploie une partie des nitrates de soude; mais sa consommation est beaucoup inférieure à celle de l'Europe; elle n'atteint pas ordinairement le dixième de la production totale. L'Amérique, en effet, exploite un sol vierge qui ne nécessite pas, en général, l'apport d'engrais azotés.

L'Europe, avec son industrie puissante, avec sa culture intensive, et son sol épuisé par une longue suite de récoltes, a de grands besoins en engrais chimiques et particulièrement en azote. C'est elle qui emploie la presque totalité du nitrate exporté du Pérou. Les centres d'importation les plus importants sont : Liverpool et Londres pour l'Angleterre, Hambourg pour l'Allemagne, Dunkerque pour la France, Anvers pour la Belgique, Rotterdam pour les Pays-Bas. D'autres ports en reçoivent des quantités relativement peu élevées.

L'Angleterre est un des principaux importateurs de nitrate, puisqu'elle en reçoit environ 100.000 tonnes par an. Elle en consomme la plus grande partie, elle en expédie également sur le continent soit à l'état naturel, soit en mélange avec d'autres engrais. L'Allemagne, où les cultures intensives ont pris un très grand développement, s'adresse aussi sur une très vaste échelle au nitrate de soude :

En 1882 Hambourg en a reçu	environ	126.000	tonnes
» 1883	plus de	200.000	—
» 1884 —	—	240.000	—
» 1885 —	—	135.000	—
» 1886 —	—	125.000	—
» 1887 —	—	170.000	—

En France également la consommation est importante, moins cependant que dans les deux premiers pays.

En 1880 l'importation est de	....	14.000	tonnes
» 1881 —	....	51.000	—
» 1882 —	....	50.000	—
» 1883 —	....	90.000	—
» 1884 —	....	83.000	—
» 1885 —	....	86.000	—
» 1886 —	....	70.000	—
» 1887 —	....	90.000	—

C'est par Dunkerque que vient principalement ce produit et c'est là que se trouve le grand marché de nitrate pour la France. Plus des 3/4 de celui qui est importé arrivent par ce port.

Bordeaux, le Havre et Marseille en reçoivent des quantités variables et relativement peu importantes.

Pour Anvers et Rotterdam les arrivages varient, d'une année à l'autre, de 50 à 100.000 tonnes.

L'Italie et l'Espagne sont de très faibles importateurs.

Prix. — Les prix des nitrates de soude ont beaucoup varié depuis que l'emploi de ce produit est devenu général ; ils ne sont pas commandés par la rareté de la matière première, mais par les quantités qui se trouvent sur le marché européen et par l'importance de la demande. Il convient cependant de dire que les producteurs ont quelquefois restreint les envois dans le but d'empêcher l'avilissement des cours.

Après être monté à 48 et jusqu'à 51 francs les 100 kilog. dans les premières années après 1870, son prix est graduellement redescendu à 36 francs environ en 1876, il s'est maintenu entre 30 et 36 francs jusqu'à l'année 1883. A partir de ce moment, il a fléchi constamment. Le prix moyen à Dunkerque était :

	fr.
En 1883 de	27.60
» 1884 de	23.10
» 1885 de	22.75
» 1886 de	22.00

En 1887 les prix sont descendus, au-dessous de 21 francs et ils se sont maintenus peu supérieurs à ce dernier chiffre, jusqu'à l'heure actuelle. En admettant le prix de 22 francs par 100 kilog., le kilog. d'azote revient dans ce sel à environ 1 fr. 42. Ce chiffre est certes peu élevé et l'azote si facilement assimilable du nitrate de soude devient une ressource précieuse pour l'agriculteur, lorsqu'il se présente dans des conditions aussi peu onéreuses.

Ces chiffres d'ailleurs se rapportent tous à des produits pris dans les ports d'arrivage et à des quantités supérieures à 5.000 kilog. L'agriculteur qui achètera à un intermédiaire payera ce sel plus cher en raison des frais de transport, d'emmagasinage, et du bénéfice que réalise le marchand. Aujourd'hui les bénéfices souvent exagérés que prélevaient les intermédiaires se trouvent fortement réduits par suite de la création des syndicats.

Les prix ne sont pas invariables dans le courant d'une même année. L'état des cultures exerce généralement une influence assez grande sur la disposition des agriculteurs à acheter des engrais; quand l'année s'annonce mal, ils hésitent à engager des capitaux; suivant aussi que la récolte a été bonne ou mauvaise, ils sont plus ou moins disposés à acheter. Aussi les variations de prix dans le courant d'une même année sont-elles souvent considérables. En 1886, par exemple, le prix du nitrate de soude qui était à certains moments de 26 fr. 70, est descendu à d'autres à 21 francs; en 1887, les prix extrêmes ont été de 20 fr. 75 et de 23 fr. 50.

§ IV. EMPLOI DES NITRATES.

A. — Rapports du nitrate de soude avec le sol.

Solubilité du nitrate dans le sol. — Le nitrate de soude est un sel éminemment soluble, hygroscopique, c'est-à-dire attirant l'humidité de l'air; à en juger par ces propriétés, on doit penser qu'il se dissout et se diffuse avec la plus grande facilité dans les liquides du sol, et que par suite il est partout présent à la disposition des racines. Même lorsque la terre est relativement sèche, c'est-à-dire qu'elle ne contient que 5 à 8 % d'humidité, la quantité d'eau qu'elle retient serait capable de dissoudre des quantités de nitrate de soude 300 ou 400 fois supérieures à celles qu'on fournit par les plus fortes fumures. On ne doit donc pas s'inquiéter de la dissolution du nitrate dans le sol, celle-ci s'effectue alors même que ce sel est donné en couverture. Des cristaux de nitrate de soude que nous avons placés dans une terre séchée à l'air, ne renfermant que 5 % d'humidité, ont disparu en moins de deux jours. Étant donnée la masse énorme d'eau contenue dans le sol, comparativement aux quantités de nitrate de soude employées comme fumure, on peut croire que ce sel se trouve dans la terre à un état de dilution très grand; une forte fumure devrait donner par exemple une solution d'environ 2 millièmes. D'autre part la facilité avec laquelle les sels solubles se diffusent ferait penser que la répartition du nitrate dans cette masse de liquide qui baigne le sol est uniforme. Les recherches que nous avons faites sur ce sujet montrent que ces inductions qui paraissent si simples et si naturelles se trouvent en défaut.

Circulation dans le sol en l'absence des eaux pluviales. — Voici d'après nos observations les phénomènes qui se produisent lorsqu'on donne à la terre une fumure au nitrate de soude et que cette application n'est pas suivie de pluie.

Mécanisme de la dissolution. — Chaque cristal forme un noyau, il absorbe l'humidité ambiante en donnant une dissolution assez concentrée, qui imprègne les particules terreuses rapprochées. Ce phénomène est visible à l'œil, et peu de temps après avoir mis le nitrate, on aperçoit à la place de chaque cristal une sphère humide à contours nettement limités, qui fait l'effet d'une tache d'huile sur le papier. La dissolution de nitrate ayant une tension de vapeur plus faible que les autres liquides qui baignent le sol, absorbe la vapeur d'eau aux dépens de ces derniers, augmente ainsi lentement et progressivement de volume; les parties de la terre qui entourent les taches se trouvent donc graduellement desséchées, et on assiste à ce phénomène très curieux et parfaitement apparent, dont nous avons pu prendre la reproduction photographique, d'une division de la terre en portions très humides et en portions très sèches; nous avons trouvé dans une de nos expériences que la terre des taches avait concentré l'humidité jusqu'à en contenir 13 %, alors que celle qui se trouvait à l'entour n'en refermait plus que 6 %.

Lenteur de la diffusion. — Ces résultats montrent que la diffusion du nitrate dans le sol n'est ni rapide ni complète; même au bout de quelques semaines, on voit encore la terre divisée en portions très différentes. La zône qui entoure le nitrate s'enrichit bien en eau, mais elle ne s'appauvrit pas en nitrate, c'est-à-dire qu'elle n'en cède pas aux portions avoisinantes. La circulation des liquides dans le sol est, d'après ces résultats, bien loin d'être ce qu'on avait pensé jusqu'à présent, puisque des solutions de composition très différente peuvent coexister dans la même terre, sans se mélanger l'une à l'autre. La vapeur d'eau seule chemine avec facilité entre les interstices laissés par le sol; le nitrate de soude donné à la terre forme donc des dissolutions relativement concentrées autour de chaque cristal et dessèche la terre environnante. Ce fait, que nous avons cru devoir mettre en lumière, a des conséquences importantes au point de vue pratique et particulièrement de la levée des graines.

Supposons qu'on opère des semailles après une application de nitrate de soude; certaines graines tomberont dans la partie mouillée par la solution de nitrate; au sein de ce milieu caustique, la germination s'opèrera dans de mauvaises conditions; les autres graines au contraire tomberont dans les parties sèches et ne pourront pas lever faute d'eau. De même le nitrate de soude, mis en couverture sur les jeunes plantes, pourra brûler celles-ci en formant en certains points du sol des dissolutions concentrées funestes aux racines.

D'autres effets fâcheux résultent de cette diffusion imparfaite du nitrate de soude; ce sel restant par places ne se trouvera pas partout à la disposition des racines et son action sera moindre que s'il était uniformément diffusé.

Ce qui précède permet d'expliquer le peu d'action que l'on constate parfois, surtout par les temps secs, après l'application du nitrate.

Influence des eaux pluviales sur la diffusion du nitrate. — Mais lorsque les pluies interviennent, ces phénomènes disparaissent. Les quantités successives d'eau tombant dans la terre, se mélangent aux liquides qui l'imprègnent, les délayent et en opèrent la diffusion; les nitrates ainsi amenés dans le sein de la terre se trouvent alors disséminés; aussi est-il nécessaire de les appliquer à une époque de l'année où l'on doit s'attendre à avoir quelques pluies qui les incorporent uniformément au sol.

Entraînement dans les couches du sous-sol. — En étudiant les propriétés absorbantes du sol, nous avons vu que certains éléments fertilisants, comme l'acide phosphorique, sont fixés et retenus et peuvent, par suite, être donnés à la terre un certain temps à l'avance, sans qu'on ait à craindre de déperdition.

Mais les nitrates sont essentiellement solubles et la terre n'a, vis-à-vis d'eux, aucun pouvoir absorbant; ceci est vrai aussi bien pour le nitrate de soude employé directement que pour le nitrate de chaux qui se forme dans le sein de la terre, par l'oxydation des débris végétaux ou des engrais azotés donnés comme fumure. L'eau de pluie qui tombe sur le sol chasse devant elle les solutions des nitrates en opérant un véritable déplacement. Ces sels descendent donc à une profondeur d'autant plus grande que la pluie a été plus abondante et que la terre peut retenir moins d'eau; dans les cas très défavorables — et ce sont ceux qui se réalisent à peu près toujours en hiver, — les quantités d'eau tombée sont assez abondantes pour faire descendre les nitrates à une profondeur inaccessible aux racines, ou même pour les éliminer complètement dans les drains. Mais pendant la bonne saison les pluies ne sont presque jamais assez importantes pour arriver à ce résultat extrême; elles chassent, il est vrai, le nitrate des couches superficielles, mais le laissent dans le sous-sol à des profondeurs variables.

Citons un exemple de ce déplacement complet des nitrates, que nous avons observé dans les terres légères de la ferme de l'Institut agronomique, en opérant sur la couche arable de 30^{cm} d'épaisseur :

	Acide nitrique dans 100 de terre		
	fumée au nitrate de soude.	fumée au sulfate d'ammoniaque.	non fumée.
	millig.	millig.	millig.
9 juin, temps sec	35.60	19.22	1.63
14 — après pluie légère	20.48	16.08	1.24
24 — après pluies abondantes	10.03	9.73	1.03
2 juillet, après pluies très abondantes...	1.58	1.84	0.57

On voit que les pluies enlèvent d'une façon à peu près intégrale le nitrate qui se trouve dans les parties supérieures du sol; lorsqu'elles ont cessé, l'évaporation produite à la surface de la terre ou déterminée par la végétation, ramène vers les parties supérieures les liquides qui étaient descendus; le nitrate remonte avec eux et peut revenir ainsi dans les couches arables.

Utilisation du nitrate du sous-sol. — La partie même qui ne remonte pas par le fait de l'évaporation n'est pas entièrement perdue pour la végétation; nous savons en effet que les racines des plantes descendent à des profondeurs beaucoup plus grandes qu'on ne le croit généralement;

le plus souvent elles atteignent $1^{m},50$ et quelquefois 2 mètres ; elles peuvent donc aller très bas et prendre sur place le nitrate entraîné dans le sous-sol. Pour certaines plantes, comme la vigne, dont les racines s'enfoncent très profondément, cet entraînement dans le sous-sol est même plutôt utile que nuisible.

Ce n'est réellement que quand le sel a été définitivement enlevé par les eaux de drainage qu'on doit le regarder comme perdu pour la culture.

Règles générales d'emploi. — En donnant les nitrates longtemps à l'avance, on s'expose à les voir se perdre en grande quantité, avant le moment où la végétation peut en tirer parti. Cette notion oblige l'agriculteur à employer les nitrates dans des conditions déterminées, leur permettant de remplir au maximum leur rôle utile. Sans parler ici des plantes auxquelles ils conviennent le mieux, nous pouvons dire que, d'une façon générale, c'est à un moment peu éloigné de la période de végétation ou même sur les plantes en voie de développement, qu'il y a le plus d'avantage à les employer, parce qu'alors les végétaux s'emparent de leur azote et immédiatement en tirent parti, avant que les causes de déperdition aient pu se faire sentir.

C'est donc principalement un engrais de printemps.

Les terres légères, que les eaux pluviales traversent facilement, sont celles dans lesquelles le départ du nitrate est le plus favorisé ; il vaut donc mieux l'employer dans les terres franches et à plus forte raison dans les terres fortes.

En parlant des nitrates, nous envisageons en particulier l'acide nitrique, sans tenir compte de la base à laquelle il est uni et qui se comporte de son côté comme elle le ferait dans tout autre sel. Ainsi dans les nitrates de soude et de chaux, les deux bases sont éliminées dans les eaux de drainage, aussi bien que le nitrate. Dans le cas du nitrate de potasse, l'alcali reste acquis à la terre, suivant les réactions que nous avons expliquées, et l'acide nitrique, s'en va à l'état de combinaison avec la soude, la chaux, la magnésie ; pour le nitrate d'ammoniaque, il en est de même.

Réactions secondaires des nitrates dans les sols. — Les nitrates ne subissent pas à proprement parler de transformation dans le sol, puisqu'ils sont eux-mêmes le résultat de la transformation ultime des matières azotées.

Transformation du nitrate en azote organique. — Cependant, M. Berthelot pense que ces nitrates servent d'aliment aux organismes microscopiques du sol qui en font de la matière azotée vivante. Les cadavres de ces organismes restituent au sol l'azote ainsi pris sur le nitrate, mais à l'état d'azote organique; il y aurait donc de ce fait une fixation de l'azote du nitrate sous la forme beaucoup moins assimilable de matière organisée. Nous ignorons quelle peut être l'importance de ce fait.

Phénomènes de dénitrification. — La nature physique des terres n'est pas seule à considérer dans l'emploi des nitrates, leur nature chimique n'a pas une importance moindre. Nous savons en effet que certains sols sont très peu aérés et trop riches en matières humiques, pour que l'oxygène puisse y persister ; de pareils sols ne sont pas ordinairement propres à la culture ; les tourbes, les terrains submergés, les glaises trop compactes, sont dans ce cas. Il faudrait se garder de donner du nitrate à de pareilles terres, qui sont par elles-mêmes impropres à nitrifier, parce que les organismes de ces sols, avides d'oxygène, ne trouvant pas cet élément à l'état libre dans l'atmosphère ambiante, s'emparent de celui du nitrate, que la réduction transforme en produits gazeux, tels que le bioxyde et le protoxyde d'azote, l'azote libre, qui se dégagent dans l'air et sont perdus pour la culture. Le fait est facile à vérifier. Quand on introduit de la terre dans un flacon bouché hermétiquement et qu'on attend que tout l'oxygène contenu dans le flacon soit absorbé, on constate que les nitrates disparaissent et dégagent l'azote à l'état gazeux. Cette décomposition est assez rapide et les organismes qui la provoquent sont très nombreux dans le sol. MM. Dehérain et Maquenne, MM. Gayon et Dupetit attribuent à des ferments spéciaux la *dénitrification*, qui s'opère d'ailleurs rarement dans les conditions naturelles, puisque les sols dans lesquels elle peut se produire sont ceux précisément dans lesquels la nitrification ne s'effectue pas.

Influence du nitrate sur l'état d'humidité des sols. — On admet en général que le nitrate de soude entretient une certaine fraîcheur dans les sols et que, si on l'applique abondamment et à doses répétées dans des terrains déjà naturellement humides, ceux-ci ont une tendance à se rapprocher des sols marécageux, ce dont les cultures auraient à souffrir.

Nous avons fait des essais pour vérifier s'il en est réellement ainsi. Il semblerait à première vue que des quantités de 400 à 500 kilog. par hectare sont trop minimes, eu égard à la masse de terre, pour modifier à ce point les propriétés physiques de celle-ci. Nous avons constaté que le fait signalé est exact, qu'une terre ayant reçu du nitrate se dessèche moins par les temps secs et s'humecte davantage par les temps humides; en voici un exemple :

	Humidité pour 100	
	Terre fumée au nitrate.	Terre sans nitrate.
Après un temps sec	6.2	4.9
Après un temps humide sans pluie	10.1	9.2

Voici un autre exemple qui met nettement ce fait en évidence :

	Perte d'eau par kilog. de terre			
	avec nitrate		sans nitrate	
	après 8 jours.	après 38 jours.	après 8 jours.	après 38 jours.
	gr.	gr.	gr.	gr.
Terre siliceuse de Joinville	11	29	13	33
Terre calcaire de Champagne	17	49	20	58
Argile	10	32	18	44
Tourbe	27	81	31	91

C'est, comme on le voit, dans les terres argileuses et tourbeuses que cet effet est le plus frappant. Il peut avoir quelquefois son utilité; mais le nitrate remontant à la surface par les temps secs, forme de véritables croûtes qu'il faut quelquefois détruire par le binage ou le hersage pour maintenir les terres à l'état meuble.

B. — Conditions et époques d'emploi du nitrate de soude.

Le nitrate de soude ne subit pas de transformation dans le sol avant d'être absorbé par les plantes et c'est sous la forme même sous laquelle il est donné que celles-ci le trouvent et l'utilisent.

Application aux différentes terres. — N'ayant pas besoin de se modifier, le nitrate de soude peut être appliqué à tous les sols, quelle que soit leur constitution chimique; il ne prend pour ainsi dire part à aucune des réactions qui se passent dans leur sein, jusqu'au moment où les végétaux s'en emparent. Il n'y a donc pas lieu d'établir de discussion sur l'utilité de donner le nitrate de soude aux terres de diverses constitutions chimiques. Dans des terres calcaires, aussi bien que dans des terres siliceuses, il se prête à l'absorption par les végétaux.

Nous n'avons à considérer que la constitution physique des terres, dont le rôle est très important dans l'application des nitrates. Ces sels ne sont nullement retenus dans le sol par un pouvoir absorbant spécial, comme celui qui s'exerce sur l'ammoniaque et sur la potasse. Une dissolution de nitrate passe à travers la terre sans y rien laisser; plus une terre sera perméable, c'est-à-dire plus elle sera facilement traversée par les eaux pluviales, plus seront à craindre les entraînements de nitrate. Dans les terres fortes les eaux pénètrent peu profondément dans le sol, elles courent à sa surface ou sont retenues dans sa masse et les nitrates sont moins enlevés. Dans les terres très spongieuses comme le terreau, qui peuvent retenir de grandes quantités d'eau s'évaporant ensuite à leur surface, il y a également moins d'entraînement de nitrate. En règle générale, pour éviter les déperditions de ce sel, dues à sa dissolution par l'eau de pluie, il faut l'appliquer avec mesure aux terres très perméables et le réserver de préférence à celles qui sont moins sujettes à se laisser traverser par les eaux.

Déperdition dans les eaux de drainage. — On sait combien les eaux de drainage sont riches en nitrate. Suivant M. Way, elles contiennent par litre depuis 0 gr. 027 jusqu'à 0 gr. 210 d'acide nitrique. Lorsque les pluies sont très abondantes, cette proportion devient notablement plus faible, par suite de la dilution.

Quand la terre a reçu du nitrate de soude, ces quantités se trouvent exagérées. MM. Lawes, Gilbert et Warington ont retrouvé dans les eaux de drainage les quantités suivantes d'azote nitrique pour une année et pour la surface d'un hectare :

Terre non fumée au nitrate................	13 kilog. 4
Terre ayant reçu 96 kilog. d'azote nitrique.	40 kilog. 0

Une grande partie du nitrate donné comme fumure a donc été perdue pour la végétation.

La quantité d'eau de drainage varie, suivant les terrains, de 8 à 22 % de la quantité d'eau tombée. C'est dans les sols légers que la plus forte proportion est atteinte; les terres argileuses correspondent aux chiffres les plus bas. Dans ces dernières, le lavage s'exerce le moins et les nitrates sont entraînés en plus faible proportion.

Époque de l'épandage. — Cette solubilité très grande des nitrates et leur faculté d'être entraînés par les eaux doivent faire choisir de préférence, pour l'épandage, une époque de l'année où les pluies ne peuvent pas enlever ce sel avant que les plantes ne l'aient utilisé.

Épandage d'hiver. — Quand on met le nitrate de soude avant l'hiver, les eaux pluviales qui tombent en abondance dans la mauvaise saison opèrent un véritable lavage des terres et le sol ne contient au printemps, c'est-à-dire au moment des besoins des plantes, qu'une fraction quelquefois très faible du nitrate qu'on avait employé. Il faut donc bien se garder de mettre le nitrate avant l'hiver.

Épandage au printemps. — L'époque la plus judicieuse c'est le printemps, à un moment où l'on peut encore compter sur quelques pluies pour opérer la dissolution et l'incorporation au sol. Une forte humectation de la terre est en effet indispensable pour que le nitrate se diffuse et soit partout à la portée des racines. Si la terre était insuffisamment mouillée, le sel resterait sur place, rayonnant à une faible distance des endroits où les cristaux ont été placés; le système radiculaire n'en trouverait sur son parcours que par points limités. La pratique sait que le nitrate de soude et les engrais chimiques en général n'ont qu'une action peu énergique dans les années très sèches. La sécheresse persistante est presque aussi préjudiciable à l'action des nitrates que les pluies abondantes.

En choisissant pour l'épandage l'époque des labours de printemps, l'agriculteur se placera donc dans les conditions les plus favorables, ayant évité les pluies de l'hiver et se trouvant à une époque très rapprochée du départ de la végétation.

Les fortes pluies de printemps ou d'été ne sont pas à redouter autant qu'on le croirait, au point de vue de l'entraînement du nitrate; il est exceptionnel en effet que le sol soit saturé d'eau au point d'en laisser passer dans les parties très profondes; il est rare que les drains coulent en été, même après de fortes pluies, à cause de l'évaporation rapide qui se produit à la surface. S'il est vrai que le nitrate ait disparu du sol proprement dit, il ne s'en retrouve pas moins dans le sous-sol, dans lequel les racines pénètrent et le rencontrent. Pendant l'hiver, au contraire, le sol est saturé d'eau, les nouvelles pluies déplacent les liquides chargés de nitrate et les amènent à s'écouler par les pentes souterraines jusque dans les cours d'eau qui constituent les drains naturels. Les nitrates ainsi entraînés sont définitivement enlevés au sol.

Application aux différentes cultures. — Ceci étant posé, les règles de l'emploi pour les différentes cultures sont faciles à établir.

Céréales. — Pour les céréales, on appliquera la fumure en couverture au moment où les grandes pluies sont passées et autant que possible à l'époque du tallage, plutôt après qu'avant. Les mois de mars et d'avril sont ceux qui, sous notre climat, conviennent le mieux. Le nitrate de soude ne doit pas être employé trop tard, en mai par exemple, car cette fumure tardive aurait tous les inconvénients que nous avons signalés, verse, échaudage, etc.

Plantes de printemps. — Pour les plantes qu'on sème au printemps et en général pour les plantes sarclées, c'est au moment du dernier labour qu'on enterrera l'engrais azoté. La pratique de l'enfouissement avant le semis nous paraît préférable à celle de l'épandage en couverture après semis; cette dernière a des résultats aléatoires lorsqu'il y a une sécheresse persistante.

Il est cependant des cas où, lorsqu'on voit une récolte souffrir et s'étioler par manque d'azote, l'application, même tardive, du nitrate de soude en couverture aura les résultats les plus heureux, si toutefois les pluies viennent favoriser la diffusion de l'engrais.

D'une façon générale on peut dire que l'application tardive du nitrate ou bien reste sans effet faute de pluie, ou bien provoque une végétation nouvelle, ce qui retarde la maturité et présente des inconvénients.

Plantes permanentes. — Pour les prairies c'est au

premier printemps, en février ou mars, qu'on donnera le nitrate. On peut encore le donner après la première coupe, pour augmenter la production du regain.

Pour l'application du nitrate à la vigne, le viticulteur méridional est placé dans l'alternative de voir l'engrais entraîné par les pluies s'il le donne avant l'hiver, ou de le voir rester dans les couches supérieures s'il le répand pendant la sécheresse; les observations climatologiques doivent guider le praticien et nous conseillons d'employer le nitrate, autant que possible, dans l'époque intermédiaire entre les fortes pluies et les sécheresses, vers le mois de février par exemple.

Profondeur à laquelle il faut placer le nitrate. — Même pour les engrais très solubles, comme le nitrate de soude, nous n'hésitons pas à recommander l'épandage avant le labour et l'incorporation à une certaine profondeur. On a des tendances à s'exagérer la mobilité des principes fertilisants minéraux et dans bien des cas un insuccès complet ou partiel peut être la conséquence de ce préjugé. Nous rappelons à ce sujet les expériences directes que nous avons entreprises sur la mobilité du nitrate de soude dans le sol; elles nous permettent de poser en principe que l'épandage avant labour est, dans la généralité des cas, pour la période de printemps, préférable à l'épandage sur labour avec ou sans hersage. Dans tous les cas où les circonstances obligeront l'agriculteur à employer le nitrate en couverture, il devra choisir pour le moment de l'épandage un temps qui laisse présager la pluie.

L'enfouissement par le labour a de plus l'avantage de soustraire la graine au contact du nitrate de soude, qui, de même que le sulfate d'ammoniaque, exerce parfois sur la levée une action très désavantageuse, par suite de sa causticité qui nuit aux jeunes plantes. Nous rappelons à ce sujet les expériences de MM. Lawes et Gilbert sur la culture des turneps.

Le nitrate de soude employé en couverture peut indirectement nuire à la germination en enlevant, comme nous l'avons expliqué, par son hygroscopicité, l'eau de la terre avoisinant les graines semées.

Pratique de l'épandage. — Le nitrate de soude demande à être réparti avec une grande uniformité; les négligences à cet égard seraient mises en évidence par une inégalité de végétation très frappante, les parties trop fumées prenant un développement exagéré.

Pulvérisation du nitrate. — Le premier soin consiste à réduire en poudre les agglomérations de cristaux qu'on rencontre fréquemment dans les sacs de nitrate de soude et qui ont souvent, après les alternatives d'humidité et de sécheresse, une très grande dureté. Il est indispensable de vider le sac avant de le porter aux champs, de l'épandre sur une surface plane et sèche et de le briser à l'aide d'une batte ou d'un pilon.

Mélange avec matières inertes et engrais. — Pour faciliter l'épandage et le rendre plus uniforme, il est toujours utile de mélanger intimement le nitrate avec des matières fines et inertes, de même densité autant que possible. On emploiera à cet usage le sable, la terre sèche, le plâtre; la chaux n'offre aucun des inconvénients que nous signalerons pour le sulfate d'ammoniaque. Enfin si l'on dispose en même temps d'autres engrais, il y a tout avantage à les mélanger avec le nitrate.

Nitrate et superphosphate. — Nous devons cependant signaler le danger que présente le contact intime du nitrate et des superphosphates. Les acides libres du superphosphate réagissent sur les nitrates dont l'acide peut se trouver déplacé. Au contact des matières organiques il se dégage alors des vapeurs nitreuses qui se perdent dans l'air; avec les superphosphates contenant un excès d'acide et qui sont de fabrication récente, cette perte est plus à craindre; elle s'accentue avec la durée du contact des deux matières. Nous reviendrons, à propos des engrais complets, sur cette particularité; mais déjà nous recommandons à l'agriculteur de n'opérer le mélange du nitrate et du superphosphate qu'au moment même de l'emploi.

L'engrais transporté au champ est répandu à la volée. L'ouvrier désigné pour ce travail doit avoir les mains saines; les coupures, les écorchures ou les plaies sont avivées par le nitrate de soude et, paraît-il, sujettes à des inflammations douloureuses et longues à guérir.

CHAPITRE III.

AZOTE AMMONIACAL.

L'ammoniaque, dans les diverses combinaisons qu'elle forme, peut servir directement à l'alimentation des plantes. Cette base existe dans la nature, elle se produit généralement par la décomposition des matières organiques; ce n'est qu'à l'état de traces qu'on la trouve soit dans l'atmosphère, soit dans les eaux, soit dans le sol; nulle part, elle n'existe à l'état concentré. Nous n'avons donc pas à compter sur son extraction des sources naturelles, puisqu'elle ne forme pas de gisements; mais l'azote des matières organiques a la propriété de se transformer en ammoniaque avec la plus grande facilité et nous obtiendrons cet alcali par le traitement des substances riches en azote, qui en se décomposant le dégagent à l'état volatil. Toutes les matières organiques azotées peuvent servir à sa préparation; il en est seulement un petit nombre dont le traitement soit avantageux. Dans certains cas, la fabrication de l'ammoniaque est le but principal; dans d'autres, cette base constitue un produit accessoire.

Les sources auxquelles on s'adresse à l'heure actuelle sont : les eaux vannes tenant en dissolution de l'ammoniaque provenant de la décomposition des matières azotées excrémentielles; les eaux des usines à gaz, qui contiennent l'ammoniaque formée pendant la distillation de la houille pour la fabrication du gaz et du coke; enfin les substances diverses, végétales ou animales, telles que la tourbe, les résidus animaux, etc., distillées soit seules, soit avec addition d'un alcali fixe et qui dégagent en même temps que de l'eau et des matières goudronneuses, une partie ou même la totalité de leur azote à l'état d'ammoniaque. En général, cette base se trouve délayée dans un volume de liquide considérable, dont il faut l'extraire sous une forme concrète pouvant être transportée et livrée à l'agriculture. La volatilité de l'ammoniaque permet de la séparer de l'eau par distillation; pour la fixer on la combine avec de l'acide sulfurique, et c'est ordinairement, sinon toujours, à l'état de sulfate d'ammoniaque qu'elle est utilisée par les agriculteurs.

Mais ce n'est que dans des cas spéciaux que se fait la récupération de l'ammoniaque et une faible partie seulement de celle qui est produite par l'intervention de l'homme est recueillie sous une forme utilisable.

Tous les foyers qui consomment des matières carbonées plus ou moins riches en azote dégagent dans l'atmosphère l'ammoniaque à l'état volatil, en même temps que de l'azote libre; dans la combustion du bois, de la houille, de tous les produits végétaux, il se produit ainsi des pertes considérables.

Les fermentations provoquent également des déperditions énormes d'ammoniaque; nous avons déjà montré leur importance pendant la fabrication du fumier. Toutes les fois en effet que les matières organiques se décomposent, surtout en l'absence de l'air, il y a un dégagement de gaz ammoniacal, d'autant plus accentué que les matières organiques sont accumulées en plus grandes masses, comme c'est le cas des fumiers et des déjections humaines. Dans la préparation des poudrettes en particulier, où les vidanges sont abandonnées dans des bassins de décantation, il y a une dilapidation d'ammoniaque aussi regrettable au point de vue de l'agriculture qu'à celui de l'hygiène.

On ne doit pas espérer de récupérer tout l'azote qui se perd, mais on peut dans beaucoup de cas le recueillir, le condenser sous forme de sel ammoniacal pour le rendre à l'agriculture, qui en tire un si grand profit. Des efforts sont encore à faire dans cette voie; déjà les industriels ont compris que l'extraction de l'ammoniaque produite dans les foyers pouvait devenir rémunératrice; aussi cherche-t-on aujourd'hui à fixer l'ammoniaque dégagée en abondance par les fours à coke et les hauts fourneaux.

§ I. — SULFATE D'AMMONIAQUE.

Matières premières de la fabrication. — Nous étudierons successivement les sources desquelles l'industrie retire les sels ammoniacaux qu'elle livre à l'agriculture.

1° *Eaux vannes.* — Sans revenir sur ce qui a été dit dans le tome Ier de cet ouvrage, nous rappellerons que dans la fabrication des poudrettes on laisse déposer dans de vastes bassins appelés dépotoirs les matières de vidange provenant des fosses; les parties solides se séparent naturellement; les parties liquides, appelées eaux vannes, surnagent. Ces dernières contiennent en dissolution les sels ammoniacaux (carbonate et sulfhydrate) provenant de la fermentation des matières azotées et principalement de l'urée. Durant l'exposition de ces liquides à l'air libre sur une large surface, il y a des déperditions considérables par volatilisation.

Pendant longtemps, les eaux vannes étaient écoulées dans les fleuves, et ce n'est que vers 1855 ou 1860, qu'à l'exemple de l'Angleterre, on commença en France à distiller ces eaux pour en retirer l'ammoniaque. La compagnie Richer installa à Bondy, vers 1860, de vastes appareils permettant de traiter par jour 800 mètres cubes, produisant 6 à 7,000 kilog. de sulfate d'ammoniaque.

L'exploitation des eaux vannes dans toutes les villes de France produirait des quantités d'ammoniaque énormes. Malheureusement l'extraction est loin d'être complète, à cause de l'état de dilution des liquides. Leur richesse est assez variable; un grand nombre d'analyses faites sur des échantillons pris dans les bassins de Bondy a donné la composition moyenne suivante par mètre cube :

	kil.
Azote ammoniacal volatil	2.378
— fixe	0.476
	2.854

La distillation de ces eaux fournit de 9 à 11 kilog. de sulfate d'ammoniaque par mètre cube traité. Les procédés employés pour l'extraction sont tous basés sur la volatilité de l'ammoniaque, que celle-ci soit rendue libre par une addition de chaux ou qu'elle distille en combinaison avec l'acide carbonique, l'acide sulfhydrique, etc.; on la recueille dans l'acide sulfurique, pour transformer en sulfate l'ammoniaque libre ou combinée. Par l'addition de la chaux on obtient des rendements plus élevés, soit en moyenne 11 kilog. de sulfate par mètre cube.

La commission d'assainissement de la Seine a proposé en 1882, sur le rapport de M. A. Girard, de supprimer les dépotoirs et d'appliquer le système de distillation en présence de la chaux aux matières tout venant. Ce système, outre les considérations hygiéniques qui militent en sa faveur, offre l'avantage de donner des rendements plus élevés et d'éviter les pertes; il n'a pas encore reçu d'application industrielle.

2° *Eaux ammoniacales du gaz.* — La houille est le résidu de produits végétaux, elle retient encore une certaine quantité de l'azote existant dans les plantes qui lui ont donné naissance. Voici quelques chiffres indiquant la richesse en azote des houilles anglaises :

PROVENANCE	Pour 100	
	Azote.	Ammoniaque.
Pays de Galles	0.91	1.10
Lancashire	1.25	1.52
Newcastle	1.32	1.60
Écosse	1.44	1.75

Ces chiffres sont très élevés. Les nombreuses analyses effectuées sur des houilles de différentes provenances fixent de 0,8 à 1,2 % le taux moyen d'azote.

La consommation de la houille est énorme; elle dépasse 200 millions de tonnes pour l'Europe et les États-Unis; la quantité d'ammoniaque qui y correspond est supérieure à 20 millions de quintaux. Mais une partie seulement de cette ammoniaque peut être recueillie; en effet, les houilles qui sont consommées dans les foyers ouverts laissent dégager leur ammoniaque dans l'atmosphère; les procédés qu'on a proposés pour la retenir, ou bien pour l'extraire avant la combustion, n'ont pas jusqu'ici abouti à des résultats pratiques; il faut espérer que ce problème sera un jour résolu industriellement.

C'est seulement dans le cas des distillations en vases clos, soit pour la fabrication du gaz d'éclairage, soit pour celle du coke, qu'il a été possible jusqu'à présent de condenser l'ammoniaque sous la forme de sulfate. Pendant cette distillation, il se dégage des produits hydrocarbonés auxquels on donne le nom de goudrons, ainsi qu'une certaine quantité d'eau dans laquelle se trouve dissoute l'ammoniaque et qui porte le nom d'eau ammoniacale. C'est ce produit qui est, à l'heure actuelle, la principale source du sulfate d'ammoniaque consommé par l'agriculture.

La proportion et la richesse des eaux ammoniacales varie suivant la nature de la houille; en général on obtient, pour 100 kilog. de houille, 8 à 10 litres d'eaux ammoniacales, quelquefois ce chiffre descend à 6 % ou s'élève à 14 %. Ces eaux contiennent ordinairement par mètre cube de 12 à 15 kilog. d'ammoniaque, pouvant donner 48 à 60 kilog. de sulfate d'ammoniaque; fréquemment ce chiffre est plus élevé. L'ammoniaque se trouve en majeure partie combinée à l'acide carbonique, en petite quantité à l'acide sulfhydrique et quelquefois aussi à de l'acide sulfocyanique.

L'ammoniaque n'est pas tout entière contenue dans les eaux; le gaz d'éclairage en entraîne une partie, dont on le débarrasse en le faisant passer sur des laveurs à coke contenant de l'eau pure ou acidulée, ou de l'eau contenant des résidus de la fabrication du chlore (chlorure de magnésium et de fer et acide chlorhydrique); ou encore sur des épurateurs à sec, plâtre ou mélange de Laming (sciure imbibée de sulfate de fer et de chaux, etc.) qui retiennent l'ammoniaque à l'état de sulfate.

Pour fixer les idées sur l'importance de la fabrication du sulfate d'ammoniaque par les eaux du gaz, nous donnerons le renseignement suivant : En 1886, la Compagnie parisienne du gaz a distillé 960.000 tonnes de houille qui ont donné 135.000 mètres cubes d'eaux ammoniacales dont on a retiré 7,888 tonnes de sulfate d'ammoniaque; ce chiffre diffère peu d'une année à l'autre.

Toutes les eaux ammoniacales provenant de la préparation du gaz d'éclairage ne sont pas distillées; en effet les petites usines n'ont pas d'installations et laissent en général perdre ces liquides.

Les eaux vannes et les eaux de la fabrication du gaz sont les principales sources du sulfate d'ammoniaque; il convient cependant de dire quelques mots des autres produits susceptibles d'être employés à cet effet.

3° *Tourbes et schistes.* — Une substance se rapprochant de la houille, la tourbe, contient des quantités d'azote assez élevées, généralement comprises entre 1 et 2 %; en distillant cette tourbe pour la production de produits goudronneux et pyroligneux, on obtient des eaux ammoniacales qui peuvent être traitées. L'extraction de l'azote de la tourbe sous la forme de sulfate d'ammoniaque ne paraît pas être entrée jusqu'à présent dans la pratique, mais il est à prévoir qu'elle se réalisera un jour, à cause de l'abondance des gisements de tourbe, de leur richesse en azote et de la valeur des autres produits qu'on obtiendrait simultanément.

La distillation des schistes bitumineux, pratiquée autrefois très activement pour en extraire des huiles d'éclairage, donne naissance à des eaux ammoniacales riches, utilisables pour la fabrication des sels ammoniacaux.

4° *Matières animales diverses.* — Tous les produits animaux distillés en vases clos dégagent de l'ammoniaque; quand le chauffage s'opère en présence d'un alcali, la transformation de l'azote en ammoniaque est plus rapide et plus complète. Les essais qu'on a faits dans cette direction ne paraissent pas avoir donné jusqu'à présent des résultats assez avantageux pour passer dans la pratique.

On obtient encore des eaux ammoniacales de 13 à 15° B^e^. dans la fabrication du charbon animal destiné à la fabrication des prussiates; ce charbon s'obtient par la calcination en vases clos des substances animales riches en azote : cornes, poils, laine, cuir, etc.

A la fin du siècle dernier, la calcination des matières animales avait pour but unique la production d'eaux ammoniacales, qui aujourd'hui sont devenues des résidus industriels.

Le traitement direct des matières organiques azotées, en vue de la fabrication du sulfate d'ammoniaque, n'est pas rémunérateur, parce qu'il n'y a pas de différence de prix appréciable entre l'azote ammoniacal et l'azote organique; c'est seulement quand l'ammoniaque est un produit accessoire, comme dans le cas de la fabrication des noirs d'os, qu'on peut l'extraire industriellement.

Les os, placés dans des cylindres en fonte, sont carbonisés; les vapeurs de condensation forment une eau ammoniacale assez riche; en général, 4.000 kilog. d'os donnent 1 mètre cube de liquide marquant 8 à 12 B^e^. et contenant l'ammoniaque sous la forme de carbonate, de sulfhydrate, d'acétate et de cyanhydrate; on admet qu'en moyenne 100 kilog. d'os doivent donner 7 à 8 kilog. de sulfate d'ammoniaque. Une partie notable de l'azote reste dans le noir animal.

Ce sont les eaux du gaz et les eaux vannes qui constituent les matières premières les plus importantes de la fabrication des sels ammoniacaux; elles se distinguent par le degré de richesse; les premières sont 5 à 6 fois plus concentrées que les secondes; leur traitement est donc plus avantageux.

Distillation des eaux ammoniacales. — Quelle que soit du reste l'origine des eaux ammoniacales, les appareils destinés à la séparation de l'alcali reposent tous sur le principe de la distillation. Nous parlerons seulement de ceux qui sont le plus généralement employés et nous nous bornerons à en faire une description sommaire.

1° *Appareil Mallet.* — Cet appareil est utilisé dans beaucoup d'usines françaises, notamment à la Compagnie parisienne du gaz. Il se compose essentiellement de trois chaudières cylindriques en fonte, de capacité variable, disposées en gradins de façon que la plus élevée puisse se vider dans la deuxième et la deuxième dans la première. Celle-ci repose directement sur un foyer dont la chaleur perdue sert à échauffer la chaudière intermédiaire. Les vapeurs qui s'échappent de la première chaudière viennent par un tuyau en plomb barbotter dans la seconde, puis dans la chaudière supérieure, échauffant ainsi les liquides et se chargeant d'ammoniaque; finalement elles se condensent dans deux serpentins successifs refroidis par les eaux ammoniacales et se réunissent dans un collecteur, sorte de flacon de Woolf, pour tomber dans un grand bac en bois doublé de plomb, contenant de l'acide sulfurique concentré.

Lorsque les eaux de la chaudière inférieure sont épuisées, on les envoie à l'égout, puis on fait écouler les eaux de la seconde dans la première, et celles de la troisième dans la deuxième. La chaudière supérieure est remplie par les eaux ammoniacales nouvelles qui ont été préalablement échauffées par le serpentin de condensation. On y verse un lait de chaux en quantité suffisante pour dégager l'ammoniaque de ses diverses combinaisons. Chaque chaudière est munie d'agitateurs qui ont pour but de mettre la chaux en contact avec les liquides et d'éviter les incrustations.

Le principal inconvénient de cet appareil consiste dans sa marche intermittente, dans le dégagement des produits odorants, ainsi que dans son faible rendement; il ne peut en effet traiter que 8 mètres cubes 500 par 24 heures.

2° *Appareil Solvay.* — Il se compose d'une grande bâche ou chaudière, divisée par des cloisons verticales en nombreux compartiments. Une chaudière spéciale placée à une extrémité envoie de la vapeur dans l'appareil; l'eau arrive régulièrement par le côté opposé, de telle façon que la vapeur barbotant dans l'eau du premier compartiment entraîne l'ammoniaque qu'elle contient, se charge de nouvelles vapeurs ammoniacales dans le second, et ainsi de suite, arrive à un grand état de concentration dans un serpentin condenseur puis dans le bac à saturation. Ce traitement est méthodique, en ce sens que l'eau de plus en plus épuisée est toujours lavée par de la vapeur d'eau non chargée d'ammoniaque et provenant de la chaudière.

L'appareil est à marche continue, son chauffage est économique; il peut traiter 36 mètres cubes d'eau par 24 heures.

3° *Appareils à colonnes.* — Ces appareils plus ou moins perfectionnés reposent sur le principe de la déphlegmation et ont la plus grande analogie avec les colonnes à rectifier l'alcool; ils se composent d'une série de plateaux superposés dont chacun contient une certaine quantité de liquide ammoniacal, et se trouve muni d'un tube servant de trop-plein. La vapeur venant d'un générateur spécial arrive par la partie inférieure de la colonne, passe par les tubes et rencontre une calotte qui est fixée au-dessus et à une faible distance; elle ne peut s'échapper qu'après avoir barboté dans le liquide du plateau, de façon à se charger de vapeurs ammoniacales. Il y a deux courants : l'un ascendant formé de vapeurs de plus en plus riches en gaz ammoniacal, qui sont entraînées et viennent se combiner à l'acide dans le bac de condensation; l'autre descendant, formé par les eaux goudronneuses qui s'épuisent de plus en plus. L'appareil est à marche continue; une colonne peut traiter 100 mètres cubes d'eaux en 24 heures.

Nous avons indiqué sommairement les principaux types d'appareils employés à l'extraction de l'ammoniaque des eaux ammoniacales de diverses provenances. Pour la distillation des eaux vannes qui sont très peu concentrées et qui donnent des mousses et des écumes abondantes, on emploie des appareils plus volumineux.

Il est utile, pour élever le rendement en ammoniaque, de distiller en présence d'un lait de chaux; mais la plupart des fabriques anglaises distillent sans chaux, estimant que l'ammoniaque fixe dégagée sous l'influence de cet alcali ne compense pas les frais qu'occasionne ce traitement, tant à cause de l'achat de la chaux que des incrustations qui détériorent les appareils.

Cristallisation du sulfate d'ammoniaque. — L'ammoniaque dégagée après condensation tombe dans des bacs en bois doublés de plomb, contenant de l'acide sulfurique. Il y a deux systèmes d'absorption : dans l'un, on fait absorber le gaz ammoniacal par de l'acide étendu; après clarification par le repos, on évapore les eaux dans des vases en plomb jusqu'à cristallisation. Les eaux mères servent à étendre l'acide sulfurique destiné à une nouvelle opération.

Dans le second système, on emploie de l'acide concentré à 56° B^e, et alors le sulfate d'ammoniaque se sépare immédiatement en cristaux, on le retire à mesure qu'il se produit; on évite ainsi toute perte de temps et toute évaporation subséquente, mais on n'obtient pas un produit aussi pur.

Dans l'un et l'autre procédé le sel est égoutté, puis séché sur des plaques en tôle; quelquefois légèrement grillé.

Pendant longtemps, en Angleterre, où le combustible est abondant, on se contentait de saturer directement les eaux goudronneuses du gaz par de l'acide sulfurique et de les concentrer à feu nu; on avait ainsi un produit très impur, de couleur sale et rougeâtre, et toujours accompagné d'une proportion plus ou moins grande de sulfocyanure. Dans ce cas, il est utile de soumettre les cristaux obtenus par ce procédé primitif à un léger grillage qui fait disparaître en partie ce dernier sel.

Composition du sulfate d'ammoniaque. — Le sulfate d'ammoniaque, considéré comme espèce chimique, forme des cristaux anhydres blancs, transparents, constituant des prismes terminés par des pyramides, à saveur vive, piquante et amère, solubles dans deux fois leur poids d'eau froide. Il décrépite sous l'action de la chaleur, fond et finit par se décomposer quand on chauffe plus fort. Il est essentiellement composé d'ammoniaque AzH^3, d'acide sulfurique SO^3, et d'eau HO, pour former, AzH^3, HO, SO^3.

A l'état pur il contient, pour 100 :

Acide sulfurique.	60.62	
Eau.............	13.63	
Ammoniaque....	25.75 correspondant à azote..	21.21

Mais le sulfate d'ammoniaque du commerce n'est pas absolument pur, de sorte que sa couleur et sa richesse en ammoniaque sont variables. On y trouve comme impuretés, suivant son origine et son mode de fabrication, des substances dont les unes sont inertes, dont les autres sont nuisibles.

Alors même qu'il n'est pas fraudé, il contient quelquefois des quantités d'azote bien inférieures à ce qu'indiquerait sa composition théorique. Le maximum de richesse qu'on observe est de 21.1 correspondant presque à du sulfate d'ammoniaque chimiquement pur. La richesse moyenne, celle qu'on rencontre le plus fréquemment sur les marchés français, est comprise entre 20 et 21.

Les produits d'origine anglaise ont des compositions assez variables; ils sont généralement plus pauvres que ceux qu'on fabrique en France, avec une richesse d'environ 19 % d'azote correspondant à 23 d'ammoniaque; mais là encore on arrive quelquefois à un plus grand degré de pureté.

Il n'est pas rare de rencontrer de beaux sels blancs et bien cristallisés, dans lesquels tout l'acide sulfurique n'a pas été saturé et qui, par suite, à côté du sulfate neutre d'ammoniaque, contiennent une certaine quantité d'acide sulfurique libre; leur teneur en azote descend jusqu'à 15 %.

M. Petermann donne la composition centésimale suivante d'un produit de cette nature :

Sulfate d'ammoniaque réel....	80.90	= 17.16 d'azote.
Acide sulfurique libre.........	15.83	
Eau et sable..................	3.27	

De pareils produits sont dangereux à cause de leurs propriétés corrosives; non seulement les sacs et les outils sont détériorés à leur contact, mais encore ils peuvent avoir une action nuisible sur les végétaux.

On trouve fréquemment aussi dans le commerce des produits, provenant surtout de fabrication anglaise, qui sont beaucoup plus pauvres en azote; tels sont des sulfates d'ammoniaque noirs contenant des matières goudronneuses et qui ne titrent souvent que 7 à 10 % d'azote.

Présence du rhodanammonium. — Quelquefois le sulfate d'ammoniaque se présente avec une couleur d'un brun rougeâtre, ayant une richesse normale en azote ; ces produits colorés ne doivent être acceptés qu'avec défiance ; ils sont fréquemment souillés de sulfocyanure d'ammonium ou plus communément rhodanammonium, dont la proportion est quelquefois assez élevée. Schumann cite un produit d'origine anglaise qui contenait jusqu'à 74 pour 100 de sulfocyanure, pour 15 seulement de sulfate d'ammoniaque. De pareils sels, alors même que la quantité de sulfocyanure est minime, doivent être absolument exclus de l'emploi agricole ; ils ont en effet sur les plantes une action des plus violentes et exposent à la destruction de récoltes entières. D'après Voelcker, lorsque la fumure au sulfate d'ammoniaque, employé en couverture, a apporté dans le sol une proportion de sulfocyanure équivalant à 10 kilogrammes par hectare, on obtient des résultats désastreux.

L'agriculteur ne saurait donc trop se prémunir contre l'introduction dans ses cultures du sulfate d'ammoniaque contenant du rhodanammonium. Ce sont surtout les sulfates d'ammoniaque provenant de la distillation des eaux du gaz qu'on doit examiner à ce point de vue, et particulièrement les produits qui ont été obtenus en saturant directement les eaux ammoniacales par l'acide sulfurique et en concentrant ensuite ; ou encore ceux qui proviennent du lavage du gaz au moyen de substances absorbantes, telles que le plâtre ou le mélange de Laming consistant en sulfate de fer et en chaux, ou le mélange de sciure de bois avec l'acide sulfurique, ou encore, comme cela se pratique depuis quelques années en Angleterre, avec des superphosphates minéraux. Dans tous ces produits on est exposé à rencontrer une certaine quantité de sulfocyanure.

Coloration. — Les sulfates d'ammoniaque sont d'ailleurs plus ou moins purs, suivant que l'acide sulfurique employé à leur fabrication l'est davantage. Ainsi lorsque cet acide a été préparé avec du soufre, le sulfate d'ammoniaque obtenu ne contiendra ni fer, ni arsenic, et donnera en général des sels blancs. Lorsqu'au contraire, il aura été préparé avec des pyrites, on y rencontrera de l'arsenic et on aura des produits jaunâtres; cette dernière coloration tient à la présence de sulfure d'arsenic, dont il n'y a pas d'ailleurs à se préoccuper. Quelquefois le sel est bleuâtre et un peu violacé; ces colorations paraissent tenir à la présence de petites quantités de dérivés colorés de la houille. Enfin les sels produits par saturation directe sont d'un gris sale presque noir.

Quoi qu'il en soit, la coloration des sulfates d'ammoniaque commerciaux ne doit nous préoccuper qu'en tant qu'elle est l'indice d'une richesse inférieure ou de la présence de sulfocyanure.

Falsifications. — Ce que nous venons de dire sur les impuretés du sulfate d'ammoniaque se rapporte à des produits plus ou moins purs, plus ou moins bien préparés, mais non intentionnellement additionnés de substances étrangères. Nous aborderons maintenant la question des falsifications, c'est-à-dire des additions frauduleuses destinées à augmenter le poids, au moyen de produits inertes ou de faible valeur.

Il n'est pas difficile d'introduire dans le sulfate d'ammoniaque des sels ayant avec lui une certaine analogie d'aspect, mais d'une valeur commerciale moindre : par exemple le sulfate de soude, le chlorure de sodium ou sel marin, le sulfate de magnésie et quelquefois le sulfate de fer moulu ou même le sable.

Toutes ces matières ne sont pas nuisibles, mais leur présence est tout au moins inutile, et l'agriculteur qui achèterait le sulfate d'ammoniaque au poids paierait, au même prix que ce sel, des substances sans valeur. Ces diverses falsifications se reconnaissent facilement aux résidus que laisse le sulfate d'ammoniaque après la calcination. Ce résidu est nul ou peu considérable avec un produit non adultéré ; il est au contraire abondant dans celui qui a été additionné de l'une ou de l'autre des substances que nous venons de citer. On n'est jamais victime de ces falsifications, lorsqu'on a recours à l'analyse et lorsqu'on achète le produit non pas seulement d'après le poids, mais d'après sa teneur en azote.

Les fraudes auxquelles on est exposé, ainsi que les variations dans la composition de cet engrais, rendent donc indispensable l'analyse du sulfate d'ammoniaque, et l'agriculteur ne doit jamais négliger d'y faire déterminer, au moment de l'achat, la proportion réelle d'azote ammoniacal. Il agira prudemment en exigeant l'absence des sulfocyanures qui constituent un véritable poison, non seulement pour l'homme et les animaux, mais aussi pour les plantes.

Pour rechercher les sulfocyanures, on dissout quelques parcelles du sulfate à essayer dans un peu d'eau et on ajoute une ou deux gouttes de solution de perchlorure de fer. S'il y a des sulfocyanures, on voit apparaître immédiatement une coloration rouge caractéristique.

Commerce. — Les quantités de sulfate d'ammoniaque fabriquées annuellement sont considérables à l'heure actuelle. La compagnie parisienne du gaz en fabrique environ 8 millions de kilogrammes. Les compagnies de vidange des grandes villes en livrent également de fortes quantités. En Angleterre surtout et en Allemagne la production est très élevée.

Aussi cette matière joue-t-elle un des rôles les plus importants parmi les engrais chimiques.

Prix. — C'est seulement à sa teneur en azote, et en azote d'une assimilabilité très grande, que le sulfate d'ammoniaque doit sa valeur; il n'y a pas lieu de tenir compte, dans l'évaluation du prix, de l'acide sulfurique et des autres substances qui entrent dans sa constitution. En achetant du sulfate d'ammoniaque on achète donc exclusivement de l'azote ammoniacal sous une forme concentrée.

Le prix du sulfate d'ammoniaque a varié dans des proportions considérables. Autrefois ce produit n'existait pas dans le commerce et on ne connaissait pas sa valeur au point de vue agricole. Ce n'est qu'à partir du jour où l'action fertilisante des sels ammoniacaux a été démontrée que l'on s'est efforcé de recueillir, sous la forme de sulfate, l'ammoniaque, produit accessoire de diverses industries.

Dans les premiers temps de sa fabrication industrielle, vers 1852, il était encore peu en faveur et les usines n'en trouvaient pas le placement à 32 francs les 100 kilog.

Après des fluctuations diverses, le prix s'est notablement élevé ; nous donnons les prix moyens pour les douze dernières années, afin de montrer quelles variations a subies sa mercuriale.

	Prix des 100 kilog.	Prix du kilog. d'azote.
	fr. c.	fr. c.
En 1875	48.00	2.40
» 1876	47.50	2.37
» 1877	50.00	2.50
» 1878	52.00	2.60
» 1879	42.00	2.10
» 1880	50.00	2.50
» 1881	50.00	2.50
» 1882	52.00	2.60
» 1883	45.00	2.25

	Prix des 100 kilog	Prix du kilog. d'azote.
	—	—
	fr. c.	fr. c.
» 1884	38.00	1.90
» 1885	32.00	1.60
» 1886	29 à 31	1.45 à 1.55
» 1887	28 à 32	1.40 à 1.60
» 1888	30 à 32	1.50 à 1.60

Ce n'est pas seulement d'une année à l'autre que les prix subissent des variations. Dans le cours d'une même année et surtout suivant les saisons, on constate des oscillations dont nous donnons quelques exemples; elles tiennent en grande partie à l'accaparement fait quelquefois par les commerçants, et surtout à la loi qui règle tous les marchés, celle de l'offre et de la demande. Au moment des semailles, par exemple, le prix des engrais est plus élevé qu'aux autres époques de l'année.

En 1882	les variations de prix ont été de	54f à 53f 50.
» 1883	—	50f à 42f.
» 1884	—	40f à 35f.
» 1885	—	34f à 26f 50.
» 1886	—	34f à 28f 25.
» 1887	—	33f 50 à 30f.

Ces prix sont plutôt ceux de la vente en gros que de la vente en détail; ils se rapportent à des produits titrant 20 à 21 pour 100 d'azote et livrés en sacs perdus sur wagon par les usines des environs de Paris.

Les prix varient également avec les centres de production. Ainsi au même moment en 1888, le sulfate d'ammoniaque se vendait :

	fr.
A Paris	32.00
A Dunkerque	34.15 à 31.50
A Rouen	33.50
A Nantes	33.80
A Bordeaux	34.15
A Marseille	34.50
A Lyon	35.00

D'une façon très générale le prix des engrais, indépendamment des frais de transport, est plus élevé dans la région méridionale.

En France, le sulfate d'ammoniaque se vend toujours d'après la teneur en azote ; en Angleterre, la garantie porte sur l'ammoniaque. L'unité choisie dans notre pays nous semble beaucoup plus rationnelle. L'agriculteur ne doit pas confondre les deux termes azote et ammoniaque ; le kilog. d'azote valant 1, le kilog. d'ammoniaque vaudra 0,823, et inversement, le kilog. d'ammoniaque valant 1, le kilog. d'azote vaudra 1,214 ; en d'autres termes, pour exprimer l'azote en ammoniaque on multiplie le taux d'azote par 1,214 ; pour réduire l'ammoniaque en azote, on multiplie son taux par 0,823.

§ II. — AUTRES SELS AMMONIACAUX.

Quoique le sulfate d'ammoniaque soit pour ainsi dire la seule combinaison ammoniacale employée sur une grande échelle par l'agriculture, il convient de dire quelques mots des autres formes salines de l'ammoniaque, puisque quelques-unes peuvent être et sont en réalité utilisées dans une certaine mesure.

Chlorhydrate d'ammoniaque. — Le sel ammoniac qui résulte de la saturation de l'ammoniaque par l'acide chlorhydrique est une combinaison très stable, sensiblement plus riche que le sulfate (25 % d'azote environ), mais dont les usages industriels rendent le prix relativement élevé.

Il peut servir à la fumure au même titre que le sulfate et son action sur la végétation est en rapport avec la quantité d'azote qu'il contient. Dans presque toutes leurs expériences, MM. Lawes et Gilbert ont employé comme engrais ammoniacal un mélange de sulfate et de chlorhydrate; mais son prix plus élevé l'exclut de la pratique agricole. Pourtant il peut arriver que l'on ait intérêt à fabriquer du chlorhydrate d'ammoniaque, de préférence au sulfate, pour l'employer comme engrais. Dans le cas, par exemple, où on recueille l'acide chlorhydrique comme produit accessoire d'autres industries; en raison de sa valeur extrêmement minime, il y a économie à le substituer à l'acide sulfurique pour saturer l'ammoniaque.

Le chlorhydrate d'ammoniaque s'obtient encore par l'action de certains chlorures, tels que ceux de calcium, de magnésium, de sodium, etc., sur le carbonate d'ammoniaque des eaux résiduaires. Des mélanges complexes contenant ces chlorures sont fréquemment employés pour l'épuration du gaz et retiennent dans leur sein du chlorhydrate d'ammoniaque; ils peuvent alors être utilisés directement pour les cultures, ou traités en vue de l'extraction du chlorhydrate.

Quelquefois aussi on sature par de l'acide chlorhydrique les eaux ammoniacales et on les évapore à sec.

Quoi qu'il en soit, le chlorhydrate d'ammoniaque à l'état pur ou engagé dans un mélange complexe doit être, comme le sulfate d'ammoniaque, soumis à l'analyse et payé suivant sa richesse en azote.

Azotate d'ammoniaque. — Citons encore ce sel extrêmement riche en azote, puisqu'il en renferme non seulement à l'état ammoniacal, mais aussi à l'état nitrique; quand il est pur et sec, il peut contenir près de 40 % d'azote. A l'heure actuelle, ce produit, très concentré, n'est pas employé en agriculture, à cause de son prix élevé. L'acide nitrique, en effet, ne sert jamais à remplacer pour la saturation de l'ammoniaque l'acide sulfurique, d'un prix beaucoup plus minime; mais il n'est pas impossible que, dans l'avenir, ce sel entre dans la pratique agricole; il présenterait l'avantage d'une concentration très grande qui diminuerait les frais de transport et offrirait l'azote aux plantes sous la double forme ammoniacale et nitrique. Il s'obtiendrait facilement par la substitution à l'acide sulfurique des nitrates de chaux qui sont si abondamment répandus dans la nature. Mais il convient de remarquer que ses propriétés hygroscopiques rendraient son transport et sa conservation difficiles, puisqu'il absorbe l'humidité de l'air et se liquéfie.

Nous avons encore à parler de sels qui ont pris une certaine importance, sinon en France, du moins en Angleterre et en Allemagne; ce sont les combinaisons diverses de l'acide phosphorique avec l'ammoniaque, réalisant des engrais contenant deux des principaux éléments fertilisants.

Phosphate d'ammoniaque. — On substitue en effet quelquefois à l'acide sulfurique, pour condenser l'ammoniaque extraite par distillation des eaux du gaz ou des eaux vannes, l'acide phosphorique préparé en traitant les phosphates naturels pauvres par de l'acide sulfurique. On obtient ainsi, par une évaporation ménagée, du phosphate tribasique d'ammoniaque renfermant 28 % d'azote et près de 50 % d'acide phosphorique. Ce produit se décompose par l'ébullition et dégage une partie de l'ammoniaque qu'il renfermait. Son action sur la végétation est des plus favorables, puisqu'il offre aux récoltes l'azote aussi bien que l'acide phosphorique sous une forme éminemment assimilable. Il serait à désirer que sa fabrication et son usage se répandissent d'avantage.

On emploie encore fréquemment, pour retenir l'ammoniaque, des superphosphates de chaux. Ces produits contiennent un mélange acide complexe, formé d'acide sulfurique libre, d'acide phosphorique libre, de phosphate acide de chaux et de sulfate de chaux; ces divers éléments sont tous susceptibles d'absorber de l'ammoniaque. On obtient ainsi un superphosphate ammoniacal constituant un produit assez économique, puisque l'acide destiné à la saturation de l'ammoniaque se trouve gratuitement fourni par le superphosphate. L'enrichissementest en proportion du degré d'acidité de ce dernier.

Phosphate ammoniaco-magnésien. — Depuis longtemps déjà, M. Boussingault avait appelé l'attention sur la production et l'emploi du phosphate ammoniaco-magnésien, sel très stable et qui a la propriété, en raison de sa faible solubilité, de permettre la précipitation de l'ammoniaque diluée dans un grand volume de liquide.

En général, dans les eaux résiduaires qui contiennent l'ammoniaque, cette base n'existe qu'en faible proportion. Pour retirer l'ammoniaque par la distillation on a donc à opérer sur des volumes considérables de liquide, qui nécessitent l'emploi d'appareils coûteux et une quantité de combustible assez élevée, puisqu'il faut échauffer toute la masse du liquide. Quand on dispose de matières premières en abondance, l'installation de ces appareils peut devenir rémunératrice; mais il arrive fréquemment que les liquides contenant l'ammoniaque se produisent en quantité trop minime pour justifier l'installation de l'outillage nécessaire au traitement; c'est le cas de toutes les petites usines à gaz et des dépotoirs peu importants. Il y a donc un grand intérêt à employer un procédé qui permette, sans outillage spécial, d'extraire l'ammoniaque dissoute dans ces liquides. La préparation du phosphate ammoniaco-magnésien réalise ce but. Si en effet dans un liquide ammoniacal nous introduisons l'acide phosphorique et la magnésie nécessaires pour faire avec l'ammoniaque du phosphate ammoniaco-magnésien, nous déterminons la formation d'un précipité blanc, cristallin, qui contiendra la presque totalité de l'ammoniaque du liquide sur lequel nous avons opéré.

Dans ces dernières années, M. Schlœsing a appelé l'attention sur des procédés d'extraction de l'ammoniaque qui semblent très pratiques et qui s'appliquent plus particulièrement aux cas fréquents où les quantités des liquides à traiter sont peu considérables. M. Schlœsing conseille d'extraire, en la précipitant par la chaux, la magnésie si abondamment contenue dans l'eau de mer; de faire agir sur cette magnésie une solution d'acide phosphorique, afin de la transformer en phosphate de magnésie. En introduisant ce dernier composé dans les eaux ammoniacales, on retire à peu près intégralement l'ammoniaque qui y était dissoute et qui se dépose à l'état de phosphate ammoniaco-magnésien.

Il est permis de faire varier les formes sous lesquelles on introduit l'acide phosphorique et la magnésie; le principe reste toujours le même : formation d'un précipité presque insoluble entraînant avec lui l'ammoniaque. On peut par exemple saturer les eaux acides des fabriques de gélatine, contenant l'acide phosphorique, par des calcaires magnésiens (dolomies) en présence des eaux ammoniacales. Quant au traitement par le phosphate de soude et le carbonate de magnésie, il entraîne à des frais trop élevés. Rien n'est plus facile aujourd'hui que de se procurer l'acide phosphorique, il suffit de traiter par l'acide sulfurique des phosphates naturels; la magnésie aussi peut s'obtenir en abondance; on la retire de l'eau de mer, comme l'a montré M. Schlœsing, en la précipitant par la chaux.

Le phosphate ammoniaco-magnésien doit être regardé

comme un engrais de première qualité qui, malgré sa faible solubilité dans l'eau, offre cependant les éléments qu'il renferme à un état très assimilable. Les essais culturaux qui ont été faits au moyen de ce sel ont toujours donné d'excellents résultats.

On ne saurait trop recommander aux industriels qui ont à leur disposition des eaux de condensation du gaz ou des eaux vannes, de les traiter par ce procédé, au lieu de les laisser se perdre, comme cela arrive dans la plupart des cas. Quant à l'agriculteur, il achètera ces produits en payant l'azote qui y est contenu au même prix que celui du sulfate d'ammoniaque et l'acide phosphorique au prix des phosphates précipités. Sous quelque forme que l'ammoniaque soit introduite dans le sol, elle s'y comporte de même; retenue d'abord par les éléments absorbants de la terre, elle est ensuite rapidement nitrifiée.

Carbonate d'ammoniaque. — C'est un sel blanc, volatil, caustique; il se trouve dans le commerce à un prix assez élevé. Il n'est pas susceptible, à l'heure actuelle, d'entrer dans la pratique agricole: sa volatilité exposerait à des pertes notables, sa causticité aurait des effets fâcheux sur la végétation, enfin son prix en rendrait l'usage onéreux; c'est seulement lorsqu'il existe en mélange ou en dissolution à l'état brut qu'il peut être avantageusement employé et encore doit-il l'être avec précaution. Le purin contient la majeure partie de son ammoniaque sous cette forme, aussi brûle-t-il les plantes quand il n'est pas au préalable étendu d'eau. Dans les eaux de condensation du gaz, ainsi que dans les eaux vannes, l'azote se trouve encore à cet état, et si l'on veut utiliser ces liquides comme fumure, il est indispensable de les étendre d'un assez grand volume d'eau, pour diminuer l'action caustique de la combinaison ammoniacale, qui pourrait griller les plantes en végétation.

Dans une foule de cas on laisse perdre les eaux ammoniacales des usines. Les agriculteurs qui se trouvent à proximité des industries déversant des produits de cette nature peuvent en tirer un parti avantageux.

Eaux ammoniacales. — Les eaux de condensation du gaz contiennent des quantités d'ammoniaque voisines de 15 kilog. par mètre cube; les eaux vannes en renferment 3 kilog.; les eaux des pelains des tanneurs en contiennent également 2 à 3 millièmes. Il peut exister d'autres eaux résiduaires contenant des quantités variables d'ammoniaque, dont la proportion sera fixée par l'analyse chimique. Toutes ces eaux ont cela de commun qu'elles renferment de l'ammoniaque presque entièrement sous forme de carbonate, sel éminemment caustique. Elles doivent donc être employées avec précaution. Le mieux est de les utiliser pour l'irrigation, après les avoir diluées dans un volume d'eau d'autant plus grand qu'elles sont plus concentrées, de manière à ramener le taux d'ammoniaque à être inférieur à 1 kilog. par mètre cube. Les eaux de condensation du gaz seraient donc ainsi étendues de 10 à 15 fois leur volume d'eau; les eaux vannes de 3 à 5 fois. Dans ces conditions, leur action caustique sur la végétation est moins à redouter et on peut les employer avec succès à l'arrosage des prairies, et en particulier des cultures qui ne sont pas sujettes à la verse.

Si l'on voulait employer ces liquides sans les étendre au préalable, il faudrait choisir les époques de l'année où le sol n'est pas couvert de végétation, ou bien détruire leur causticité en les saturant par l'acide sulfurique ou chlorhydrique, ou en les additionnant de plâtre destiné à amener l'ammoniaque à l'état de sulfate.

Le calcul fixera sur les frais que peuvent supporter des liquides de cette nature; ainsi le mètre cube d'eau de gaz contenant 1 % d'azote représente une valeur de 15 francs environ. Ce produit serait donc grevé de frais de transports trop élevés pour les longues distances. Pour le saturer par l'acide sulfurique à 56° Bé, il faudrait en mettre à peu près 30 kilog. représentant une dépense de 2 francs; si l'on se servait de plâtre, la dépense serait plus minime, mais la saturation serait plus lente et moins complète. Par l'emploi direct des eaux ammoniacales, on s'expose à introduire dans le sol de petites quantités de sulfocyanure, dont nous avons déjà signalé les effets fâcheux. Il est prudent de les incorporer au sol en dehors des époques de la végétation, afin de permettre à cette substance vénéneuse de se transformer avant les semailles.

Les eaux vannes n'ont pas le même inconvénient, mais leur richesse est moindre; l'ammoniaque n'y existe que pour une valeur de 4 à 5 francs par mètre cube, ce qui ne permet pas de les transporter; et ce n'est pas seulement le transport de l'usine à la ferme qu'on doit compter, mais encore la manutention nécessitée pour l'épandage en temps utile sur le sol ou sur les récoltes.

Un autre mode d'emploi des eaux ammoniacales est de les déverser sur des substances capables de les absorber. On emploiera, à cet effet, le fumier, les composts, les gadoues, auxquels elles servent d'arrosage comme le purin; leur alcalinité active la décomposition des matières organiques. On peut encore les faire passer sur de la tourbe, de la sciure de bois, du charbon qui retiennent l'ammoniaque en laissant écouler le liquide dépouillé. Ces substances dans lesquelles l'ammoniaque s'est concentrée sont alors utilisées pour la fumure des terres.

§ III. EMPLOI DES SELS AMMONIACAUX.

A. — Rapports du sulfate d'ammoniaque avec le sol.

Solubilité de l'ammoniaque. Sa circulation dans le sol. — Le sulfate d'ammoniaque, étant un sel soluble, a une tendance à se dissoudre et à se diffuser dans les liquides qui baignent les particules terreuses. Dans les conditions normales de son application, ces liquides se trouvent toujours en quantité bien supérieure à ce qui est nécessaire pour opérer sa dissolution, puisqu'un sol qui ne contiendrait plus que 2 % d'humidité en aurait encore par hectare 80.000 litres capables de dissoudre 40.000 kilog de sulfate d'ammoniaque.

On doit donc regarder ce sel comme se trouvant à l'état dissous, peu de temps après qu'il aura été mis en contact avec la terre. Ainsi que les autres sels minéraux, il a la faculté de circuler et de se présenter aux racines des plantes auxquelles il sert d'aliment azoté.

Pouvoir fixateur du sol vis-à-vis de l'ammoniaque. — A première vue, on pourrait croire que sa solubilité le prédispose à passer dans le sous-sol avec les eaux de drainage, comme cela arrive pour d'autres sels solubles; mais nous avons vu, en parlant des facultés d'absorption de la terre végétale, que l'ammoniaque est retenue énergiquement dans son sein par deux éléments essentiels : l'argile et l'humus. Nous examinerons les réactions probables qui déterminent ce mécanisme, en décrivant quelques expériences démontrant la fixation de l'ammoniaque par les éléments du sol.

On doit à Thompson et à Way les premières indications sur cette propriété précieuse. Ces savants ont reconnu que, mises en contact avec une terre, les solutions ammoniacales s'appauvrissent, tandis que la terre retient énergiquement l'ammoniaque qu'elle avait fixée.

Les quantités ainsi retenues varient avec la nature de la terre, qui fixe l'alcali d'autant plus activement qu'elle est plus riche en éléments argileux et humiques. M. Way a en effet reconnu que ni le sable pur, ni le calcaire pur n'étaient capables de fixer l'ammoniaque, et que cette propriété apparaît quand on introduit de l'argile ou des matières organiques en mélange avec le sable ou la craie. La proportion fixée varie aussi avec la concentration de la dissolution, avec la durée du contact, enfin avec d'autres causes telles que la température, etc. Le partage qui se fait, entre l'eau et le sol, est donc la résultante d'un grand nombre de facteurs variables; mais d'une manière générale on peut dire que cette action est assez énergique, puisqu'elle permet à un sol de bonne qualité d'absorber par kilogramme 1 à 3 grammes d'ammoniaque, alors qu'on le met en présence de solutions étendues et qu'on se rapproche ainsi des conditions de la pratique. En opérant avec des dissolutions plus concentrées, on augmenterait dans de fortes proportions la quantité fixée. De quelle manière l'ammoniaque est-elle retenue? on ne le sait pas encore au juste. Les actions chimiques ont certainement une part dans ce phénomène, mais il y a lieu de penser qu'une action capillaire n'y est pas étrangère.

Réaction des sels ammoniacaux dans les différents sols. — Ces propriétés fixatrices se rapportent à des dissolutions ammoniacales contenant cette base à l'état libre ou carbonaté; examinons comment elles s'appliquent à la généralité des sels ammoniacaux.

Formation de carbonate d'ammoniaque. — Lorsqu'on opère avec un sel ammoniacal tel que le sulfate, ce qui est presque toujours le cas dans la pratique, les mêmes phénomènes se produisent, mais ils sont précédés de réactions chimiques qui ramènent l'ammoniaque à l'une des deux premières formes. En effet, aussitôt introduit dans le sol, le sulfate d'ammoniaque, en rencontrant le carbonate de chaux, subit une double décomposition qui donne naissance à du carbonate d'ammoniaque et à du sulfate de chaux. L'ammoniaque sous cette nouvelle forme se trouve fixée de la manière que nous venons d'expliquer; l'acide sulfurique au contraire, combiné à la chaux, reste dissous dans les liquides du sol, qui l'entraînent graduellement dans les couches inférieures; aussi, en examinant les eaux de drainage d'un sol qui a reçu du sulfate d'ammoniaque, y rencontrerons-nous du sulfate de chaux en notable quantité, alors que l'ammoniaque ne se trouve qu'à l'état de traces.

Mais ces réactions ne doivent pas être regardées comme intégrales. Il restera, même dans les cas les plus favorables, du sulfate d'ammoniaque qui n'aura pas subi la double décomposition. Ces échanges réciproques d'acide et de base sont d'ailleurs soumis à des équilibres, variables avec une foule de conditions, qui donnent naissance à des réactions très complexes.

Entraînement des sels dans le sous-sol. — Nous avons dit que l'ammoniaque ne se retrouve pas en quantité appréciable dans les eaux de drainage. Le fait est parfaitement exact, mais il ne faudrait pas en conclure que l'ammoniaque reste intégralement dans le sol. Nous voyons en effet une certaine quantité de sulfate d'ammoniaque échapper à la fixation; nous savons d'un autre côté que l'ammoniaque fixée sur l'argile et l'humus ne l'est pas d'une façon absolue, puisque au contact de l'eau de la terre cet alcali se partage suivant les lois d'équilibre entre les deux milieux.

Lors donc que les eaux pluviales traversent le sol, elles peuvent entraîner du sulfate d'ammoniaque non fixé, ainsi qu'une petite quantité de l'ammoniaque qu'elle enlève à l'argile et à l'humus. Cette dissolution ammoniacale, pénétrant dans des couches plus profondes et successives du sol, subira au contact de ces parties neuves, c'est-à-dire exemptes d'ammoniaque, les mêmes faits de réactions chimiques et d'absorption que nous avons constatés dans le sol proprement dit, et graduellement, suivant une progression très rapide, la solution ira s'affaiblissant en ammoniaque.

Une autre cause, qui tend à faire disparaître cet alcali dans les liquides du sous-sol, c'est la nitrification qui le transforme en nitrate, à mesure qu'il chemine vers les profondeurs du sol.

Pour que l'élément utile du sulfate d'ammoniaque soit retenu par la terre, il ne suffit pas que celle-ci renferme de l'argile et de l'humus, il faut encore qu'elle contienne une base capable de s'emparer de l'acide sulfurique combiné à l'ammoniaque et de mettre cette dernière à l'état libre ou carbonaté, pour lui permettre de se fixer sur les éléments absorbants du sol. Les terres dépourvues de calcaire ne peuvent donc pas être regardées comme susceptibles de fixer des quantités notables d'ammoniaque, lorsque celle-ci leur est fournie sous forme de sulfate. Ce fait a été établi par différents expérimentateurs, notamment par M. Brustlein, qui, dans ses recherches sur l'absorption de l'ammoniaque par le sol, a montré que les terres dépouillées de chaux par un lavage à l'acide chlorhydrique perdaient complètement le pouvoir de fixer cet alcali.

Pour résumer ces considérations, nous dirons que pour qu'un sol soit apte à fixer l'ammoniaque du sulfate d'ammoniaque donné comme fumure, il faut : 1° qu'il contienne une quantité de calcaire suffisante pour prendre l'acide sulfurique du sulfate, quantité qui n'a d'ailleurs pas besoin d'être considérable; 2° qu'il contienne l'argile ou l'humus, dans lesquels réside la faculté d'absorption.

Pertes par volatilisation en sols calcaires. — Si le calcaire est indispensable à la fixation de l'ammoniaque, il exerce dans certains cas une action d'ordre inverse; nous venons de voir que son rôle consiste à donner à l'ammoniaque la forme de carbonate, qui lui permet de se fixer, mais qui d'un autre côté la rend volatile. Si par sa constitution, le sol ne renferme pas les éléments fixateurs en quantité suffisante, il peut y avoir une légère perte d'ammoniaque par volatilisation. Mais ce n'est que dans les sols très calcaires que cette action est à craindre; encore est-elle insignifiante. Les résultats sont d'ailleurs différents, suivant que le sulfate d'ammoniaque a été incorporé au sol par le labour ou répandu à la surface en couverture. Dans le premier cas, il est presque impossible de constater un dégagement d'ammoniaque gazeuse, même dans des terres extrêmement calcaires; dans le second, il n'en est pas ainsi, et on peut saisir le départ de petites quantités d'ammoniaque dans l'air qui circule à la surface du sol. On a souvent exagéré l'importance des pertes qui doivent résulter de la volatilité du carbonate d'ammoniaque; nous donnons ci-dessous les résultats que nous avons obtenus et qui sont de nature à rassurer les agriculteurs à cet égard.

Une terre légère, contenant 2 % de calcaire, a reçu une fumure de 500 kilog. de sulfate d'ammoniaque à l'hectare. Le sel a été enterré par un labour. Nous avons placé sur la terre des cloches sous lesquelles se trouvait de l'acide sulfurique titré; nous avons opéré de même sur la terre ayant reçu une fumure équivalente en fumier de ferme et sur la terre non fumée.

Au bout de 5 jours on a trouvé :

	Ammoniaque dégagée par hectare et par jour.
Terre non fumée	0gr0
— fumée au sulfate d'ammoniaque	1.4
— — au fumier de ferme	4.0

D'autres expériences ont été faites comparativement sur diverses terres auxquelles on a incorporé 30 grammes de sulfate d'ammoniaque par 100 kilog. de terre. On a recouvert d'une cloche sous laquelle on a placé une soucoupe avec de l'acide titré.

Au bout de 9 jours on a fait les dosages et on a obtenu les résultats suivants :

	Ammoniaque dégagée par hectare et par jour.
Terre légère de Joinville	1gr2
— de Champagne	0.8
— de jardin	0.8
— argileuse	0.0

On voit combien ces quantités sont minimes et combien l'agriculteur aurait tort d'attacher de l'importance aux pertes par volatilisation qui peuvent se produire dans le sol auquel on a incorporé du sulfate d'ammoniaque.

Si le sol était chaulé et que par suite l'action de l'acali sur le sel ammoniacal fût plus énergique, il n'en serait plus ainsi. Il ne faut donc jamais faire coïncider un chaulage avec l'application du sulfate d'ammoniaque.

Nitrification. — Les transformations du sulfate d'ammoniaque dans le sol ne se bornent pas à celles que nous venons d'énumérer. Il en est une autre qui joue un rôle important, surtout comme favorisant la déperdition de l'azote.

L'ammoniaque peut être absorbée en nature par les plantes, c'est-à-dire qu'elle n'a pas besoin d'une transformation préalable pour servir d'aliment aux récoltes; mais il semble que les végétaux utilisent avec plus de facilité l'azote nitrique que l'azote ammoniacal. Aussi y a-t-il intérêt pour les cultures à ce que l'azote des combinaisons ammoniacales prenne la forme nitrique. Cette transformation, sous l'influence des ferments du sol, est nuisible presqu'autant qu'utile, puisqu'elle est la cause principale des déperditions de l'azote. Nous avons exposé avec tous les détails nécessaires la fonction de ces êtres microscopiques, fonction dont l'importance au point de vue de la fertilité est considérable.

Rapidité de la nitrification de l'ammoniaque. — L'azote des diverses substances azotées n'est pas transformé en nitrate avec la même rapidité; il y a des différences énormes entre l'activité du ferment nitrique, suivant qu'il opère sur telle ou telle matière azotée.

L'ammoniaque et les sels ammoniacaux sont de toutes les matières azotées celles qui sont le plus rapidement nitrifiées. L'incorporation à la terre des combinaisons ammoniacales équivaut donc en réalité à l'application d'un nitrate, puisque en un temps très court la transformation est effectuée.

M. Schlœsing a montré combien elle est rapide; ce savant a mélangé à 500 grammes de terre du chlorhydrate d'ammoniaque et il a dosé, à l'origine et au bout de quelques jours, l'ammoniaque et l'acide nitrique existant dans la terre; voici les résultats qu'il a obtenus :

	Début de l'expérience. 13 juin. — milligr.	Fin de l'expérience. 1er juillet. — milligr.
I.		
Ammoniaque	55.65	5.95
Acide nitrique	0.00	186.50
II.		
Ammoniaque	57.00	6.80
Acide nitrique	0.00	206.50

On voit qu'en dix-sept jours, les 9/10 environ de l'ammoniaque ont été transformés en nitrate. Si l'on applique le sulfate d'ammoniaque avant les semailles, on peut admettre qu'en général, au moment de la levée, les jeunes plantes ne trouvent plus dans le sol l'ammoniaque qu'on lui avait donnée, mais bien le nitrate formé par sa transformation.

Nous avons nous-même institué des expériences en pleine terre, pour reconnaître la rapidité de la nitrification de l'ammoniaque, en opérant sur des terres légères de la ferme de l'Institut agronomique, destinées à la culture du maïs-fourrage et qui avaient reçu comparativement du sulfate d'ammoniaque à raison de 518 kilog. par hectare et du nitrate de soude à raison 800 kilog., ce qui équivaut pour chacune des planches à 100 kilog. d'azote par hectare. Une troisième planche n'avait pas reçu de fumure azotée. L'expérience a commencé le 8 mai 1888. A des intervalles rapprochés, nous avons prélevé des échantillons de terre et nous y avons dosé l'ammoniaque et l'acide nitrique ; voici les résultats qui ont été constatés dans 100 gr. de terre sèche :

DATES.	Sans fumure azotée.		Avec nitrate de soude.		Avec sulfate d'ammoniaque.	
	Ammoniaque.	Acide nitrique.	Ammoniaque.	Acide nitrique.	Ammoniaque.	Acide nitrique.
	millig.	millig.	millig.	millig.	millig.	millig.
Le 8 mai	0.32	1.08	0.32	1.08	4.94	1.08
10 »	0.32	1.08	0.32	22.57	4.94	2.28
17 »	0.25	1.77	0.30	14.00	3.00	6.17
9 juin.....	»	1.63	»	35.00	0.65	19.22
14 »	0.15	1.24	»	20.48	0.49	16.08
24 »	»	1.03	»	10.03	»	9.73
2 juillet...	0.14	0.57	0.14	1.58	0.14	1.84

Ces résultats montrent que l'ammoniaque a très rapidement nitrifié et que, deux jours après avoir été introduite dans le sol, elle a déjà donné naissance à des quantités appréciables de nitrate; nous la voyons diminuer graduellement et atteindre, au bout de peu de jours, un minimum qui se maintient constant pendant assez longtemps, pour disparaître à son tour. Les augmentations et les diminutions dans les taux d'acide azotique tiennent à des alternatives de sécheresse et de pluie, qui tantôt conservent le nitrate dans les parties supérieures et ta ntôt l'entraînent dans les parties basses. Vers la fin des observations, au 24 juin, après des pluies fréquentes, nous voyons qu'il y a autant de nitrate dans le sol qui a reçu le sulfate d'ammoniaque que dans celui fumé au nitrate de soude. Le 2 juillet, les pluies ayant continué à tomber, on ne trouve plus que de très minimes quantités d'acide nitrique dans l'un et l'autre cas. L'azote provenant du sulfate d'ammoniaque a donc été entraîné dans les couches profondes, autant que celui du nitrate de soude.

Dans une autre expérience, on a incorporé à une terre légère du sulfate d'ammoniaque, puis on a dosé cet alcali à l'origine et au bout de quelques jours, après un temps pluvieux. Voici les résultats rapportés à 100 de terre sèche :

	Terre avec sulfate d'ammoniaque.		Terre sans fumure.	
	Ammoniaque.	Acide nitrique.	Ammoniaque.	Acide nitrique.
	millig.	millig.	millig.	millig.
Le 16 juin, à l'origine.	10.00	6.12	0.38	6.12
26	0.86	52.43	traces.	6.12

Nous citerons encore des expériences faites en pot dans des terres de constitutions différentes, représentant les principaux types.

Voici les résultats obtenus, rapportés à 100 de terre :

	Ammoniaque	
	à l'origine. Le 17 juin.	à la fin. Le 26 juin.
	millig.	millig
Terre légère, siliceuse............	7.2	0.59
— crayeuse de Champagne...	id.	0.54
Terreau........................	id.	0.56
Terre très argileuse.............	id.	3.93

Ici encore, nous voyons l'ammoniaque disparaître du sol avec une grande rapidité, sauf dans la terre forte.

Influence de l'humidité. — Pour que la nitrification se produise rapidement, nous rappelons ici qu'il faut que le sol soit suffisamment humide et que la température ne soit pas trop basse. Si l'une ou l'autre de ces conditions n'était pas remplie, la transformation du sulfate d'ammoniaque en nitrate se trouverait beaucoup retardée.

Voici quelques exemples donnés par M. Schlœsing :

	I.	II.	III.	IV.
Taux d'humidité pour 100.....	9.3	14.6	16.0	20.0
	millig.	millig.	millig.	millig.
Acide nitrique formé dans 1 kil. de terre pendant 13 mois.....	157	172	397	478
Acide nitrique formé dans la même terre pendant les 6 mois suivants.....................	28.9	48.8	53.0	86.6

On voit que l'humidité du sol augmente beaucoup la nitrification; mais cela n'est vrai qu'aussi longtemps que la terre n'est pas noyée et que l'air peut y circuler librement.

Si la terre ne contient plus que 2 ou 3 % d'humidité la nitrification peut être regardée comme nulle.

Lorsque le temps est chaud et humide, comme c'est ordinairement le cas pendant les temps orageux, la nitrification est à son maximum d'intensité; les agriculteurs, sans peut-être se rendre compte de la justesse de l'expression qu'ils emploient, disent alors que le temps est *nitrifiant.*

Influence de la température. — Pendant la période d'hiver, c'est-à-dire pendant la saison froide, la nitrification est très peu intense. En effet, au dessous de 5°, on peut la regarder comme nulle. Ce n'est qu'à partir de 12° qu'elle devient appréciable et croît alors avec une grande rapidité avec l'augmentation de la température, jusqu'à une limite au-dessus de laquelle elle s'arrête.

Voici un exemple des résultats obtenus dans des milieux nitrifiants semblables, maintenus à diverses températures, du 19 novembre 1877 au 15 janvier 1878.

Température.	Acide nitrique formé. millig.
5° à 8°	2.3
14° à 16°	19.5
23°	39.4
27°	59.7
33°	81.8
37°	98.9
43°	40.3
49°	5.1
56°	0.0

Ces résultats indiquent qu'en hiver la nitrification doit être très peu intense, à cause de la basse température.

De toutes les expériences qui précèdent, nous pouvons conclure qu'en général le sulfate d'ammoniaque se transforme en nitrate avec une grande rapidité et qu'en réalité c'est donner du nitrate que de donner du sulfate d'ammoniaque, car au moment où les plantes ont besoin d'aliments azotés, la transformation est déjà faite. Ceci nous fait comprendre pourquoi il est difficile d'observer des différences fondamentales entre l'application des nitrates et celle du sulfate d'ammoniaque, puisque les deux se résument en une fumure nitrique. Ce raisonnement ne s'applique que dans les cas où le sol peut nitrifier; si, comme cela arrive quelquefois, on a affaire à des terrains très argileux, la transformation du sulfate d'ammoniaque sera nulle ou très peu accentuée. C'est alors, tout au moins en partie, à l'état d'ammoniaque que les plantes trouvent leur alimentation azotée. Mais les terres où la nitrification est tout à fait impossible, comme celles qui sont constituées par de l'argile pure, ne font plus partie des terres cultivables et nous n'avons pas à nous en occuper au point de vue pratique.

Quant aux terres acides, terres de landes, de bruyères, etc., le sulfate d'ammoniaque qu'on leur confierait resterait sous sa forme primitive, puisque toute nitrification est impossible dans ces sols. D'ailleurs nous savons qu'il n'y a pas intérêt à appliquer les engrais azotés à ces terres riches en azote organique, qu'on rend assimilable par le chaulage et le marnage.

En résumé, nous dirons que dans tous les cas où l'application du sulfate d'ammoniaque peut se faire pratiquement, la transformation en nitrate est rapide et complète.

Dans les terres cultivées, c'est donc à l'état de nitrate que les plantes trouvent l'azote assimilable, que ce nitrate ait été donné directement ou qu'il soit le produit de la transformation des sels ammoniacaux et des matières organiques. Quoiqu'il soit démontré par nos expériences (page 294) que l'ammoniaque peut servir, sans subir de modification préalable, à la nutrition végétale, cette base ne se rencontre qu'à l'état fugace et il n'en est pas moins certain que dans la nature, avec ou sans l'intervention de l'homme, le nitrate est le vrai, on pourrait presque dire le seul composé, qui fournisse aux plantes l'azote dont elles ont besoin.

Le nitrate n'est pas toujours engagé dans la même combinaison ; la base à laquelle l'acide nitrique est combiné varie. Lorsque nous donnons l'azote sous la forme de nitrate, c'est comme nitrate de soude qu'il est introduit dans le sol et il reste à cet état; tandis que le nitrate produit dans le sein de la terre par l'oxydation de l'ammoniaque, ou par celle des matières organiques azotées, se trouve, comme nous l'avons vu plus haut, à l'état de nitrate de chaux. A notre avis, il y a là un point sur lequel il est nécessaire d'appeler l'attention et qui mérite d'être approfondi. Nous ne savons pas, en effet, si le nitrate de chaux, résultat de la nitrification dans le sol, se comporte vis-à-vis des plantes de la même manière que le nitrate de soude que nous donnons comme engrais.

Conséquences de la nitrification au point de vue des déperditions. — Si l'ammoniaque subit l'action des principes absorbants de la terre, il n'en est pas de même des nitrates, qui sont entraînés par les eaux pluviales dans les couches inférieures et qui sont soustraits ainsi à l'action des racines. Sous cette nouvelle forme, l'azote n'a plus aucune tendance à rester dans les parties supérieures du sol. La nitrification rapide de l'ammoniaque et de ses combinaisons expose donc à des pertes qui sont peu différentes de celles qu'on observe avec l'application directe des nitrates. Si les sels ammoniacaux n'étaient pas aptes à nitrifier, on ne courrait aucun risque de les appliquer aux cultures longtemps à l'avance, puisque nous savons que la déperdition de l'azote sous la forme ammoniacale est extrêmement minime. Mais par suite de la nitrification, à laquelle il est impossible de les soustraire, ils se transforment rapidement en nitrates qui sont enlevés par les eaux pluviales. Pendant les froids de l'hiver, la nitrification étant moins énergique, l'ammoniaque garde plus longtemps sa forme primitive; aussi sa déperdition est-elle moins forte que celle des nitrates, et peut-on l'appliquer à l'automne sans que l'azote qu'elle renferme soit enlevé en totalité, comme l'est celui des azotates, lorsque les pluies sont abondantes.

En résumé, lorsque l'ammoniaque est nitrifiée, elle se comporte comme les nitrates et, comme eux, elle est alors sujette aux déperditions. Le sol n'emmagasine donc pas l'ammoniaque, autant qu'on serait tenté de le croire. Par la rapide nitrification de cet engrais, l'azote qu'il renferme entre très rapidement dans le cas des nitrates et subit alors les mêmes influences que ces derniers.

Au point de vue de la déperdition de l'azote par les eaux pluviales, on peut donc dire du sulfate d'ammoniaque ce que nous disons du nitrate de soude. C'est seulement dans les premiers jours de l'application des sels ammoniacaux, aussi longtemps que la forme ammoniacale se maintient, que le sol absorbe et retient leur azote et peut, dans une certaine mesure, le soustraire à l'entraînement par les eaux, alors même que des pluies abondantes se produisent peu de temps après qu'on a pratiqué la fumure.

B. — Conditions et époques de l'emploi des sels ammoniacaux.

En parlant des réactions du sulfate d'ammoniaque dans les différents sols, nous avons vu que, suivant la constitution physique et chimique de celui-ci, l'ammoniaque se comporte d'une manière différente. Nous allons en tirer les règles de l'emploi de cet engrais.

Application aux différentes terres. — 1° Terres franches. — Dans les terres franches qui contiennent une certaine quantité de calcaire, en même temps que l'argile et l'humus, le sulfate d'ammoniaque est décomposé par le carbonate de chaux en carbonate d'ammoniaque se fixant sur l'argile et sur l'humus et s'y trouvant retenu, jusqu'à ce que la nitrification intervienne.

Dans de pareilles terres, on peut être certain que l'ammoniaque, dans les premiers temps de son application, est à un état pour ainsi dire insoluble et, par suite, n'est pas entraînée immédiatement par les eaux pluviales. Mais l'entraînement des nitrates formés se produit au bout d'un temps plus ou moins long, qui dépend de la nature du sol et des conditions météorologiques.

La manière dont les sels ammoniacaux sont retenus dans le sol est donc essentiellement réglée par la rapidité de la nitrification, qui toujours s'effectue dans les terres franches dont nous parlons.

Lorsque le sulfate d'ammoniaque est donné avant l'hiver, une partie peut garder, jusqu'au printemps suivant, la forme ammoniacale; les pluies qui sont généralement abondantes dans cette saison, ne l'élimineront pas sous cette forme, si le sol possède des propriétés absorbantes suffisantes. Mais la partie de l'ammoniaque qui a nitrifié ne se comporte pas de même; les eaux pluviales l'entraînent comme du nitrate de soude. Dans les climats plus chauds, où le sol garde pendant l'hiver une température relativement élevée, il n'y a pour ainsi dire pas d'arrêt dans la nitrification, et si en même temps le climat est pluvieux, l'emploi du sulfate d'ammoniaque avant l'hiver expose à de plus fortes déperditions.

Nous basant sur ces considérations et même en admettant que pour être assimilé l'azote doive au préalable nitrifier, nous déconseillons l'emploi du sulfate d'ammoniaque avant l'hiver. L'épandage fait avant l'époque où la végétation peut tirer parti de la fumure azotée ne présente aucun avantage et expose à des déperditions. En donnant le sulfate d'ammoniaque au premier printemps, à un moment où l'activité végétale ne tarde pas à se produire, on a donc la garantie d'une plus complète utilisation de son azote. C'est seulement dans le cas où l'on veut fortifier les plantes semées en automne, comme par exemple des céréales, qu'il peut y avoir intérêt à donner le sulfate d'ammoniaque avant l'hiver; il est alors prudent de ne l'appliquer qu'à faible dose et de réserver pour le départ de la végétation, au premier printemps, le complément de la fumure.

Entraînement par les eaux pluviales. — 1° *Suivant l'époque de l'épandage.* — Voici les résultats obtenus à Rothamsted pour les quantités d'azote à l'état nitrique perdues dans les eaux de drainage, suivant que le sulfate d'ammoniaque a été mis à l'automne ou au printemps; la dose employée a été de 450 kilog. de sulfate d'ammoniaque par hectare :

		Azote perdu dans les eaux de drainage dans le courant d'une année entière.
		kilog.
Avril 1879 à mars 1880.	Parcelle fumée en automne..	77.88
	— au printemps.	34.65
	Parcelle non fumée..........	16.67
Avril 1880 à mars 1881.	Parcelle fumée en automne..	87.74
	— au printemps.	28.75
	Parcelle non fumée.........	26.69

On voit que les pertes d'azote ont été considérables, lorsqu'on a donné le sulfate d'ammoniaque en automne. La nitrification qui se produit en est la principale cause; aussi est-ce à l'état nitrique qu'on retrouve dans les eaux de drainage l'azote ainsi enlevé.

Alors même qu'on sème le sulfate d'ammoniaque au printemps, il faut encore s'attendre à des déperditions; en effet, les pluies de la période d'été peuvent elles-mêmes entraîner une certaine quantité du nitrate formé et, comme l'épuisement par la végétation est loin d'être complet et qu'après les récoltes il reste dans le sol une notable quantité de nitrate, celui-ci est enlevé par les pluies de l'automne et de l'hiver suivants; mais la végétation a pu se développer dans un milieu moins appauvri en nitrate; la récolte de l'année en a profité.

2° *Suivant l'abondance des fumures.* — La perte inévitable par les eaux de drainage est d'autant plus grande que la quantité de sulfate d'ammoniaque a été plus élevée; les résultats obtenus à Rothamsted nous le montrent.

		Sulfate d'ammoniaque.	Azote perdu dans les eaux de drainage dans le courant d'une année. kilog.
Avril 1879 à mars 1880.	Parcelle fumée avec....	672 kilog.	47.60
	—	448 »	34.65
	—	224 »	25.40
	Parcelle non fumée..............		16.67
Avril 1879 à mars 1881 (moyenne de 2 ans).	Parcelle fumée avec...	672 kilog.	47.60
	— ...	448 »	31.71
	— ...	224 »	25.15
	Parcelle non fumée.............		18.68

Voici encore quelques expériences de Frankland et de Vœlcker sur les proportions d'azote nitrique contenues dans les eaux de drainage, suivant que les quantités de sulfate d'ammoniaque données au sol ont été plus ou moins considérables.

	Azote à l'état de nitrate par mètre cube d'eau de drainage.	
	FRANKLAND	VŒLCKER
kilog.	gr.	gr.
Terre ayant reçu 136.7 d'azote ammoniacal.	19.5	16.8
— 90.8 —	14.7	14.0
— 45.9 —	7.9	8.5
— 0.0 —	3.4	5.0

On peut donc dire relativement à l'emploi du sulfate d'ammoniaque que les quantités d'azote perdu par les eaux de drainage sont d'autant plus fortes que la fumure a été plus abondante.

2° Terres très calcaires. — Les terres très calcaires ont une tendance à exagérer les phénomènes d'oxydation qui transforment l'ammoniaque en nitrate et par suite à augmenter la déperdition de cet élément. Généralement pauvres en matières organiques, elles ne sont pas douées de propriétés absorbantes énergiques et ne gardent pas longtemps les engrais solubles qu'on leur confie; aussi le sulfate d'ammoniaque leur convient-il peu et est-il rapidement enlevé par les eaux pluviales. Ces terres tirent plus de profit de l'azote organique qui reste insoluble et se nitrifie graduellement, de telle sorte que les plantes peuvent s'emparer du nitrate formé à mesure de sa production et avant qu'il soit éliminé dans les eaux de drainage. Dans les terres très calcaires le sulfate d'ammoniaque se transforme en carbonate qui, ne rencontrant pas des principes absorbants en proportion suffisante, peut se diffuser en petite quantité dans l'atmosphère à cause de sa volatilité. Nous avons vu que cette déperdition est en général minime et qu'il ne faut pas y attacher une grande importance ; c'est seulement lorsque le sel est donné en couverture, qu'elle doit être prise en considération.

3° **Terres légères.** — Les terres légères ne retiennent pas les engrais solubles ; en général douées de propriétés absorbantes très faibles et ayant une grande perméabilité, elles se laissent traverser facilement par les eaux, qui entraînent les nitrates ou même les sels ammoniacaux. Ces derniers, rapidement nitrifiés dans de pareils sols, ne gardent d'ailleurs pas longtemps leur forme primitive. Dans ces terres, ainsi que dans les terres calcaires, l'emploi des sels ammoniacaux n'est à recommander qu'à la condition de les appliquer au moment des besoins des végétaux, et plutôt par petites doses répétées qu'en une seule fois, toujours au printemps, jamais avant ou pendant l'hiver.

4° **Terres argileuses.** — Il n'en est pas de même des terres argileuses ; celles-ci, peu perméables, se laissent difficilement traverser par les eaux ; de plus elles sont douées de propriétés absorbantes très grandes et n'ont qu'une très faible aptitude à nitrifier, à cause de la difficulté avec laquelle l'air y circule. Les principales conditions des déperditions de l'ammoniaque se trouvent donc écartées. Le sulfate d'ammoniaque qu'on y introduit se transforme en carbonate, s'il y trouve une quantité suffisante de calcaire, sinon il reste à l'état de sulfate. Les eaux pluviales tombant sur un pareil sol le traversent difficilement ; une partie court à la surface; celles qui le traversent rencontrent l'azote à un état fixe, puisque la nitrification est lente et que le sol est doué de propriétés absorbantes énergiques vis-à-vis de l'ammoniaque; les principes solubles sont donc en grande partie préservés de l'action des eaux et restent acquis au sol. On peut confier à l'avance le sulfate d'ammoniaque aux terres très fortes; elles le gardent à la disposition des plantes sans qu'il y ait élimination à l'état d'ammoniaque ou déperdition notable à l'état de nitrate; au départ de la végétation, l'azote ammoniacal qu'on y avait introduit, même avant l'hiver, se retrouve presque entièrement à la disposition des récoltes, soit sous sa forme primitive, soit graduellement transformé en nitrate.

L'azote ammoniacal est donc retenu par les terres fortes, auxquelles il convient comme fumure azotée d'une utilisation immédiate; mais il n'est pas de nature à améliorer ces sols au point de vue de leur constitution physique. Les engrais organiques leur conviennent bien mieux sous ce rapport; ils en augmentent la perméabilité et l'ameublissement. Cependant il ne faut pas perdre de vue que dans les terres argileuses la nitrification est extrêmement lente, de telle sorte que l'azote des matières organiques ne devient assimilable qu'au bout d'un temps très long.

5° Terres acides. — Nous avons encore à envisager l'emploi du sulfate d'ammoniaque dans les terres de landes, de bruyères, terres tourbeuses se comportant toutes d'une façon analogue vis-à-vis des engrais azotés, qu'elles doivent leur origine aux granits, aux grès, ou à d'autres roches non calcaires.

Le sulfate d'ammoniaque, pas plus que les autres engrais azotés, ne convient à ces terres. Celles-ci contiennent de notables quantités d'azote organique qu'il est facile de mettre en circulation en provoquant sa transformation par des chaulages ou des marnages, beaucoup moins coûteux que l'apport du sulfate d'ammoniaque. Il serait en effet peu logique d'introduire dans de pareils sols des fumures azotées, alors qu'ils contiennent naturellement de grandes quantités d'azote qu'on peut avec facilité rendre utilisable. Ces terres ne sont pas d'ailleurs douées de propriétés absorbantes, pas plus qu'elles ne sont aptes à nitrifier.

En résumé on voit, d'après ce qui précède, que dans les cas où il y a intérêt à donner des sels ammoniacaux, il faut éviter de les mettre longtemps à l'avance dans le sol, sous peine de perdre une notable fraction de l'azote qu'ils renferment; les terres fortes seules peuvent garder cet engrais pendant un temps très prolongé; dans toutes les autres terres, les déperditions sont notables et d'autant plus élevées que la nitrification est plus facile et la perméabilité plus grande. On doit donc adopter la règle générale d'appliquer le sulfate d'ammoniaque au moment où la végétation a besoin d'azote assimilable; ce sel se nitrifie très vite et se trouve alors sous la forme qui paraît le mieux convenir aux plantes.

Application aux différentes cultures. — **1° Céréales d'hiver.** — Si nous donnons aux céréales semées avant l'hiver, à l'époque des semailles, tout le sulfate d'ammoniaque que nous leur destinons, nous voyons se produire les pertes si notables dont nous avons parlé plus haut; mais comme il est quelquefois utile de fournir aux jeunes plantes un peu d aliment azoté pour les fortifier, nous pouvons dans ces cas appliquer une faible fumure, soit par exemple un quart de la fumure totale, avant la semaille, au moment des labours; puis au premier printemps, avant même d'attendre le départ de la végétation, nous donnerons le reste en couverture; la fin de février ou le commencement de mars sont les époques les mieux choisies pour le climat de la France; à ce moment de l'année les pluies sont encore fréquentes et le sulfate d'ammoniaque qui est répandu à la surface se dissout et pénètre dans le sol. Les plantes alors trouvent au moment de la plus grande activité végétale l'aliment azoté mis à la disposition des racines. Il faudrait se garder de répandre du sulfate d'ammoniaque trop tard, en avril ou mai, car la végétation étant déjà assez avancée, cette fumure intense produirait un effet subit pouvant occasionner un développement excessif de la tige et des organes foliacés, d'où pourrait résulter la verse ou encore la production plus forte de la paille au détriment du grain.

2° Plantes de printemps. — Pour les plantes qu'on sème au printemps, on emploie le sulfate d'ammoniaque en le répandant au moment du dernier labour; il est ainsi enfoui dans le sol et subit un mélange qui favorise sa diffusion. Lorsque la jeune plante se développe, elle trouve à la portée de ses racines, soit l'ammoniaque introduite, soit le nitrate formé par son oxydation. Cette manière d'opérer est plus logique que celle qui consiste à appliquer le sulfate d'ammoniaque en couverture. En effet dans ce dernier cas, la diffusion de l'engrais est imparfaite, surtout si une période de sécheresse suit l'épandage; c'est seulement lorsqu'on veut relever la végétation chétive que l'on a recours à cette pratique, et encore ne pourrait-on espérer obtenir des résultats que s'il survenait des pluies après l'épandage.

D'ailleurs, en semant le sulfate d'ammoniaque au printemps, on évite toutes les déperditions qui résultent des pluies hivernales, et les considérations qui nous ont porté à recommander l'emploi du sulfate d'ammoniaque en couverture sur les céréales n'ont plus leur raison d'être pour les plantes de printemps.

3° Plantes permanentes. — Quant aux cultures permanentes, telles que la prairie, la vigne, etc., on peut leur donner le sulfate d'ammoniaque à toute époque de l'année; mais c'est surtout au printemps, au départ de la végétation, que son efficacité se fait sentir et que les pertes d'azote par les eaux de drainage sont le moins à craindre. Cependant il convient, pour l'appliquer, de ne pas attendre que les époques de sécheresse soient venues, afin qu'il parvienne à se dissoudre et à pénétrer dans la masse du sol. Dans le Midi où il y a souvent, après la fin de l'hiver, de longues périodes de sécheresse, il sera prudent de le mettre à un moment où les pluies peuvent encore mouiller suffisamment le sol.

Profondeur à laquelle il faut placer le sulfate d'ammoniaque. — Quelle que soit d'ailleurs l'époque à laquelle on applique le sulfate d'ammoniaque, il y a des règles auxquelles il convient de se conformer pour que le sel soit mis à la portée des racines. Nous savons que celles-ci ne se trouvent pas seulement dans les parties superficielles du sol, mais qu'elles descendent à une certaine profondeur et que, par suite, les éléments nutritifs qu'on leur fournit doivent pénétrer au-dessous des couches supérieures de la terre. Lorsque celle-ci est sèche, la diffusion des sels s'y produit moins facilement; ce n'est que sous l'action de l'eau contenue dans le sol ou fournie par les pluies que les engrais solubles arrivent à pénétrer dans le sein de la masse terreuse. Si on l'appliquait en couverture et même alors qu'on l'enterrerait par un hersage, le sulfate d'ammoniaque pourrait rester dans la partie supérieure de la terre et rester là presque inaccessible aux racines. Ce n'est donc que par les temps humides qu'on doit pratiquer l'épandage à la surface; mais en règle générale il vaut mieux, quand cela peut se faire, enfouir le sulfate d'ammoniaque dans le fond du sillon, il est alors du premier coup incorporé à la terre et placé dans des couches plus profondes, où le développement des racines est plus considérable.

En résumé, il est bon d'enterrer le sulfate d'ammoniaque; mais lorsque cela n'est pas praticable, il faut toujours l'employer de préférence à une époque où les pluies peuvent le dissoudre et l'emmener dans les couches où se déploie l'activité de l'appareil radiculaire.

Mélange avec les graines. — On a pensé qu'il était permis de mélanger le sulfate d'ammoniaque avec les graines, pour les répandre en même temps. De nombreuses observations ont démontré que cette pratique n'est pas avantageuse; les radicelles de la jeune plante, rencontrant autour d'elles un terrain trop riche, peuvent être brûlées ou contrariées dans leur développement; la germination elle-même est quelquefois compromise; en outre le mélange de l'engrais avec la graine se fait mal; aussi y a-t-on généralement renoncé. Le moment le mieux choisi pour répandre le sulfate est celui des labours qui précèdent les semailles, afin que l'engrais enterré dans le sol se diffuse assez pour qu'une action corrosive sur la semence ne soit pas à craindre.

Pratique de l'épandage. — Le sulfate d'ammoniaque n'est pas un sel caustique, il est manié sans danger ni inconvénients. Il se présente en cristaux plus ou moins pulvérulents, quelquefois agglomérés en mottes; avant de l'employer, il est nécessaire d'écraser ces mottes à la batte.

Mélange avec des matières inertes. — Pour que la répartition soit plus uniforme, on a l'habitude de le mélanger à une certaine quantité de terre fine et sèche, dont le poids est environ le double ou le triple de son propre poids. Ce mélange doit être fait avec beaucoup de soin, afin d'obtenir une masse homogène; dans ce but, on remue à la pelle des couches alternatives de sulfate d'ammoniaque et de terre et on continue le pelletage pendant un certain temps. Si le mélange était mal fait, la répartition ne serait pas uniforme ; certaines parties du champ recevraient plus d'engrais que d'autres et on observerait des inégalités dans la végétation.

Mélange avec les engrais. — Pour délayer le sulfate d'ammoniaque, on emploiera n'importe quelle matière inerte ou même d'autres engrais, mais à l'exclusion de ceux qui pourraient décomposer ce sel et occasionner une déperdition. La chaux est dans ce cas; si on la mélangeait avec le sulfate d'ammoniaque, elle produirait aussitôt un dégagement d'alcali et par suite une déperdition pendant le mélange et pendant l'épandage. Le calcaire produit un effet analogue, quoique beaucoup moins accentué; il n'est réellement à craindre que lorsque la masse s'humecte; dans ce cas une certaine quantité de carbonate d'ammoniaque peut être dégagée. Ces observations s'appliquent aussi aux scories de déphosphoration qui sont basiques et agissent comme la chaux.

Épandage sur les champs. — Le mélange étant effectué en lieu sec est transporté au champ, on le répand à la main en semant à la volée, soit qu'on le mette sur les labours, soit qu'on l'emploie en couverture. Comme pour tous les autres engrais pulvérulents, on choisit ordinairement un temps calme et humide, quoique par sa nature le sulfate d'ammoniaque ne soit pas disposé à s'envoler à l'état de poussière.

On peut le semer avant de commencer le labour et, dans ce cas, le sulfate est enfoui par la charrue; on peut encore le mettre lorsque le labour est fait et l'enfouir par un coup de herse dans les deux sens. Nous donnons la préférence au premier procédé.

Enfin dans les cas où on s'en sert en couverture, on doit, lorsque l'état de la végétation le permet, faire suivre son application d'un hersage.

Dans les exploitations d'une certaine importance, on emploie souvent un semoir qui opère une distribution régulière en ligne.

CHAPITRE IV.

AZOTE ORGANIQUE.

Généralités sur les déchets animaux. — En étudiant la constitution des tissus animaux, nous voyons qu'ils sont formés presque exclusivement de matières azotées et de phosphate de chaux, c'est-à-dire de deux éléments fertilisants par excellence.

Les animaux, pendant leur vie, concentrent dans leur corps l'azote et l'acide phosphorique qui existent dans de grandes masses végétales ; après leur mort, ils restituent ces éléments qui seront de nouveau utilisés par les végétaux. De même qu'il a fallu une nourriture végétale abondante pour fournir l'azote et l'acide phosphorique nécessaires à la formation du corps de l'animal, de même celui-ci, restituant ce qu'il avait concentré, peut servir d'aliment à une grande masse végétale. Ceci revient à dire que les débris animaux constituent des engrais très puissants.

Les principaux éléments fertilisants des cadavres des animaux, l'azote et l'acide phosphorique, ne sont pas répartis uniformément dans leur organisme. La chair, le sang, les issues, la peau, les poils et tous les tissus charnus sont formés principalement de matière azotée ;

ce sont eux qui ont condensé l'azote, on n'y rencontre que de petites quantités d'acide phosphorique. Le contraire existe pour les tissus osseux qui sont extrêmement riches en phosphate de chaux et dans lesquels la matière azotée est moins abondante. Les premiers sont donc essentiellement des engrais azotés, les seconds des engrais phosphatés.

Les tissus charnus servent en général à l'alimentation; mais il est des conditions dans lesquelles ils ne peuvent pas être employés à cet usage; il y a aussi des parties des animaux, qui n'entrent pas dans la consommation. Tout ce qui n'est pas utilisé comme nourriture doit l'être comme matière fertilisante.

En parlant de la fabrication des composts, nous avons montré tout le parti que l'on peut tirer, dans les fermes, des débris animaux qui sont ordinairement perdus. Ce que nous disions à ce sujet s'applique aux petites quantités que l'agriculteur trouve à sa portée. Mais lorsque ces débris animaux s'accumulent en grandes masses, dans les abattoirs par exemple, ou dans diverses industries, au lieu d'en faire un engrais peu concentré comme les composts, on a tout intérêt à les transformer en engrais riches, pouvant supporter le transport à une certaine distance.

Ordinairement ces produits contiennent de notables quantités d'eau, la dessiccation suffit pour les concentrer; d'autres fois, ils sont en masse plus ou moins dure et il est nécessaire de les diviser mécaniquement; souvent enfin, pour activer leur décomposition, on les traite par des procédés chimiques. Suivant la nature de ces produits, les modes de fabrication sont différents. Nous devons exposer séparément le traitement et la composition des diverses parties du corps des animaux.

Si nous considérons un animal entier, tel que le bœuf, par exemple, avec un poids vif de 600 kilog., nous calculerons, d'après MM. Lawes et Gilbert, qu'il renferme à peu près :

	kilog.
Azote	16.00
Acide phosphorique	11.00
Potasse	1.03

En l'envisageant uniquement au point de vue de ses éléments fertilisants, le bœuf aura la valeur suivante :

	fr.
Pour l'azote	24.00
— l'acide phosphorique	5.50
— la potasse	0.50
Total	30.00

On voit combien cette valeur est faible, comparativement à celle du bœuf utilisé pour l'alimentation.

Dans les animaux de boucherie, les muscles proprement dits et certains viscères entrent dans l'alimentation ; le sang, les tissus cornés, la peau, les os, et divers déchets restent disponibles pour l'industrie et pour l'agriculture.

Le sang n'est utilisé que dans une mesure restreinte par l'industrie, qui l'emploie pour la clarification des liquides et pour la préparation de l'albumine; il n'entre que pour une faible proportion dans l'alimentation de l'homme et des animaux. La plus grande partie est transformée en sang desséché et livrée à l'agriculture.

Les matières cornées servent pour la confection de divers ustensiles et les débris de l'industrie qui traite ces matières retournent à l'agriculture; une autre partie est transformée directement en engrais.

La peau est employée pour faire des cuirs, mais les résidus laissés pendant le cours de cette fabrication, poils, rognures diverses, retournent au sol, ainsi que les vieux cuirs hors d'usage. La laine, travaillée pour la confection des tissus, laisse à l'agriculture des déchets de fabrication; les vieux chiffons eux-mêmes sont utilisés.

Les os sont pris également par l'industrie, qui s'en sert principalement pour la fabrication du noir animal destiné à la décoloration des jus sucrés et qui n'est pas perdu pour l'agriculture, puisque les noirs qui sont hors d'usage sont employés comme engrais. Les os servent aussi à l'extraction de la gélatine; l'azote en est ainsi enlevé et les os dégélatinés, qui ne contiennent presque plus que des phosphates, retournent seuls à la culture. Souvent encore les os avec l'azote qu'ils renferment vont directement aux fabriques d'engrais.

Enfin, quoique la chair proprement dite soit le plus souvent consommée, une notable partie est transformée en viande desséchée, qu'elle provienne soit de débris non utilisables, soit d'animaux morts de maladie ou non comestibles; une partie des viscères se range dans cette dernière catégorie.

L'agriculture profite donc, dans une large mesure, des matières animales qui n'ont pas une utilisation dans l'alimentation ou l'industrie.

Il existe en outre de vastes pays où la valeur de la viande comme aliment est très inférieure, par suite de l'absence de population, et où souvent on trouve intérêt à transformer en engrais la totalité des animaux abattus. Ces circonstances se réalisent dans certaines contrées de l'Amérique, où de nombreux troupeaux concentrent dans leurs tissus les matières fertilisantes disséminées sur de larges surfaces et où la population humaine est impuissante à consommer toute la matière animale produite. La valeur des animaux y est extrêmement minime et la préparation des engrais peut se faire à défaut de l'utilisation pour la nourriture.

Ces engrais, réduits par la dessiccation à un très haut degré de concentration, sont facilement expédiés à de grandes distances.

Mais ce n'est pas seulement des animaux terrestres qu'on a pu tirer parti; les poissons, qu'on prend en si grande abondance sur le littoral de certains pays, nous fournissent également un engrais riche en azote et en acide phosphorique. Tantôt les engrais de poisson sont fournis par la totalité du corps de l'animal, la production de l'engrais étant le but principal de la pêche; tantôt leur fabrication est une industrie accessoire à celle de la préparation des produits alimentaires; ce sont alors les parties non comestibles qui sont seules utilisées pour cet usage. La composition de la chair des poissons et celle de leurs tissus osseux se rapprochent beaucoup de la composition des tissus correspondants de mammifères. Cependant la chair, généralement un peu plus pauvre en azote, est plus riche en phosphate.

L'utilisation des animaux marins constitue une véritable exploitation de la mer au profit des continents, qui s'enrichissent ainsi des éléments que l'animal avait puisés dans son alimentation marine.

Enfin nous trouvons une source importante de matières fertilisantes dans les guanos, engrais puissant déposé en certains lieux par les oiseaux marins. Ceux-ci vont chercher dans la mer une nourriture animale très riche en azote et en acide phosphorique et concentrent ces deux éléments dans leurs déjections qui, accumulées et mêlées à leurs cadavres mêmes, constituent dans les régions équatoriales d'immenses gisements dont l'agriculture européenne tire un large profit.

Nous passerons en revue les diverses matières animales que nous venons d'énumérer.

§ I. — ENGRAIS ORGANIQUES AZOTÉS.

Sang.

Sang à l'état frais. — *Composition.* — Le sang des animaux de boucherie a une composition sensiblement constante. Il contient, d'après Wolff, les proportions suivantes d'éléments fertilisants :

Azote organique	3.00
Acide phosphorique	0.04
Potasse	0.06

Le sang contient, à l'état frais, environ 80 % d'eau; il renferme en outre de la soude et de petites quantités de chaux, de magnésie, d'acide sulfurique, de chlore, d'oxyde de fer, etc.

Importance de la production. — Un bœuf du poids de 600 kilog. donne à l'abattoir environ 20 kilog. de sang. Si nous considérons un abattoir comme celui de la Villette à Paris, dans lequel on abat annuellement 240.000 bœufs et vaches, nous avons une production annuelle de 4.800.000 kilog. de sang, correspondant à :

Azote	144.000	kilog.
Acide phosphorique	1.900	—
Potasse	2.900	—

A cette quantité il faut ajouter le sang produit par les moutons, qui donnent en moyenne 2 kilog. et dont la quantité abattue à l'abattoir de la Villette est de 1.500.000, correspondant à 3.000.000 de kilog. de sang contenant :

Azote	90.000	kilog
Acide phosphorique	1.700	—
Potasse	1.800	—

soit, en négligeant tous les autres animaux : veaux (200.000), agneaux, chevreaux, porcs, (165.000) etc., pour l'établissement dont nous venons de parler, une production dépassant 250.000 kilog. d'azote, 3500 kilog. d'acide phosphorique et 5.000 kilog. de potasse.

Les établissements d'équarrissage fournissent également de très grandes quantités de sang.

On aurait grand tort de laisser perdre cette masse de matières fertilisantes, d'autant plus que le traitement en est facile et la concentration peu dispendieuse.

Emploi direct. — Le sang existe à l'état liquide au sortir de la veine, mais au bout d'un instant, il se transforme en un coagulum épais et en un sérum riche en albumine. Ces deux parties contiennent des quantités peu différentes de matière azotée et il faudrait se garder de considérer la partie liquide comme inerte. Pour éviter cette coagulation, on défibrine le sang, c'est-à-dire qu'on le bat avec la main ou avec un agitateur quelconque, de manière à réunir la fibrine et à le conserver à l'état liquide. Mais cette conservation ne saurait être de longue durée; en effet, le sang est une substance extrêmement altérable; la fermentation s'y déclare et lui donne une odeur putride qui rend son emploi désagréable et même malsain.

On peut employer directement le sang à la fumure des terres, en arrosant celles-ci avec ce liquide en nature ou délayé dans une certaine quantité d'eau; on le fait encore souvent entrer dans les composts, où il est retenu par la terre et nitrifié.

Au lieu de le verser à l'état liquide sur le sol, souvent on le fait absorber par des matières sèches, telles que la tourbe, la sciure, la terre passée au four ou même légèrement grillée. Dans ces conditions son altération est moins rapide et on a moins à craindre ces produits putrides qui dégagent une odeur si repoussante. On emploie alors à l'état pulvérulent les matières auxquelles il est incorporé, en les répandant à la façon des autres engrais.

Sang desséché. — Le sang à l'état liquide n'est pas facilement transportable; on a donc cherché dans la dessiccation le moyen de le conserver indéfiniment et de l'amener à un état plus maniable. C'est surtout au voisinage des grands abattoirs que se fait la concentration du sang.

Coagulation et concentration. — Les procédés suivis généralement consistent à réunir, sous la forme d'un coagulum insoluble, la matière azotée du sang, en laissant écouler la partie aqueuse. Dans ce but, on se sert souvent de cuves à double fond dans lesquelles on introduit le sang, en faisant entrer un jet de vapeur et en agitant vivement. Par suite de l'élévation de température, l'albumine se coagule en masses floconneuses, et il se sépare un liquide aqueux, légèrement coloré en rouge. A ce moment on arrête l'arrivée de la vapeur et on laisse écouler à travers le double fond, formé d'une claie, le liquide aqueux qui ne retient plus que quelques millièmes d'azote. Le coagulum égoutté est placé dans des étuves et ensuite réduit en poudre plus ou moins fine dans un concasseur ou dans un moulin. Cette pulvérisation se fait facilement à cause de la friabilité de la matière sèche. On obtient de cette manière environ 20 kilog. de matière desséchée pour 100 kilog. de sang frais. Quelquefois, pour activer la coagulation du sang, on y ajoute un peu d'acide sulfurique concentré.

On a employé aussi un procédé qui dispense de la coagulation préalable, et qui consiste à introduire dans le sang 2 à 3 % de chaux vive pulvérisée, en agitant la masse qui finit par devenir consistante et qui, par cette addition, mise à l'abri de la pourriture, peut être séchée à l'air. Le produit ainsi obtenu donne une poudre fine et exempte d'odeur. Cette méthode, à l'usage des agriculteurs, ne doit s'appliquer qu'au sang frais; elle a l'avantage d'éviter la déperdition de la petite quantité d'azote qui s'en va dans les eaux d'où l'on sépare le coagulum.

La manipulation du sang produisant des dégagements d'odeurs fétides, l'administration impose aujourd'hui aux fabricants des grandes villes l'emploi du sulfate de peroxyde de fer, qui est obtenu en mélangeant du sulfate de fer, de l'acide sulfurique et du nitrate de soude. La coagulation est très rapide; la masse ferme et élastique peut se comprimer, et la dessiccation se fait alors sans dégagement de mauvaises odeurs. Le sulfate de fer du commerce, employé en nature, donnerait une pâte molle de laquelle l'eau ne se sépare pas.

Les procédés de dessiccation sont en général assez barbares. Ceux qui sont le plus fréquemment usités aujourd'hui consistent à étendre au soleil sur des terrains en dos d'âne, les caillots obtenus, après égouttage préalable. Après un commencement de dessiccation, ces caillots sont portés dans des étuves ou dans des sortes de touraillles, où on achève d'en éliminer l'eau. On obtient alors des masses dures et élastiques qu'il faut passer au moulin pour les réduire en poudre fine. C'est dans ce dernier état que le sang est livré au commerce.

Le sang dit *cristallisé* est obtenu par l'évaporation à basse température (60° environ), du sang frais; la masse cristalline peut alors se remettre en dissolution. Ce produit relativement cher est employé par l'industrie plus que par l'agriculture.

Composition du sang desséché. — La composition du sang desséché est constante, si l'on a soin de sécher au même degré et d'éviter l'introduction des matières étrangères. Celui qu'on trouve dans le commerce contient en moyenne :

10 à 13 % d'azote.
0.5 à 1.5 % d'acide phosphorique.
0.6 à 0.8 % de potasse.

avec une teneur en eau de 13 à 14 %. Mais il s'éloigne quelquefois de ces chiffres moyens ; suivant M. Petermann, on trouve :

comme minimum	5.35
— maximum	13.85
en moyenne	11.36

Cet engrais, très riche en azote, a donc besoin d'être analysé; sa couleur noire, son état pulvérulent permettent aux fraudeurs d'y introduire de la tourbe, de la poussière de charbon ou d'autres substances inertes.

Le sang se présente tantôt sous la forme de petits grains noirs ou grisâtres, presque sans odeur, d'apparence cornée, à cassure brillante et d'une finesse variable; tantôt sous la forme de poudre très fine. A cet état, la matière, même sans addition frauduleuse, est généralement un peu plus pauvre en azote (10 à 11 %), parce qu'elle est plus humide, le degré de finesse augmentant l'hygroscopicité. Ainsi nous avons analysé des produits dosant 9,55 % d'azote avec 27 % d'eau. Il est vrai que plus la finesse est grande, mieux se fait la répartition de l'engrais dans le sol et sa transformation en produits assimilables.

A la faveur de l'humidité, il se produit des dégagements d'ammoniaque; aussi faut-il conserver l'engrais dans un lieu très sec.

Prix. — Le sang desséché doit être classé parmi les engrais azotés dont l'utilisation n'est pas immédiate, c'est-à-dire que l'azote qu'il renferme doit au préalable se transformer en nitrate pour être absorbé par les plantes. Son effet est moins rapide, mais aussi plus durable que celui des nitrates ou des sels ammoniacaux.

Le sang desséché est vendu ordinairement d'après sa teneur en azote; on ne tient jamais compte des petites quantités d'acide phosphorique et de potasse qui y sont contenues.

A l'heure actuelle, les cours sur la place de Paris sont de 20 à 22 francs, pour des produits titrant 11 à 13 % d'azote. Le prix de l'azote du sang desséché varie de 1 fr. 75 à 1 fr. 90 le kilogramme et se trouve être plus élevé que celui de l'azote immédiatement soluble et assimilable du nitrate de soude et du sulfate d'ammoniaque. Il y a peu d'années encore on constatait le fait inverse, l'azote soluble des sels se payait à un prix bien supérieur à celui de l'azote organique. Ce prix atteignait pour les premiers jusqu'à 2 fr. 50 le kilog., alors que pour le second il ne dépassait pas sensiblement 1 fr. 80.

En faisant la comparaison des divers engrais azotés, nous aurons à parler de la valeur relative des différentes formes de l'azote, et à examiner si les fluctuations établies par le commerce dans les mercuriales sont justifiées au point de vue agricole.

Chair.

Composition à l'état frais. — La chair des animaux contient à l'état frais :

Azote	3.0
Acide phosphorique	0.4
Potasse	0.4

avec une proportion d'eau voisine de 77 %. On peut considérer les divers tissus, tels que ceux des intestins, du foie, des cartilages comme ayant sensiblement la même composition. Dans les diverses espèces animales, on ne trouve pas, sous le rapport de la teneur en matières fertilisantes, des différences méritant d'être signalées; les chairs et les débris analogues donnent à peu près les mêmes résultats, quelle que soit leur provenance.

Chair desséchée. — Ce sont principalement les cadavres des animaux abattus dans les ateliers d'équarrissage ou morts de maladies ou d'accidents qui servent de matière première pour la fabrication des engrais; les chevaux fournissent le contingent le plus important.

Fabrication. — Les chairs qu'on emploie à cet usage sont introduites en morceaux ou en quartiers dans des chaudières, et cuites à la vapeur pendant douze ou quatorze heures; il se forme trois couches : les matières grasses qui viennent nager à la surface et qu'on sépare après le repos, pour les utiliser dans les savonneries; un liquide aqueux qu'on fait écouler et un mélange de chair et d'os qu'on recueille séparément. La chair cuite, quelquefois imbibée d'acide sulfurique étendu, est desséchée dans des étuves ressemblant à des touraille de brasserie et réduite en poudre à la manière du sang.

On obtient ainsi une matière de couleur grise ou brunâtre, ayant à peu de chose près la composition du sang desséché. Quant au liquide qui s'est écoulé, il est loin d'être dépourvu de matières fertilisantes; il contient encore une certaine quantité d'azote et de notables proportions de potasse. On peut l'employer à l'arrosage des terres, ce qui permet d'utiliser les éléments qu'il renferme et de se débarrasser d'un produit putrescible et devenant rapidement infect.

Composition des produits commerciaux. — La composition des viandes desséchées varie notablement, suivant la proportion de matières inertes qui y sont mélangées accidentellement ou intentionnellement. La richesse est en général de 9 à 11 d'azote %, quantité qui peut monter exceptionnellement jusqu'au delà de 14. Quelquefois aussi on rencontre des produits commerciaux qui ne dosent que 8 et même 7 %.

La teneur en acide phosphorique est encore plus variable; car il se trouve souvent, en mélange avec la chair, des débris d'os qui augmentent la proportion de phosphate; dans ce cas le taux d'azote diminue. La quantité de potasse est généralement peu élevée, parce que cet élément s'est dissous dans les liquides qui baignaient la viande pendant la cuisson. Voici l'analyse d'échantillons de viande desséchée offerts aux agriculteurs comme engrais azotés :

	Eau.	Azote.	Acide phosphorique.	Potasse.	
Chair de cheval..............	8.5	13.04	0.25	»	Boussingault.
Id.	10.0	13.33	1.15	»	—
Id.	9.0	8.24	17.80	»	Girardin.
Poudre d'animaux abattus....	5.7	6.50	13.90	0.30	Wolff.
Poudre de tendons et cartilages.	27.8	9.70	6.30	—	—
Poudre du commerce.........	»	10.14	1.82	0.78	Aubin.
Id.	»	8.33	2.88	»	—

La chair retient parfois des quantités importantes de graisse, jusqu'à 11 % ; et on a constaté, dans des expériences faites en Allemagne, que la présence de la matière grasse pouvait parfois entraver complètement l'action de cet engrais. Il est donc prudent d'examiner la matière à ce point de vue.

Prix. — Les viandes desséchées qu'on trouve le plus souvent sur les marchés sont garanties avec un titrage de

9 à 11 % d'azote et se vendent au prix de 19 à 20 francs les 100 kilog. On ne fait pas entrer en ligne de compte l'acide phosphorique et la potasse.

Dans ces conditions, on assigne à l'azote de la viande desséchée le même prix qu'à celui du sang desséché, ce qui est assez logique.

Nous ferons encore remarquer ici qu'à l'heure actuelle ce prix est supérieur à celui qu'on paye pour l'azote des nitrates et du sulfate d'ammoniaque.

Chair desséchée de provenance américaine. — En Europe ce sont les établissements d'équarrissage qui fournissent les viandes employées comme engrais. Dans les pays où les animaux n'ont qu'une valeur extrêmement minime, on fabrique de la viande desséchée qui vient quelquefois sur les marchés européens. L'Amérique et l'Australie, où le bétail est nombreux et d'un prix faible, sont, plus que toutes les autres régions, à même d'entreprendre cette fabrication.

Vœlcker a trouvé 11,97 % d'azote pour une poudre de viande d'Amérique et 10,94 pour une poudre de viande d'Australie; d'après M. Petermann, celle de la Plata en contient de 12.5 à 12.9.

Résidus de la fabrication des extraits de viande. — Une industrie importante, dans l'Amérique du Sud, celle de la fabrication de l'extrait Liebig, laisse comme résidu de grandes quantités de viande cuite. La chair des bêtes bovines qui est finement hachée après avoir été dépouillée d'os est bouillie ou épuisée avec de l'eau à 60°; le bouillon évaporé constitue l'extrait. La viande pressée reste à l'état de résidu et se présente sous forme de tourteaux, retenant presque la totalité des matières fertilisantes et des matières nutritives qui existaient dans la chair.

Le bouillon, en effet, contient surtout des sels avec de petites quantités seulement de matières azotées, aussi n'est-il nullement nutritif et n'a-t-il de valeur que comme tonique ou stimulant.

Presque toutes les matières utiles qui existaient dans la viande se retrouvent dans le résidu et celui-ci peut être utilisé soit pour l'alimentation des porcs, soit comme engrais, au même titre que les autres viandes desséchées.

L'Amérique du Sud expédie en Europe des quantités importantes de ces déchets, connus sous le nom de *Résidus de viandes* ou de *guanos de Fray-Bentos;* ils ne comprennent pas seulement la viande, mais encore les os et les issues; on dessèche le tout et on réduit en poudre. On obtient ainsi un engrais azoté et phosphaté dont voici quelques analyses :

	Petermann.	Wolff. I.	Wolff. II.	L. Macadam.
Eau	9.46	4.7	8.0	8 à 11
Azote	5.4	3.8	5.8	6 à 7.9
Chaux	20.60	31.6	22.3	»
Potasse	0.47	0.3	»	»
Acide phosphorique	16.88	25.1	17.4	10 à 16
Sable	3.03	0.9	2.2	0.8 à 1.2

A Anvers, on traite ce résidu par l'acide sulfurique et on le vend sous le nom *d'Engrais animal dissous de Fray-Bentos.* Voici, d'après M. Petermann, la composition centésimale de deux échantillons de ces produits :

	I.		II.	
Eau	7.78		10.30	
Matières organiques	53.81		45.64	
Azote ammoniacal		0.54		0.63
— organique		3.55		2.92
Acide phosphorique soluble	11.86		11.49	
— insoluble	1.01		2.33	
Potasse	0.78		1.78	
Chaux, etc.	24.76		28.46	
	100.00		100.00	

Débris d'insectes. — On trouve quelquefois en grandes masses des insectes dont le corps peut servir à la fumure des terres. Ces produits se rapprochent beaucoup, par leur composition, de la chair des vertébrés. On sait que les insectes sont dépourvus de tissu osseux ; l'ensemble de leur corps est donc, comparativement à celui des animaux supérieurs, plus riche en azote et moins riche en phosphate. Voici dans quelles conditions on peut trouver les insectes en quantité suffisante pour les transformer en engrais :

Sauterelles et Criquets. — On sait que certaines régions, telles que l'Algérie, par exemple, sont fréquemment envahies par diverses espèces de ces insectes; en procédant à leur destruction on les réunit souvent par milliers de mètres cubes et on les tue en les piétinant ou en les enterrant. Il serait facile de les dessécher et même d'en extraire la graisse (19 p. 100), pour obtenir un engrais puissant. Nous avons analysé ces insectes sous leurs différentes formes, au point de vue de leur valeur fertilisante et nous y avons trouvé p. 100 :

	A l'état frais.	A l'état sec.	Secs et dégraissés.
Azote	8.41	11.36	14.00
Acide phosphorique	1.50	2.03	2.50
Potasse	0.96	1.30	1.60
Chaux	0.91	1.23	1.52
Eau	26.00	0.00	0.00

Coques. — Les œufs des sauterelles sont contenus dans des coques terreuses qui, en certains endroits, se trouvent accumulées en masses très importantes; elles ont, d'après nos analyses, la composition suivante :

Azote	1.70 %
Acide phosphorique	0.60 —
Potasse	0.08 —
Chaux	22.62 —

Elles constituent donc un engrais qu'on peut utilement employer sur place, mais qui ne saurait subir des frais de transport, ni des frais de manipulation. Les œufs proprement dits renfermés à l'intérieur des coques contiennent à l'état sec : 9.66 p. 100 d'azote, tandis que les coques vides n'en renferment que 0.89.

Hannetons. — Ces coléoptères se multiplient beaucoup certaines années. Dans quelques départements, des syndicats sont organisés pour procéder à leur destruction ; celui du canton de Gorron (Mayenne) en a récolté en 1887 plus de 75.000 kilogrammes. On peut avec avantage utiliser les cadavres comme engrais ; ils contiennent à l'état frais de 3,2 à 3,5 p. 100 d'azote, 0,6 d'acide phosphorique et 0,5 de potasse. Leur richesse à l'état sec s'élève à 12 ou 14 d'azote p. 100, comme la viande ou le sang desséchés.

Chrysalides de vers à soie. — Parlons encore, en passant, des chrysalides de vers à soie, séparées de leurs cocons et qui contiennent, à l'état frais, environ 2 % d'azote. Avec 10 % d'eau cette matière contient, d'après une analyse de M. Aubin :

Azote	9.42 %
Acide phosphorique	1.82 —
Potasse	1.08 —

L'agriculteur pourra employer directement ces chrysalides, mais il fera mieux de les faire entrer dans les fumiers ou les composts.

Matières cornées.

Produits cornés à l'état brut. — Les parties cornées des animaux, cornes, sabots, griffes, ongles, fournissent un appoint assez considérable de matières fertilisantes. Elles proviennent principalement des fabriques qui travaillent la corne pour en faire divers ustensiles, tels que boutons, peignes, etc.; les déchets que laisse cette fabrication se présentent ordinairement à l'état de rognures, de frisures, de râpures, c'est-à-dire à un état assez grossier. La corne des sabots de chevaux venant des ateliers de maréchalerie est encore moins divisée, et affecte la forme de copeaux plus ou moins épais. Dans les abattoirs, les sabots des bêtes bovines et les ongles des moutons laissent des déchets analogues.

Composition. — Ces produits sont très riches en azote et assez riches en phosphate, lorsqu'ils sont à l'état pur, c'est-à-dire non mélangés de produits inertes. C'est surtout comme engrais azoté qu'il faut les considérer; leur richesse dépasse souvent celle des autres matières animales azotées. Les débris de cette nature recueillis dans la ferme, doivent être introduits dans les composts, après avoir été divisés autant que possible.

A l'état pur et sec, les cornes et les sabots peuvent donner jusqu'à 16.5 à 17 % d'azote; mais les déchets qu'on trouve dans le commerce n'atteignent pas ordinairement ce chiffre; leur composition est d'ailleurs modifiée par la présence des tissus osseux, qui fait diminuer la proportion d'azote et augmenter celle des phosphates. Nous y avons trouvé :

Râpure de corne..............	10.20 %	d'azote.
Râclures de sabot..............	12.54	—
Frisures de corne..............	14.61	—

Ces produits sont en général d'une utilisation assez lente; leur décomposition dans le sol n'est pas très active, quand ils ne sont pas amenés à un certain degré de division; c'est pour cette raison qu'on ne les emploie directement que dans une faible mesure. Leur valeur est d'autant plus grande qu'ils sont moins grossiers; ainsi les frisures et râpures de cornes ont un prix plus élevé que les râclures de sabots.

Cornes désagrégées. — Le plus souvent on fait subir à ces matières des préparations destinées à permettre leur transformation en poudre, et qui rendent d'une assimilabilité plus rapide l'azote qu'elles renferment. Nous parlerons de ces transformations d'une manière générale pour tous les produits analogues, qui gagnent beaucoup à être amenés à un grand état de division.

On met en usage deux procédés : l'action de la vapeur et la torréfaction.

Traitement par la vapeur surchauffée. — L'action de la vapeur surchauffée s'exerce sur les matières placées dans des autoclaves. On la prolonge pendant 12 heures; au bout de ce temps, les substances cornées sont transformées en une masse élastique et gélatineuse qu'on dessèche dans des étuves, où elles se réduisent en une matière à cassure vitreuse, qu'on passe au moulin. Cette poudre de corne est d'un gris jaunâtre et peut contenir de 13 à 15 % d'azote.

On obtient des résultats analogues en faisant passer un mélange d'air et de vapeur surchauffée sur la matière placée dans des étuves chauffées à 150 ou 160 degrés.

Ce traitement permet non seulement de réduire la matière en poudre, mais il a encore pour résultat de la modifier et de transformer en un produit partiellement soluble la substance cornée qui était auparavant plus résistante. Aussi l'action dans le sol est-elle beaucoup plus rapide après ce traitement.

Torréfaction. — L'autre procédé repose sur la torréfaction qui consiste à chauffer la corne sur des plaques en fonte ou dans des chaudières plates, en la remuant vivement, ou encore dans des cylindres tournants. Par ce traitement la matière augmente sensiblement de volume; elle dégage une certaine quantité d'eau, devient poreuse, friable et facile à pulvériser. Il faut éviter dans ce traitement de laisser la matière s'échauffer trop fortement en certains endroits, ce qui produirait un dégagement d'ammoniaque et une carbonisation.

Quand la substance se présente en petits fragments ou en copeaux, un fort séchage sans torréfaction est quelquefois suffisant pour rendre possible la pulvérisation.

Par la torréfaction on modifie la nature physique de la corne et on arrive à une pulvérisation parfaite; cette extrême division, qui augmente la surface de contact de l'engrais avec la terre, doit faire regarder la corne torréfiée comme étant d'une utilisation beaucoup plus rapide que la corne brute en morceaux. La richesse en azote a en outre augmenté par suite du départ de l'eau.

Composition. — La teneur de ces produits en azote et en phosphate leur assigne une valeur assez élevée.

Les poudres de cornes contiennent ordinairement 13 à 14 % d'azote, des quantités d'acide phosphorique, variables avec la proportion des débris osseux qui s'y trouvent et qui s'élèvent fréquemment à plusieurs centièmes; une quantité de potasse négligeable.

On ne tient compte que de la teneur en azote, l'acide phosphorique n'entre pas dans l'établissement du prix.

Prix. — Les poudres de cornes sont ordinairement vendues au prix de 24 à 25 francs les 100 kilog., avec une garantie de 13 à 15 % d'azote, ce qui fait ressortir le prix du kilog. d'azote à environ 1 fr. 70.

Quant aux cornes brutes et cornailles, contenant environ 10 à 11 % d'azote, on les vend 13 à 14 francs. Les déchets fins de corne, frisures, etc., qu'on emploie souvent directement et dont la teneur en azote est plus élevée, sont cotés 19 à 20 francs.

L'agriculteur doit se demander auquel de ces produits il convient de donner la préférence; nous n'hésitons pas à conseiller l'emploi de ceux qui ont subi une préparation les rendant beaucoup plus divisés et d'une transformation plus rapide dans le sol.

L'effet des matières cornées brutes se fait moins sentir dès la première année; c'est un engrais à action plus lente; les poudres de cornes agissent plus rapidement, sans toutefois égaler ordinairement les nitrates, les sels ammoniacaux ou même le guano. Elles n'agiront qu'à la condition de nitrifier, il faut donc que le sol soit dans des conditions d'humidité et de composition favorables à la nitrification.

Nous ferons, à l'occasion des produits cornés, la même remarque que celle déjà faite au sujet des précédents engrais animaux. Le prix de l'azote qu'ils renferment est très élevé comparativement à celui de l'azote nitrique et ammoniacal.

Aussi longtemps que leur azote sera coté plus cher ou aussi cher que l'azote des sels, nous n'hésitons pas à conseiller aux agriculteurs d'employer de préférence ces derniers, dont l'utilisation peut être considérée comme immédiate. A notre avis, le prix des débris animaux est beaucoup trop élevé.

Dans ces engrais animaux il n'y a pas lieu de tenir compte de la matière organique qu'ils fournissent à la terre. Une fumure de 50 kilog. d'azote avec le sang, la viande, la corne, n'apportera au sol qu'environ 300 kilog. de matière organique, tandis qu'une fumure équivalente au fumier de ferme en apportera plus de 2,500 kilog. Les engrais animaux se rapprochent beaucoup des engrais chimiques, qui n'apportent que peu ou point de matières capables de former de l'humus.

Déchets de cuirs.

La tannerie fournit divers produits de valeur différente; ce sont d'abord des morceaux de peaux ou de chairs adhérentes qu'on enlève au début du tannage et qui sont employés pour la fabrication de la gélatine ou comme engrais. Nous n'avons pas à nous y arrêter ici; ils ont la composition et les propriétés de la chair, à laquelle on peut les assimiler.

Produits bruts. — Il y a, en outre, des débris et des rognures de cuir tanné, ainsi que les vieux cuirs hors d'usage, qui contiennent une certaine quantité d'azote. La fixation du tannin sur le cuir a diminué sa richesse, et au lieu de trouver, comme pour la viande et la corne, 12 à 14 % d'azote, on ne trouve plus, après le tannage, qu'à peu près la moitié. Ces déchets de cuir ne peuvent pas être utilisés directement par l'agriculture; leur division est difficile à obtenir et le tannage a donné à la matière animale une résistance très grande, qui en empêche la décomposition dans le sol. Aussi a-t-on cherché des procédés pour en modifier la constitution.

Cuirs désagrégés. — On a employé, pour permettre la pulvérisation, l'action de la vapeur, suivie de la dessiccation et de la mouture, ou une torréfaction préalable. On obtient des produits qui contiennent de 7 à 9 % d'azote et quelquefois des quantités sensibles d'acide phosphorique. Suivant M. Petermann, ils ont une moyenne de 7,61 d'azote, avec un minimum de 6,84 et un maximum de 9,16.

Lorsqu'on a employé l'action de la vapeur, le produit contient de la matière azotée sous une forme partiellement soluble ; il n'en est pas de même avec la torréfaction.

Quoi qu'il en soit, la matière ainsi traitée a sur la végétation une action plus marquée que le produit brut, le tannin étant en grande partie détruit ou éliminé. Cependant on doit regarder les déchets de cuir sous toutes leurs formes, comme ne constituant qu'un engrais d'une action très lente. Les expériences de M. Petermann, et celles que nous avons faites, placent ces produits au dernier rang parmi les engrais azotés animaux.

Prix. — Le commerce offre actuellement le cuir désagrégé, avec une garantie de 8 à 9 % d'azote, au prix de 11 à 12 francs; le kilogramme d'azote revient donc à environ 1 fr. 35.

L'agriculteur peut être tenté de s'adresser à ce produit de préférence à d'autres, à cause du bas prix auquel l'azote est coté; mais nous estimons qu'il ferait là un mauvais calcul. En effet si, comme les observations faites jusqu'à présent tendent à le prouver, les cuirs, torréfiés ou non, sont un engrais d'une action très lente, il y aura beaucoup plus d'avantage à acheter à un prix supérieur de l'azote immédiatement utilisable.

Pour des produits dont l'action n'est pas plus énergique que celle des cuirs désagrégés, nous trouvons que le prix de 1 fr. 35 par kilog. d'azote est beaucoup trop élevé, alors qu'on ne paye l'azote nitrique ou ammoniacal que 1 fr. 60 environ. C'est seulement lorsque le prix de ces matières est très minime, que nous conseillons aux agriculteurs de s'adresser à elles.

Déchets et chiffons de laine. — Plumes, poils, etc.

Les déchets de l'industrie de la laine sont généralement riches en azote et quelquefois aussi en potasse.

La laine brute peut être regardée comme formée de deux parties : 1° la laine proprement dite contenant 17 % d'azote; 2° le suint qui renferme jusqu'à 33 % de sels de potasse. On comprend que cette matière première laisse des résidus ayant une valeur fertilisante.

Déchets des industries lainières. — Tous les déchets de laine, chiffons, tontisses de draps, poussières de peignage et balayures des ateliers, matières provenant du peignage, du battage, du lavage, etc., renferment des quantités d'azote comparables à celles qu'on trouve dans les autres débris animaux; leur mélange avec des parties terreuses ou inertes vient souvent abaisser leur titre. C'est dans les parties les plus fines, qui, par leur nature même, se trouvent mélangées à plus d'impuretés, que la proportion d'azote est la plus faible.

Quand ces débris sont formés en majeure partie de poils, leur richesse en azote peut s'élever jusqu'à 13 %. Mais les produits qu'on trouve dans le commerce n'ont en général qu'entre 3 et 5 % d'azote, avec des quantités d'acide phosphorique variant de 0,3 à 0,18 %; ils se vendent à un prix voisin de celui des autres engrais animaux. On ne doit jamais en contracter l'achat, sans s'être au préalable rendu compte de leur valeur par l'analyse.

Tontisses. — Les tontisses sont généralement plus riches et contiennent de 4 à 6 % d'azote; en séparant du poil, par le tamisage, les parties les plus fines, on trouve que ces dernières ne contiennent que 2 % d'azote; alors que les parties plus grossières en renferment jusqu'à 5 et 6 %. Ordinairement, on n'emploie pas ces déchets directement; en effet, leur décomposition dans le sol est extrêmement lente, et il est nécessaire, pour l'activer, de leur faire subir une préparation préalable.

Poussières de laine. — Le battage des laines donne

des poussières très fines appelées poudrettes de laine, qui contiennent :

	Petermann.	Aubin.	Wolff.
	—	—	—
Azote	3.00	2.45	5.2
Acide phosphorique	0.85	0.23	1.3
Potasse	0.87	0.74	0.3

Boues de lavage. — Pendant le lavage des laines brutes, il se dépose des impuretés et des débris qui se réunissent sous forme de boues. Un échantillon de ces boues contenant la moitié de son poids d'eau a donné :

Azote organique	0.50
Acide phosphorique	0.12
Potasse	0.28

L'épaillage chimique fournit en outre des liquides contenant de petites quantités d'azote et d'acide phosphorique et des quantités notablement plus grandes de potasse. Ces liquides peuvent être employés à l'irrigation des terres ; mais, comme ils sont acides, il est nécessaire de les saturer au préalable, ce que l'on fait le plus utilement en se servant des phosphates naturels.

Emploi direct. — Pour employer, à la ferme, les divers déchets de laine, le mieux est de leur faire subir une transformation préalable, soit en les laissant fermenter en tas, en les arrosant de temps en temps, soit en les désagrégeant par leur mélange avec de la chaux, soit encore en les introduisant dans les composts.

Ces engrais, qui, à l'état naturel, sont d'une décomposition très lente, se trouvent ainsi déjà préparés avant leur incorporation dans le sol, où leur action est alors plus efficace.

Traitements industriels. — Ces préparations consistent tantôt à faire cuire la laine pendant plusieurs heures avec addition d'alcalis, tels que le carbonate de soude ou la chaux, qui les désagrègent ou les dissolvent, tantôt à les traiter par des acides sulfurique ou chlorhydrique jusqu'à dissolution; on a encore recours à la torréfaction. Dans ces dernières années, on a mis en pratique un procédé qui consiste à traiter ces matières par la vapeur d'eau à 150° et sous une pression de 5 à 6 atmosphères. Au bout de 7 ou 8 heures, on obtient une masse brune soluble dans l'eau; on l'évapore à sec et on a un corps brillant, à cassure conchoïdale, auquel on a donné le nom d'azotine. Dans ces diverses opérations, il se forme toujours une certaine quantité d'ammoniaque qu'il faut éviter de laisser perdre.

M. Petermann donne les chiffres suivants pour des produits ayant subi des traitements :

	Azote organique.	Azote ammoniacal.
Déchets de laine torréfiés en vases clos...........	4.18	1.09
Chiffons de laine désagrégés par la vapeur......	7.5 à 8.5	0.75 à 1.00
Tontisses de laine désagrégées par la vapeur...	8.52	0.74

Chiffons de laine. — A côté de ces déchets de fabrication, nous devons signaler les chiffons de laine. Ramassés de tous côtés par des chiffonniers, ils sont centralisés dans de vastes magasins, où on leur fait subir un triage. Les meilleurs chiffons sont travaillés à nouveau pour la confection de draps inférieurs; les autres sont utilisés comme engrais, après qu'on a enlevé la plus grande partie des tissus de coton, de chanvre ou de lin qui ne contiennent pas d'azote et servent à la fabrication des papiers; tantôt on détruit la laine par les alcalis et on retire le coton; tantôt on détruit le coton par les acides et on retire la laine.

La composition des chiffons varie beaucoup, parce qu'il entre souvent dans leur trame des tissus végétaux. On trouve deux qualités commerciales, l'une formée des chiffons tout venants, l'autre formée par les chiffons de laine pure et particulièrement des lisières. Ces derniers sont vendus plus cher à cause de leur plus grande richesse.

Le traitement des chiffons se fait dans les usines par les différents procédés que nous venons de décrire. Mais souvent aussi, et plus particulièrement dans les régions viticoles du Midi, on les met directement dans le sol, soit pour la fumure de la vigne, soit pour celle de l'olivier. Les agriculteurs de Provence achètent les sacs ou scourtins dans lesquels se fait l'expression des olives et des graines oléagineuses. Ces sacs sont en crin ou en laine; ils contiennent jusqu'à 12 % d'azote et sont payés 12 et 14 fr. les 100 kilog. et davantage; il ne faut pas les confondre avec ceux d'aloès qui ne contiennent que 0,8 % d'azote. L'engrais de laine est très recherché dans ces régions, puisqu'on en achète jusqu'en Italie et qu'on les paie un prix relativement élevé.

Les chiffons de laine se présentent le plus souvent en grandes lanières ou en longs morceaux, ce qui rend l'incorporation dans le sol inégale et difficile. Il faut, avant de les employer, les déchiqueter à la main, ou à la hache, puis les déposer au fond de la raie tracée par la charrue. Il est prudent de donner des gants aux ouvriers qui manipulent ces chiffons souvent très sales. Pour hâter leur décomposition on recommande de les stratifier avec de la terre ou même avec de la chaux et de les arroser fréquemment, ou bien encore de les incorporer au tas de fumier.

Poils, crins, plumes. — Les poils, crins, plumes, déchets de soie, rentrent dans la catégorie des engrais animaux, et se rapprochent particulièrement de la laine.

Les poils proviennent surtout des tanneries et des pelleteries. Les déchets de crin, de soies de porcs, de plumes d'oiseaux proviennent de la fabrication des brosses, des objets de literie, etc. Ces divers produits, à l'état pur, ont une composition identique; leur richesse varie avec la nature et la quantité des impuretés qui y sont mélangées; ils peuvent contenir jusqu'à 14 et 15 % d'azote, comme la laine, et seulement 4, 5 et 6 %, lorsqu'ils sont impurs ou humides.

Les bourres de tannerie sont d'une décomposition très lente et il convient de les traiter auparavant par des procédés qui en opèrent la désagrégation.

Dans la même catégorie, viennent encore se ranger les déchets de soie, de bourres, et les chiffons de soie, dont la richesse peut varier de 8 à 11 %.

Produits animaux divers.

Marcs de colle. — La fabrication de la gélatine utilise des peaux, des os, des tendons, des vessies de poissons, etc. Ces matières animales sont d'abord traitées par la chaux; puis on leur fait subir une ébullition qui met en dissolution la gélatine. On obtient ainsi des dépôts de composition variable, qui renferment tout ce qui n'a pas été dissous par l'eau bouillante, débris d'os, de cornes, de muscles, etc.; ils contiennent environ 50 % de carbonate de chaux, lorsque, sous forme de tourteaux obtenus par pression, ils ont encore une teneur de 40 à 45 % d'eau. A ce même état, ils renferment environ 1,5 % d'azote et de petites quantités d'acide phosphorique; ils constituent donc un amendement calcaire autant qu'un engrais azoté. Exceptionnellement ils contiennent jusqu'à 4, 5 % d'azote, 1, 6 % d'acide phosphorique, et de petites quantités de potasse.

Ces produits ne se conservent qu'à l'état sec; ils peuvent alors doser 3 % d'azote.

Lorsqu'on fabrique la colle avec les os, on les traite au préalable par l'acide chlorhydrique, et on obtient, outre les produits dont nous venons de parler, du phosphate précipité dont il sera question plus loin.

Pains de cretons et de dégras. — Dans la production des matières grasses animales, on obtient des pains de cretons, des déchets de dégras, qui peuvent contenir des quantités assez notables d'azote et d'acide phosphorique, jusqu'à 5,5 % du premier et 2 à 3 % du second. Toutes ces matières rentrent dans la catégorie des engrais animaux, au même titre que la viande.

Déchets de boyaux. — Il y a dans les environs des grandes villes des usines traitant les boyaux de moutons pour les convertir en cordes d'instruments de musique ou en petites courroies de transmission. Ces usines laissent des déchets d'une certaine valeur, provenant du lavage et du grattage des boyaux. Nous avons trouvé dans un produit semi-liquide la composition suivante :

Eau	89.00 %
Matières minérales	0.83 —
Azote	1.51 —

Ces eaux coagulées et désinfectées par l'acide sulfurique forment un engrais très facilement assimilable.

Nous n'avons pas l'intention de signaler tous les produits de cette nature qui peuvent se rencontrer; leur composition se rattache à un même type; ils ont des richesses variables avec leur état d'humidité, leur mélange avec des matières inertes, etc.; l'agriculteur doit, avant de les acheter, les faire analyser et établir leur prix d'après les cours des matières fertilisantes. Quand ils ont subi des traitements, leur décomposition est devenue relativement facile, et ils forment un engrais dont l'action est en général assez rapide; c'est le cas des marcs de colle, des pains de cretons, etc.; d'autres produits animaux, tels que les déchets des industries lainières sont d'une décomposition très lente.

Dans l'achat de ces produits, il faut donc tenir compte, non seulement de la richesse en principes fertilisants et particulièrement en azote, mais encore de la plus ou moins grande assimilabilité de l'engrais, de son état de finesse, de son homogénéité, etc.

Traitements chimiques des matières animales.

Nous avons énuméré les différents débris animaux dont disposent l'agriculteur et le fabricant d'engrais, et nous avons parlé des traitements mécaniques qu'on leur fait subir, pour en rendre l'emploi plus facile et l'assimilation plus rapide; nous devons également parler des procédés chimiques qu'on peut mettre en œuvre.

But de ces traitements. — Ils ont pour résultat de modifier la nature de ces substances, en détruisant la cohésion de la matière organique et d'offrir ainsi les éléments fertilisants sous une forme plus assimilable. Nous ne considérons ici que l'azote, qui, dans les engrais animaux, joue le principal rôle. A l'état où cet élément se trouve dans les tissus animaux, il a besoin de subir des transformations profondes dans le sol pour que les plantes puissent en tirer parti, et ces transformations sont d'autant plus lentes à s'opérer que le degré d'agrégation de la matière est plus grand. Aussi les substances animales employées sans préparation ne constituent-elles que des engrais d'une assimilation peu rapide. Par les traitements dont nous avons parlé, tels que l'action de l'eau bouillante ou de la vapeur, la torréfaction, etc., nous augmentons notablement la division de ces substances et nous les rendons plus aptes à subir dans le sol la transformation en azote minéralisé, qui seul peut servir d'aliment direct aux plantes. Nous décrirons maintenant les procédés qui sont basés sur l'emploi des agents chimiques.

Traitement par l'acide sulfurique à froid. — Lorsqu'on traite à froid des matières animales par de l'acide sulfurique, celui-ci noircit, il les dissout peu à peu et se transforme en une bouillie épaisse. La matière organique est profondément altérée ; ses éléments se désagrègent.

Procédé de M. Aimé Girard. — M. Aimé Girard a proposé d'employer ce procédé pour la destruction des animaux charbonneux et en général pour l'utilisation à la ferme des cadavres et débris organiques. Ce procédé dispense du chauffage, qui est une opération si délicate quand il s'agit d'acide concentré ; il ne nécessite qu'une installation des plus simples ; l'attaque se pratique dans une cuve de bois doublée d'une feuille de plomb. On emploie de l'acide à 60° Bé, c'est-à-dire assez concentré, et on couvre la cuve de manière à empêcher l'acide de se diluer par l'absorption de l'humidité atmosphérique. Les cadavres sont immergés à mesure et se dissolvent au bout d'un temps très court, ne dépassant pas vingt-quatre ou quarante huit-heures. Seules certaines parties, telles que les cornes, les sabots, etc., résistent plus longtemps ; les os, la chair, les viscères se liquéfient facilement. Pendant cette réaction, la masse s'échauffe notablement, la graisse fond et remonte à la surface.

Le nombre de cadavres qu'on peut ainsi dissoudre n'est pas illimité ; M. A. Girard a reconnu qu'en introduisant dans l'acide une quantité représentant les

3/4 de son poids, la densité de l'acide baissait assez pour qu'il devînt paresseux et que l'action dissolvante fut enrayée. En réalité, ce procédé exige de grandes quantités d'acide sulfurique pour une faible récolte d'azote, puisque 100 kilog. de cadavres animaux ne contiennent en moyenne que 2 kilog. d'azote et 1 kilog. 5 d'acide phosphorique. En dissolvant dans l'acide les 2/3 de son poids de cadavres, on pourra arriver à un produit contenant 1,35 % d'azote, dont une petite partie, près de 1/10, est transformée en ammoniaque. En faisant dissoudre dans 500 kilog. d'acide sulfurique neuf moutons pesant ensemble 204 kilog., M. Aimé Girard a obtenu un acide azoté contenant p. 100 :

Azote ammoniacal	0.058	0.780
— organique	0.722	
Acide phosphorique soluble	0.459	

Ce procédé n'est pas, comme on serait tenté de le croire, un procédé de fabrication d'ammoniaque; il doit plutôt être rangé parmi les procédés de désagrégation, qui donnent à la matière animale un degré de division plus grand et une assimilabilité plus rapide; son principal avantage ne consiste pas d'ailleurs dans la fabrication des engrais azotés, mais dans la destruction de cadavres embarrassants, surtout de ceux qui proviennent d'animaux morts de maladies contagieuses. On sait en effet que l'enfouissement de cadavres charbonneux ne garantit pas contre la contagion et que les germes de la bactéridie qui cause la maladie peuvent remonter à la surface du sol et propager la contagion. L'immersion dans l'acide sulfurique offre une garantie de destruction complète; à ce titre le procédé de M. Aimé Girard sera très utilement appliqué dans les fermes. Il permet en outre de recueillir les principes fertilisants qui étaient contenus dans le corps de l'animal, et de les utiliser ainsi que l'acide ayant servi à l'opération. La masse acide est en effet employée à la ferme pour la fabrication de superphosphate. A ce point de vue, l'acide bien qu'étendu, n'a rien perdu de son énergie; sa seule différence avec l'acide sulfurique frais, c'est qu'il apporte déjà des matières fertilisantes. Le superphosphate qu'il produit sera donc supérieur au superphosphate ordinaire; le mode de préparation ne change en rien.

En opérant ainsi, M. Aimé Girard a obtenu, en traitant des coprolithes des Ardennes, un superphosphate ayant la composition suivante :

	Pour 100.
Azote	0.36
Acide phosphorique soluble	5.86
— insoluble	1.77

Il convient d'ajouter que la graisse qui surnage l'acide est susceptible d'être utilisée.

Plutôt que d'enfouir les animaux charbonneux ou que de les brûler, ce qui constitue une opération des plus difficiles, les agriculteurs feront donc bien d'adopter le procédé de M. Aimé Girard, qui débarrasse sans difficulté des cadavres, assure une destruction complète des germes de maladie et permet l'utilisation de la matière fertilisante qui existait dans le corps des animaux.

Traitement par l'acide sulfurique à chaud.— Un autre procédé reposant sur le même principe, mais qui doit plutôt être considéré comme un procédé industriel, puisqu'il nécessite une installation assez compliquée, est basé sur l'action de l'acide sulfurique aidée de la chaleur.

On peut, en limitant les quantités d'acide sulfurique

et en chauffant graduellement le mélange, arriver à avoir des produits dans lesquels l'azote se trouve en partie à l'état d'ammoniaque, en partie encore à l'état organique.

Quand l'acide a atteint la limite de la saturation, c'est-à-dire quand il n'est plus apte à dissoudre de nouvelles quantités de débris animaux, on l'emploie pour la préparation des superphosphates. Suivant que les quantités de débris animaux introduits dans l'acide ont été plus grandes, le superphosphate se trouvera plus riche en azote.

Avantages de ce procédé. — C'est là un mode d'enrichissement des superphosphates qui nous semble devoir être recommandé. En effet, la désagrégation des débris animaux et la transformation partielle de leur azote en ammoniaque se font pour ainsi dire sans frais, puisque l'acide, tout en ayant opéré cette action utile, conserve toute son activité pour la fabrication des superphosphates.

Au point de vue de l'hygiène, cette pratique est également à recommander. Si toute odeur provenant de la décomposition des matières animales n'est pas supprimée, tout au moins les germes de maladies ou de putréfaction sont-ils absolument détruits. La rapidité de cette destruction permet d'ailleurs d'éviter l'encombrement de matériaux devenant rapidement putrides.

L'azote ainsi solubilisé et existant partiellement à l'état d'ammoniaque a une valeur agricole notablement supérieure à celle de l'azote des mêmes substances non traitées.

Traitement par l'acide chlorhydrique. — M. Boucherie a recommandé dans le même but l'acide chlorhydrique, qui, employé à l'état bouillant, peut dissoudre de notables quantités de matières azotées, ainsi que les tissus osseux. Lorsque la cuisson est terminée, il renferme, outre les matières animales, du chlorhydrate et du phosphate d'ammoniaque, ainsi que du phosphate acide de chaux. Si on sature la liqueur avec des os triturés ou des phosphates fossiles en poudre, la matière animale se sépare à l'état de précipité; on la recueille et on la sèche à l'air; elle dose alors 10 p. 100 d'azote. Quant à la solution qui contient de l'acide phosphorique, on la traite par la chaux et on obtient ainsi le phosphate précipité. Il est à remarquer que dans cette opération l'azote qui se trouve à l'état de sels ammoniacaux est perdu, puisqu'il est en solution et s'écoule avec les eaux-mères du phosphate précipité.

Ce procédé doit surtout s'appliquer là où l'acide chlorhydrique est un déchet d'industrie, et n'a qu'une valeur extrêmement minime; il y a peu d'années encore, la fabrication du sulfate de soude laissait l'acide chlorhydrique comme résidu, et son application à la fabrication des engrais pouvait être avantageuse; aujourd'hui, les conditions industrielles de la fabrication de la soude sont changées et on ne trouve plus en abondance l'acide chlorhydrique comme produit secondaire. Le mode de traitement que nous venons d'exposer a donc moins d'actualité.

Traitement par les alcalis. — Tout autre est le mode de transformation qui repose sur l'action des alcalis; ceux-ci employés à chaud ou à froid opèrent également la désagrégation et même la combustion de la matière organique; mais ils dégagent à l'état libre l'ammoniaque qui s'est formée sous leur intervention. Comme pour l'acide sulfurique, la décomposition peut être poussée plus ou moins loin, suivant qu'on prolonge le contact, suivant qu'on applique ou non la chaleur, suivant aussi qu'on emploie un alcali plus ou moins énergique.

De même que pour l'acide sulfurique, nous exposerons les procédés qui peuvent être employés à la ferme et ceux qui sont industriels.

Traitement par la chaux à froid. — On a souvent conseillé d'enterrer les animaux dans une fosse peu profonde, après y avoir ajouté de la chaux ; on recouvre la fosse avec de la terre qui retient l'ammoniaque tendant à se volatiliser. Sous l'action de la chaux, la matière animale se désagrège et se transforme en une sorte de terreau. En recoupant la masse à la bêche au bout de quelques semaines, on opère un mélange qui peut être directement employé à la fumure des terres et qui donne une nitrification rapide.

Traitement par les alcalis à chaud. — L'action des alcalis est considérablement augmentée par l'intervention de la chaleur ; la destruction de la matière organique est presque complète ; une partie se dégage à l'état de goudron, le reste est détruit ou carbonisé. L'ammoniaque se volatilise et donne de véritables eaux ammoniacales dont la richesse dépend de la composition de la matière animale. Ces eaux peuvent être saturées par l'acide sulfurique et évaporées à sec ; elles peuvent encore être distillées suivant les procédés appliqués aux eaux de condensation du gaz.

M. L'Hôte a proposé d'employer la soude pour activer cette décomposition ; cet alcali en effet agit avec une énergie bien supérieure à celle de la chaux et permet d'obtenir une décomposition plus rapide et une proportion d'ammoniaque plus grande. On mélange la matière azotée avec de la lessive de soude et de la chaux, constituant une véritable chaux sodée, semblable à celle qu'on emploie dans l'analyse des matières azotées. Ce mélange est introduit dans des cornues en fonte et chauffé.

La soude sert indéfiniment, ce qui rend le procédé assez économique; la chaux seule est renouvelée. Après chaque distillation, la masse restant dans la cornue est lessivée; la soude se dissout, soit à l'état de soude caustique, soit à l'état de carbonate; en introduisant de la chaux dans cette lessive, toute la soude repasse à l'état caustique et peut servir pour une nouvelle attaque. Ce procédé ingénieux serait susceptible de donner à l'état d'ammoniaque la totalité de l'azote contenu dans les matières organiques; mais il ne paraît pas encore jusqu'à présent être entré dans la pratique.

Décomposition naturelle des produits animaux. — Au lieu d'employer les alcalis pour attaquer les matières animales, on a quelquefois recours à une pratique qui consiste à les abandonner à la putréfaction. La désagrégation de la matière devient complète au bout de quelque temps et il se forme du carbonate d'ammoniaque qui tend à se volatiliser, en même temps que des produits d'une odeur putride. Cette méthode n'est donc pas recommandable. Mais en laissant cette putréfaction s'opérer au sein de la terre, on évite la perte d'ammoniaque, ainsi que les mauvaises odeurs.

Décomposition dans les composts. — Il est préférable, comme nous l'avons dit ailleurs, d'introduire les matières animales dans les composts, où elles subissent l'action de la chaux et ultérieurement celle du ferment nitrique. Les débris animaux peuvent encore être stratifiés simplement avec des couches de terre; la décomposition s'opère alors comme dans un compost, mais avec moins de rapidité.

Décomposition dans le fumier. — Enfin on a proposé, pour la transformation des cadavres animaux en engrais, de les découper en quartiers et de les stratifier avec du fumier et de la terre. On abandonne le tout à la fermentation, en arrosant de temps en temps. La température de la masse s'élève et, au bout de quelques semaines, les chairs se sont dissoutes; on sépare les os à la main, on recoupe le tout et on obtient ainsi un engrais assez riche. Ce procédé a l'inconvénient de ne pas supprimer les odeurs.

Engrais de poissons.

Nous avons passé en revue les débris laissés par les cadavres des animaux terrestres, et en particulier par les animaux domestiques; nous avons à parler maintenant de l'appoint important que fournissent à l'agriculture les habitants de la mer. Nous savons que les oiseaux marins, qui donnent naissance aux gisements de guanos, se nourrissent de poissons; en employant le guano, on utilise donc une matière qui a son origine dans la mer; on exploite ainsi, au profit du continent, les matières fertilisantes qui étaient renfermées dans les eaux marines. Mais on peut utiliser directement les poissons et d'autres animaux marins pour l'emploi agricole. Les poissons existent en abondance sur certaines côtes; on en prend des quantités énormes, par exemple autour du banc de Terre-Neuve, dans les mers polaires, sur les côtes de Norwège, en France même sur le littoral de l'Océan. Une notable partie des poissons est destinée à l'alimentation; la morue, le hareng, la sardine, sont préparés en vue de la conservation; mais ils laissent des déchets qu'on doit utiliser; c'est la tête des animaux qui fournit l'appoint le plus important. Souvent la pêche des poissons a pour but unique la fabrication de l'engrais, et dans ce cas c'est le corps entier de l'animal qu'on utilise à cet effet.

Composition des produits bruts. — La composition de la chair et en général des tissus non osseux des poissons est peu différente de celle des quadrupèdes. La richesse en azote est un peu moindre; la teneur en phosphate, par contre, est un peu plus élevée;

La proportion d'azote est en moyenne de....	2.34	p. 100
— de phosphate —	1.70	

Leur tissu osseux a la plus grande analogie avec celui des quadrupèdes.

Les cétacés peuvent être assimilés aux poissons.

En traitant les débris de ces animaux comme ceux des animaux terrestres, on doit donc s'attendre à avoir des engrais de composition analogue, riches en azote et contenant une certaine quantité de phosphate.

L'emploi, le long des côtes, des débris de poissons pour la fumure des terres, remonte déjà très loin.

Mais à l'état naturel ces produits, à cause de l'huile qui les accompagne, sont d'une décomposition très lente; ils sont aussi trop pauvres et trop altérables pour être expédiés à de grandes distances.

Fabrication des engrais de poissons. — Ce n'est que depuis une époque très rapprochée de nous que l'industrie les a transformés en matières pouvant se transporter et se conserver. C'est principalement à M. Ch. de Molon qu'on doit l'initiative de ce mouvement.

La fabrication des produits dits *guano de poissons* fut installée par cet éminent agronome sur les côtes du Finistère où l'on pêche la sardine, ainsi que sur celles de Terre-Neuve où la morue existe en grande quantité. Les côtes de Norwège fournissent également d'abondants débris de poissons qu'on transforme en un engrais qui trouve surtout son écoulement en Allemagne.

Débris de sardines. — En France, on utilise les débris de poissons sur plusieurs points du littoral de l'Océan; les têtes et les viscères de sardines sont jetés dans de grands réservoirs et, au bout de quelque temps, vendus aux cultivateurs qui apprécient beaucoup cet engrais. Des fabriques sont établies à la Rochelle, aux Sables d'Olonne et sur les côtes de Bretagne pour transformer principalement les débris de la pêche des sardines; après cuisson à la vapeur, on exprime fortement les matières et on les débarrasse ainsi de la majeure partie de l'huile qui les imprègne; puis on les fait sécher dans des étuves et on les broye à l'aide d'un moulin. Les produits ainsi préparés peuvent contenir jusqu'à 12 % d'azote et 14 % de phosphate de chaux; mais ceux qu'on rencontre communément dans le commerce ne dépassent pas en général le taux de 10 % d'azote avec 10 à 12 % de phosphate; il y a en outre de petites quantités de potasse. On obtient environ 22 d'engrais sec pour 100 de débris de poissons.

Abattis de poissons. — En Angleterre, on fabrique également des engrais de poisson, mais d'une façon très primitive; les produits, encore imprégnés d'huile et d'humidité, ne sont pas moulus et se présentent sous forme pâteuse, avec une odeur très forte.

Ils contiennent de	25 à 50	pour 100	d'humidité.
—	8 à 15	—	d'huile.
—	7 à 14	—	de phosphates.
—	3 à 5	—	d'azote.

Sur certains points des côtes anglaises, on traite des harengs de petite espèce, qui existent en quantité innombrable. En les écrasant et les séchant, on obtient des engrais titrant jusqu'à 14 et 15 % d'azote.

Écrevisses et crabes. — En divers points des côtes de la mer du Nord, on trouve en abondance de petites écrevisses et des crabes, qu'on utilise comme engrais. Ces animaux sont desséchés sur des plaques en fonte et réduits en poussière sous les meules. Quelquefois on les fait cuire, on les exprime, puis on les sèche et on les soumet à la mouture.

Ce produit est riche en azote ; il en contient, suivant Wicke, 11 %, avec environ 2, 5 % d'acide phosphorique. On le mélange souvent de poudres d'os, de manière à l'enrichir en phosphate.

Débris de morue. — La pêche de la morue qui produit annuellement plus de 1,400,000 tonnes de poissons frais, laisse un poids considérable de résidus non utilisés pour l'alimentation, comprenant la tête, les intestins, l'épine dorsale. Pendant longtemps cette énorme quantité de matières animales était rejetée à la mer; ce n'est que depuis 1851 qu'on les prépare pour en faire des engrais. A cette époque M. de Molon installa cette fabrication à Kerpon, plus tard M. Rohart l'introduisit en Norwège; avec des vicissitudes diverses, l'industrie de ces produits a pris aujourd'hui un certain développement.

Fabrication industrielle. — Actuellement c'est en Norwège que se trouve la principale production des engrais de poissons; on utilise à cet effet, non seulement les débris de la morue, mais encore, depuis un temps plus récent, la chair des baleines et d'autres cétacés. C'est surtout aux environs des îles Lofoden que la pêche est abondante.

Les grandes pêches maritimes de Norwège produisent annuellement :

Harengs....................	121.069	mètres cubes.
Morues.....................	48.647	—
Maquereaux..............	7.146.000	—

Il y a là une matière première extrêmement abondante pour la fabrication des engrais. Cette industrie a pris du reste un grand développement, grâce au perfectionnement des appareils industriels.

			Tonnes de guanos de poissons.
En 1860	la Norwège exportait	....	64
De 1861-65	—	....	362
— 1866-70	—	....	670
— 1871-75	—	....	2.000
— 1876-77	—	....	5.000

Dans diverses localités, pour préparer l'engrais, on se borne à étaler les débris sur les rochers, on les sèche à l'air, puis on les moud. Mais il vaut mieux, comme cela se fait plus souvent, les cuire à la vapeur et les sécher ensuite avant la mouture.

La désagrégation par la vapeur a l'avantage de permettre une plus grande division de la matière et de rendre le produit plus actif. Un certain nombre de fabriques sont installées à cet effet, tant dans les îles Lofoden que sur les côtes de la Norwège.

Jusque dans ces dernières années on rejetait à la mer les résidus de baleines, dont on n'utilisait que les fanons. Des usines sont installées aujourd'hui au voisinage du cap Nord, dans le but de les transformer en engrais. Là encore on obtient avec la chair et les os des produits azotés et phosphatés très riches. La chair sèche de la baleine, non débarrassée de graisse, contient de 8 à 9 % d'azote, et 14 à 15 % quand la graisse a été enlevée. Quant aux os, ils renferment 3,5 % d'azote et 24 % d'acide phosphorique.

Les diverses préparations obtenues portent fréquemment dans le commerce le nom de guano de poissons. Les modes de fabrication sont variables, mais ils se résument tous en la cuisson de la matière, qui donne de l'huile qu'on recueille, un bouillon et une matière insoluble constituée par les tissus fibreux et osseux du poisson. Ce sont ces derniers produits qui nous intéressent; ils renferment presque la totalité de l'azote et de l'acide phosphorique des matières traitées. On les fait sécher soit à l'air libre, soit dans des tourailles; ils deviennent ainsi friables et peuvent être râpés ou passés au moulin.

Les usines qui travaillent en Norwège les poissons grands et petits pour en extraire l'huile, la colle et l'engrais opèrent de la façon suivante. Les baleines et les gros poissons sont d'abord coupés en morceaux et soumis à un pression graduelle à l'aide de presses hydrauliques; l'huile est ainsi extraite avec une grande masse d'eau.

Après ce traitement, le tourteau, ainsi que les petits poissons, passent dans des chaudières où l'eau bouillante achève la séparation de l'huile, et de là dans des autoclaves où, par l'action de la vapeur sous pression, on obtient une dissolution qu'on soutire et qu'on concentre pour fabriquer la gélatine.

Les poissons passent ensuite sur des plaques où ils subissent une légère torréfaction qui les rend très friables. Après broyage la poudre obtenue est passée au tamis; les parties fines sont livrées au commerce des engrais.

Composition des guanos de poissons. — Les engrais de poissons sont connus sous le nom de guano polaire, de guanos marins, etc.; ils sont de couleur variable, plus ou moins foncée, suivant qu'ils ont ou non subi l'action de la vapeur.

Voici le résumé de plusieurs analyses de guanos de poissons polaires.

Eau......................	6.0 à 10.0	pour 100
Azote....................	6.0 à 9.6	—
Phosphate de chaux......	12.0 à 30.0	—
Carbonate —	3.5 à 8.44	—
Sels alcalins..............	1.0 à 10.00	—
Silice....................	0.5 à 2.50	—

La composition de ces produits varie avec l'état de siccité et aussi avec la proportion d'huile qui y est retenue; ainsi du guano formé de chair sèche de baleine contient 8 à 9 % d'azote et, lorsque la graisse est complètement enlevée, il peut contenir jusqu'à 14 à 15 %. Elle varie avec l'espèce de poisson employé, comme l'indiquent les chiffres suivants de M. L. Macadam :

	Débris d'anchois.	Guano de hareng.	Guano de morue.	Guano de baleine.
Eau..................	8.06	6.14	6.24	5.6
Posphates.............	14.92	7.92	26.17	29.7
Carbonate de chaux...	3.28	3.68	6.35	12.0
Azote.................	7.15	8.65	8.40	7.6

Le guano de poisson est le plus souvent constitué par un mélange de chair et d'os; quelquefois aussi on traite à part la chair et on obtient alors des guanos dont la richesse en azote est plus élevée et celle en acide phosphorique plus faible.

Poudres d'os de poissons. — Dans ce dernier cas, les os sont vendus séparément après trituration ; la poudre d'os de poissons se rapproche de celle des autres animaux; en voici une analyse :

Eau..................................	6.72
Azote................................	4.00
Phosphate de chaux..................	53.12
Carbonate de chaux..................	7.82
Silice................................	1.50

Dans le but d'enrichir le guano de poisson, on le mélange parfois avec des poudres d'os ou des phosphates naturels, quelquefois avec des sels potassiques.

Enfin certaines usines le traitent par l'acide sulfurique et le transforment en une sorte de superphosphate azoté; mais la dissolution de phosphate se fait d'une façon incomplète, parce que la grande quantité de matière organique entrave l'action de l'acide. Ces produits qui sont peu abondants sur le marché titrent 8 à 9 d'azote %, dont 2,5 à l'état d'ammoniaque, et 11 d'acide phosphorique, dont 7 à l'état soluble. Ils sont généralement très pâteux; on est obligé d'employer pour leur donner de la consistance des matières étrangères qui en abaissent la richesse.

Il existe en France des fabriques qui opèrent de la façon suivante : les déchets de sardines (têtes, nageoires et intestins) et de thons (têtes, squelettes, nageoires, intestins, écailles) sont mis à égoutter, puis attaqués dans un bassin cimenté par de l'acide sulfurique à 53° Bé. Après l'attaque on sature l'acide restant par du phosphate minéral; il faut en moyenne 50 kilog. d'acide sulfurique et 25 kilog. de phosphate pour 150 kilog. de débris animaux. Le produit pâteux est séché au soleil, et soumis à la vapeur dans un autoclave; on en retire par pression un jus huileux. Le tourteau est passé au concasseur et tamisé; à cet état il contient, d'après des analyses de M. Lechartier :

	Sardine.	Thon.
Eau	12.60	38.60
Azote total	3.01	5.92
Phosphate total	8.01	2.27

Ces engrais servent souvent de base aux mélanges les plus divers.

Le prix de ces engrais doit être établi d'après leur composition chimique; les taux d'azote et d'acide phosphorique, déterminés par l'analyse, fixent la valeur qu'on doit leur attribuer.

Leur fabrication prend une grande extension; les agronomes ne sauraient trop encourager le développement d'une industrie qui a pour but d'exploiter l'immense réservoir marin au profit des continents dont la fertilité s'épuise et de récupérer ainsi les masses de matières fertilisantes qui ont été entraînées par les fleuves vers la mer.

Guanos.

Formation des gisements. — On trouve en certains points du globe des accumulations de déjections, qui forment quelquefois des dépôts immenses que leur richesse en éléments fertilisants désigne tout naturellement à l'emploi agricole. Ce que nous voyons se produire dans nos pigeonniers et dans nos poulaillers s'est produit sur une vaste échelle dans certaines localités situées entre les tropiques. Les générations successives d'animaux cherchant leur nourriture au loin ont concentré leurs déjections sur les points qui leur servaient d'habitation. Les oiseaux de mer se nourrissant de poissons ont ainsi créé, dans la suite des temps, d'immenses entrepôts formés de leurs déjections et de leurs propres cadavres. Leur nourriture exclusivement animale a donné à ces dépôts une richesse très grande en azote et en phosphate.

C'est surtout au voisinage de la mer, sur la côte occidentale de l'Amérique du Sud ou dans des îles de la même région, que ces gisements se rencontrent. D'innombrables oiseaux de mer, auxquels on donne le nom de guanaës : (sorte de pelicans, frégates, cormorans, etc.), leur ont donné naissance; ils continuent encore actuellement à opérer ces accumulations.

La production de guano est considérable. Les guanaës sont très voraces et se réunissent par bandes nombreuses sur un même point. De Rivero qui évaluait à 38,000,000 de tonnes la masse des guanos du Pérou, calcule que 600,000 oiseaux, rendant chaque nuit 1 once d'excréments (32 gr), auraient pu produire dans une période de 5000 ans cette énorme quantité de matière. Il n'y a donc rien d'étonnant à voir s'accumuler des masses aussi considérables sous l'influence de ces oiseaux de mer.

C'est ordinairement dans des endroits découverts que ces animaux déposent leurs déjections, qui, dans les régions où il pleut rarement, vont s'étageant souvent à des épaisseurs de plus de 20 mètres; la substance s'y accumule, se dessèche partiellement et concentre sous un plus faible volume ses principes utiles. Tel est le cas des côtes du Pérou, où les pluies sont extrêmement rares et où l'on a découvert les gisements les plus riches et les plus abondants. Mais dans d'autres localités, où les eaux pluviales ont pu intervenir, les déjections lavées par intermittences ont eu leurs produits solubles entraînés au loin; il ne reste plus alors que les matières sur lesquelles l'eau n'a que peu de prise. Nous en voyons des exemples nombreux dans diverses îles de l'océan Pacifique et de la mer des Antilles.

Tous les animaux producteurs de guano ne nichent pas en plein air; il en est qui recherchent les lieux abrités, tels que des grottes. Des oiseaux, et surtout des chauves-souris, y produisent des amas considérables qui, ne subissant pas l'action des pluies, sont soustraits aux déperditions par les lavages.

Les différents animaux, oiseaux et chauves-souris, que

l'on peut considérer comme les vrais producteurs des guanos, ne se nourrissent pas tous de la même manière; les oiseaux marins, qui peuplent les îles et le littoral, se nourrissent presque exclusivement de poissons et avalent non seulement la chair de ceux-ci, mais encore une notable partie des os. La chair de poisson contient en moyenne 2,3 d'azote et 1,70 d'acide phosphorique %. Leurs os ont une constitution analogue à celle des mammifères. La matière azotée et les phosphates sont donc abondants dans les déjections.

D'autres oiseaux, ainsi que les chauves-souris, vivent presque exclusivement d'insectes, dont les tissus sont formés essentiellement, comme chez les vertébrés, de matières azotées et de phosphate. Là encore nous avons une nourriture animale, et, par suite, des déjections très riches.

A ces déjections viennent s'ajouter les cadavres des habitants des cavernes, avec les plumes, le poil, la chair et les os; c'est là une autre cause d'enrichissement. Souvent même, dans les dépôts situés au voisinage de la mer, on rencontre des squelettes de grands animaux marins, tels que les phoques, les morses, etc., amenés là par des circonstances spéciales et dont les débris viennent se mêler à ceux dont nous venons de parler.

Pour avoir une idée de la consommation des animaux marins, nécessitée pour la production des gisements de guanos, on calcule qu'il faut environ 600 kilog. de poissons pour 100 kilog. de guano à 14 % d'azote, ce qui nous conduirait à admettre que la production des 38 millions de tonnes de guano admise par de Rivero pour le Pérou, a nécessité la consommation de 230 millions de tonnes de poissons.

Historique de l'emploi. — Les propriétés fertilisantes des guanos sont connues depuis des siècles. Avant la conquête, les Incas s'en servaient ; ils avaient même établi des règlements interdisant la destruction des oiseaux producteurs de guano. Mais leur utilisation en Europe ne remonte qu'à 30 ou 40 ans. Des essais agricoles ne laissèrent aucun doute sur leur efficacité. A partir de ce moment, le guano jouit d'une grande faveur chez les agriculteurs européens, et son exploitation prit une extension considérable. Les produits les plus riches furent importés d'abord, mais bientôt la provision en fut épuisée. On dut alors s'adresser à des guanos d'une concentration moindre, qui aujourd'hui se trouvent ordinairement sur les marchés et sont employés encore sur une grande échelle. Cependant la diminution de leur richesse d'un côté, l'extension de l'emploi des engrais chimiques de l'autre, ont fait cesser l'engouement dont les agriculteurs s'étaient pris pour ce produit pendant les premières années de son importation. Il n'en est pas moins vrai que le guano, tel qu'il existe aujourd'hui sur les marchés, constitue un engrais de premier ordre, et à ce titre nous devons l'étudier avec soin.

Ainsi qu'on doit s'y attendre, la composition du guano est extrêmement variable ; si la nature de l'alimentation diffère peu, il n'en est pas de même des conditions dans lesquelles les gisements se sont produits ; les mélanges avec des matières terreuses et bien plus encore l'action des pluies diminuent sa richesse. On ne peut donc pas donner une composition moyenne pour les guanos, et il faut envisager séparément les principaux types qui se présentent.

Distribution géographique des gisements. — Les accumulations de guanos sont disséminées en un grand nombre de points du globe, mais les plus importantes se rencontrent dans l'Amérique du Sud, sur le littoral du Pacifique. Nous avons à signaler particulièrement les îles qui s'étendent le long des côtes du Pérou, et dont les principales sont les îles Chinchas, Guanape, Macabi, Lobos, Balestas, Patillos, et sur la côte, les gisements de Huanillos, Pabellon, Punta de Lobos, etc.

Les produits de ces divers gisements portent le nom général de guanos du Pérou.

Les côtes de la Bolivie en renferment également, qu'on désigne sous le nom de guanos de Mejillones. D'autres parties de l'Amérique du Sud, la Colombie, le Vénézuéla, la Nouvelle Grenade et l'Équateur fournissent des guanos connus sous le nom de guanos de Colombie.

Certaines îles de l'océan Pacifique : les îles Backer, Jarvis, Howland, Malden, Penning, Sandwich, etc., contiennent des gisements qui le plus souvent ont subi l'action des pluies.

Les côtes du Mexique, de la Californie; diverses îles de la mer des Antilles et du golfe de Mexique, nous offrent des dépôts d'une certaine importance, tels que ceux des îles Curaçao, Navassa, Aruba, Raza, Patos, Sombrero, Haves, Cuba.

Les côtes du Labrador en contiennent également.

En Australie, on signale ceux de Sharksbey, de Swanisland.

La côte ouest de l'Afrique et les îles qui en sont voisines en contiennent çà et là; on cite notamment Algua-bay, Saldanha-bay, les îles Ichaboc, Angra-Pequana, etc.

En Asie, nous trouvons des guanos sur les côtes de l'Arabie et sur celles de la Chine et du Japon.

Enfin en Europe, dans une foule de localités et principalement dans des grottes ou d'autres lieux abrités, on a constaté des accumulations de déjections qui doivent être regardées comme de véritables guanos.

On voit que la dissémination de ces produits est très

grande et que leur production n'est pas spéciale à une région, mais a lieu dans toutes les contrées où se trouvent des animaux vivant en société et des circonstances qui empêchent les déjections d'être dispersées.

Composition générale du guano; transformations chimiques dont il est le siège. — Nous avons dit que la principale cause qui fait varier la composition du guano, c'est l'action des eaux pluviales qui en élimine les principes solubles; mais il en est une autre, la fermentation, qui s'exerce indistinctement dans tous les guanos avec une intensité variable et qui, si elle ne modifie pas considérablement les produits au point de vue de leur valeur fertilisante, le fait au point de vue de leur constitution intime.

Fermentation. — Passons rapidement en revue les phénomènes qu'elle produit dans le sein de la masse des déjections. On sait que l'humidité est une des conditions qui favorisent le plus les fermentations; en règle générale les guanos qui sont mouillés sont le siège de fermentations plus actives; mais ceux qui ne subissent pas l'action des eaux pluviales n'en sont pas moins exposés à des transformations, car au moment de leur expulsion par les animaux, ils contiennent une notable quantité d'humidité.

Les déjections fraîches des oiseaux renferment, outre les produits non digérés, de grandes quantités d'acide urique, d'urate d'ammoniaque, d'urée et d'autres composés organiques azotés. Cette partie organique représente environ les 2/3 de la substance sèche ; l'autre tiers est formé par la matière minérale contenant des phosphates de chaux, de magnésie et de potasse, des sulfates, des chlorures, des matières siliceuses, etc.

En somme c'est déjà à un degré de décomposition très avancé qu'existent les éléments qui forment les déjections;

mais, sous l'influence des fermentations, cette décomposition s'accentue et tend à ramener à l'état de produits moins complexes les matières organiques dont nous venons de parler.

Les principales transformations que subissent les matières azotées sont celles qui donnent naissance à du carbonate d'ammoniaque et à d'autres sels ammoniacaux. Le carbonate résulte directement de la décomposition de l'urée ainsi que d'autres corps azotés. La formation de ce sel doit être regardée comme la principale cause de déperdition de l'azote; sa volatilité est bien connue; c'est à lui qu'il faut attribuer l'odeur piquante de certains guanos. L'humidité favorise cette transformation; les guanos qui ont été mouillés pendant le transport sentent fortement l'ammoniaque.

Des réactions multiples s'exercent en outre; des sels ammoniacaux, tels que l'oxalate, des substances azotées spéciales, telles que la guanine, prennent naissance; il se forme également divers acides gras qui n'ont aucun pouvoir fertilisant et qui communiquent leur odeur au guano.

Cette fermentation peut se résumer d'un côté en un départ de matière carbonée qui tend à concentrer la matière, de l'autre en une formation d'ammoniaque qui tend à l'appauvrir en azote, par suite de la volatilisation.

On trouve quelquefois dans les guanos de petites quantités d'acide nitrique qui proviennent d'une transformation de la matière azotée sous l'influence du ferment de la nitrification; mais cette action est généralement assez limitée, soit à cause de la siccité de la matière, soit encore parce que l'accès de l'oxygène et le contact de matériaux calcaires font défaut. La proportion d'acide nitrique qu'on trouve dans les guanos est comprise entre 0.1 et 0.3 %.

Influence des pluies. — La composition des guanos

varie suivant qu'ils ont ou non subi l'action des eaux et on peut établir une classification qui les divise en deux catégories bien distinctes : 1° les guanos riches en matière azotée, qui n'ont pas subi de lavage et dont les guanos du Pérou nous offrent le type ; 2° ceux qui ont été mouillés, dont les matières azotées ont été en grande partie enlevées et dans lesquels l'acide phosphorique s'est concentré, tels sont les guanos de Mejillones et des îles Backer. Nous ne nous occuperons ici que des premiers, de ceux qui doivent leur valeur fertilisante principalement à l'azote qu'ils renferment et dans lesquels l'acide phosphorique ne vient qu'en seconde ligne ; on les appelait autrefois nitro-guanos. Les seconds au contraire doivent être considérés comme de véritables engrais phosphatés, puisque l'azote y est très peu abondant ; aussi les étudierons-nous avec les phosphates, auxquels leur utilisation agricole les assimile.

Guanos du Pérou anciens. — A l'origine de l'exportation des guanos on s'est adressé aux produits les plus riches ; ceux des îles Chinchas et Angamos ont été exploités les premiers ; mais, dès l'année 1860, les gisements étaient épuisés, tout au moins en guanos de richesse très grande. On en trouvait encore après cette époque sur le marché ; mais ils provenaient de stocks existant en magasin. Après leur épuisement, on dut s'adresser à des produits de moindre qualité. Ce n'est donc qu'à un point de vue rétrospectif que nous devons parler de ces premiers produits, dont la qualité exceptionnelle a fait la vogue des guanos.

Composition. — La richesse en azote s'élevait au début à des quantités comprises entre 13 et 17 %, avec une moyenne voisine de 15 %. Une notable partie se trouvait à l'état d'ammoniaque, sous forme de carbonate, d'urate, de sulfate, etc.

Le tableau suivant contient quelques chiffres indiquant la composition de ces guanos :

	Vœlcker.	Karmrodt.	Way.	Girardin.
	—	—	—	—
Azote total..................	15.29	16.34	16.92	12.00
Ammoniaque toute formée. .	6.25	14.08		
Phosphate de chaux........	25.00	32.30	18.50	24.00
Potasse......................	»	1.94	»	2.75
Chaux	»	5.11	»	»
Magnésie....................	»	3.69	»	»
Acide sulfurique............	»	0.62	»	»
Chlore	»	1.04	»	»
Soude........................	»	0.50	»	»
Oxyde de fer................	»	0.18	»	»
Sable et silice..............	1.38	1.45	»	»
Humidité....................	16.71	17.13	»	12 00

Suivant Vœlcker, la proportion de l'ammoniaque toute formée est en moyenne de 6.35, dont 1.25 à l'état de carbonate et 5.10 en combinaison avec l'acide sulfurique, l'acide urique, etc.

La couleur était ordinairement d'un brun clair, avec des nuances plus ou moins accentuées et d'autant plus foncées qu'il provenait de couches plus profondes. Dans le commerce, ce guano se présente à l'état de poudre fine assez homogène; mais dans les gisements; il se trouve en masses plus ou moins cohérentes et plus ou moins mélangées de pierres. On enlève ces parties étrangères et on divise le guano de manière à le rendre homogène. Il ne faut pas confondre les pierres inertes avec les parties concrétionnées formées par le guano lui-même et qui, se présentant ordinairement en masses blanchâtres, sont plus riches que le guano pulvérulent et sont formées le plus souvent d'un mélange d'urate, d'oxalate, de phosphate, de sulfate d'ammoniaque, incorporés aux divers autres constituants du guano. Souvent aussi ces concrétions contiennent de grandes quantités de sel marin.

Le guano est caractérisé par une odeur particulière extrêmement vive et pénétrante, qui se développe par l'humidité et qui paraît due à divers acides organiques.

Nous n'insisterons pas davantage sur ces produits qui n'existent plus sur les marchés depuis l'année 1865. Après l'épuisement des îles Chinchas, qui fournissaient au début ces riches guanos, le gouvernement péruvien exploita de 1865 à 1870 successivement les îles voisines; Guanape, Balestas, Macabi, fournirent encore un guano riche, mais de qualité notablement inférieure à celle des précédents, puisque le taux d'azote s'abaissait jusqu'à 10 %. Voici quelques analyses de ces guanos :

	Pour 100.		
	Guanape.	Balestas.	Macabi.
	—	—	—
Eau	17 à 20	16.5 à 18.0	22.0
Azote	9 à 10	12.6 à 13.6	10
Phosphates	25 à 32	20 à 23.0	30.0
Silice	2 à 3	1.5 à 2.5	

Guanos du Pérou actuellement exploités. — Les produits précédents constituent le reste, c'est-à-dire les couches inférieures des guanos riches primitivement exploités. Depuis cette époque, on a dû s'adresser à d'autres gisements du sud du Pérou; les localités qui fournissent actuellement la plus grande partie du guano sont Pabellon de Pica, Lobos de Afuera, Punta de Lobos et Huanillos.

Composition. — Voici quelques analyses des échantillons de ces diverses provenances :

	Pour 100.			
	Pabellon.	Huanillos.	Punta de Lobos.	Lobos de Afuera.
	—	—	—	—
Eau........ ...	8.63 à 14.28	15.69 à 16.35	8.09 à 8.71	
Azote..........	8.22 à 9.81	7.51 à 8.05	5.09 à 6.79	3.5 à 4.5
Acide phosphorique.........	12.68 à 14.76	14.30 à 15.00	15.50 à 20.20	20.0 à 25.0

Les guanos de provenance péruvienne ont en général une teneur en azote comprise entre 3 et 9 % ; on peut les classer en trois catégories :

De 7 à 9 pour 100 d'azote	et 12 à 15 pour 100 d'acide phosphorique.		
De 5 à 7 —	et 15 à 20	—	—
De 3 à 5 —	et 20 à 25	—	—

Ils contiennent en outre des quantités de potasse qui ne sont pas négligeables, avec un minimum de 1, un maximum de 4 et une moyenne de 2 %.

Les plus riches viennent de Pabellon; les plus pauvres de Lobos de Afuera, les qualités intermédiaires de Huanillos et Punta de Lobos; tous ces points se trouvent dans le sud du Pérou, entre le 20e et le 22e degré de latitude sud.

Une partie de l'acide phosphorique des guanos est soluble. L'azote est en grande partie à l'état ammoniacal, comme l'indiquent les analyses suivantes de M. Grandeau :

	Pabellon.	Huanillos.	Lobos.
	—	—	—
Acide phosphorique total....	14.80	17.76	22.88
— — soluble.	6.27	6.42	2.34
Azote total..................	7.84	5.46	2.79
— ammoniacal..........	5.99	3.99	1.40

Guanos de diverses provenances. — Les guanos du Pérou sont de beaucoup les plus importants et alimentent presque exclusivement les marchés européens; on exploite cependant d'autres gisements.

Dans des régions voisines : Vénézuéla, Colombie, Équateur, Bolivie, se trouvent les guanos dits de Colombie, qui n'ont pris qu'une importance peu considérable; les pluies tropicales de juillet à septembre viennent les appauvrir en azote, les frais de transport sont élevés, les difficultés d'exploitation sont grandes, comme pour le guano des îles Anganas en Bolivie. Ce dernier est extrêmement riche et renferme jusqu'à 21 % d'azote; mais son exploitation à flancs de roches est presque impossible.

De l'île d'Halifax, on expédie quelquefois en Angleterre des guanos riches, contenant environ 10 % d'azote et de 7 à 9 % d'acide phosphorique.

Les îles de l'Ascension fournissent encore des produits contenant :

De	7.30 à 10.20	pour 100	d'azote.
»	13.05 à 17.00	—	d'acide phosphorique.
»	6.60 à 19.00	—	de carbonate de chaux.
»	5.00 à 17.00	—	de silice.

Les guanos d'Afrique, connus et exploités depuis fort longtemps, paraissent plus importants que les précédents; ils proviennent de fientes récentes des oiseaux de mer qui vivent en quantités innombrables sur des îles où la pluie est très rare; d'odeur pénétrante et de couleur jaune, ils sont mélangés de plumes et de détritus d'oiseaux. Vœlcker a trouvé à ces produits la composition suivante :

	Pour 100.	
	Ichaboe.	Saldanha.
	—	—
Azote	10.07	9.29
Phosphates de chaux et de magnésie	20.18	18.24

Le même analyste donne pour des guanos d'Égypte :

Azote	11.50	pour 100
Phosphates de chaux et de magnésie	19.00	—

Nous ne pensons pas que l'exploitation de ces guanos ait pris une grande importance; du moins les expéditions dans les ports français sont-elles rares.

Guanos de chauves-souris. — Dans certaines grottes de l'Amérique du Nord (Arkansas, Texas), de l'Amérique du Sud (Vénézuéla, Colombie, etc.) et dans beaucoup d'autres régions, telles que les Antilles, les îles de l'océan Indien et l'archipel de Bahama, on trouve des dépôts considérables de guanos produits par les déjections des chauves-souris et les cadavres de ces animaux.

Ces guanos sont généralement pulvérulents, formés en grande partie des débris des insectes qui ont servi de nourriture aux chauves-souris. Ordinairement ils sont secs et odorants; quelquefois aussi ils se présentent sous la forme d'une masse pâteuse, lourde et inodore.

Dans le Texas et l'Arkansas, on a trouvé des cavernes dont quelques-unes renfermaient jusqu'à 20,000 tonnes de ce produit.

Composition. — La composition des guanos de chauves-souris varie avec l'état plus ou moins avancé des déjections et avec les matières terreuses qui y sont mélangées.

Souvent ce guano se répand au dehors et, au contact d'une terre calcaire, il nitrifie énergiquement.

Nous avons parlé de cette transformation à l'occasion de la formation des terres nitrées.

Voici diverses analyses de ces guanos de chauves-souris :

	Azote total.	Phosphate de chaux.	Humidité.	Matières siliceuses.	Acide nitrique.	Auteurs.
Arkansas, dépôt ancien........	2.94	14.49	6.74	42.30	1.80	Vœlcker.
Arkansas, dépôt récent........	8.80	8.21	33.53	4.69	8.40	Vœlcker.
Vénézuela, guano pulvérulent.	9.84	8.09	18.50	»	0.00	Müntz et Marcano.
Vénézuela, guano pâteux.......	4.33	33.00	13.80	»	7.20	Müntz et Marcano.
Jamaïque.......	1.26	»	23.07	5.98	»	Vœlcker.
Bahama.........	1 à 3	27 à 46	23 à 31	1 à 5	1 à 4	Vœlcker.
Espagne.........	5 à 9	10 à 12	18.50	14.00	6.00	Vœlcker.
Sardaigne.......	8.61	5.40	15.18	3.55	»	Bobierre.
France..........	12.03	8.30	»	»	»	Hardy.
—	8.80	7.40	16.10	30.00	»	Hervé Mangon.
Algérie..........	3.67	8.87	15.60	»	»	Girardin.

On trouve aussi quelquefois des guanos d'hirondelles, qui, d'après des analyses de M. Morière, contiennent jusqu'à 11.25 % d'azote.

On voit que ces guanos sont de composition extrêmement variable; les fortes proportions d'acide nitrique qu'on y rencontre quelquefois sont dues à la nitrification, qui s'y est développée au contact de roches calcaires, dans les parties qui subissaient l'action de l'air.

Quelques-uns de ces produits sont comparables pour leur valeur agricole aux meilleurs guanos d'oiseaux qu'on trouve dans le commerce.

En France, et l'on peut dire dans tous les pays, il existe dans les grottes ou les cavernes naturelles des accumulations plus ou moins grandes de déjections de chauves-souris, se rapprochant de celles dont nous venons de parler. Souvent les agriculteurs les utilisent; fréquemment aussi ils ignorent le parti qu'on pourrait en tirer.

Falsifications. — Le prix élevé qu'ont atteint et qu'atteignent encore les guanos de bonne qualité ont porté les fraudeurs à y ajouter des produits inertes ou de moindre valeur. Les falsifications étaient d'autant plus faciles qu'autrefois les guanos se vendaient au poids, sans garantie d'analyse; aujourd'hui qu'avec juste raison les agriculteurs refusent d'accepter des produits dont le titrage n'est pas connu, il est plus difficile de frauder cet engrais.

Les substances les plus diverses ont été mélangées au guano : la terre, le sable, les cendres, choisies de préférence avec une coloration se rapprochant de celle du guano. On a encore employé du sel marin pulvérisé, du plâtre, du calcaire, même des matières organiques comme les sciures de bois ou les déchets de riz.

Une autre falsification assez fréquente était l'humectation du guano dans le but d'augmenter le poids. Enfin, et c'est là peut-être la fraude qui s'est produite le plus couramment, on mélangeait à des guanos de bonne qualité des guanos beaucoup moins riches; par ce dernier procédé l'aspect extérieur, l'odeur n'étaient point altérés. L'analyse est un sûr moyen de reconnaître ces additions.

Les effets remarquables que donne le guano sur la végétation ont fait coter très haut le prix de l'azote et de l'acide phosphorique qu'il renferme; aussi a-t-on quelquefois introduit dans les guanos naturels, pour en élever le titre et pour les faire passer ainsi pour des produits de qualité supérieure, du sulfate d'ammoniaque ou du phosphate de chaux naturel. Une pareille pratique constitue une tromperie sur la nature et la qualité de la marchandise vendue; elle permet au marchand d'écouler au prix de l'azote du guano, celui du sulfate d'ammoniaque, et au prix du phosphate du guano, le phosphate naturel. Comme il existe ordinairement une différence de prix suivant l'origine des principes fertilisants, on voit que le fraudeur peut réaliser un bénéfice portant sur cette différence. Des matières azotées organiques peuvent également être employées dans ce but. Ces falsifications sont difficiles à reconnaître, quand elles ne sont pas faites à dose massive.

On peut regretter que le commerce ait donné dans ces dernières années le nom de guano à des engrais ayant subi des préparations ou des mélanges, dans lesquels le véritable guano n'entre souvent pas. De là une confusion qui n'est pas sans avoir jeté un discrédit sur le produit auquel ce nom devrait seul être réservé. L'acheteur doit toujours exiger le plomb spécial qui constitue pour ainsi dire la marque originelle et qui met à l'abri des fraudes dans une certaine mesure.

Conservation du guano. — Le guano doit être conservé en lieu parfaitement sec. Dès que l'humidité intervient, on constate des pertes d'ammoniaque qui, d'après M. Bobierre, peuvent s'élever en peu de temps jusqu'à 5 % de l'azote total, et qui rendent presque irrespirable l'atmosphère des magasins de dépôt. Le mélange avec le sel marin, conseillé par certains chimistes, n'a aucune efficacité pour éviter les déperditions d'ammoniaque, le mélange avec 15 à 20 % de noir animal ou avec de la tourbe, ou bien l'arrosage avec 5 % d'acide sulfurique arrêtent toute déperdition.

Prix des guanos. — Le prix des guanos a été originairement établi en dehors de toute préoccupation de composition. Des effets remarquables sur la végétation ayant été constatés, on a admis que ce produit avait une valeur constante, et pendant de longues années il a été vendu à un prix uniforme, sans qu'on eût recours à l'analyse.

Vente au poids. — Dans les premiers temps de l'emploi du guano, à l'époque où l'on exploitait les gisements les plus riches, ce mode d'achat ne présentait pas de graves inconvénients; mais plus tard, quand on dut s'adresser à des engrais plus pauvres, l'agriculteur fut fréquemment lésé dans ses intérêts, payant toujours, au prix élevé des engrais riches qu'on lui offrait primitivement, des guanos qui en réalité étaient notablement inférieurs.

Sous la pression des chimistes agricoles et par le fait de la concurrence, une pratique plus judicieuse a fini par s'introduire dans ce commerce; on a admis pour les guanos, comme on l'a fait pour les autres substances fertilisantes, la garantie de composition d'après l'analyse chimique. C'est là un grand progrès et qui offre à l'agriculteur une entière sécurité.

Comparons le prix auquel se vendaient les guanos avec leur valeur intrinsèque calculée d'après la richesse en principes fertilisants. Pendant une longue période de temps et jusque dans ces dernières années, les guanos, tout au moins ceux qui avaient la marque d'origine, se vendaient au prix de 35 francs les 100 kilog., ce prix n'était pas excessif, lorsque ce produit était très riche comme celui des îles Chinchas. En effet, au prix où étaient à cette époque l'azote soluble (2 fr. 50) et l'acide phosphorique soluble (1 fr.), nous avions par 100 kilog. :

	fr. c.
15 kil. d'azote à 2 fr. 50	37.50
10 kil. d'acide phosphorique à 1 fr.	10.00
Soit	47.50

Mais quand la richesse des guanos eut diminué, la comparaison n'était plus à l'avantage de ces derniers, comme le montre le calcul suivant :

	fr. c.
8 kil. d'azote à 2 fr. 50	20.00
13 kil. d'acide phosphorique à 1 fr.	13.00
Total	33.00

On voit donc que le prix s'étant maintenu, malgré la diminution de qualité, l'agriculteur a eu beaucoup moins d'avantage à s'adresser à ce produit.

La moyenne des analyses faites de 1847 à 1865 donnait 14,29 % d'azote; celle de 1871 à 1873 ne donnait déjà plus que 10,80; actuellement, elle est descendue au-dessous de ce chiffre et ne dépasse jamais 9 pour 100.

Vente à l'analyse. — Par la concurrence des engrais chimiques et la comparaison qu'on a pu faire avec ces derniers, en se basant sur les résultats des analyses, une baisse considérable s'est produite sur les guanos qui, aujourd'hui, sont vendus avec garantie de titre. Le prix est variable avec la composition; il se maintient généralement entre 18 et 26 francs.

A l'heure actuelle, où le prix des matières fertilisantes a subi une diminution notable, nous pouvons assigner aux produits les plus assimilables les valeurs suivantes :

	fr. c.	
Azote	1.60	le kilog.
Acide phosphorique	0.60	—
Potasse	0.40	—

La valeur par 100 kilog. des guanos actuellement dans le commerce peut être calculée de la façon suivante :

	fr. c.
Azote, 8 kilog. à 1 fr. 60	12.80
Acide phosphorique, 13 kilog. à 0 fr. 60	7.80
Potasse, 1 kilog. 50 à 0 fr. 40	0.60
Soit en totalité	21.20

Voilà le prix qu'il convient, à notre avis, d'assigner à un guano ayant la composition que nous avons prise pour exemple : nous devons considérer le guano comme un engrais chimique dont les éléments sont très assimilables, et calculer sa valeur au cours de ces derniers.

Souvent on néglige, dans le calcul de la valeur, la potasse ; on tient seulement compte de l'azote et de l'acide phosphorique, et on majore le prix ainsi obtenu de 1 fr. pour la potasse et les matières organiques.

De nombreux essais qui ont été faits avec le guano ont montré que les éléments qu'il renferme agissent sur la végétation avec la plus grande rapidité, et que par suite ils doivent être considérés comme équivalents à ceux des engrais les plus actifs. En les cotant au même prix que ces derniers, nous ne faisons que reconnaître les faits constatés par la pratique ; une partie de l'azote se trouve à l'état d'ammoniaque, le reste se transforme avec la plus grande facilité ; quant à l'acide phosphorique, il est à un état de division qui en rend l'utilisation extrêmement rapide.

Guanos dissous. — Cependant on a jugé utile de faire subir aux guanos un traitement par l'acide sulfurique, qui en solubilise encore davantage les éléments. On a donné le nom de guanos dissous ou de superphosphates de guanos à ces produits qu'on trouve dans le commerce à un prix assez élevé. Nous ne croyons pas à l'utilité de ce traitement, quand il s'adresse au guano du Pérou ou à des produits analogues, qui par eux-mêmes sont déjà très assimilables et qui aujourd'hui sont livrés à un état de finesse et de siccité très satisfaisant ; il n'a pour effet que d'augmenter les prix des matières, sans leur donner une plus-value équivalente. Cependant, l'acide sulfurique permet de fixer l'ammoniaque qui tendrait à s'échapper, de rendre le produit plus pulvérulent et d'un emploi plus facile par le plâtre qui se forme dans sa masse, et enfin de donner un titrage constant en augmentant l'homogénéité. Ce traitement nous semble plus judicieusement appliqué aux guanos phosphatés, tels que ceux de Mejillonnes, dont il rend l'acide phosphorique plus soluble; nous y insisterons en parlant de ces produits. Voici la composition des différents guanos dissous qu'on rencontre actuellement dans le commerce, et qui viennent surtout de Hambourg, Anvers, Londres et Emmerich :

	Pour 100.			
Azote	5.0	8.87	7.12	6.82
Acide phosphorique soluble dans l'eau	9.0	8.90	10.08	9.49

Ces guanos dissous sont souvent enrichis par l'addition de sulfate d'ammoniaque ; en général ils se vendent à un prix bien supérieur à leur valeur réelle.

Déjections d'oiseaux de basse-cour.

Les oiseaux de basse-cour produisent des déjections qui, s'accumulant dans les pigeonniers et dans les poulaillers, constituent un véritable guano de formation récente, dont la richesse est assez grande; cependant la teneur en azote est généralement inférieure, parce que l'alimentation de ces oiseaux est en grande partie végétale; celle des oiseaux produisant le guano est au contraire exclusivement animale. La comparaison entre ces produits n'en est pas moins exacte, abstraction faite de la composition; le mode d'emploi et l'effet sur la végétation sont analogues.

Ce sont surtout l'état de siccité et le mélange avec des matières terreuses qui font varier la composition des déjections d'oiseaux de basse-cour.

Pigeons.— Les excréments de pigeons, appelés colombine, sont les plus estimés, parce qu'ils sont en général plus concentrés. Voici quelques analyses de ces produits :

	Heiden. I.	Heiden. II.	Heiden. III.	L. Macadam.	Girardin.
Azote	5.00	1.42	2.00	1.15	1.12
Acide phosphorique	1.86	1.12	1.20	1.17	0.46
Matières organiques	49.02	20.15	26.00	19.56	18.10
Humidité	22.42	45.77	58.00	56.08	79.00
Sable	20.08	28.75	7.00	17.92	0.61

On estime qu'un pigeon peut fournir par an 2 kilog. 5 à 3 kilog. de colombine.

Poules. — Les déjections de poules forment un engrais appelé *poulaitte* ou *pouline ;* elles contiennent :

	Heiden.	L. Macadam.	Petermann.	Müntz et Girard.
Eau	61.00	60.88	11.76	68.75
Sable	7.00	6.69	28.21	»
Azote	0.70	0.61	1.49	1.14
Acide phosphorique	2.00	2.05	1.36	0.63
Potasse	»	»	1.24	0.22

On estime qu'une poule peut donner 6 kilog. de déjections par an.

Canards et Oies. — Ces oiseaux donnent des déjections qui, à l'état frais, ont la composition suivante, d'après Anderson :

	Canards.	Oies.
Azote	0.70	0.55
Acide phosphorique	1.50	0.40
Eau	46.60	77.00
Sable	10.75	5.60

Lorsque ces déjections se sont desséchées, leur richesse augmente en proportion ; un canard peut donner par an 8 à 9 kilog. de déjections, et une oie 11 à 12 kilog.

L'agriculteur doit éviter de perdre les déjections des oiseaux de basse-cour, puisqu'elles lui fournissent des matières fertilisantes très assimilables. Outre l'azote et l'acide phosphorique dont nous avons donné les proportions, il y a encore à tenir compte de la potasse, qui, en raison de l'alimentation végétale, peut atteindre 1 à 2 % pour les différents volatiles. Mais on ne doit pas leur attribuer une valeur trop grande ni oublier qu'une alimentation végétale ne saurait fournir de déjections très concentrées.

Les déperditions d'ammoniaque sont actives dans ce milieu très fermentescible; on peut les éviter en saupoudrant les déjections de plâtre ou en les recevant sur des litières absorbantes telles que la tourbe, la tannée, le terreau; la sciure de bois constitue également une excellente litière pour les animaux de basse-cour.

Enfin nous dirons un mot des déjections de *vers à soie*, qui passent à travers les claies sur lesquelles reposent les feuilles de mûrier; elles sont le plus souvent employées à l'alimentation des porcs; mais on peut également les utiliser comme engrais; elles renferment d'après nos analyses :

Eau	12.96	pour 100
Cendres	13.74	—
Carbonate de chaux	4.21	—
Acide phosphorique	0.55	—
Potasse	3.28	—
Azote	1.63	—

On compte qu'une once de graines de vers à soie produit 4 hectolitres de déjections pures; l'hectolitre pesant sec 20 kilog., se vend dans le Midi 2 fr. 50; ce prix est exagéré.

Les litières de vers à soie sont plus riches que les déjections pures, puisque le taux d'azote s'y élève jusqu'à 3 et 4 pour 100 de la matière sèche.

§ II. — EMPLOI AGRICOLE DES ENGRAIS ORGANIQUES.

Rapport des engrais organiques avec le sol.

Formation d'humates. — Les engrais organiques dont nous venons de parler et qui sont d'origine animale doivent presque toute leur valeur fertilisante à l'azote qu'ils renferment. Lorsque ces engrais sont incorporés au sol, ils subissent, suivant leur nature, quelques transformations préalables qui ne les modifient pas d'une façon essentielle : il en est qui restent longtemps dans l'état où ils ont été donnés, se modifiant seulement par leur surface; d'autres, surtout ceux qui sont très divisés, prennent part aux réactions générales du sol et s'unissent au calcaire sous la forme de combinaisons mal définies, ayant de l'analogie avec les matières humiques. Cette transformation en une sorte d'humus est la première que subit l'engrais organique en contact avec la terre; elle est considérablement favorisée par l'humidité. L'azote sous cette forme n'est pas soluble, il ne circule pas dans le sol et n'est pas sujet aux entraînements par les eaux pluviales. Même après cette transformation, il n'est pas immédiatement utilisable par les plantes.

Oxydation. — Le véritable agent de la minéralisation de l'azote organique est le ferment nitrique qui, oxydant la matière carbonée, transforme du même coup en acide nitrique l'azote qui y était combiné. Cette transformation, dont nous avons précédemment exposé les conditions, s'effectue dans toutes les terres arables proprement dites; les terres acides et les argiles pures ne permettent pas à la nitrification de s'opérer dans leur sein, il ne faut donc pas leur donner d'engrais organiques.

Formation d'ammoniaque. — Outre la transformation en nitrates, les matières azotées peuvent en subir une autre qui donne naissance à du carbonate d'ammoniaque; cette transformation se produit dans des conditions spéciales, et pour ainsi dire exceptionnelles. C'est uniquement lorsque l'oxygène est absent qu'elle peut avoir lieu et nous assistons alors à une véritable pourriture; tel est le cas de l'enfouissement dans la terre de cadavres d'animaux; au sein de cette masse, l'oxygène fait défaut et de l'ammoniaque se dégage.

Dans la première période de la fabrication des composts, où les matières azotées interviennent en forte quantité, une action analogue se produit; mais dans l'application des engrais organiques à la terre végétale, cela n'est pas le cas; répartis dans une grande masse de terre et non accumulés par points, ils sont partout en présence de quantités d'oxygène suffisantes pour empêcher leur pourriture. En parlant de l'application des engrais organiques azotés, nous n'avons donc pas à tenir compte de cette formation d'ammoniaque, qui ne constitue qu'un phénomène très limité, rarement réalisé dans les conditions de la culture; c'est donc exclusivement au ferment nitrique qu'incombe la fonction de mettre à la disposition des plantes l'azote fourni sous une forme non assimilable.

Pour montrer qu'il en est ainsi, nous citerons quelques chiffres empruntés à nos expériences.

Expériences en plein champ. — Au commencement de mai 1888, on a fumé des parcelles du champ d'expériences de Joinville (terre légère), destinées à la culture du maïs-fourrage, avec divers engrais organiques, employés en quantité telle qu'il y eut par hectare 100 kilog. d'azote et on a prélevé des échantillons de terre à intervalles plus ou moins éloignés de l'époque de l'application. Les quantités d'acide nitrique et d'ammoniaque dosées 18 jours après l'application de la fumure, dans 100 gr. de terre fine et sèche sont les suivantes :

	Sans azote.	Cuir torréfié.	Sang desséché.	Tournure de cornes.	Cornes torréfiées.
	millig.	millig.	millig.	millig.	millig.
Acide nitrique formé.....	1.40	5.01	7.20	6.60	8.08
Ammoniaque formée.....	0.00	0.03	0.39	0.07	0.14

On voit que la production d'ammoniaque a été sensiblement nulle. Les traces constatées dans certains cas se sont d'ailleurs rapidement transformées en nitrate quelques jours après.

Expériences de laboratoire. — Dans des expériences faites en pot, on a examiné des terres auxquelles on avait incorporé différents engrais organiques à égalité d'azote, soit 1 pour 1,000 de terre. Certains lots étaient placés dans les conditions de la nitrification ; dans d'autres, on avait au préalable détruit le ferment nitrique. Au bout de 4 mois et demi on a dosé dans ces terres l'acide nitrique et l'ammoniaque ; on a obtenu les résultats suivants rapportés à 100 grammes de terre :

	Terre normale.		Terre stérilisée.	
	Acide nitrique.	Ammoniaque.	Acide nitrique.	Ammoniaque.
	milligr.	milligr.	milligr.	milligr.
Terre sans engrais............	5	0.8	2.6	3.5
— avec râpures de cuir....	5	0.2	2.6	5.6
— — sang desséché.....	75	0.3	2.0	29.2
— — poudrette.........	19	0.5	2.6	15.1
— — corne torréfiée.....	84	0.3	2.4	27.2

On voit nettement que dans les conditions normales de la nitrification, la quantité d'ammoniaque produite par la décomposition des matières organiques azotées est nulle ou très minime et que c'est seulement dans des conditions anormales, où la nitrification ne peut pas s'effectuer, qu'elles se décomposent en donnant naissance à de l'ammoniaque.

Ceci est vrai non seulement pour les terres auxquelles on a fait subir la stérilisation destinée à y détruire le ferment nitrique, mais encore pour celles qui se trouvent normalement, par suite de leur composition chimique, dans l'incapacité absolue de nitrifier ; les terres acides sont toutes dans ce cas. Nous en citons quelques exemples, empruntés à des expériences dans lesquelles nous avons introduit différents engrais organiques dans des terres de landes et des tourbes, exposées au libre accès de l'air.

Au bout de 8 mois, on a trouvé dans 100 de terre :

	Terre de landes.		Terre tourbeuse.	
	Acide nitrique.	Ammoniaque.	Acide nitrique.	Ammoniaque.
Terre seule.......	0	7.9	0	7.2
— avec corne..	0	28.9	0	21.1
— — cuir....	0	22.2	0	12.6
— — sang...	0	73.9	0	39.7

On voit que, dans ces deux cas, les engrais organiques azotés ne donnent pas naissance à du nitrate, mais bien à de l'ammoniaque. La composition chimique des terres n'est pas seule à influer sur le mode de décomposition de ces engrais; la nature physique joue également un rôle important. Lorsque les terres sont compactes, et que par le défaut de perméabilité la nitrification y est peu active, on voit également se produire de l'ammoniaque, comme le montrent les résultats suivants, obtenus dans des expériences identiques aux précédentes :

	Terre argileuse.	
	Acide nitrique.	Ammoniaque.
Terre seule	1,0	2.3
— avec corne	2.9	10.3
— — cuir	3.6	29.8
— — sang	3.6	33.8

La compacité étant la cause qui entrave la nitrification et qui favorise la formation d'ammoniaque, on doit s'attendre à voir les engrais très volumineux, qui modifient la terre au point de vue de sa perméabilité, se comporter autrement que les précédentes substances. Cette hypothèse est confirmée par les chiffres suivants, se rapportant à la même terre argileuse, dans laquelle on a introduit des engrais volumineux :

	Terre argileuse.	
	Acide nitrique.	Ammoniaque.
Fumier de vaches	24.9	5.4
Engrais vert (lupin)	88.0	7.8

Ici c'est la nitrification qui a repris le dessus, l'air ayant pu circuler dans la terre à la faveur des engrais qui la soulevaient et la rendaient plus meuble.

Quand les terres sont submergées, elles sont dans les conditions des terres compactes, dans lesquelles l'air n'a pas d'accès; mais la présence de l'eau active davantage la formation de l'ammoniaque. En recouvrant d'eau des terres qui avaient reçu des engrais, on y a trouvé, au bout de 8 mois, les quantités suivantes d'ammoniaque (il n'y avait aucune trace de nitrate) :

	Sang.	Corne torréfiée.
	—	—
	milligr.	milligr.
Terre de jardin	45.4	37.1
— légère	56.9	21.1
— argileuse	39.1	12.6
Sable	58.6	17.3

Dans les terres submergées, la formation de l'ammoniaque est donc très accentuée, alors que celle des nitrates s'arrête complètement.

Nitrification des matières organiques. — Nous avons développé ailleurs les conditions générales de la nitrification ; nous n'avons à revenir ici sur ce sujet que pour appliquer les notions que nous possédons, aux différents cas de l'emploi des engrais organiques.

Étant donné que le sol est apte à nitrifier, c'est-à-dire qu'il renferme du calcaire et que d'ailleurs sa perméabilité et son degré d'humidité sont suffisants, les engrais azotés qu'on lui confie sont nitrifiés avec une rapidité très variable, dépendant de leur division mécanique et de leur constitution chimique ; d'une manière générale, plus est grand l'état de division et par suite plus la surface est augmentée, plus est rapide la transformation en nitrate.

Lorsque les engrais sont employés à l'état liquide, comme cela se fait quelquefois pour le sang, ils s'infiltrent dans le sol et se divisent à l'infini ; aussi dans ces conditions sont-ils promptement nitrifiés. Il en est de même des matières qui peuvent se dissoudre dans les liquides du sol, telles que la gélatine, et d'autres produits rendus solubles par les traitements industriels.

Influence de la pulvérisation et des traitements industriels. — Puisqu'à l'état de poudre fine les engrais sont plus rapidement nitrifiés qu'à l'état de poudre grossière ou de morceaux, on a tout intérêt à ne les appliquer qu'après les avoir divisés, soit mécaniquement, soit par des procédés chimiques; on a l'habitude d'employer la mouture pour ceux d'entre eux qui se laissent pulvériser, comme le sang et la viande desséchés. Lorsque cette opération ne peut pas s'effectuer sur le produit en nature, et c'est le cas des matières cornées, on procède au préalable à leur torréfaction, qui les rend friables et permet de les pulvériser; pour d'autres produits, on a recours à l'action de la vapeur d'eau surchauffée ou de la cuisson; dans d'autres cas encore, on emploie des agents chimiques, tels que l'acide sulfurique, pour désagréger les tissus animaux.

Les produits qui ont subi l'une ou l'autre de ces préparations, et qui se trouvent ainsi à un degré de division très grand, sont nitrifiés bien plus activement que s'ils étaient appliqués en nature. Leur effet sur la végétation se fait sentir plus vite que celui des substances employées en morceaux plus ou moins gros, telles que les râpures de cornes, etc.

Citons, comme exemples, les résultats suivants, s'appliquant à des fumures données en terre légère à égalité d'azote :

	Sans azote.	En poudre		Non broyées	
		sang desséché.	corne torréfiée.	râpures de cornes.	laine.
Acide nitrique formé dans 100 de terre...........	millig. 1.04	millig. 7.02	millig. 8.08	millig. 3.04	millig. 2.07

On voit donc que des différences notables existent dans la rapidité de la nitrification suivant l'état de division de la matière.

Influence de la constitution chimique. — Mais ce n'est pas seulement le degré de désagrégation mécanique qui influe sur l'activité avec laquelle le ferment nitrique exerce son action sur les produits organiques. La constitution chimique de ceux-ci a également une influence et l'on peut dire que chaque sorte d'engrais animal, toutes choses égales d'ailleurs, a son degré spécifique d'aptitude à la nitrification. Le sang paraît être, comme nous le verrons, parmi ceux qui se laissent attaquer le plus rapidement, ainsi que les matières cornées; la laine vient ensuite; le cuir, dont la constitution chimique a été modifiée par le tannage, se place en dernière ligne; aussi son effet sur la végétation est-il peu accentué. Quant aux substances animales, telles que les guanos, qui contiennent des sels ammoniacaux et des combinaisons azotées très altérables, elles nitrifient d'autant plus vite que la proportion d'ammoniaque qu'elles renferment ou qu'elles sont susceptibles de produire est plus élevée.

Influence des matières étrangères. — Outre la constitution chimique de la substance azotée, il faut tenir compte des corps étrangers qui l'accompagnent et qui peuvent amoindrir sa faculté de décomposition dans le sol. Les matières huileuses entravent la transformation en nitrate; la chair et les engrais de poissons non dégraissés résistent davantage à la décomposition; aussi a-t-on l'habitude d'en enlever l'huile par la cuisson et quelquefois même par un traitement au sulfure de carbone. Le tannin combiné au cuir est la principale cause de la résistance de celui-ci; on cherche à détruire, dans la limite du possible, par la torréfaction, la combinaison opérée par le tannage.

Déperditions de l'azote. — Étant admis que l'azote organique, pour être assimilé, doit être au préalable nitrifié dans le sol, examinons les causes de déperditions auxquelles il est sujet avant d'être utilisé par les plantes.

1° *A l'état de nitrates.* — Nous avons vu que la transformation des matières azotées en nitrate est relativement lente; elle s'exerce graduellement et peut se continuer pendant un temps très long. Le sol ne contient donc pas des doses massives de nitrates, comme dans le cas où l'on a donné les nitrates en nature ou des sels ammoniacaux. La végétation, d'ailleurs, tend à enlever à mesure les petites quantités de nitrate formé; quand les pluies abondantes surviennent, elles lavent donc une terre peu chargée de nitrate et ne l'appauvrissent que faiblement. L'azote restant à l'état de matière organique insoluble persiste dans les parties supérieures du sol et continue subséquemment à nitrifier, tandis que si tout l'azote avait existé à l'état de nitrate, le lavage aurait enlevé de grandes masses. Par suite, on a moins à craindre les déperditions d'azote dans les eaux de drainage après l'application des engrais organiques qu'après celle du nitrate et du sulfate d'ammoniaque.

Par leur emploi les plantes trouvent constamment, à mesure de leurs besoins, de petites quantités de nitrates et peuvent en utiliser de plus fortes proportions, non pas d'un coup ni dans une seule récolte, mais pendant une période de deux ou même de trois ans, nécessaire pour que tout l'azote donné sous forme d'engrais organique passe à l'état de nitrate. Aussi les effets de ces engrais se font-ils plus longtemps sentir que ceux du nitrate et du sulfate d'ammoniaque, qui sont ordinairement épuisés dans l'année de leur application. Nous n'avons pas de chiffres donnant la composition des eaux de drainage des sols ayant reçu des engrais organiques; mais le fait que nous signalons est constant et vérifié par la pratique agricole. L'application de ces engrais donne donc lieu à une déperdition d'azote, par les eaux pluviales, moindre que celle qui se produit avec les sels ammoniacaux et les nitrates.

2° *A l'état libre.* — Mais il est une autre cause de déperdition sur laquelle on a souvent insisté et qu'on a, à notre avis, considérablement exagérée : c'est le dégagement de l'azote à l'état libre. On sait que la décomposition des matières organiques azotées entraîne souvent une combustion, dans laquelle une partie de l'azote se dégage à l'état gazeux; c'est surtout dans les deux cas suivants que ce fait se produit : 1° lorsque l'accès de l'air est très limité; 2° lorsque d'autres organismes que le ferment nitrique, tels que ceux qu'on appelle vulgairement les moisissures, se chargent de la destruction de la matière organisée. Dans ces deux cas, la nitrification est nulle et on obtient des dégagements d'azote à l'état libre. Mais dans la terre arable ces conditions sont rarement réalisées; en effet, l'accès de l'air est suffisant pour la nitrification et l'action des moisissures est très limitée. Si quelquefois celles-ci se développent sur les engrais après leur application à la terre, leur invasion est vite arrêtée par celle du ferment nitrique qui prend rapidement le dessus. Il n'en est pas ainsi dans les expériences de laboratoire, où nous avons pu fréquemment observer que les moisissures se développent promptement sur la terre placée dans des vases. On a donc pu attribuer l'intensité de cette déperdition, due aux moisissures, à des actions de même nature que celles qui se produisent généralement dans la terre arable, alors qu'en réalité les conditions des expériences étaient la seule cause de la déperdition d'azote.

Les pertes de 5 à 7 % de la quantité d'azote total obtenues par M. Dietzel, celle de 20 % signalée par M. Morgen, ne se produisent certainement pas lorsque l'engrais organique est appliqué dans les conditions normales. MM. Lawes, Gilbert et Pugh, et M. Reiset ont observé des pertes de $\frac{1}{7}$ de l'azote total pendant la décomposition des matières animales; mais ils étaient placés dans des conditions spéciales qui ne se réalisent pas dans la terre arable.

Nous pouvons donc rassurer l'agriculteur qui emploie les engrais organiques, au sujet de ces déperditions, qui sont loin d'avoir l'importance qu'on leur a attribuée.

Conditions et époques d'emploi des engrais organiques.

Application aux différentes terres. — La rapidité de l'action des engrais organiques azotés sur la végétation, et par suite leur valeur comme engrais, dépend essentiellement de l'activité de leur nitrification et celle-ci doit nous servir de terme de comparaison. Avant de comparer entre eux, à ce point de vue, les divers engrais organiques, nous devons chercher quelles sont les terres auxquelles ils peuvent s'appliquer.

Terres non calcaires. — Nous mettrons d'abord hors de discussion toutes les terres où la nitrification est impossible, terres de landes, terres tourbeuses, argiles et en général les sols dépourvus de calcaire; l'apport d'engrais organiques azotés n'y donnerait aucun résultat favorable et leur azote resterait sous une forme dont la plante ne peut tirer aucun profit.

Abordons maintenant les terres dans lesquelles la nitrification peut se produire, en les classant en terres légères, terres franches et terres fortes.

Terres légères. — Dans les terres légères dont la perméabilité est très grande, la nitrification est rapide; les matières organiques azotées qu'on leur confie se trouvent donc, dans un délai relativement court, transformées en nitrate; aussi leur utilisation par les plantes y est-elle moins lente, mais aussi de moindre durée. Dans de pareilles terres, les engrais organiques peuvent être nitrifiés en totalité dès la première année. Leur effet se produit donc surtout sur la première récolte et ne se fait plus que faiblement sentir sur la récolte suivante; il est donc à conseiller de n'y employer les engrais azotés organiques qu'à petites doses et de les renouveler chaque année, à moins de s'adresser à ceux d'une décomposition très difficile, dont l'activité est beaucoup moins grande. Ces terres, d'ailleurs, se laissent facilement traverser par les eaux, qui enlèvent le nitrate formé et éliminent dans les liquides des drainages la fumure azotée.

Une expression très juste, que la pratique a adoptée depuis longtemps, dit que les terres légères « mangent les engrais ». Ce que nous venons de dire explique suffisamment cette expression.

Terres franches. — La terre franche, c'est-à-dire celle qui est d'une compacité moyenne, et qui représente une terre de labour ordinaire, garde plus longtemps les engrais organiques, dont la nitrification est moins active que dans les précédentes, par suite d'une moindre perméabilité; la transformation en nitrate est donc échelonnée sur un temps plus long; il peut se faire qu'elle ne soit pas terminée la première année de l'application et qu'elle se continue l'année suivante ou même plus longtemps. Les récoltes subséquentes peuvent donc encore profiter de ces fumures azotées, dont le pouvoir fertilisant, réparti sur un plus grand nombre de récoltes, se trouve ainsi utilisé moins rapidement, mais d'une façon plus complète. Les déperditions d'azote se produisant dans de pareils sols sont moins importantes, d'un côté, parce qu'ils ne contiennent jamais à la fois d'aussi grandes quantités de nitrates, et que, par suite, les pluies en enlèvent moins; d'un autre côté, parce que ces sols absorbent de plus fortes quantités d'eau et sont ainsi moins lavés par les pluies.

Terres fortes. — Quant aux terres fortes, dans lesquelles la proportion d'argile est assez élevée, elles ne tirent profit que dans une mesure très limitée des engrais organiques azotés. La nitrification, en effet, ne s'y exerce qu'avec une très grande lenteur; leur compacité nuit à la circulation de l'air; elles ne sont pas dans cet état meuble qui favorise à un si haut degré l'oxydation; les engrais organiques azotés y persistent sous leur forme primitive non assimilable, pendant un temps très long. Ce n'est que graduellement et par très petites fractions qu'ils sont rendus utilisables pour les végétaux. Mais si l'action des engrais azotés dans de pareils sols est très peu active, au moins est-elle de longue durée.

On serait peut-être tenté, d'après ces considérations, de confier aux terres fortes des doses considérables d'engrais azotés destinés à agir plus activement et pendant un temps très long; il faudrait se garder de tomber dans une exagération de cette nature. L'accumulation de ces matières azotées dans un milieu peu perméable pourrait y produire un véritable foyer de putréfaction, qui serait défavorable à la levée des graines et à la végétation des jeunes plantes. Ce n'est donc pas aux terres fortes qu'il faut donner les engrais organiques, si l'on veut obtenir des rendements élevés; il vaut mieux leur fournir l'azote sous la forme de nitrate, dont les plantes tirent immédiatement parti. La déperdition des engrais organiques serait d'ailleurs peu élevée, par suite précisément de la lenteur de la nitrification et de l'imperméabilité de la terre.

On voit quelquefois des terres fortes, riches en azote,

être très sensibles à l'action du nitrate de soude, puisqu'elles sont incapables d'utiliser l'azote qu'elles contiennent sous la forme organique.

En résumé, les engrais organiques agissent plus rapidement, mais pendant un temps plus court, dans les sols légers; moins rapidement, mais pendant un temps plus long, dans les terres franches; faiblement, mais pendant une longue période, dans les terres fortes.

Terres calcaires. — Toutes les terres dont nous venons de parler renferment de la chaux, élément indispensable à la nitrification, mais ce n'est pas tant la quantité de chaux qu'elles renferment, que l'état physique de la terre qui joue un rôle dans la transformation plus ou moins active des engrais azotés. Aussi avons-nous dans cette discussion adopté une classification dans ce sens. Quand les terres calcaires sont légères et perméables, comme c'est le cas général des terres crayeuses, elles consomment les engrais très rapidement; quand elles sont compactes, comme les marnes, leur activité est beaucoup ralentie.

Nous avons comparé diverses terres entre elles au point de vue de leur aptitude à nitrifier, en opérant sur une craie de Champagne, sur une terre de jardin, sur une terre très légère contenant 1, 5 p. 0/0 de calcaire et sur une terre argilo-calcaire très compacte. On y a incorporé les mêmes quantités de divers engrais et on a obtenu, au bout de 10 mois, les quantités suivantes de nitrate dans 100 de terre :

	Corne torréfiée.	Frisures de cornes.	Cuir torréfié.	Sang desséché.
Terre crayeuse.........	22	67	24	72
— de jardin........	94	197	40	»
— légère...........	121	218	40	161
— forte............	2	1.4	2.6	2.6
— acide............	0.0	0.0	0.0	0.0

Nous voyons que c'est la terre la plus légère, c'est-à-dire la plus perméable, qui a nitrifié le plus activement et que la proportion du calcaire contenu dans les sols paraît sans influence, au delà d'une certaine quantité, sur l'intensité de la nitrification. La terre légère contenant seulement 1, 5 o/o de calcaire a nitrifié plus énergiquement que la terre de Champagne, qui est constituée par du calcaire presque pur. Quant à la terre argileuse, malgré sa richesse en calcaire, elle n'a pu nitrifier en raison de sa compacité.

Époques de l'épandage. — Il convient en général de donner les engrais organiques avant l'hiver; n'étant pas immédiatement assimilables, s'ils sont donnés peu de temps avant les semailles, la jeune plante ne trouve pas assez de nitrate formé dans les premiers temps de sa végétation, et la récolte est influencée par ce manque de nourriture pendant le jeune âge.

Épandage avant l'hiver. — Appliqués avant l'hiver, ils se nitrifient en petite quantité, pas assez cependant pour que les eaux pluviales puissent occasionner une déperdition importante. Ils ont le temps en outre de subir des transformations en humate et en composés ammoniacaux ou organiques qui rendront la nitrification ultérieure plus rapide, lorsque les premières chaleurs viendront; en sorte que la jeune plante trouvera au moment de son développement un aliment azoté assimilable. D'une manière générale, il convient donc de répandre ces fumures en automne, alors même que les semailles ne se font qu'au printemps.

Épandage au printemps. — Cependant dans le cas des engrais organiques à décomposition très facile et dans des sols légers où la nitrification est rapide, on observe souvent d'excellents résultats par l'épandage après l'hiver. Dans ces conditions, en effet, la nitrification est suffisamment active pour que la quantité de nitrate nécessaire à l'alimentation des plantes se produise à mesure de leurs besoins, et on a ainsi évité toutes les déperditions que les pluies d'hiver eussent pu produire.

Nous citons comme exemple les résultats que nous avons obtenus, pour la culture du maïs fourrage, dans les terres légères de la ferme de l'Institut Agronomique. Les engrais ont été répandus le 8 mai, l'ensemencement a eu lieu deux jours après; la levée s'est faite dans de bonnes conditions et les plantes ont poussé vigoureusement, sauf dans les parcelles qui n'avaient pas reçu d'engrais azoté. On trouvera plus loin (page 289) les résultats obtenus pour le rendement en fourrage vert à l'hectare. Dès les premiers jours, la plupart des engrais azotés organiques ont eu un effet presque égal à celui du nitrate de soude.

On a pu semer aussitôt après avoir donné les engrais, sans qu'il y ait eu aucun inconvénient pour la levée des graines de maïs.

Ainsi que nous l'avons dit, cette expérience a été faite dans des sols siliceux, très légers. Si on avait affaire à des sols moins perméables et surtout à des terres fortes, il faudrait se garder d'appliquer ces engrais à une saison aussi avancée, sous peine de ne leur voir produire qu'un effet insignifiant sur la récolte. Dans ce cas, l'azote ne serait pas perdu, mais son effet se ferait sentir seulement sur les récoltes suivantes, et on aurait manqué le but immédiat qu'on s'était proposé. Dans de pareilles conditions, si on ne peut pas répandre l'engrais avant l'hiver, il faut tout au moins le faire le plus tôt possible avant les semailles.

Enfouissement et emploi en couverture. — Les engrais organiques ne doivent pas, en règle générale, être employés en couverture; leur état insoluble ne leur permettrait pas de s'incorporer au sol et d'y subir les transformations indispensables à leur utilisation. Il faut toujours les enterrer par un labour, et les mélanger aussi bien que possible avec la terre. Un simple hersage sur l'engrais répandu après labour serait insuffisant; si on les applique sur des plantes levées, il faut s'attendre à des résultats médiocres et même nuls par les temps secs.

Quand les engrais ne sont pas suffisamment enfouis, ils restent inertes à la surface du sol et se recouvrent de moisissures, qui peuvent occasionner des pertes d'azote à l'état libre; ils ne sont pas nitrifiés et par suite restent inutiles. Ce n'est que par leur incorporation au sol qu'ils subissent l'action du ferment nitrique qui les rend assimilables.

Application aux différentes cultures. — L'application aux différentes cultures est essentiellement subordonnée aux considérations que nous venons d'exposer, et nous n'avons à entrer dans aucun détail spécial. En règle générale, qu'il s'agisse de céréales d'automne ou de plantes de printemps, de cultures annuelles, bisannuelles ou permanentes, l'engrais azoté organique devra s'enfouir avant l'hiver; il a besoin de rester longtemps en terre pour nitrifier plus abondamment au printemps et agir plus efficacement. Cependant, parmi les engrais organiques, il en est, comme nous le verrons plus loin, qui se décomposent rapidement, surtout dans les sols très légers et perméables; pour ceux-là, on peut faire exception à la règle générale et les donner aux plantes sarclées, lors du premier labour de printemps.

Quant à l'emploi en couverture sur les prairies ou sur les plantes en végétation, il n'est en principe recommandable ni avant ni après l'hiver.

Pratique de l'épandage. — On applique ordinairement ces engrais en les semant à la volée, mais quand on dispose de semoirs d'engrais, on peut utilement s'en servir pour ceux qui se présentent sous une forme pulvérulente.

L'épandage à la main se fait d'une façon plus régulière, lorsqu'on a, au préalable, mélangé l'engrais, ainsi que nous l'avons expliqué pour le sulfate d'ammoniaque, avec une matière inerte. La chaux n'a d'action nuisible que dans le cas où l'engrais azoté contient de l'ammoniaque, ce qui pourrait arriver s'il avait subi une fermentation ; il est donc prudent, dans le doute, de s'abstenir de son emploi. Les mélanges ne peuvent se faire que si les engrais sont pulvérulents; ils deviennent impossibles lorsque ceux-ci se trouvent à l'état de copeaux, comme les râpures de cornes, de filaments, comme la laine brute, les poils, etc., ou de morceaux, comme les rognures de sabots de cheval, les chiffons ; il faut alors les répandre en nature, en ayant soin de les disséminer d'une manière aussi régulière que possible; il est bon de faire suivre l'ouvrier qui sème, par un autre qui, armé d'un rateau, égalise l'engrais et évite les amoncellements.

Remarques particulières sur l'emploi des guanos naturels.

Facile décomposition du guano. — Les considérations et les principes que nous venons d'exposer s'appliquent particulièrement aux engrais organiques provenant des débris animaux ; nous avons laissé de côté les guanos et les produits similaires. Ils doivent en effet occuper une place à part, entre les engrais azotés salins et les engrais azotés animaux ; leur nature est complexe, ce n'est pas seulement à l'état organique que l'azote s'y rencontre, mais aussi à l'état de combinaisons ammoniacales et nitriques. Le guano doit donc être regardé comme un mélange de sels ammoniacaux et d'une matière organique à décomposition très facile; aussi son action sur la végétation est-elle des plus actives. Mis en contact avec une terre apte à nitrifier, il se transforme très vite en nitrate; nous voyons en effet (page 285) dans le tableau qui résume nos expériences sur la rapidité de la nitrification des différents engrais, que le guano occupe un des premiers rangs et qu'il est peu inférieur sous ce rapport au sulfate d'ammoniaque. Son application correspond donc pour ainsi dire à celle d'un engrais salin; son emploi offre sensiblement les mêmes avantages et les mêmes inconvénients que le sulfate d'ammoniaque, dont il se rapproche en tant que fumure azotée.

Action simultanée de l'azote et de l'acide phosphorique. — Le guano ne peut pas seulement être envisagé comme un engrais azoté; sa nature est plus complexe et il contient des proportions notables d'acide phosphorique. C'est donc au double point de vue d'engrais azoté et d'engrais phosphaté qu'on doit le considérer. L'acide phosphorique qu'il renferme se trouve de plus à un état très favorable à une assimilation rapide, soit avant tout traitement, soit surtout lorsqu'il a subi l'action de l'acide sulfurique. Dans beaucoup de cas, il agit autant par son acide phosphorique que par son azote; il convient donc parfaitement aux terres et aux cultures auxquelles on veut donner simultanément ces deux éléments. Le reproche qu'on fait aux produits azotés de provoquer la verse des blés, s'applique moins au guano employé à dose convenable, celui-ci apportant le phosphate qui est pour ainsi dire le correctif de la fumure azotée.

Dans tous les cas où l'azote et l'acide phosphorique

doivent être employés simultanément, le guano est un engrais de premier ordre et doit être préféré aux autres engrais composés, si son prix est en rapport avec celui des éléments fertilisants qu'il contient. Mais quand on veut uniquement appliquer une fumure azotée, comme dans le cas d'un sol suffisamment pourvu de phosphate, il faut se garder de s'adresser à ce produit, le prix de l'azote qu'il renferme se trouvant grevé de celui de l'acide phosphorique qu'il faudrait payer sans nécessité.

Pratique de l'épandage. — Nous conseillons d'employer le guano aux mêmes époques et dans les mêmes conditions que le sulfate d'ammoniaque; toutefois il y a de moins grands inconvénients à le répandre à l'automne, puisque sa nitrification est sensiblement moins intense. Il y a cependant quelques précautions spéciales qu'il est utile de prendre pour l'épandage.

Le guano contient une partie de son ammoniaque, alors surtout qu'il a été mouillé et qu'il a fermenté, à l'état de carbonate d'ammoniaque. Ce sel, très volatil, est exposé à se perdre pendant l'épandage, aussi recommande-t-on, dans ce cas, de l'arroser d'un peu d'acide destiné à retenir l'ammoniaque qui tendrait à se dégager; mais pour plus de commodité on peut se servir, à cet effet, d'un superphosphate de chaux dont l'excès d'acide conduit au même résultat. L'action de l'acide ne se borne pas à empêcher la déperdition de l'ammoniaque, elle s'exerce aussi sur les phosphates, qui sont en partie solubilisés et deviennent ainsi plus actifs. En Angleterre, on a recommandé à cet effet des doses variables d'acide sulfurique, 5, 10 et 15 % du guano, mélangées avec leur poids d'eau et incorporées après avoir été absorbées auparavant par un corps inerte, la sciure de bois ou le plâtre.

Pulvérisation. — Pour employer le guano en couverture, il est nécessaire de le réduire en poudre ou de le tamiser, afin qu'il ne tombe pas des morceaux trop gros, capables de brûler les jeunes plantes. La pulvérisation doit s'effectuer sur les morceaux qui n'ont pas passé au premier tamisage; elle se fait au rouleau, en ayant soin d'incorporer à la matière du sable qui la divise et qui l'empêche de s'agglomérer.

Mélange avec des matières inertes. — L'incorporation avec des matières inertes est indispensable; elle atténue l'entraînement par le vent des poussières si légères du guano; on emploie dans ce but un poids double de terre sèche, ou encore un poids égal de sel marin, qui, rendant la masse légèrement humide, colle les parties fines et les empêche de partir en poussière. Il faudrait se garder d'employer la chaux qui ferait dégager l'ammoniaque; mais on peut utilement remplacer la terre par du poussier de charbon et du plâtre qui ont des propriétés absorbantes pour ce gaz.

On choisit pour l'application de cet engrais un temps pluvieux.

Le guano répandu à la volée en avril sur les prairies, donne des résultats remarquables; quelquefois on en emploie la moitié après la première coupe.

Pour les céréales, on le donne souvent par moitié à la semaille, par moitié au printemps, en couverture.

§ III. — COMPARAISON ENTRE LES DIVERSES FORMES DE L'AZOTE ORGANIQUE.

La différence fondamentale qui existe entre l'azote minéral et l'azote organique tient à ce que ce dernier a besoin de passer à l'état minéral pour être utilisé; il n'agit donc pas immédiatement, mais seulement après une transformation qui ne s'effectue pas avec une égale rapidité dans les diverses conditions de la culture. Cette nécessité d'être transformés au préalable rend utile l'application des engrais organiques un certain temps à l'avance, afin qu'au moment où les jeunes plantes ont besoin d'aliment azoté, elles le trouvent déjà tout préparé; en donnant les engrais organiques au printemps, on risque donc de ne les voir produire que peu d'effet. Si, au contraire, on les répand avant l'hiver, ils ont eu le temps, jusqu'au moment du départ de la végétation, de donner naissance à du nitrate qui se trouve à la disposition des plantes. Comme en général c'est seulement d'une façon partielle que la matière organique nitrifie dans un temps donné, il est nécessaire, pour obtenir des récoltes analogues, de fournir à la terre, sous cette forme, des quantités d'azote plus considérables que sous la forme de sels; on engage ainsi un capital plus grand qui reste immobilisé plus longtemps. L'emploi des engrais organiques est donc en réalité plus dispendieux que celui des sels ammoniacaux et des nitrates, si nous n'envisageons que des récoltes isolées ne donnant presque jamais, à dose égale d'azote, les rendements élevés qu'on peut obtenir avec l'azote salin. Mais, comme compensation, les pertes d'azote par les eaux de drainage sont moins élevées, et l'utilisation de cet élément est plus complète. Les récoltes subséquentes peuvent profiter de ce que les précédentes ont laissé, puisque l'azote donné sous cette forme est moins facilement enlevé par les eaux que ne l'est celui du nitrate de soude et du sulfate d'ammoniaque. L'azote organique, en effet, affecte dans le sol un état insoluble, qui ne devient mobile que par petites fractions successives; son application peut se comparer à celle du nitrate donné à très petites doses fréquemment répétées.

Nécessité d'une classification des engrais

organiques. — Il existe un grand nombre de substances employées comme engrais azotés; les principales sont les guanos, le sang desséché, la viande desséchée, la chair de poissons, les matières cornées brutes ou torréfiées, la laine, d'autres débris provenant des industries travaillant les matières animales. Nous savons déjà que ces divers produits ne sont pas transformés avec la même rapidité et que suivant leur état de désagrégation ou leur nature chimique, ils offrent une résistance plus ou moins grande à la nitrification. Ce n'est pas une question oiseuse et d'intérêt purement scientifique que d'établir une comparaison entre ces différents engrais. L'agriculteur doit avoir des règles lui permettant de déterminer quels sont ceux qui possèdent la plus haute valeur agricole. Cette question d'ordre éminemment pratique a attiré l'attention des agriculteurs et provoqué les recherches que nous allons exposer.

La méthode adoptée par M. Petermann est basée uniquement sur le poids de récolte obtenue sous l'influence des différents engrais azotés; ces expériences ont été faites tantôt dans des pots, tantôt en plein champ.

L'auteur a entrepris ainsi une série d'essais sur la valeur comparée de l'azote du sang desséché, de la laine brute ou dissoute, du cuir moulu et a pris le nitrate de soude comme point de repère. Les matières étaient incorporées à la terre contenue dans des pots; on y semait des grains de blé, et le poids de la récolte indiquait l'effet de chacun des engrais, qui étaient d'ailleurs donnés de telle sorte que chaque pot eût la même quantité d'azote, soit 0 gr. 25, et de terre, soit 4 kilog. Voici les résultats obtenus à la récolte :

	gr.
Sans engrais	22.34
Cuir	34.85
Sang	51.91

Dans une autre série :

	gr.
Sans engrais	58.82
Déchets de laine brute	62.17
Laine dissoute	67.55
Nitrate de soude	73.32

Dans une 3e série :

	Argile.	Sable.
	gr.	gr.
Sans engrais	26.13	7.43
Avec sang desséché	62.07	15.75
Avec nitrate de soude	64.39	27.02

D'autres expériences faites en pleine terre sur des parcelles de 12 mètres carrés ont fourni les résultats suivants se rapportant à des féveroles :

	Poids des graines.
	kil.
Sans engrais	1.131
Cuir moulu	1.178
Nitrate de soude	2.035

En opérant sur des betteraves Vilmorin, et sur des parcelles d'un are, M. Petermann a obtenu les poids suivants de racines; dans un essai :

	kil.			
Sans azote	344	avec	11.11 %	de sucre.
Cuir	359	—	11.81 %	—
Nitrate de soude	438	—	11.04 %	—

Dans un autre essai :

	kil.			
Sans azote	286	avec	13.09 %	de sucre.
Laine brute	317	—	13.32 %	—
— dissoute	374	—	12.62 %	—
Nitrate de soude	422	—	12.17 %	—

D'après ces résultats, M. Petermann classe les matières organiques qu'il a examinées, dans l'ordre suivant :

1° Nitrate de soude,
2° Sang desséché,
3° Laine dissoute,
4° — brute,
5° Cuir moulu.

M. Stutzer a essayé l'action de la pepsine pour classer d'après leur ordre de solubilité les divers engrais azotés; mais les conditions dans lesquelles il se place nous semblent très éloignées des conditions naturelles; il ne paraît pas en effet rationnel de comparer la décomposition des engrais dans le sol à une digestion des aliments dans l'estomac, aussi n'insisterons-nous pas sur les résultats obtenus.

Nous avons entrepris de notre côté des séries d'essais, en nous appuyant sur ce fait que la transformation en nitrate est la vraie mesure de l'assimilabilité des engrais azotés. Nous avons dans ce but institué de nombreuses expériences en opérant sur diverses terres, et sur divers engrais azotés. Le sulfate d'ammoniaque, dont la nitrification est si rapide, servait de point de repère; les engrais étaient donnés en proportions telles que chaque lot de terre reçût la même quantité d'azote.

Expériences de laboratoire. — Voici quelques-uns des résultats donnant l'acide nitrique formé dans 100 grammes de terre du 1er juillet 1886 au 1er mars 1887.

	Terre légère de Joinville.	Terreau.	Terre de Champagne.
	millig.	millig.	millig.
Sulfate d'ammoniaque	268	257	178
Frisure de corne	218	197	67
Sang	161	»	72
Corne torréfiée	121	94	22
Cuir	40	40	24
Guano du Pérou	209	197	»
Fumier de vaches	109	41	60
Engrais vert (lupin)	183	107	43

On voit, d'après ces chiffres, que le sang occupe une des premières places, immédiatement après le sulfate d'ammoniaque, et, comme cela ressort également des expériences de M. Petermann, le cuir se place au dernier rang. La corne a été essayée sous deux formes, la frisure de corne du commerce, réduite en poudre fine et passée au tamis, et la corne torréfiée employée également à l'état pulvérulent. La première s'est montrée supérieure à la seconde, ce qui ferait penser que la torréfaction ne rend pas cette matière plus facile à décomposer, et peut entraver sa transformation en nitrate, probablement par la formation de produits carbonés peu altérables. La torréfaction aurait alors pour utilité de permettre la pulvérisation de la matière, qui est très difficile à effectuer sur le produit qui n'a pas subi cette préparation. Nous attribuons la forte nitrification de la frisure de corne à l'état pulvérulent auquel elle avait été amenée; si nous l'avions employée en copeaux, telle qu'elle se trouve dans le commerce, il est probable que nous n'aurions pas obtenu une nitrification aussi abondante.

Nous plaçons avec ces chiffres ceux qui ont été obtenus comparativement avec le guano du Pérou, le fumier de vache et le lupin employé comme engrais vert; nous voyons que le cuir nitrifie beaucoup plus lentement que le fumier, qui lui-même se trouve inférieur au sang et à la corne.

C'est la terre légère contenant 1 à 2 % de calcaire, qui dans tous les cas a eu la nitrification la plus intense.

Dans une autre série instituée pour étudier comparativement avec le sulfate d'ammoniaque la nitrification de différents engrais organiques azotés, on a incorporé à une terre nitrifiable des quantités de ces divers engrais, telles qu'il y ait égalité entre l'azote de chacun d'eux et celui du sulfate d'ammoniaque; cette quantité d'azote a été de 1 pour 1000 de terre. Après un mélange intime, on a placé ces terres fumées dans des flacons où on a maintenu constante la proportion d'humidité; l'expérience a duré 140 jours. Au bout de ce temps, on a déterminé dans chacun des lots la proportion de nitrate et d'ammoniaque; on a obtenu les résultats suivants :

	Dans 100 gr. de terre.	
	Acide nitrique.	Ammoniaque.
	—	—
	milligr.	milligr.
Terre non fumée	5	0.8
— fumée au sulfate d'ammoniaque.	85	0.7
— — à la corne torréfiée	84	3.0
— — au sang desséché	75	0.3
— — aux râpures de cuir	5	0.2
— — à la poudrette	19	0.5

Nous voyons que la corne torréfiée a nitrifié à peu près aussi énergiquement que l'ammoniaque elle-même, et que le sang desséché vient immédiatement après; quant à la poudrette, elle se montre bien inférieure; les râpures de cuir qu'on avait employées sans torréfaction ou autre préparation préalable se sont montrées absolument réfractaires à la nitrification.

Dans les cas où la nitrification est nulle ou très peu active, on trouve des quantités notables d'ammoniaque (voir page 263); or nous savons que cette base ne se rencontre pas dans les sols qui nitrifient normalement. En l'absence de la nitrification, d'autres agents que ceux qui président à cette dernière ont donc rendu une partie de l'azote assimilable sous une autre forme.

Ici se pose une question : Dans les terres en voie de nitrification, la matière organique donne-t-elle naissance à de l'ammoniaque qui est saisie immédiatement et transformée par le ferment nitrique? ou bien celui-ci agit-il directement sur la matière organique? Les résultats que nous venons d'exposer sembleraient donner raison à la première hypothèse. Quoi qu'il en soit, nous pouvons retenir ce fait, que là où l'engrais azoté ne peut pas former de nitrate, il tend à former de l'ammoniaque.

Expériences en plein champ. — Nous citerons encore d'autres résultats que nous avons obtenus en plein champ, en nous plaçant dans les conditions normales de la pratique agricole. Nous avons opéré sur les terres légères de la ferme de l'Institut Agronomique, en donnant 100 kilogrammes d'azote par hectare, sous la forme des divers engrais azotés du commerce. Ceux-ci ont été répandus le 8 mai et enfouis à la bêche; le 26 mai suivant, c'est-à-dire 18 jours après, on a dosé l'acide nitrique dans les terres. Dans cet intervalle de temps, il n'y avait pas eu de pluies appréciables qui eussent pu enlever les nitrates.

	Acide nitrique dans 100 gr. de terre. — Le 26 mai. — millig.
Sans engrais azoté	1.45
Sulfate d'ammoniaque	12.14
Sang desséché	7.22
Corne torréfiée (1)	8.80
Tournure de cornes (1)	6.84
Sabots de cheval (1)	3.41
Cuir torréfié	5.12
Chiffons de laine	2.71
Poudrette	5.59
Fumier de vaches	6.78
— de moutons	3.95
Engrais vert	8.60

(1) La corne torréfiée était en poudre; la frisure provenant d'une fabrique de boutons était en copeaux très minces; la corne des sabots sortant des ateliers de maréchalerie était en morceaux assez grossiers.

Nous n'envisageons ici que la première phase de la nitrification qui est toujours beaucoup plus active.

Ces résultats ont été contrôlés par des expériences culturales faites simultanément sur les champs mêmes dans lesquels on prélevait les échantillons. On a choisi une culture susceptible d'absorber de grandes quantités d'azote, le maïs géant cultivé comme fourrage.

Les parcelles, épuisées d'azote par une série de sept années de cultures sans fumier, ont été fumées à raison de 100 kilog. d'azote par hectare et ont reçu en outre des quantités suffisantes d'acide phosphorique et de potasse. L'engrais a été appliqué dans les premiers jours du mois de mai 1888 et enfoui à la bêche; les semailles en ligne ont été faites aussitôt après. Dès les premiers temps de la végétation, de grandes différences se sont manifestées dans les divers carrés. Ceux qui avaient reçu le nitrate de soude, le sulfate d'ammoniaque, le sang, la corne, l'engrais vert, avaient une apparence beaucoup plus luxuriante.

Le 22 juillet, on a prélevé dans chaque carré plusieurs pieds représentant la moyenne et on en a pris le poids moyen qu'on trouvera dans le tableau ci-après.

Le 5 septembre, après des pluies abondantes et prolongées, on a dû faire la récolte, quoique la végétation ne fût pas arrivée à son terme. En effet, dans quelques carrés la verse commençait à se manifester et eût compromis l'expérience, si elle avait continué plus longtemps.

	22 juillet. Poids moyen du pied. — gr.	5 septembre. Récolte totale à l'hectare. — kil.
Carré témoin sans azote...........	6.100	41.000
— avec nitrate de soude	23.500	78.500
— — sulfate d'ammoniaque..	43.500	66.000

	22 juillet. Poids moyen du pied.	5 septembre. Récolte totale à l'hectare.
	gr.	kil.
Carré avec sang desséché	29.350	71.500
— — corne torréfiée	23.050	63.200
— — tournure de cornes	17.030	76.500
— — râpures de sabots	23.430	65.000
— — chiffons de laine	14.050	52.000
— — cuir torréfié	11.250	59.500
— — poudrette	15.800	57.700
— — fumier de moutons	11.750	61.500
— — — vaches	21.150	59.000
— — engrais vert (luzerne).	25.300	78.000
— témoin sans azote	6.750	38.000

Dans ces terres très perméables, où la nitrification est des plus facile, activée d'ailleurs par l'humidité constante maintenue par des pluies presque continuelles, les engrais que les expériences de laboratoire nous avaient fait considérer comme d'une nitrification plus facile, produisent des rendements supérieurs à ceux que nous avions trouvés plus réfractaires à la décomposition. Les résultats culturaux confirment donc de la manière la plus complète les données recueillies dans nos études comparées de la nitrification des divers engrais azotés. Nous voyons le sang desséché, les diverses formes de la corne, donner des rendements élevés; la corne torréfiée rester cependant inférieure aux autres; les chiffons de laine, le cuir torréfié fournir des résultats notablement plus bas, ainsi que les fumiers de mouton et de vache qui ont encore une certaine supériorité sur la poudrette. La luzerne employée comme engrais vert a donné des récoltes aussi élevées que le nitrate de soude lui-même, ce qui est expliqué par la rapidité avec laquelle son azote se nitrifie.

On voit donc qu'au point de vue cultural, il y a de

grandes différences à établir entre les divers engrais azotés, et qu'il n'est point indifférent de choisir l'un ou l'autre d'entre eux. On doit donner la préférence à ceux dont la décomposition est plus rapide et qui, par suite, sont aptes à une plus rapide utilisation par les récoltes. Il importe donc beaucoup à l'agriculteur qui achète l'azote sous forme organique, de savoir quelle est la matière première qui a fourni cet azote. Un engrais, contenant une forte proportion d'azote n'est pas pour cela forcément un bon engrais; son action dépend autant de la qualité que de la quantité de l'azote qu'il renferme. L'achat des engrais azotés organiques se complique donc d'une considération qui n'intervient nullement dans l'achat des engrais azotés solubles, nitrates et sels ammoniacaux.

CHAPITRE V.

COMPARAISON ENTRE LES FORMES AMMONIACALE, NITRIQUE ET ORGANIQUE DE L'AZOTE.

Nous avons passé en revue les différents engrais azotés et indiqué leurs propriétés spécifiques et la manière dont chacun d'eux se comporte dans le sol. Rapprochant ces données, nous établirons une comparaison entre les trois formes essentielles de l'azote et nous montrerons les points qui les rapprochent ou qui les différencient dans leurs rapports avec la terre et avec la plante.

Nous serons ainsi amenés à des règles qui pourront guider le praticien dans le choix des matières azotées offertes par le commerce.

§ I. — COMPARAISON ENTRE L'AZOTE AMMONIACAL ET L'AZOTE NITRIQUE.

Comparaison au point de vue de l'assimilation par les végétaux. — La question de savoir sous quelle forme l'azote est absorbé par les racines a fait l'objet de nombreuses expériences; on croyait primitivement que l'azote des matières organiques pouvait servir d'aliment immédiat aux plantes. Boussingault a montré qu'il n'en est pas ainsi et que c'est seulement sous une forme minérale, ammoniaque ou nitrate, que les plantes fixent la matière azotée.

Pendant longtemps, on avait admis que c'est à l'état d'ammoniaque que l'azote se prête à l'alimentation des plantes; aussi Kuhlmann, après avoir constaté les bons effets du nitrate de soude sur la végétation, a pensé que ce sel se transforme au préalable en ammoniaque au sein de la terre. A l'heure actuelle, c'est une opinion inverse qui tend à prévaloir, et on regarde généralement le nitrate comme étant la forme sous laquelle l'azote est assimilé.

L'effet de sels ammoniacaux comme fumure est hors de conteste; mais comme ils nitrifient très rapidement quand ils sont incorporés au sol, il est difficile de savoir si les plantes absorbent leur azote à l'état ammoniacal ou seulement après le passage à l'état nitrique.

Quoiqu'il ne reste aucun doute sur l'efficacité des sels ammoniacaux et des nitrates, il y a donc un point de doctrine qui est resté dans l'obscurité : à savoir si l'azote peut être absorbé par la plante aussi longtemps qu'il reste à l'état d'ammoniaque, ou si sa transformation préalable en nitrate est une condition indispensable de son assimilabilité. Dans la pratique, il n'est pas possible de trancher cette question, car le ferment nitrique est partout présent et transforme rapidement l'ammoniaque en nitrate. Aussi, toutes les expériences culturales faites jusqu'à ce jour sur l'emploi comparé des nitrates et des sels ammoniacaux ne peuvent-elles pas montrer si l'ammoniaque est ou non absorbée par les végétaux, parce qu'on n'est pas à l'abri des causes qui, dans le sol, opèrent rapidement sa nitrification.

Il n'est donc pas permis de dire si les résultats observés tiennent à l'ammoniaque elle-même ou au nitrate qui en dérive.

Expériences de laboratoire. — Pour trancher cette question, il est nécessaire de se placer absolument à l'abri du ferment nitrique, pour garder dans le sol l'azote sous la forme d'ammoniaque.

Nous avons cherché à réaliser cette condition et, dans ce but, nous avons institué une série d'expériences pour déterminer si les plantes tirent directement parti de l'ammoniaque donnée au sol, sans qu'il y eût au préalable transformation en nitrate. Voici comment ces expériences ont été conduites :

Une terre assez légère et réunissant toutes les conditions de la nitrification a été débarrassée par des lavages prolongés de tout le nitrate qu'elle renfermait; elle a ensuite été séchée très rapidement et additionnée d'engrais : phosphate, sels alcalins, sulfate d'ammoniaque, à l'exclusion des nitrates ; puis elle a été portée à une température de 100° suffisante pour tuer le ferment nitrique. Elle constituait ainsi un milieu stérilisé au point de vue de la nitrification et ne contenant comme azote minéral que de l'ammoniaque. Pendant le maniement de ces terres ainsi stérilisées et qui étaient contenues dans de grands pots en terre également stérilisés, on a dû se prémunir contre un ensemencement fortuit, c'est-à-dire se placer à l'abri des poussières pouvant apporter le ferment nitrique. Les pots ainsi préparés étaient divisés en deux lots, dont l'un restait stérile et dont l'autre était intentionnellement ensemencé avec quelques parcelles de terreau apportant le ferment nitrique. Dans ces différents pots, on semait des graines dont la surface était elle-même stérilisée par une courte immersion dans l'eau bouillante. Il s'agissait ensuite de préserver les pots pendant le cours entier de la végétation de toute introduction de ferment nitrique.

Dans ce but, on avait préparé de grandes cages dont trois parois étaient vitrées et dont deux autres étaient recouvertes d'une surface filtrante constituée par une toile fine, destinée à laisser entrer l'air, en le privant par filtration des germes qu'il pouvait renfermer. L'intérieur de ces cages avait été dépouillé de germes, en enduisant les parois de glycérine contre laquelle ils venaient se fixer.

Il y avait donc là une atmosphère exempte des ferments de la nitrification, en présence d'une terre également dépourvue de ces ferments; dans ces conditions, l'ammoniaque donnée au sol restait à l'état d'ammoniaque, sauf dans les pots qu'on avait intentionnellement additionnés de ferment nitrique. L'arrosage lui-même se faisait avec de l'eau pure et privée de tout germe vivant.

En résumé les plantes se sont développées, dans l'une des cages, sur un sol qui n'avait comme azote minéral que de l'ammoniaque; dans l'autre, sur un sol où l'ammoniaque se transformait en nitrate. Dans les deux cas on a obtenu des végétations peu différentes, ce qui montre que l'ammoniaque a pu être directement assimilée, sans passer au préalable par la nitrification.

Si nous ne considérons que la végétation dans les pots stérilisés, où il n'y avait aucune trace de nitrate, en prenant comme type un plant des diverses récoltes obtenues, nous avons les résultats suivants :

	AZOTE		
	Dans la graine.	Dans la récolte.	Emprunté à l'ammoniaque.
	milligr.	milligr.	milligr.
Maïs................	3	211	208
Fève................	37	956	919
Orge................	0.7	50	49.3
Féverole............	16	105	89
Chanvre.............	0.5	115	114.5

Ces expériences prouvent de la manière la plus nette que l'azote de l'ammoniaque peut être utilisée par les plantes, sans subir au préalable aucune nitrification, et ce point de doctrine nous semble définitivement tranché. L'opinion des savants et des praticiens qui admettent que l'ammoniaque doit être transformée en nitrate pour être assimilée par les plantes n'est donc pas fondée. Les expériences que nous venons de rapporter ont été faites un grand nombre de fois, pendant plusieurs années consécutives; elles nous ont donné toujours les mêmes résultats.

Dans ces mêmes expériences, nous avons pu voir qu'il n'y avait pas de différence appréciable entre les végétations, obtenues comparativement, dans le sol où l'ammoniaque restait intacte et dans celui où l'alcali se transformait en nitrate.

Sans vouloir, quant à présent, généraliser ce fait, nous avons cru devoir le rapporter ici; et s'il est vrai que l'ammoniaque serve directement d'aliment aux végétaux, sans passer par l'état de nitrate, nous pouvons déjà conclure qu'il n'y aura pas lieu dans la pratique d'établir à ce point de vue une différence fondamentale entre ces deux formes de l'azote. Mais les cas où l'ammoniaque n'est pas susceptible de nitrifier dans le sol constituent l'exception. Nous savons combien cette action est rapide en général, et nous rappellerons les expériences exposées précédemment qui nous ont montré que, dans des conditions diverses, le sulfate d'ammoniaque s'était transformé en nitrate peu de jours après son application. Ces constatations nous amènent à penser qu'au point de vue pratique, il n'y a pas de distinction essentielle à établir entre le sulfate d'ammoniaque et le nitrate de soude, puisque le premier se transforme en nitrate au bout de très peu de temps.

De nombreuses expériences agricoles ont été faites sur l'emploi comparé de ces deux engrais, et les conclusions ont été en général contradictoires, c'est-à-dire que si, dans beaucoup de cas, la supériorité est restée au nitrate de soude, dans beaucoup d'autres aussi, elle est restée au sulfate d'ammoniaque. Ce résultat confirme dans une certaine mesure ce que nous venons de dire ; car s'il y avait une supériorité incontestée pour l'un ou l'autre de ces sels, elle se serait manifestée d'une manière régulière et constante dans tous les essais. Il n'en a pas été ainsi et aujourd'hui certains agriculteurs et certains savants donnent la préférence au nitrate, tandis que d'autres la donnent au sulfate d'ammoniaque. La pratique semble avoir judicieusement tranché le débat en attribuant à l'azote des nitrates et à celui des sels ammoniacaux un prix sensiblement égal. Pourtant il existe encore une tendance à regarder l'azote nitrique comme donnant des résultats supérieurs, au moins dans beaucoup de cas. Nous allons exposer les expériences qui ont été faites à ce sujet et nous chercherons à tirer des conclusions d'ordre pratique des nombreuses observations qui ont trait à l'utilisation de ces deux sels.

Comparaison au point de vue des rendements culturaux. — C'est surtout en Angleterre, par MM. Lawes et Gilbert et par Vœlcker, que des essais ont été faits dans cette direction ; nous rapporterons sous forme de tableau quelques-uns des résultats de ces savants.

BLÉ.	Poids moyen des récoltes obtenues par hectare pendant 30 ans, de 1852 à 1881.	
	Grain.	Paille.
	kilog.	kilog.
Engrais minéral seul	1.007	1.660
— +96 kil. azote ammoniacal.	2.163	4.155
— +96 — nitrique....	2.370	5.175

L'emploi des nitrates s'est donc montré supérieur à celui du sulfate d'ammoniaque.

ORGE.	Poids moyen des récoltes obtenues par hectare pendant 20 ans, de 1852 à 1871.	
	Grain.	Paille.
	kilog.	kilog.
Engrais minéral seul	1.626	1.804
— + 48 kil. azote ammoniacal.	2.798	3.578
— + 48 — nitrique....	2.973	4.065

Les résultats sont encore en faveur du nitrate, mais

d'une façon moins accentuée que pour le blé. On remarque dans ces deux expériences que la paille est notablement supérieure dans les parcelles au nitrate.

AVOINE.	Poids moyen des récoltes obtenues par hectare pendant 5 ans, de 1869 à 1873.	
	Grain.	Paille.
	kilog.	kilog.
Engrais minéral seul	960	1.679
— + 96 kil. azote ammoniacal.	2.445	5.163
— + 96 — nitrique	2.360	4.394

Dans cette série l'azote ammoniacal s'est au contraire montré supérieur à l'azote nitrique.

Un fait digne de remarque, c'est la différence de densité des grains, c'est-à-dire du poids à l'hectolitre, suivant la nature de la fumure qu'ils ont reçue :

NATURE DE LA RÉCOLTE.	Poids moyen à l'hectolitre		
	Sans fumure azotée.	Azote ammoniacal.	Azote nitrique.
	kilog.	kilog.	kilog.
Blé (moyenne de 30 ans 1852-1881)	72.72	73.83	72.83
Orge (moyenne de 20 ans)	66.55	67.35	66.55
Avoine	43.64	46.14	44.57

Le sulfate d'ammoniaque paraît donc avoir donné des produits plus denses que le nitrate de soude.

Nous citerons encore les résultats obtenus par

MM. Lawes et Gilbert sur les champs de Stackyard à Woburn. Voici la moyenne des rendements à l'hectare pour le blé et l'orge dans la période décennale de 1877 à 1886 :

	BLÉ.		ORGE.	
	Grain.	Paille.	Grain.	Paille.
	hect.	kilog.	hect.	kilog.
Engrais minéral	15.90	2.291	20.93	1.695
Engrais minéral + 224 kilog. sels ammoniacaux	28.29	4.017	38.62	3.280
Engrais minéral + 308 kilog. nitrate de soude	29.10	4.348	41.32	3.782
Engrais minéral + 448 kilog. sels ammoniacaux	34.85	3.288	45.98	4.205
Engrais minéral + 616 kilog. nitrate de soude	33.41	5.555	47.87	3.126

Ici la supériorité de l'azote nitrique ne s'est pas fait sentir pour le blé en ce qui concerne le grain ; pour l'orge elle est manifeste ; mais dans les deux cas le nitrate a donné un rendement en paille plus élevé.

Les essais de Voelcker paraissent être dans le même sens ; mais comme les quantités d'azote ammoniacal et d'azote nitrique n'étaient pas pareilles dans les essais comparatifs qu'a institués ce chimiste, et que par suite l'une des parcelles se trouvait recevoir beaucoup plus d'azote que l'autre, on ne peut tirer aucune conclusion nette de ces chiffres. Cependant, malgré des résultats contradictoires, il semblerait en résulter pour la culture des céréales une supériorité en faveur du nitrate de soude.

Si, comme l'a fait M. Stutzer, nous exprimons les récoltes en excédent de poids produit par 100 kilog. de nitrate de soude sur 75 kilog. de sulfate d'ammoniaque, (c'est-à-dire à égalité d'azote), nous trouvons, d'après Vœlcker, les chiffres suivants :

Sept essais sur le blé ont donné pour le nitrate de soude : une plus value de 10k pour le grain, une plus value de 71k pour la paille.

Sept autres essais sur le blé ont donné : une moins value de 31k pour le grain, et une plus value de 19k pour la paille.

Sept essais sur l'orge ont donné : une plus value de 20 kilog. pour le grain, et une plus value de 123 kilog. pour la paille.

Sept autres essais : une moins value de 23 kilog. pour le grain, et une plus value de 75 kilog. pour la paille.

Pour les grains, les résultats moyens sont donc peu différents; pour la paille, le rendement est toujours plus élevé avec le nitrate de soude.

Heiden a obtenu les résultats suivants pour l'avoine :

		Grain.	Paille.
		hectol.	kilog.
Parcelle sans fumure azotée		12.20	3.550
— avec azote ammoniacal.	8 kil. par hectare	21.78	4.286
	16 —	27.37	4.880
— avec azote nitrique	8 —	20.75	4.467
	16 —	27.09	5.027

Pour le seigle, le même expérimentateur arrive aux résultats suivants :

		Grain.	Paille.
		hectol.	kilog.
Parcelle sans fumure azotée		13.42	2.400
— avec azote ammoniacal.	8 kil. par hectare.	15.90	2.660
	16 —	16.31	2.856
— avec azote nitrique	8 —	16.32	2.920
	16 —	14.35	2.640

On voit que si, dans certains cas, les résultats donnés par le nitrate de soude sont supérieurs à ceux qu'on observe avec le sulfate d'ammoniaque, les cas inverses se produisent également.

Le nitrate de soude paraît mieux convenir au développement des plantes-racines que le sulfate d'ammoniaque, tout au moins en ce qui a trait au poids de la récolte. Pour les betteraves à sucre en particulier, il est généralement admis qu'on obtient des rendements plus élevés avec le nitrate de soude qu'avec le sulfate d'ammoniaque, mais qu'ordinairement la richesse saccharine de la betterave se trouve être en sens inverse, ainsi que le montrent les chiffres suivants, empruntés à M. Dehérain, à M. Joulie et à MM. Lawes et Gilbert, donnant le taux du sucre par 100 kilog. :

AUTEURS.	Sans engrais.	Nitrate de soude.	Sulfate d'ammoniaque.
	kilog.	kilog.	kilog.
Lawes et Gilbert...........	12.07	11.00	11.12
id.	13.36	11.35	12.62
Dehérain	16.24	13.27	15.30
Joulie.....................	13.58	12.97	14.98

D'autres observateurs pensent que la différence entre le taux de sucre contenu dans la betterave, suivant qu'elle a été fumée au sulfate d'ammoniaque ou au nitrate de soude, n'est pas aussi considérable que les chiffres précédents le montrent; cependant le fait de la supériorité, comme richesse saccharine, de la betterave qui a reçu les sels ammoniacaux, nous paraît aussi nettement établi que la production plus élevée sous l'influence du nitrate de soude. Ce dernier sel, en outre, produit dans la betterave une plus grande accumulation de sels mélassigènes, qui ont une influence défavorable sur l'extraction du sucre.

Le sulfate d'ammoniaque est-il nuisible? — Beaucoup d'expérimentateurs donnent une certaine supériorité à l'azote nitrique; d'autres vont même plus loin et trouvent que non seulement l'azote ammoniacal est inférieur à l'azote nitrique, mais encore qu'il produit des effets nuisibles.

Nous citerons quelques-uns de ces résultats et nous rechercherons la cause de ces faits, qui sont certainement anormaux.

M. Dehérain a obtenu dans les terres de Grignon les résultats suivants pour le blé, comme moyenne des récoltes de trois années :

	Grain.	Paille.
	kilog.	kilog.
Parcelle sans engrais	2.110	3.258
400 kilog. sulfate d'ammoniaque.....	2.170	3.500
1200 kilog. —	2.000	2.780
1200 kilog. nitrate de soude..........	2.400	4.000

M. Garola opérant sur des terrains calcaires d'Eure-et-Loir, a trouvé pour l'avoine les résultats suivants :

	Avoine hâtive.		Avoine tardive.	
	Grain.	Paille.	Grain.	Paille.
	kilog.	kilog.	kilog.	kilog.
Sans engrais....................	1.776	2.052	1.824	2.184
200 kilog. nitrate de soude.....	2.640	2.988	2.340	3.300
150 kilog. sulfate d'ammoniaque.	1.692	2.964	1.836	2.604

Dans ces expériences, non seulement le sulfate d'ammoniaque n'a pas produit de résultats, mais encore dans quelques cas son influence paraît avoir été nuisible.

Pour les betteraves, nous pouvons encore citer des expériences de M. Dehérain, faites également dans les terres de Grignon. Voici les résultats rapportés à un hectare :

	1876. B. Vilmorin.	1877. B. Vilmorin.	1877. B. Collet rose.
	kilog.	kilog.	kilog.
Sans engrais	17.400	30.600	46.600
400 kilog. nitrate de soude	19.000	36.900	56.700
400 kilog. sulfate d'ammoniaque	16.400	29.950	41.600
1200 kilog. nitrate de soude	21.400	29.800	29.800
1200 kilog. sulfate d'ammoniaque	14.600	20.020	37.200

M. Wagner, opérant sur des pommes de terre, a donné à sa terre, comparativement, du sulfate d'ammoniaque et du nitrate de soude. La parcelle qui avait reçu le sulfate d'ammoniaque avait des feuilles d'une coloration jaunâtre et présentait un aspect chétif. Les pesées des récoltes ont donné les résultats suivants, en exprimant par 100 le rendement du terrain n'ayant pas reçu d'engrais azoté :

Sans azote	100
Avec azote nitrique (40 kilog. par hectare)	128
Avec azote ammoniacal (40 kilog. par hectare)	90

Ici non seulement le résultat a été nul, mais encore il a été manifestement mauvais, et le sulfate d'ammoniaque a paru agir sur la jeune plante comme un véritable poison.

Ces faits singuliers demandent à être expliqués. Disons d'abord qu'il est impossible de les généraliser, puisque l'emploi agricole du sulfate d'ammoniaque a donné et donne encore journellement des résultats montrant que ce sel est un engrais des plus efficaces.

La cause de l'action défavorable du sulfate d'ammoniaque, signalée par les observateurs précédents, nous semble résider dans des conditions rendant la nitrification impossible ou tout au moins difficile, telles que le froid et la sécheresse; l'engrais donné reste alors soit à l'état de sulfate d'ammoniaque, soit à l'état de carbonate ou en combinaison avec la matière organique. Dans ces différents cas, voici les faits qui peuvent se produire vis-à-vis de la végétation :

1° L'ammoniaque n'étant pas nitrifiée peut se trouver à un état d'assimilabilité moindre, et par suite la plante n'a pas à sa disposition un aliment aussi bien préparé;

2° L'ammoniaque restant à l'état de sulfate, et surtout de carbonate, peut avoir un effet caustique sur les racines des plantes.

Si ces diverses conditions se réalisent, il peut en résulter une influence fâcheuse sur la végétation; la causticité du sulfate et du carbonate d'ammoniaque sera d'autant plus accentuée que la sécheresse sera plus grande et que, par suite, les sels se trouveront à l'état de solution plus concentrée dans le sol. Mais nous répétons que ce sont là des cas tout à fait exceptionnels, et nous ne croyons pas que la pratique agricole doive s'en préoccuper.

Comparaison au point de vue de la circulation dans le sol. — Parmi les distinctions qu'on cherche à faire entre le sulfate d'ammoniaque et le nitrate de soude, il en est une qui repose sur les propriétés bien connues du sol d'absorber les combinaisons ammoniacales, alors que les nitrates ne sont pas retenus. Aussi croît-on généralement que le sulfate d'ammoniaque reste dans les parties supérieures de la terre, et lui applique-t-on l'épithète d'engrais de surface. Le nitrate de soude n'étant pas fixé, se trouve entraîné par les eaux pluviales à de plus grandes profondeurs, et on lui donne le nom d'engrais de fond, c'est-à-dire engrais que les racines vont puiser dans le sous-sol. Se basant sur cette distinction, on a conseillé d'appliquer de préférence le sulfate d'ammoniaque aux plantes dont les racines se développent, en majeure partie, dans les couches supérieures de la terre et de réserver le nitrate de soude aux cultures dont les racines pénètrent à une grande profondeur.

Il est nécessaire de nous arrêter quelque temps sur les interprétations de la pratique qui ont, dans une certaine mesure, leur raison d'être, mais que nous devons discuter ici. Aussi longtemps que l'ammoniaque n'a pas nitrifié, elle reste absorbée par le sol et se maintient dans les parties supérieures, auxquelles elle a été incorporée. S'il survient des pluies, elle restera donc dans la terre végétale, alors que le nitrate sera entraîné dans le sous-sol. Mais nous savons combien la nitrification de l'ammoniaque est rapide; aussitôt qu'elle est accomplie, le nitrate formé se comporte de la même manière que celui qu'on avait donné directement. C'est seulement pendant la première période qui suit son application, que le sulfate d'ammoniaque se comporte autrement que le nitrate, puisqu'il devient nitrate lui-même au bout de peu de temps. L'azote donné sous ces deux formes a donc la même tendance à descendre. Cette descente ne se fait pas, comme l'expression des praticiens le laisse croire, par un cheminement spontané du nitrate dans le sol, mais bien par un véritable déplacement opéré par les eaux pluviales. Quand celles-ci n'interviennent pas, le nitrate n'a pas plus de tendance à descendre qu'à remonter.

Quant à la réputation du sulfate d'ammoniaque de remonter à la surface, elle n'est pas davantage justifiée. Tous les sels solubles, en dissolution dans l'eau qui imprègne le sol, remontent dans les couches supérieures par le fait de l'évaporation à la surface, et nous en voyons de nombreux exemples dans les efflorescences qui se produisent sur les terres. Le sulfate d'ammoniaque n'a pas cette propriété à un plus haut degré que les nitrates ou que tout autre sel soluble. Ce qui le montre clairement, ce sont les efflorescences observées dans les couches superficielles des terres; elles sont dues en grande partie à des nitrates, puisque dans certains pays, comme en Hongrie, on les recueille pour les employer à la fabrication du salpêtre. Il ne reste donc de l'opinion des agriculteurs à cet égard qu'un seul fait, limité à une période de courte durée : celui d'une absorption de l'ammoniaque par le sol, alors que le nitrate de soude n'est pas retenu et peut être entraîné par les eaux pluviales.

Comparaison au point de vue de l'entraînement par les eaux pluviales. — En nous basant sur la nitrification rapide de l'ammoniaque, nous pourrions penser que les eaux de drainage perdues dans le courant d'une année, contiennent autant de nitrates, lorsque la terre a reçu des sels ammoniacaux que lorsqu'on lui a donné des nitrates. De nombreuses déterminations ont montré qu'il n'en est pas ainsi et que la déperdition d'azote par les eaux de drainage est plus élevée avec le nitrate de soude.

MM. Lawes, Gilbert et Warington ont obtenu les résultats suivants dans une culture de blé continuée pendant 30 années. La fumure annuelle était de 96 kilog. d'azote par hectare, donné dans un cas sous forme de sels ammoniacaux, dans l'autre sous celle de nitrate de soude.

	Sans engrais azoté.	Azote ammoniacal.	Azote nitrique.
	kilog.	kilog.	kilog.
Azote trouvé dans la récolte..............	22.7	51.7	51.8
— perdu dans l'eau de drainage.......	13.4	34.7	40.0

Dans les mêmes terres Vœlcker a obtenu pour la teneur par litre des eaux de drainage en azote nitrique les chiffres suivants :

	Vœlcker. 1866 à 1868.
	millig.
Sans engrais azotés..................................	5.1
Avec azote ammoniacal................................	14.0
— — nitrique..................................	18.3

Voici d'autres résultats s'appliquant aux mêmes champs d'expérience, cultivés en blé depuis 1844, et représentant l'azote à l'état de nitrate dans 1 litre d'eau de drainage :

	Sans engrais azoté.	Avec azote ammoniacal.	Avec azote nitrique.
	millig.	millig.	millig.
6 décembre 1866........	8.1	25.7	7.1
21 mai 1867..............	0.7	0.8	7.8
13 janvier 1868...........	7.5	30.8	12.0
21 avril 1868.............	2.7	6.1	58.3
29 décembre 1869........	5.3	17.7	6.6
Moyenne............	4.9	16.2	18.4

Ces chiffres montrent qu'en moyenne les quantités de nitrate perdues par les eaux de drainage sont plus fortes dans le cas des fumures nitriques que dans celui des fumures ammoniacales.

Le dernier tableau nous apporte des observations, curieuses. Tantôt les eaux de drainage contiennent, dans des prises faites au même moment, beaucoup plus de nitrates pour les parcelles ayant reçu les sels ammoniacaux que pour celles ayant reçu les nitrates. Il convient d'expliquer ce résultat qui, à première vue, peut paraître tout à fait anormal; on remarque qu'avant l'été (avril et mai) c'est dans les parcelles au nitrate que se produisent les plus fortes pertes, et qu'après l'été, c'est-à-dire pendant les mois d'hiver, ce sont les parcelles au sulfate d'ammoniaque qui sont dans ce cas. En effet, l'application de ces engrais s'étant faite au printemps, le nitrate donné s'est trouvé en partie enlevé par les pluies de printemps, alors que les sels ammoniacaux n'avaient pas encore abondamment nitrifié et restaient absorbés par le sol. Celui-ci s'est donc, peu de temps après l'application des engrais, appauvri en azote plus dans le cas de l'application du nitrate de soude que dans celui du sulfate d'ammoniaque. Mais dans le courant de l'été tout l'azote ammoniacal ayant été nitrifié, les pluies d'hiver ont alors trouvé un sol plus riche en nitrate dans la parcelle aux sels ammoniacaux, et par suite les eaux de drainage en enlevaient davantage.

Nous n'avons jusqu'à présent parlé que de l'azote nitrique existant dans les eaux de drainage. Il n'y a pas en effet à tenir compte de l'azote ammoniacal qui s'y trouve; la proportion en est extrêmement minime. Les dosages ont montré que si ces quantités sont ordinairement supérieures à ce qu'on peut appeler des traces, elles s'élèvent bien rarement au-dessus de 1 milligr. par litre. Way a trouvé par litre comme moyenne de 7 échantillons d'eau de drainage :

	milligr.
Acide nitrique.........................	121.00
Ammoniaque..........................	0.27

La proportion de l'alcali paraît même à peu près indépendante de la fumure, c'est-à-dire que la teneur en ammoniaque est peu différente, suivant que le sol a reçu des sels ammoniacaux ou des nitrates. Ce fait s'explique facilement : nous savons d'un côté que l'ammoniaque donnée au sol est énergiquement retenue par le pouvoir absorbant de la terre, que par suite les eaux pluviales n'en entraînent que de minimes quantités; nous savons de l'autre que l'ammoniaque nitrifie avec une grande rapidité. Les traces d'ammoniaque qui sont dissoutes sont donc transformées en nitrates dans le temps que les eaux mettent à traverser le sous-sol. Même alors que du sulfate d'ammoniaque eût été entraîné, il ne se retrouverait pas dans les eaux de drainage. Nous n'avons donc pas à tenir compte de la présence dans ces dernières de si minimes quantités d'ammoniaque.

On trouve quelquefois dans les sols mal assainis des nitrites provenant de la réduction des nitrates. Lorsqu'on aère ces sols les nitrites disparaissent en s'oxydant pour redevenir des nitrates et rentrent alors dans le cas précédent.

En résumé, en employant comme fumure le nitrate de soude et le sulfate d'ammoniaque, on perd de notables quantités d'azote dans les eaux de drainage. Cette perte est généralement un peu plus forte pour les terres fumées au nitrate ; mais les sels ammoniacaux se transformant eux-mêmes rapidement en nitrate rentrent dans le même cas que ce dernier, au bout de quelque temps. Ce qui revient à dire que si le nitrate de soude est sujet à déperdition par les eaux pluviales dès le moment où il est appliqué, le sulfate d'ammoniaque ne l'est qu'au bout d'un certain temps, à partir du moment où il est nitrifié. Dans les premiers temps de son application, il reste donc dans les parties supérieures du sol, plus que ne le fait le nitrate de soude.

Il n'est pas à conseiller d'appliquer le sulfate d'ammoniaque avant l'hiver, car le nitrate qu'il forme est enlevé par les pluies avant le départ de la végétation du printemps suivant; à plus forte raison, en est-il ainsi du nitrate de soude. Ces deux engrais doivent donc être donnés au sol après l'hiver; le sulfate d'ammoniaque plus tôt que le nitrate de soude, afin d'avoir le temps de se nitrifier pour le moment où les plantes en ont besoin.

Résumé et conclusion. — La comparaison entre l'emploi du nitrate de soude et celui du sulfate d'ammoniaque et entre les résultats généraux qui découlent des observations, montre que le nitrate de soude exerce, au point de vue de la végétation, une action qui est quelquefois supérieure; mais il a l'inconvénient de se perdre plus rapidement dans les eaux de drainage. Ces considérations nous semblent devoir ramener l'azote de ces deux produits à une valeur sensiblement égale.

A l'appui de ces conclusions, nous citerons des chiffres empruntés aux travaux de MM. Lawes et Gilbert. Ces savants ont déterminé, pour une série de récoltes continues de blé pendant 30 années, la moyenne annuelle des quantités d'azote retrouvées dans les récoltes et perdues dans les eaux de drainage; ils ont obtenu les résultats suivants :

	Sans azote.	Avec 96 kilos : Azote ammoniacal.	Azote nitrique.
Azote retrouvé dans les récoltes.......	22k.7	51k.7	51k.8
— dans l'eau de drainage.	13k.4	34k.7	40k.0
Azote non retrouvé..................	»	9k.6	4k.2
	»	96k.0	96k.0

Depuis quelques années, un courant d'opinions, dirigé par des savants de différents pays, porte à attribuer au nitrate de soude une grande supériorité sur le sulfate d'ammoniaque. Un concours récent institué par le comité des producteurs de nitrate de soude dans l'Amérique du Sud, a provoqué la publication, au sujet de l'emploi de ce sel en agriculture, de mémoires d'un très grand intérêt, mais dans lesquels la cause du nitrate de soude nous semble trop chaudement défendue, au détriment de celle du sulfate d'ammoniaque. Jusqu'à présent l'influence de ces publications sur les prix comparés du nitrate de soude et du sulfate d'ammoniaque ne paraît pas s'être fait sentir; mais si la pratique adoptait les conclusions des savants rédacteurs de ces mémoires, elle délaisserait les sels ammoniacaux et s'adresserait exclusivement au nitrate de soude. A notre avis, elle aurait tort. L'infériorité des premiers, si toutefois elle existe, n'est pas à ce point sensible qu'il faille payer à un prix plus élevé l'azote du nitrate que celui du sulfate d'ammoniaque. Ce serait d'ailleurs une erreur de sacrifier, sans avantage appréciable, le sulfate d'ammoniaque, de production indigène, au nitrate de soude qui nous est fourni par l'étranger.

§ 2. *Comparaison entre l'azote minéral et l'azote organique.*

Nécessité de la minéralisation de l'azote organique. — Dans tout ce qui a été dit précédemment, nous avons admis que l'azote n'est absorbé par les plantes qu'à la condition de se trouver minéralisé, c'est-à-dire à l'état de nitrate ou de sel ammoniacal. Cette opinion est celle des physiologistes modernes qui professent à cet égard une théorie exclusive. Autrefois on considérait l'humus, c'est-à-dire la matière organique du sol, comme l'aliment principal de la plante; aujourd'hui son rôle, à ce point de vue, n'est plus regardé que comme secondaire. Nous manquons cependant d'expériences précises sur cette question et l'opinion qui refuse à l'azote organique l'aptitude à servir directement d'aliment aux plantes est basée plutôt sur l'observation des allures générales de la nutrition végétale que sur des résultats directs. De fait, on peut dire que si l'azote organique intervenait en nature, ce ne serait que dans une mesure très restreinte; mais la question de principe sur son rôle nous semble devoir appeler de nouvelles recherches. A première vue, les travaux à entreprendre dans ce sens paraissent assez simples; mais ils se compliquent des transformations que la matière organique subit dans le sol en donnant du nitrate et de l'ammoniaque; il est alors difficile, sinon impossible, de mesurer l'action directe de la matière organique, qui est masquée par celle de ses produits de décomposition.

Quoi qu'il en soit, en admettant la nécessité de la minéralisation de l'azote, nous sommes d'accord avec les physiologistes aussi bien qu'avec les résultats de la pratique agricole.

L'azote des matières animales n'a donc de valeur qu'à la condition de se transformer. En comparant les engrais organiques entre eux ou avec l'azote minéral, il faut tenir compte avant toutes choses de leur aptitude à la minéralisation. Nous avons déjà insisté sur les différences qui existent sous ce rapport entre les engrais animaux; nous avons constaté que les uns nitrifient très vite et ont une action très rapide sur la végétation, à l'instar des nitrates et des sels ammoniacaux; que d'autres au contraire se décomposent très lentement et produisent un effet moins immédiat.

Ces bases étant admises, examinons les diverses conditions dans lesquelles on doit s'adresser de préférence à l'une ou à l'autre de ces formes de l'azote, suivant les cultures, les sols, les climats et les saisons.

Comparaison au point de vue de l'emploi sur les cultures. — Nous savons que parmi les plantes utilisant le mieux l'azote se trouvent les céréales; mais il n'est pas indifférent de leur donner cet engrais sous une forme ou sous une autre; ces plantes sont sujettes à des accidents qui modifient et entravent l'action de la fumure, et dont les plus à redouter sont la verse et l'échaudage.

Tout en fournissant abondamment aux céréales l'azote nécessaire à leur développement, il faut éviter que la terre ne renferme de trop fortes proportions d'azote assimilable. L'emploi du nitrate de soude, du sulfate d'ammoniaque et des engrais animaux à décomposition rapide doit donc être réglé dans ce sens. Il convient de les donner par fractions, soit une petite partie à l'époque des semailles et le reste après l'hiver. Si au contraire on s'adresse à des matières dont la nitrification est plus lente, on peut les appliquer d'un coup et dès le début de la végétation.

Pour relever des cultures en mauvais état, il est préférable de s'adresser au nitrate et aux sels ammoniacaux, qu'on répand en couverture sur les plantes; les eaux pluviales les dissolvent et les font pénétrer dans le sol à la disposition des racines; tandis que les engrais organiques étant par leur nature même insolubles dans l'eau, resteraient à la surface de la terre; ils ont besoin d'être incorporés au sol, sinon leur effet est plus aléatoire. Mais avec les engrais à action rapide, appliqués trop tard ou en excès, on doit craindre la verse ou l'échaudage, alors qu'avec ceux dont la décomposition est lente il ne se produira aucun accident.

Quant aux plantes sarclées, auxquelles on peut sans inconvénient appliquer de fortes fumures azotées, dont l'excès servira aux céréales qui presque toujours les suivent dans la rotation, elles profitent davantage des nitrates et des sels ammoniacaux que des engrais organiques; mais ces derniers laisseront dans le sol, pour la récolte suivante, de plus grandes quantités d'azote, puisque les pluies n'en auront pas enlevé une aussi forte proportion que si le sol avait reçu des engrais solubles.

Les cultures industrielles rentrent dans le cas des plantes sarclées et nous distinguerons seulement celles qui sont bisannuelles et dont la période végétative est très longue, le colza par exemple. Les engrais organiques ont l'avantage de céder graduellement et d'une façon permanente leur azote, tandis que les sels agissent plus rapidement, mais avec moins de durée. Ce dernier inconvénient serait moins à craindre si l'on pouvait donner les sels en plusieurs fois.

Dans les cas où les prairies naturelles réclament le

concours d'engrais azotés, les nitrates et les sels ammoniacaux activeront leur production dans une proportion plus notable que les engrais organiques, qui n'agissent sur elles que lentement, après que les eaux pluviales les ont incorporés à la terre; c'est donc aux engrais solubles que l'on devra donner la préférence.

Pour la vigne, on emploie souvent les engrais organiques à décomposition lente, tels que les chiffons de laine, afin d'éviter le départ d'une végétation désordonnée de bois et de feuilles, au détriment de la production des fruits et de la qualité des vins. Cet inconvénient sérieux résulte souvent de l'emploi des engrais azotés rapidement assimilables. Mais il convient d'observer que les conditions de nos vignobles, qui ont à lutter contre des maladies nombreuses ou qui sont constitués par des cépages plus exigeants, sont aujourd'hui changées, et dans bien des cas on a recours aux engrais azotés minéraux pour donner à la vigne la vigueur qui lui est nécessaire pour produire d'abondantes récoltes.

Nous avons surtout considéré l'action des divers engrais azotés sur la récolte à laquelle ils sont appliqués; mais pour la pratique agricole, il est d'une importance capitale d'examiner l'effet de ces fumures sur les récoltes subséquentes. En donnant un engrais, il ne faut pas seulement tenir compte de son effet immédiat et des résultats qu'il fournit dans une période culturale; l'agriculteur doit travailler non seulement pour le présent, mais aussi pour l'avenir. A ce point de vue, une distinction très grande s'établit entre les engrais azotés qui sont rapidement décomposés, dont l'effet est immédiat et ceux qui ne sont assimilables qu'à la longue et dont l'action est moins énergique. Nous savons que les premiers doivent leur efficacité plus grande à leur état soluble ou à la facilité avec laquelle ils passent à l'état soluble. Ce fait même est la cause de déperditions considérables; les eaux pluviales qui traversent le sol et qui s'écoulent sous forme d'eaux de drainage dissolvent et éliminent en grande partie l'azote soluble avant que la récolte suivante ait pu l'utiliser; ce qu'on en met de trop peut donc être considéré comme perdu pour l'agriculteur. Il n'en est pas de même des engrais organiques à décomposition lente, qui fournissent graduellement et par petites fractions l'azote soluble à la récolte et dont la transformation n'est pas complète dans le cours d'une année culturale. Leur effet sur la première récolte a été moins énergique; mais la récolte suivante trouve encore dans le sol une partie de l'engrais qui continuera à nitrifier et à fournir à ses besoins. L'utilisation de l'azote renfermé dans les engrais organiques est donc plus lente, mais peut-être plus complète que celle de l'azote minéral. En employant ce dernier, on risque de perdre de plus grandes quantités d'azote par les eaux de drainage et on ne laisse pas le sol enrichi comme par les engrais organiques.

MM. Lawes et Gilbert ont dosé l'azote des terres qui avaient reçu des fumures azotées pendant 30 années; ils ont trouvé

	Azote par kilog.
Parcelle sans engrais	1.09
id. avec sels ammoniacaux	1.10 à 1.20
id avec fumier de ferme	1.88

L'engrais salin n'a donc pas laissé d'azote dans le sol, l'engrais organique au contraire l'a enrichi notablement.

A première vue ces considérations paraissent militer en faveur des engrais constitués par les débris animaux; mais, si nous abordons le côté économique de la question, d'autres facteurs entrent en jeu. Envisageons d'abord le cas de la culture intensive qui, dans beaucoup de situations, est seule capable de conduire à des résultats rémunérateurs. Les engrais azotés rapidement assimilables nous permettront d'obtenir des récoltes beaucoup plus abondantes et le bénéfice que procurera cet excédent compensera largement les pertes qui auront résulté de la solubilité de l'azote. C'est donc aux engrais à décomposition rapide ou à assimilation immédiate que la culture intensive doit s'adresser, quitte à renouveler fréquemment, à chaque culture pour ainsi dire, la quantité d'azote nécessaire à un développement végétal considérable. Quant aux engrais à décomposition lente, il ne faut pas compter sur eux pour obtenir ces rendements élevés que l'on recherche aujourd'hui; on peut, par leur emploi, soutenir une production normale, tout en conservant à la terre sa fertilité initiale, alors qu'avec l'azote soluble on laisse cette dernière généralement plus épuisée.

Dans le cas des engrais plus assimilables, on met plus activement en œuvre les facultés productives du sol, mais en compromettant sa fertilité ultérieure; dans celui des engrais à décomposition lente on se contente de résultats moindres, mais avec la certitude de laisser le sol en bon état. Avec les premiers on agit en industriel qui cherche à faire produire à son outillage le plus de travail possible, sans se soucier d'une usure plus rapide; dans le second, on ménage l'outillage afin de le faire durer plus longtemps.

Il ne faut pas croire cependant que la culture intensive et l'emploi des engrais à action rapide laissent forcément le sol dans un état d'épuisement. Si en effet on restitue à mesure les éléments enlevés par les récoltes, au moyen de fumures appropriées, si surtout on lui rend sous forme de fumier de ferme, de terreau, d'engrais verts, etc., la matière organique qui s'est épuisée sous l'action de l'emploi exclusif des engrais chimiques, on peut maintenir indéfiniment sa fertilité.

En résumé, l'azote rapidement assimilable doit être préféré dans le cas où l'on veut faire produire au sol le maximum de récolte.

Comparaison au point de vue de l'emploi dans les différents sols. — Nous savons que les sols de diverses natures se comportent différemment vis-à-vis des engrais azotés et nous comparerons rapidement l'action de ceux-ci dans les différentes catégories de terres.

1° *Terres très calcaires.* — Ces terres sont le siège d'une combustion active, la matière organique y est rapidement consommée et son azote se nitrifie en peu de temps; le nitrate formé est entraîné dans les eaux de drainage. De pareils sols ont donc une tendance à rester pauvres en matière organique et en azote; ce dernier appliqué sous une forme soluble serait vite éliminé et on n'atteindrait pas le but de les enrichir. Les engrais organiques à décomposition lente leur conviennent mieux, car ils y entretiennent une certaine proportion d'humus; leur azote se nitrifiant graduellement, est offert aux plantes à mesure de leurs besoins. Dans de pareilles terres, dont les craies de la Champagne offrent le type, il faut donc apporter principalement et même exclusivement des engrais organiques.

2° *Terres légères.* — On peut en dire presque autant des terres légères, dans lesquelles la matière organique est vite brûlée et qui tirent meilleur parti des engrais à décomposition lente. Les nitrates et les sels ammoniacaux qui leur sont donnés sont éliminés rapidement par les eaux pluviales, qui les traversent avec la plus grande facilité.

3° *Terres fortes.* — Il n'en est pas de même des terres fortes dans lesquelles, comme nous l'avons déjà vu, la décomposition des engrais organiques est extrêmement lente et la nitrification difficile. L'azote qu'on leur donne sous forme de nitrate peut servir directement d'aliment aux plantes, et, par suite de la faible perméabilité du sol, est moins exposé à se perdre dans les eaux de drainage, tandis que l'azote des engrais organiques, nitrifiant difficilement dans un milieu compact, est retenu à l'état inerte, sans profit pour la culture; ce n'est qu'à la longue qu'il entre en circulation. Les engrais animaux que nous envisageons ici ne conviennent donc pas aux terres fortes.

4° *Terres franches.* — On peut leur appliquer les divers engrais azotés, suivant le but que l'on cherche à obtenir; les uns et les autres y produisent l'effet qui leur est propre.

5° *Terres non calcaires.* — Quant aux terres exemptes de calcaire, terres de landes, de bruyères, terres acides en général, nous savons qu'il n'y a pas lieu de leur apporter des engrais azotés.

Comparaison au point de vue de l'emploi suivant les climats. — Dans les pays où les étés sont très secs et les pluies d'hiver torrentielles, il y a souvent avantage à employer des engrais organiques, en ce sens que ceux-ci peuvent être mis avant l'hiver, sans qu'on ait à craindre des déperditions notables par les lavages; leur azote restera dans le sol à l'état insoluble jusqu'au printemps, où il commencera à nitrifier, se mettant ainsi à la disposition des plantes; tandis qu'avec le nitrate de soude et avec le sulfate d'ammoniaque, on est embarrassé pour choisir le moment de l'application. Si c'est avant l'hiver, ils sont sujets à être entraînés; si c'est après l'hiver, ils peuvent tomber dans une période de sécheresse, pendant laquelle leur action est sensiblement nulle.

L'hiver suivant ils seront alors entraînés sans avoir joué un rôle très utile, tandis que les engrais organiques, quand ils n'ont pas agi dans le courant d'une année, se retrouvent tout au moins pour les récoltes suivantes. Il faut donc tenir compte, non seulement des cultures, mais encore des conditions climatériques, dont l'influence se fait plus sentir sur les engrais chimiques que sur les engrais organiques.

D'une façon générale, on peut dire que les engrais azotés minéraux sont des engrais de printemps, et les engrais azotés organiques des engrais d'automne; ceux-ci peuvent sans danger se répandre en toute saison; les premiers, au contraire, redoutent les pluies de l'hiver.

Comparaison des prix de l'azote organique et de l'azote soluble des sels. — Avant d'être assimilés par les plantes, les engrais animaux ont besoin de se décomposer dans le sein de la terre en produits solubles; ceci revient à dire que leur action n'est pas immédiate.

L'agriculteur a intérêt, sinon toujours, au moins dans la grande majorité des cas, à employer des engrais qui produisent immédiatement leur effet, car il est plus maître d'en régler l'application et de les donner à ses cultures au moment où elles peuvent le mieux en profiter.

Autrefois, la valeur vénale de l'azote minéralisé, sous forme de sulfate d'ammoniaque ou de nitrate de soude, était plus grande que celle de l'azote existant sous forme organique; cette dernière valait de 2 fr. à 2 fr. 20 le kilogramme, tandis que les deux premiers atteignaient les prix de 2 fr. 50 à 3 fr.

Ces différences de prix nous semblent logiques, en ce

sens que les sels ammoniacaux et surtout les nitrates produisent des effets immédiats et qu'on peut calculer pour ainsi dire mathématiquement; tandis que les engrais organiques ont besoin de subir des transformations préalables, plus ou moins lentes, influencées par la nature du sol, les conditions climatériques, les façons culturales, et qui doivent aboutir à la production de nitrate aux dépens de l'azote de la matière organique; ces transformations sont en quelque sorte aléatoires et on ne les règle pas à volonté. L'action des engrais animaux sur la végétation est donc subordonnée à des circonstances dont l'agriculteur n'est pas le maître; l'azote organique qu'ils renferment peut être immobilisé pendant un certain temps et ne pas produire au moment voulu les effets qu'on en attend. En payant plus cher l'azote ammoniacal et l'azote nitrique, l'agriculture s'est pénétrée de ces idées, peut-être d'une façon inconsciente.

Depuis quelques années déjà, le prix des sels ammoniacaux et des nitrates a baissé graduellement, alors que celui des engrais azotés animaux est resté sensiblement constant, et au moment où nous écrivons, l'azote de ces derniers est coté à un prix égal et la plupart du temps supérieur à celui de l'azote salin. Il nous est difficile d'expliquer ce fait, qui ne peut se comprendre que par l'ignorance des règles présidant à l'assimilation des éléments fertilisants. Nous regardons les agriculteurs comme lésés dans leurs intérêts, s'ils payent plus cher l'azote organique que l'azote minéral; et, aussi longtemps que des différences de prix subsisteront, nous n'hésiterons pas à les engager à s'adresser de préférence aux nitrates et aux sels ammoniacaux. La diminution de prix de ces derniers sels s'explique en grande partie par une production plus forte, en partie aussi par l'état peu prospère de l'agriculture européenne; elle s'est produite au grand profit de l'agriculteur et aux dépens de l'industriel et du commerçant qui, auparavant, réalisaient sur ces produits des bénéfices très grands.

Dans les conditions actuelles du marché, le maintien du prix de l'azote des matières animales, sang desséché, corne, etc., n'a pas sa raison d'être. Les débris animaux, surtout ceux des abattoirs et des ateliers d'équarrissage, que les fabricants d'engrais se procurent à des prix très minimes, sont, après des préparations peu coûteuses, vendus à des prix trop élevés aux agriculteurs. Nous désirons voir cesser cet état de choses, puisque nous regardons l'azote organique comme ayant une valeur moindre que l'azote minéral. Nous ne recommanderons donc l'emploi des engrais organiques azotés que si le prix d'achat de l'azote qu'ils renferment est inférieur à celui des sels ammoniacaux et des nitrates. Il nous semble que les agriculteurs auraient facilement raison du prix excessif auquel on leur vend les déchets animaux, et nous les engageons vivement à réagir dans ce sens.

On peut dire, il est vrai, qu'outre l'azote, les engrais animaux apportent de petites quantités de phosphate, mais cela ne change rien à notre appréciation, puisque cette quantité est sensiblement négligeable dans le prix d'achat. On peut dire encore qu'ils apportent de la matière organique et que, par suite, ils ont des dispositions à maintenir l'humus dans le sol; cela est vrai, mais dans une mesure extrêmement limitée, puisque, à égalité de fumure azotée, le fumier de ferme introduit dans la terre près de dix fois plus de matière organique.

C'est donc uniquement au point de vue de l'apport en azote qu'il faut considérer les engrais animaux et, à ce titre, la comparaison que nous en faisons avec les composés azotés minéraux garde toute sa valeur. L'état actuel qui assigne un prix aussi élevé et plus élevé à l'azote organique qu'à l'azote minéral ne nous semble donc pas destiné à se maintenir.

Pourtant, après avoir montré que l'azote minéral est d'une assimilabilité plus rapide, d'un maniement plus facile, et que son application permet d'agir avec plus de méthode, nous devons rappeler les faits qui plaident en faveur des engrais azotés organiques et qui, dans certains cas, assignent à ces derniers une place à côté, quelquefois même au-dessus des engrais minéraux.

1° Nous avons vu que, dans des terres très perméables, l'azote organique du guano, de la corne, du sang, est susceptible de se transformer, avec une rapidité comparable à celle de l'ammoniaque elle-même, en azote nitrique, et que par suite son utilisation par les plantes est extrêmement rapide. Dans de pareils sols, on peut donc attribuer à ces produits un rôle peu différent de celui des engrais azotés minéraux.

2° Nous savons que les nitrates, qu'ils soient donnés sous cette forme à la terre ou qu'ils soient le résultat de la transformation de l'ammoniaque ou de l'azote organique, sont en grande partie enlevés du sol par les eaux de drainage et perdus pour la culture. Plus la rapidité de la nitrification sera grande, plus aussi sera grande cette déperdition. Les engrais azotés organiques, dont la nitrification n'est pas très rapide et qui, par suite, n'agissent sur la végétation qu'avec lenteur, restent dans le sol à l'état insoluble. Leur action se fait donc sentir plus longtemps et l'utilisation, par les végétaux, de l'azote qu'ils renferment peut être regardée comme plus complète, quoique beaucoup plus lente; souvent c'est la seconde et la troisième année que leur effet se manifeste. Ils se prêtent moins à une culture intensive, et, comme le fumier de ferme, doivent être employés au début d'une rotation, alors que l'azote minéral épuise en général son action sur une première récolte; c'est un capital placé à plus longue échéance et qui n'a pas la mobilité de celui qu'on consacrerait aux engrais minéraux ou aux matières animales d'une rapide décomposition.

L'agriculteur doit donc se rendre compte des diverses conditions dans lesquelles il est placé et du but qu'il veut obtenir, dans le choix des engrais azotés qu'il emploiera. Il doit surtout se rappeler que sous ses diverses formes l'azote n'a pas une action identique sur la végétation, qu'entre l'azote minéral d'une assimilation immédiate ou tout au moins rapide et les produits animaux d'une décomposition très lente, se place une série intermédiaire et graduée d'engrais organiques, se rapprochant ou s'éloignant plus ou moins de ces deux termes extrêmes. Dans l'achat qu'il fera de ses engrais azotés, il devra toujours exiger la garantie d'origine de cet azote. En achetant par exemple l'azote du sang desséché ou de la corne, qui sont d'une décomposition très rapide, il opèrera sur un produit beaucoup plus énergique qu'en employant le cuir ou la laine; pour être logique, il devra payer à un prix notablement inférieur l'azote de ces derniers.

La valeur de l'azote salin est fixée par le cours du sulfate d'ammoniaque et du nitrate de soude, qui sont des produits définis et immuables; celle des engrais organiques doit être variable, suivant la nature même de ces engrais d'une assimilation si différente. Les prix de ces derniers ont donc besoin d'être discutés avec la plus grande attention.

En résumé, l'emploi des engrais azotés, comme celui

de toutes les matières fertilisantes, obéit à des lois assez complexes que nous avons résumées dans ce chapitre; l'agriculteur qui ne possède pas des notions suffisantes sur la valeur comparée des engrais azotés, dans les diverses conditions de leur application, court le risque de faire de fausses manœuvres et de compromettre ainsi les résultats qu'on peut attendre de l'emploi judicieux des matières fertilisantes.

§ 3. — QUANTITÉS D'AZOTE A EMPLOYER.

Il est difficile de donner des règles générales pour les quantités d'azote à employer; elles sont essentiellement variables, suivant la nature de la récolte, qu'on peut rendre plus ou moins intensive, suivant la richesse du terrain et suivant les conditions économiques dans lesquelles on se trouve placé. Nous avons vu quelles sont les quantités d'azote absorbées par les différentes cultures avec des rendements déterminés; mais il ne faudrait pas croire qu'il suffise de fournir le poids strictement nécessaire aux besoins des plantes; celles-ci, en effet, n'absorbent jamais qu'une fraction de l'azote qui leur est donné, même alors qu'il se trouve sous la forme la plus assimilable. On est donc obligé d'augmenter le chiffre qui résulte du calcul des exigences des plantes, dans des proportions variant avec chaque cas particulier. On peut admettre que si la moitié seulement de cet azote est absorbé, on obtient déjà un résultat rémunérateur.

Il faut donc se maintenir entre certaines limites, telles qu'elles répondent aux exigences des plantes, envisagées comme nous venons de le faire.

En fixant la limite supérieure au double ou au triple

de l'excédent de récolte qu'on peut espérer, on sera placé dans les conditions les plus avantageuses, puisque d'un côté on aura atteint le maximum pratique de rendement, et que de l'autre on n'aura pas exagéré la dépense de la fumure.

Dans les cas extrêmes, on emploiera 100 à 120 kilogrammes d'azote par hectare; ce qu'on donnerait au delà de cette proportion ne pourrait conduire à un résultat rémunérateur que dans des conditions exceptionnelles. Mais dans les cas ordinaires, même avec une culture intensive, nous n'avons pas intérêt à atteindre cette limite; 60 à 80 kilogrammes d'azote à l'hectare constituent déjà une forte fumure azotée, et dans la pratique on a rarement intérêt à la dépasser.

Une fumure moyenne au fumier de ferme, de 30,000 kilogrammes pour une rotation de 3 ans, représente environ 65 kilogrammes d'azote par année. En donnant des quantités voisines d'azote sous la forme de nitrate, de sulfate d'ammoniaque, de guano, de sang desséché, ou d'autres engrais d'une assimilation rapide, on se trouve généralement placé dans les conditions d'une production végétale satisfaisante.

Ces chiffres varieront d'ailleurs avec la richesse primitive du sol, avec la culture, avec le climat; on peut dire que d'une façon générale la dose doit être poussée jusqu'à la limite à laquelle un résultat pratique ne sera plus obtenu.

Nous avons donné les principes généraux de l'application des fumures azotées; il appartient aux agriculteurs de déterminer les conditions économiques de leur emploi dans chaque cas particulier. Ils ne risqueront pas ainsi de tomber dans l'exagération qu'on peut signaler dans certaines régions du Nord, où on donne jusqu'à 1200 kilogrammes de nitrate par hectare, dépassant ainsi de beaucoup ce qui est nécessaire aux récoltes les plus abondantes. C'est surtout lorsqu'il s'agit d'engrais à action rapide et d'une décomposition facile qu'il faut éviter une dose excessive. Ceux dont l'action est très lente peuvent, comme nous l'avons déjà dit, être donnés en forte proportion, puisque la partie qui n'est pas absorbée par les premières récoltes l'est par les suivantes.

Nous croyons utile de mettre en regard la richesse moyenne des engrais azotés usuels et les quantités qu'il faut de chacun d'eux pour remplacer 100 kilogr. de nitrate de soude et pour donner 100 kilogr. d'azote, sans tenir compte d'ailleurs de la facilité avec laquelle ils sont assimilés.

	Azote pour 100.	Quantités à employer pour représenter 100 kil. de nitrate de soude.	Quantités à employer pour donner 100 kil. d'azote.
		kil.	kil.
Nitrate de soude........	15.5	100	645
Sulfate d'ammoniaque...	20.5	75	487
Nitrate de potasse.......	11.5	135	870
Guano riche............	7	220	1.430
Sang desséché..........	12	130	835
Viande desséchée.......	10	155	1.000
Corne torréfiée..........	14	110	714
Cuir désagrégé..........	8	194	1.250
Laine....................	5	310	2.000
Tourteau...............	4	388	2.500
Fumier de ferme........	0.5	3.100	20.000
Poudrette..............	1.6	969	6.250

Bien des points relatifs à l'utilisation des engrais azotés sont encore à élucider; l'expérimentation scientifique et les recherches de laboratoire ne peuvent résoudre que les questions de principe, et il appartient aux agriculteurs éclairés d'étudier dans les diverses conditions de leur culture le mode d'application qui donne les meilleurs résultats.

DEUXIÈME PARTIE

ENGRAIS PHOSPHATÉS

En examinant les parties constituantes des végétaux, Th. de Saussure y constata la présence constante du phosphore, qui se retrouve à l'état de phosphate dans le résidu minéral laissé par les tissus végétaux soumis à l'incinération. Aucun organe végétal n'est exempt de phosphore, quoique celui-ci ait une tendance à se concentrer dans certaines parties, principalement dans les graines. Cette présence constante du phosphore peut déjà nous faire penser que cet élément est indispensable au développement des végétaux. Les observations directes ont pleinement confirmé ces inductions que Liebig fut un des premiers à mettre en lumière; des cultures faites en l'absence de phosphore ne donnent lieu à aucune production végétale. Nous sommes donc bien fixés sur ce point que sans cet élément les plantes ne peuvent se développer.

Pour les animaux l'acide phosphorique est tout aussi nécessaire; il occupe même chez eux une place plus importante que dans le règne végétal, en ce sens qu'il s'y concentre en plus forte quantité et qu'à lui seul il constitue la majeure partie du tissu osseux. Comme chez les plantes, d'ailleurs, il est répandu dans tous les tissus, dans tous les organes. La présence de cet élément est donc intimement liée à la vie végétale et animale.

Le phosphore est un élément simple qui se présente à l'état solide, translucide, assez mou, ayant une forte odeur alliacée; exposé à l'air, il dégage d'abondantes fumées et s'unit à l'oxygène. Mais dans la nature on ne trouve jamais le phosphore à l'état isolé, nous le rencontrons toujours en combinaison avec l'oxygène, à l'état d'acide phosphorique contenant % 44 de phosphore et 56 d'oxygène. Le phosphore libre n'a aucun intérêt pour nous. C'est sa combinaison oxygénée seule que l'agriculteur met en œuvre; aussi a-t-on pris l'habitude d'exprimer l'unité de principe fertilisant en acide phosphorique et non en phosphore. Ordinairement la nature nous offre l'acide phosphorique uni à la chaux et c'est sous cette forme qu'on le donne à la terre, soit directement, soit après lui avoir fait subir des traitements destinés à en augmenter l'assimilabilité. Il existe dans le sol à l'état à peu près insoluble. Les racines des végétaux doivent surtout à leur acidité propre la faculté de le dissoudre et de l'absorber.

Si le phosphore était abondamment à la disposition des plantes comme le sont le carbone, l'hydrogène, l'oxygène, il n'y aurait pas à s'inquiéter de son apport aux terres; mais il n'en est pas ainsi. Le phosphore, ou plutôt sa forme oxygénée, l'acide phosphorique, tout en se trouvant disséminé dans tous les sols, n'existe dans certains d'entre eux qu'en proportion trop minime pour suffire aux besoins de la végétation, surtout lorsqu'il s'agit de cultures d'un rendement élevé. Il a donc fallu se préoccuper, dans le cas des terres pauvres en phosphore, d'apporter cet élément dont l'absence est une cause d'infertilité; dans le cas des terres moyennement riches, il a fallu penser à la restitution des quantités enlevées par les récoltes ; seuls les sols privilégiés, dans lesquels ce principe fertilisant se trouve en abondance, peuvent se passer de son apport.

Si l'acide phosphorique est disséminé et pour ainsi dire universellement diffusé en quantités infinitésimales, il existe aussi des points où il s'est localisé et où on le trouve à l'état de véritables gisements, auxquels on peut puiser pour pourvoir aux besoins de l'agriculture.

Les engrais phosphatés. — Les effets utiles du phosphore sur la végétation ne sont bien connus que depuis environ 40 ans, et depuis cette époque, le phosphate est devenu un des engrais les plus employés et qui a le plus puissamment contribué à l'augmentation des récoltes et à la mise en culture de terres improductives.

Vers 1820, en Angleterre, on constata l'action produite sur les récoltes par les os pulvérisés, et presque en même temps, en France, celle des noirs de raffinerie. Lorsqu'on eut trouvé que les bons effets de ces matières fertilisantes étaient dus à leur forte teneur en phosphate de chaux, les tentatives pour l'exploitation et l'emploi des phosphates minéraux, en substitution du phosphate d'os dont le prix est élevé et la production restreinte, se succédèrent de 1841 à 1856 avec des alternatives diverses. En 1842, M. Lawes établit en Angleterre la première usine de superphosphate. En 1856, Élie de Beaumont appela l'attention sur les gisements de phosphate et fut l'initiateur d'un grand mouvement qui ne s'est pas encore ralenti et auquel prirent surtout part MM. Nesbit, Meugy, Delanoue, Poumarède, de Molon, Desailly, Jaille, etc. Sur un grand nombre de points de la France, l'industrie des phosphates a pris une grande extension ; et en 1886, la production a été de 184,166 tonnes.

L'agriculture emprunte l'acide phosphorique à des

sources différentes que nous étudierons successivement :

1° Les phosphates extraits du sein de la terre, ou phosphates minéraux proprement dits, tels que les apatites, les phosphorites, les coprolithes, les nodules, etc., constitués par du phosphate de chaux plus ou moins pur.

2° Les guanos phosphatés, résidu de guanos dont les parties solubles ont été enlevées par les eaux et dans lesquels l'acide phosphorique s'est concentré.

3° Les phosphates d'origine animale, c'est-à-dire les os sous leurs différentes formes.

4° Enfin les phosphates métallurgiques, constitués par la concentration, dans les scories, du phosphore qui existe dans presque tous les minerais de fer.

CHAPITRE PREMIER

GÉNÉRALITÉS SUR L'EMPLOI DES ENGRAIS PHOSPHATÉS.

§ I. — RAPPORT DES ENGRAIS PHOSPHATÉS AVEC LE SOL.

L'existence même de la vie organique sur tous les points de la surface du globe nous prouve que l'acide phosphorique est universellement répandu; mais en nous plaçant uniquement au point de vue de nos cultures, nous n'avons à nous préoccuper que de l'acide phosphorique contenu dans le sol. En effet, si l'air et les eaux pluviales contiennent en suspension des traces de phosphate provenant de poussières terrestres, cette quantité est beaucoup trop minime pour que nous ayons à en tenir compte. Quant aux eaux terrestres ou marines, elles renferment également des phosphates, mais généralement en très faible proportion et c'est seulement quand on fait intervenir les eaux d'irrigations dans une proportion énorme, qu'on met en jeu des quantités appréciables d'acide phosphorique. En réalité, c'est le sol seul qui doit nous préoccuper au point de vue des sources auxquelles les plantes puisent leur alimentation phosphatée.

Origine de l'acide phosphorique des sols. — Nous devons examiner l'origine de l'acide phosphorique contenu dans le sol, les proportions que renferment les différents terrains et l'apport qu'il est utile de faire lorsqu'ils s'en trouvent insuffisamment pourvus.

Il convient d'abord de jeter un coup d'œil sur la formation des sols au point de vue de la nature des roches qui leur ont donné naissance.

Roches primitives. — Nous avons vu dans le tome I, sous quelles influences les roches primitives se désagrègent, comment par des actions mécaniques et physiques, leurs éléments se séparent et vont se déposer pour former les différents terrains. Nous devons examiner ce que devient l'acide phosphorique qu'elles contiennent, dans ce travail de désagrégation et de séparation.

La proportion d'acide phosphorique dans les roches primitives est assez variable. Les granits, les gneiss, les schistes et micaschistes, les porphyres, en contiennent une proportion qui, d'après M. Lechartier, varie de 1 à 2 millièmes pour les granits et dépasse rarement 0, 5 °/₀₀ dans les schistes. Il semblerait donc de prime-abord que dans les terres formées par la décomposition de ces roches on doit en retrouver une proportion semblable; il n'en est rien cependant. Quand ces roches se désagrègent, les eaux chargées d'acide carbonique dissolvent le carbonate de chaux et en même temps le phosphate de chaux, ainsi que des traces de phosphates de fer et d'alumine. Aussi les terres provenant directement de la désagrégation des roches primitives que nous venons d'énumérer sont-elles dépourvues de calcaire et de phosphate, quoique les deux éléments eussent existé en proportion appréciable dans les roches qui leur ont donné naissance.

Les eaux ainsi chargées de calcaire et de phosphate déposent ces éléments par suite du départ de l'acide carbonique qui les maintenait en dissolution; aussi les roches et les terres calcaires constituées par ce dépôt sont-elles généralement riches en acide phosphorique.

Les sables formés par les roches primitives sont donc pauvres en acide phosphorique; ils offrent le type des terrains sur lequel l'apport de cet élément fertilisant fait le plus d'effet.

Les argiles dérivées des feldspaths et provenant également des roches primitives, sont dans le même cas; mais quelquefois des phosphates de fer et d'alumine se sont déposés en même temps qu'elles et les ont ainsi enrichies.

Grès. — Dans les grès qui sont essentiellement formés de sables quartzeux agglomérés, la proportion d'acide phosphorique est extrêmement minime et dépasse rarement 0,2 ‰. Aussi les terrains qui en dérivent sont-ils presque entièrement dépourvus de phosphates.

Les terres qui doivent leur origine aux roches primitives occupent environ 1/5 de la surface de la France; le Plateau central, la Bretagne, une partie de la Vendée, etc., sont compris dans cette formation. Les grès s'étendent sur une partie notable des Vosges. On voit par là que des étendues importantes de notre territoire se trouvent dépourvues d'un élément fertilisant de première nécessité.

Roches volcaniques. — Les roches volcaniques qui en France couvrent des superficies assez restreintes, sont relativement riches en acide phosphorique; les basaltes, les trachytes, les laves en contiennent ordinairement dans la proportion de 5 à 10 millièmes; par la désagrégation sur place de ces roches, il se forme des terrains qui passent à juste titre pour les plus privilégiés; le bien-être des populations, la vigueur des races animales, l'intensité de la production végétale caractérisent les régions qui appartiennent à cette formation et dont la Limagne est le type le plus renommé.

Calcaires. — Les calcaires se sont déposés au sein des eaux qui les tenaient en dissolution; les phosphates qui étaient dissous se sont précipités avec eux. Les phénomènes géologiques ont agi de la même manière sur le carbonate et sur le phosphate de chaux, et nous les voyons associés presque toujours dans la nature.

Les terres calcaires sont donc en général pourvues d'acide phosphorique; il y a cependant des exceptions nombreuses à cette règle.

D'après ce que nous venons de dire, les produits de la désagrégation de certaines roches sont presque entièrement privés de phosphates, tandis que ceux venant d'autres roches en sont abondamment pourvus. Les terres constituées uniquement par l'une ou l'autre des formations géologiques peuvent être regardées comme les cas extrêmes; mais nous savons que le sol arable est le plus souvent un mélange de plusieurs sortes de terrains, réunis par les conditions diverses qui ont présidé au dépôt de chacun d'eux. Nous devons donc nous attendre à trouver entre les terres d'extrême pauvreté et celles d'extrême richesse tous les intermédiaires gradués, suivant la prédominance de l'un ou de l'autre terrain. Le sable, l'argile, le calcaire, associés en proportions extrêmement variées, constituent les terres arables proprement dites, dans lesquelles il y a particulièrement lieu de s'inquiéter de la présence de l'acide phosphorique.

Moyen de déterminer les besoins du sol en acide phosphorique. — Le premier soin de l'agriculteur doit être de connaître quelles sont les ressources de la terre qu'il cultive; parmi les moyens qui sont à sa disposition, le plus rapide est certainement l'analyse chimique

Analyse chimique. — On s'est borné jusque dans ces derniers temps à attaquer d'une façon brutale la terre par les acides bouillants et concentrés, sans s'inquiéter de rechercher s'il n'existait pas des procédés se rapprochant davantage des moyens de solubilisation qui entrent en jeu dans le sol; on a donc ainsi dissous et dosé, non seulement cet acide phosphorique que l'on devrait regarder comme ayant seul une valeur immédiate, mais encore une partie, sinon la totalité de celui qui reste engagé dans les silicates et qui échappe aux racines des plantes. L'analyse chimique peut déterminer avec une exactitude assez grande la totalité du phosphate contenu dans le sol, mais elle est loin de pouvoir nous fixer sur sa valeur au point de vue fertilisant et sur la proportion qui en est immédiatement utilisable. Nous devons donc nous borner à considérer l'acide phosphorique dans son ensemble et n'envisager que la proportion totale de cet élément, puisque nous ne possédons pas des moyens analytiques nous permettant de différencier dans le sol ses divers états.

Malgré ses imperfections, l'analyse est un moyen assez sûr, d'une exécution rapide, et qui donne un résultat immédiat. Nous pouvons y recourir avec grand profit dans le cas d'un doute sur la teneur des terres en phosphate. En comparant leur richesse en acide phosphorique, déterminée par l'analyse, aux effets que l'apport de cet élément y produit, on a été amené à les classer en :

Terres très riches, insensibles à l'apport des engrais phosphatés.
Terres riches, peu sensibles — —
Terres moyennement riches, assez sensibles à l'apport des engrais phosphatés.
Terres pauvres que l'apport de phosphates améliore considérablement.
Terres très pauvres que l'apport des phosphates transforme d'une façon complète.

D'après les nombreuses analyses de terres faites surtout par M. de Gasparin et MM. Risler et Colomb Pradel, on peut regarder comme

Terres très riches,	celles qui contiennent	plus de 2 p. 1000	d'acide phosphor.
— riches	—	de 1 à 2	—	—
— moyennement riches	—	de 0.5 à 1	—	—
— pauvres	—	de 0.1 à 0.5	—	—
— très pauvres	—	au-dessous de 0.1	—	—

Les chiffres que nous venons de donner ne doivent pas être regardés comme ayant une signification absolue au point de vue des besoins d'un sol en acide phosphorique; ils ne peuvent servir qu'à fixer les idées. Dans certains cas particuliers, ils perdent de leur valeur, car, comme nous l'avons dit plus haut, l'état même de l'acide phosphorique dans le sol, état qui exerce une action très grande sur son assimilabilité, échappe à notre examen; la nature même du terrain influe sur l'aptitude des plantes à absorber cet élément. Ces considérations ne modifient en rien ce que nous avons dit des terres extrêmes; les cas de grande pauvreté et de grande richesse gardent leur signification; ce n'est que dans les cas moyens que l'incertitude se produit. Il peut arriver que suivant la nature des terrains, ou la combinaison dans laquelle le phosphate est engagé, tel sol contenant 1 millième d'acide phosphorique n'ait pas besoin d'engrais phosphaté, alors que tel autre avec une richesse identique ne se montrera pas indifférent à leur application; mais dans la grande généralité des cas les terres qui atteignent 1 p. 1000 d'acide phosphorique sont peu sensibles à l'apport de phosphate et cette richesse suffit à une culture active; il n'y a qu'à entretenir cette proportion en rendant ce qui est enlevé par les récoltes, pour maintenir ces terres dans un état suffisant de fertalité.

Mais il ne faut pas oublier que l'acide phosphorique ne joue son rôle utile qu'à la condition que tous les autres éléments fertilisants soient présents. Lorsque l'un d'eux fait défaut, son absence suffit pour annihiler l'effet des autres. Ces différents éléments sont solidaires les uns des autres, ils ne peuvent procéder que conjointement et ici, comme nous l'avons fait pour l'azote, en examinant l'effet de l'acide phosphorique sur la végétation, nous devons admettre que les autres principes fertilisants existent en proportion suffisante.

Sans recourir à l'analyse, nous pouvons dans une certaine mesure prévoir l'utilité des engrais phosphatés, en nous basant sur les considérations géologiques que nous avons développées plus haut.

Aspect des récoltes. — En général nous ne trouvons pas un indice certain de l'insuffisance d'acide phosphorique dans l'aspect des végétaux, si ce n'est dans celui des céréales. Lorsque celles-ci se présentent avec une végétation herbacée vigoureuse, mais avec des épis peu fournis et des grains mal venus ou avortés; lorsque le rendement en grains est faible, eu égard à la proportion de paille, on est conduit à admettre un manque d'acide phosphorique dans le sol. Nous savons que l'azote pousse d'avantage à la production herbacée et l'acide phosphorique à la production des grains. Mais les déductions tirées d'une simple observation doivent se trouver confirmées par les essais d'application des phosphates.

Essais par la culture. — L'analyse chimique ne fixe pas toujours d'une manière précise la limite où l'engrais phosphaté commence à produire de l'effet; suivant la nature du sol, cette limite varie, comme le montrent les expériences qui vont suivre :

M. Risler, dans un sol contenant 0,54 à 0,70 pour 1000 d'acide phosphorique, n'a obtenu par l'application des superphosphates aucun résultat, ni sur la pomme de terre ni sur le blé.

M. Corenwinder, dans un sol contenant 0,8 pour 1000 d'acide phosphorique, et appauvri par l'emploi exclusif du nitrate de soude, a constaté que le superphosphate donnait des résultats pour la culture de la betterave, il a obtenu par hectare :

Fumure azotée seule	51.750 kilog.
— et superphosphate	55.400 —

Dans une terre contenant de 1 à 1,5 pour 1000 d'acide phosphorique, le même observateur a encore trouvé des résultats avantageux pour la même culture :

Fumure azotée seule..................	33.700 kilog.
— et superphosphate	42.000 —

M. Pagnoul recommande l'emploi des engrais phosphatés pour la betterave à sucre, lorsque la proportion d'acide phosphorique dans la terre ne dépasse pas 1,6 pour 1000.

M. Dehérain, par contre, opérant dans les sols de Grignon contenant 1,5 pour 1000 d'acide phosphorique, n'a pas obtenu d'effets appréciables sur le maïs et la pomme de terre par l'emploi des superphosphates.

On voit par ces exemples que l'analyse chimique n'est pas suffisante, surtout lorsqu'il s'agit de sols de richesse moyenne, à fixer exactement la limite à laquelle la terre est sensible à l'apport des engrais phosphatés et que les expériences culturales sont indispensables pour déterminer si l'on doit ou non y avoir recours.

C'est qu'en effet elle ne peut pas tenir compte des formes que l'acide phosphorique revêt dans le sol et qui ont une grande influence sur l'aptitude des plantes à en tirer parti.

Formes de l'acide phosphorique dans le sol. — L'acide phosphorique existe dans les terres à divers états; mais c'est sur l'oxyde de fer et l'alumine qu'il paraît se fixer de préférence; on le rencontre également uni à la chaux. La matière humique du sol le fait entrer en combinaison, en même temps que les bases auxquelles il se trouvait associé, et lui donne des propriétés nouvelles signalées par M. Grandeau, et qui ont une grande importance au point de vue de son absorption par les plantes.

L'eau chargée d'acide carbonique, qui circule dans les interstices du sol, ne dissout que des quantités infinitésimales de phosphate, et ce n'est pas sur elle qu'il faut compter pour offrir cet élément aux plantes sous une forme soluble. Les racines doivent donc aller chercher les particules de phosphate aux endroits où elles sont immobilisées. Mais cette insolubilité même présente certains avantages, en ce sens que les eaux pluviales traversant le sol n'entraînent pas l'acide phosphorique qui, par suite, n'est point sujet à des déperditions sensibles, autres que celles provenant de l'épuisement par les récoltes.

Nous n'avons aucun moyen, à l'heure qu'il est, de différencier les diverses formes de l'acide phosphorique dans le sol, au point de vue de leur utilisation par les plantes; il nous est impossible de distinguer la partie immédiatement assimilable de celle qui constitue la réserve. Nous pouvons cependant, par la pensée, sinon par les méthodes analytiques, diviser l'acide phosphorique en deux parties d'une utilisation bien différente :

1° Celle qui se trouve en quelque sorte à l'état nu, dégagée des éléments rocheux qui l'englobaient primitivement et qui, par son état de plus grande diffusibilité, par sa résistance moindre aux actions dissolvantes du sol et des racines, se trouve à la portée de la végétation.

2° Celle qui, entrant dans la constitution des particules rocheuses de la terre, ne se découvre et ne s'isole de la masse dure et résistante qui l'englobe, que par l'émiettement, c'est-à-dire par la désagrégation lente et graduelle que subissent dans le sol les éléments rocheux pour se réduire à l'état de division de plus en plus grande.

Les particules de phosphate qui se trouvent à la surface de ces éléments rocheux peuvent seules être abordées par les racines; celles de l'intérieur constituent une sorte de réserve susceptible de devenir assimilable dans la suite des temps. Plus les particules de la terre sont grosses, plus il faut de temps pour que l'acide phosphorique qu'elles renferment entre en jeu comme élément fertilisant. Il serait extrêmement important pour la pratique agricole de pouvoir distinguer l'acide phosphorique qui est d'ores et déjà dégagé des éléments rocheux et dont l'assimilabilité est la plus grande, de celui qui reste immobilisé dans les éléments pierreux et dont l'assimilabilité est la moindre.

Ce n'est pas tant la quantité absolue d'acide phosphorique, que la forme même sous laquelle il se présente dans le sol, qui influe sur la récolte. Il y a des degrés divers de solubilité. Si l'on fait agir l'eau, on constate que les quantités d'acide phosphorique qu'elle enlève au sol sont insignifiantes; l'eau chargée d'acide carbonique n'en enlève elle-même que très peu. M. Dehérain estime que l'acide acétique à l'ébullition constitue un réactif pouvant servir à déterminer l'acide phosphorique qui se trouve à l'état le plus assimilable dans le sol. Des analyses effectuées par MM. Dehérain et Kayser, il résulte que, dans beaucoup de terres, la quantité de phosphate soluble dans l'acide acétique varie du tiers au quart du phosphate total. Dans ses expériences de Blaringhem, M. Dehérain constate que des terres contenant $0^{gr}.75$ d'acide phosphorique par kilog., dont $0^{gr}.1$ soluble dans l'acide acétique, sont très sensibles à l'action des superphosphates qui élèvent le rendement en blé de 3 ou 4 quintaux métriques; tandis que dans des terres de Wardrecque dosant $1^{gr}.36$ d'acide phosphorique total, dont $0^{gr}.2$ soluble dans l'acide acétique, l'engrais phosphaté n'a pas produit d'effet sur la récolte de blé. D'après ces essais, quand une terre renferme une quantité d'acide phosphorique soluble dans l'acide acétique de $0^{gr}.1$ par kilog. et au-dessous, ce qui correspond à 360 kilog. d'acide phosphorique soluble par hectare, les superphosphates ont de grandes chances de réussir; ils peuvent encore être efficaces, quand la terre en renfermera de 0,1 à 0,2; au delà de $0^{gr}.2$, dose correspondant à environ une tonne par hectare, les superphosphates sont généralement sans efficacité.

Déperdition de l'acide phosphorique. — Nous avons dit plus haut que l'acide phosphorique est peu soluble dans les liquides du sol, mais il n'est point absolument insoluble et les eaux s'écoulant par les drains naturels en enlèvent de petites quantités.

Les analyses, exécutées surtout par M. Way, ont montré que souvent l'eau de drainage est exempte d'acide phosphorique, mais que quelquefois la proportion de cet élément peut atteindre $1^{mgr'}87$ par litre; la proportion moyenne est de 1 milligramme. En admettant que 1200 mètres cubes d'eau de drainage s'écoulent d'un hectare sous nos climats, dans le courant d'une année, nous aurons de ce chef une perte de $1^{k},2$ d'acide phosphorique, quantité extrêmement faible qui ne saurait influer qu'au bout d'un très long temps sur la richesse de la terre. Nous n'avons donc pas à nous préoccuper des déperditions de l'acide phosphorique comme de celles de l'azote, et une accumulation de phosphate dans le sol n'a pas les inconvénients que présente celle des matières azotées, qui se transforment d'une façon permanente en produits solubles, enlevés par les eaux et perdus pour la culture. De même les considérations sur lesquelles nous avons tant insisté au sujet de l'époque de l'épandage pour les engrais azotés deviennent ici superflues.

L'épuisement du sol en acide phosphorique est pour ainsi dire exclusivement dû aux récoltes qui chaque année en ont absorbé une notable quantité; aussi convient-il d'opérer une restitution par une fumure équivalente, pour maintenir la terre dans le même état de fertilité.

§ II. — RAPPORTS DE L'ACIDE PHOSPHORIQUE AVEC LES RÉCOLTES.

Nous savons que tous les organes végétaux contiennent de l'acide phosphorique, dont on constate la présence dans le résidu de leur incinération. Dans les parties ligneuses et foliacées, il existe des bases en quantité suffisante pour saturer l'acide phosphorique, qu'on retrouve dans les cendres à l'état de phosphate tribasique. Dans les grains, l'acide phosphorique, dont la proportion est souvent plus considérable que celle des éléments basiques, chaux, magnésie, potasse, n'étant pas entièrement saturé, donne des cendres acides qui se distinguent des autres par leur fusibilité.

Teneur des principales plantes cultivées en acide phosphorique. — Les principaux produits des récoltes contiennent les quantités suivantes d'acide phosphorique, rapportées à 100 :

Céréales.

	Grain.	Paille.
	—	—
Blé	0.82	0.23
Seigle	0.82	0.25
Orge	0.72	0.19
Avoine	0.55	0.28
Maïs	0.55	0.38
Sarrasin	0.61	0.18

Nous voyons que l'acide phosphorique est principalement concentré dans la graine.

Plantes légumineuses cultivées pour leurs graines.

	Grain.	Paille.
	—	—
Haricot	0.94	0.38
Pois	0.88	0.38
Féverole	1.16	0.41

Nous voyons également ici les graines plus riches que la paille.

Plantes industrielles.

	Grain.	Paille.
	—	—
Colza	1.64	0.27
Pavot	1.64	0.23
Lin	1.30	0.43
Chanvre	1.75	0.35
	Feuilles.	
Tabac	0.45	

Plus encore que dans les cas précédents, ce sont les graines qui sont de beaucoup les plus riches.

Plantes à racines et à tubercules.

	Racines ou tubercules.	Feuilles.
Carotte	0.11	0.10
Turneps	0.11	0.13
Rutabaga	0.14	0.26
Betterave fourragère	0.08	0.08
Betterave à sucre	0.11	0.10
Pomme de terre	0.18	0.10
Topinambour	0.14	0.07

Dans ces plantes, l'acide phosphorique se répartit assez uniformément entre la partie aérienne et la partie souterraine.

Plantes fourragères.

Ray-grass en vert		0.17
Herbe de prairie	en vert	0.15
	en foin	0.35
Maïs fourrage		0.07
Seigle vert		0.24
Choux	feuilles	0.20
	tiges	0.16
Trèfle en foin		0.56
Luzerne —		0.51
Sainfoin —		0.47
Vesce —		0.62

Nous constatons une grande différence dans la teneur en acide phosphorique; les légumineuses se montrent toujours les plus riches, comme elles le sont pour l'azote.

Cultures arbustives.

Vigne	Vin	0.03
	Marc	0.30
	Feuilles vertes	0.16
	Sarments	0.04

Pommier..	Pommes	0.03
	Feuilles	0.15
	Cidre	0.02

Dans les cultures arbustives de moins grandes quantités d'acide phosphorique entrent en jeu, ainsi que dans la production forestière.

Azote et phosphore. — En comparant entre elles les diverses récoltes au point de vue de leur richesse en acide phosphorique, nous sommes frappés de ce fait qu'il y a une coïncidence entre la proportion d'azote et celle de phosphate, non seulement d'une plante à l'autre, mais encore dans les diverses parties d'une même plante. Ce fait est général; le rapport entre les deux éléments est loin d'être constant, mais il faut s'attendre à trouver toujours plus de phosphate dans les végétaux plus riches en azote. De là une règle d'emploi simultané des engrais azotés et phosphatés qui a une importance considérable dans la pratique agricole.

M. Boussingault a le premier constaté l'heureuse influence de cet emploi simultané des fumures azotée et phosphatée, réalisé par l'application des guanos, des poudres d'os, du phosphate ammoniaco-magnésien. Dans maintes circonstances, on voit la fumure azotée ne produire qu'un effet restreint par suite de l'insuffisance d'acide phosphorique et réciproquement. On ne saurait trop attirer l'attention des agriculteurs sur ce point.

L'engrais phosphaté offre en outre l'avantage d'activer la maturité des récoltes, tandis que l'engrais azoté la retarde; l'acide phosphorique sera donc à ce point de vue en quelque sorte le correctif de l'azote.

Exigences des récoltes en acide phosphorique. — Toutes les récoltes n'ont pas les mêmes exigences vis-à-vis de l'acide phosphorique; les unes enlèvent au sol de fortes quantités de ce principe fertilisant, d'autres se contentent de quantités relativement minimes. En calculant les exportations opérées par une récolte moyenne des principales plantes cultivées, nous arrivons, pour un hectare, aux chiffres suivants :

Plantes céréales.

	kilog.
Blé (15 hectol.)	16.1
— (40 —)	43.1
Orge	17.0
Seigle	21.0
Avoine	12.5
Maïs	20.1
Sarrasin	12.7

Légumineuses (grains).

Haricot	16.3
Pois	26.5
Féverole	31.1

Plantes industrielles.

Colza	47.8
Œillette	26.6
Lin	21.8
Chanvre	43.7
Houblon	13.0

Racines et tubercules.

Carotte	43.0
Navet, rave ou turneps	47.0
Rutabaga	115.0
Betterave fourragère	48.0
— à sucre	45.0
Pomme de terre	36.6
Topinambour	39.0

Plantes fourragères.

Foin de prairie	21.0
Seigle vert	48.0

	kilog.
Maïs fourrage	42.0
Choux fourrage	107.0
Trèfle rouge	45.0
Luzerne	51.0
Sainfoin	21.2
Gesse et vesce	24.8

Cultures arbustives.

Vigne (50 hectol. de vin)	9.7
Pommier	6.4
Olivier	8.1

Ce tableau nous montre que les exigences des récoltes moyennes des diverses cultures sont assez variables, puisqu'elles vont de 15 à 50 kilog., en négligeant les cas extrêmes. Ce sont les plantes fourragères qui semblent épuiser le sol en plus fortes proportions, plus encore que les céréales; ce sont elles aussi qui se montrent le plus sensibles à l'application des engrais phosphatés.

Abordons maintenant l'action de l'acide phosphorique sur la végétation.

L'emploi abusif des engrais azotés a certains inconvénients, tels que ceux de déterminer la verse des céréales, de pousser à une production foliacée excessive, de retarder la maturité. De plus il donne lieu à de grandes déperditions de l'azote, qui s'élimine dans les eaux de drainage sous la forme de nitrate. Aucun de ces inconvénients n'existe pour l'acide phosphorique, qu'on peut donner en forte proportion et dont l'excès n'a pas d'effet fâcheux sur la végétation. L'acide phosphorique n'étant pas enlevé par les eaux, reste emmagasiné dans le sol et sert aux cultures suivantes. On ne commet donc jamais une erreur grave en forçant la dose de phosphate dans les engrais; on s'expose seulement à une dépense inutile.

Les règles à établir pour son emploi sont simples, elles

se résument toutes à donner au sol trop pauvre en phosphate les fumures phosphatées que comportent les conditions économiques de l'exploitation.

Dans une terre pauvre, toutes les cultures indistinctement profiteront de son apport; il faut donner de l'acide phosphorique à tel ou tel sol, plutôt qu'à telle ou telle récolte; c'est l'insuffisance de la terre, plutôt que la nature de la culture qui doit nous guider. Cependant les plantes qui ont les moindres exigences en phosphate réussissent mieux dans un sol pauvre que celles qui en ont de plus grandes.

D'une manière générale l'agriculteur a intérêt à pourvoir abondamment les terres de phosphate, lorsqu'elles n'en contiennent pas par elles-mêmes des quantités suffisantes; les récoltes successives vivront sur ce stock, qu'il est peu coûteux d'établir pour une période d'une certaine durée.

Nous examinerons les principales cultures au point de vue de l'action que les engrais phosphatés exercent sur leurs rendements. Les considérations que nous avons développées, à propos de la richesse du sol, montrent que cette étude est difficile.

Céréales. — Pour mettre en relief l'influence des engrais phosphatés sur le rendement des céréales, nous citerons les résultats obtenus par MM. Lawes et Gilbert à Rothamsted.

Blé. — Comme moyenne annuelle d'une série ininterrompue de quarante-deux années de culture sur un sol pratiquement épuisé, le blé a donné par hectare :

	Grain.	Paille.	Poids de l'hect.
	—	—	—
	hectol.	kilog.	kilog.
Parcelles sans engrais.........	12.57	1515	72.8
Parcelles avec superphosphate.	14.60	1768	72.9

	Grain.	Paille.	Poids de l'hect.
	—	—	—
	hectol.	kilog.	kilog.
Parcelles avec sels ammoniacaux	21.10	2738	71.86
Parcelles avec sels ammoniacaux, plus superphosphate	23.58	3131	72.00

L'acide phosphorique a augmenté le rendement, surtout dans le cas où il a été associé à l'azote. Il a en outre élevé légèrement la densité du grain.

Orge. — Voici les résultats que les mêmes expérimentateurs ont obtenus par hectare dans la culture continue de l'orge, pendant vingt années, sur les champs de Hoosfield.

	Grain.	Paille.	Poids de l'hect.
	—	—	—
	hectol.	kilog.	kilog.
Sans engrais	17.96	1475	64.85
Superphosphate de chaux	22.90	1679	66.41
Sels ammoniacaux	29.19	2323	65.00
Sels ammoniacaux, plus superphosphate	42.21	3467	66.72

Les résultats sont analogues à ceux qui ont été fournis par le blé et donnent lieu aux mêmes observations.

Nous remarquons d'une façon très frappante l'effet de l'association des fumures phosphatées aux fumures azotées, qui a procuré un gain de 8 hectolitres de grains, par rapport aux fumures données isolément. Les engrais phosphatés paraissent augmenter la quantité de matières azotées dans les graines.

Les différentes céréales enlèvent à l'hectare les quantités suivantes d'acide phosphorique :

	Blé.	Orge.	Seigle.	Avoine.	Maïs.	Sarrasin.
	—	—	—	—	—	—
	kilog.	kilog.	kilog.	kilog.	kilog.	kilog.
Pour 1 hectol. de grain (paille comprise).....	1.080	0.680	1.050	0.500	0.800	0.510
Pour 100 kilog. de grain (paille comprise).....	1.340	1.040	1.450	1.041	1.150	0.850

Le blé vient en première ligne; il exige les terrains les plus riches et les fumures les plus abondantes; le sarrasin est moins exigeant, aussi le voit-on prospérer même dans les terrains pauvres en phosphate, comme les terres granitiques.

Plantes cultivées pour leurs racines. — C'est encore aux expériences de Rothamsted que nous aurons recours pour démontrer l'influence des engrais phosphatés sur les plantes de cette catégorie.

Turneps. — Ces expériences ont porté sur la culture du turneps, en voici le résumé :

	Sans engrais.	Avec superphosphate.
	—	—
1re année............	10.516 kilog.	30.578 kilog.
2e —	5.555 —	19.427 —
3e —	1.722 —	31.869 —
4e —	» —	4.764 —
5e —	» —	13.919 —
6e —	» —	9.404 —
7e —	» —	28.714 —
Moyenne à l'hectare par an............		20.650 —

Ces résultats montrent que les turneps ont été très sensibles à l'application des engrais phosphatés.

Nous résumons de nombreuses expériences faites par Vœlcker sur le turneps dans des sols très différents, en indiquant seulement l'augmentation de rendement attribuable au superphosphate :

1	21.108 kilog.
2	10.000 —
3	26.780 —
4	5.200 —
5	3.000 —
6	13.000 —

Une de ces expériences doit attirer particulièrement notre attention; elle est relative aux doses d'engrais phosphatés.

Avec 125 kilog superphosphate, récolte...			43.535 kilog. turneps.	
— 375	—	— ...	44.138	—
— 750	—	— ...	53.085	—
Sans engrais			36.943	—

Ici l'augmentation de la fumure a amené un surcroît de récolte; mais ce fait ne saurait être constant que jusqu'à une certaine limite, qu'il conviendra de déterminer dans chaque cas particulier.

Ce n'est que dans les sols très riches que les phosphates restent sans effet; presque toujours ils produisent des augmentations de rendement, ils activent la maturité que les sels ammoniacaux retardent.

Betteraves. — Vœlcker a obtenu des résultats analogues avec les betteraves mangolds qui, dans plusieurs séries d'expériences, ont donné avec le superphosphate les augmentations suivantes de rendement par hectare :

1	30.000 kilog.
2	7.000 —
3	4.000 —
4	3.000 —

D'une façon générale, les plantes à racines : betteraves fourragères, raves, turneps, carottes, profitent largement de l'application des engrais phosphatés.

Dans beaucoup de districts en Angleterre, on n'emploie, dit M. Ronna, que le superphosphate minéral, à la dose de 400 à 500 kilog. par hectare, pour les cultures de turneps, de rutabagas, de navets et de mangolds.

Betterave à sucre. — La betterave à sucre mérite un examen particulier; car pour cette racine, il ne s'agit pas seulement de constater l'augmentation de rendement, mais aussi le degré de richesse saccharine.

MM. Delisse et Pagnoul ont cultivé la betterave à sucre en sol stérile; ils ont obtenu les résultats suivants :

Sans engrais, le rendement est de	0.5
Avec engrais complet	25
— sans azote	1
— — acide phosphorique	6
Avec azote organique et phosphate	20
— sans phosphate	3

L'influence de l'acide phosphorique est frappante; cette expérience montre d'une part quel effet son addition dans un sol pauvre peut avoir sur le rendement et d'autre part combien son absence peut rendre inerte l'action de l'azote.

D'après les recherches de MM. Dehérain et Frémy, Petermann, Pagnoul, etc., l'acide phosphorique reste sans influence marquée sur la richesse saccharine.

D'après M. Pagnoul, il n'y a pas de rapport constant entre le poids du sucre et celui de l'acide phosphorique. La plante paraît absorber d'autant plus d'acide phosphorique que l'on en met davantage à sa disposition, mais sans qu'il en résulte une élaboration proportionnelle de sucre. Il convient cependant d'observer avec M. Corenwinder, que dans les sols très pauvres en acide phosphorique, l'engrais phosphaté peut avoir une action favorable sur la richesse saccharine.

Plantes à tubercules. — Dans une série de recherches continuées pendant douze années sur le même sol (1876 à 1887) à Rothamsted, MM. Lawes et Gilbert ont obtenu pour la pomme de terre comme moyenne annuelle par hectare :

Sans engrais........................	5.000 kilog.
Avec superphosphate...............	9.100 —

Vœlcker, opérant sur des sols très divers, a obtenu des excédents de récolte variant de 1.000 à 2.000 kilog. Comparant le prix relativement peu élevé de la fumure phosphatée, à la valeur du surcroît de récolte, on voit que dans beaucoup de cas l'emploi des phosphates dans la culture des pommes de terre est rémunérateur, sans cependant donner des résultats aussi frappants que pour les plantes à racines.

Si nous comparons les différentes plantes à racines et à tubercules au point de vue de leurs exigences en acide phosphorique, nous avons les chiffres suivants pour une production de 1.000 kilog. de racines, en comprenant la production des feuilles :

Carottes.	Turneps.	Betteraves fourragères.	Betteraves à sucre.	Rutabagas.	Pommes de terre.	Topinambours.
—	—	—	—	—	—	—
1k 430	1k 880	1k 200	1k 500	2k 555	2k 030	1k 390

On saisit donc d'assez grandes différences spécifiques, desquelles il faudra tenir compte dans l'application des engrais.

Plantes fourragères. — Nous distinguerons parmi ces plantes les choux, les graminées et les légumineuses.

Choux. — Les choux exigent beaucoup d'acide phosphorique, plus de 100 kilog. pour une récolte moyenne; ils demandent en même temps un climat doux et humide, comme celui des bords de l'Océan (Bretagne, Vendée, etc.). Les régions qui lui conviennent le mieux comme climat, sont précisément celles dont le sol est pauvre en acide phosphorique. Lorsqu'on incorpore cet élément au sol, on obtient des résultats remarquables, mais à la condition d'apporter tout d'un coup une dose élevée de phosphate.

Voici un exemple emprunté à des expériences établies dans le bocage vendéen par M. Vauchez; les chiffres comprennent l'ensemble de la récolte, deux cueillettes de feuilles et les tiges coupées à la montée.

Sans engrais	25.700
Phosphate tribasique de chaux (200 kilog.)...	30.100
— — — (335 —)...	47.800
Fumier de ferme (60 mètres cubes)	46.460

On voit donc qu'en portant la dose de phosphate à un certain taux, on a dès la première année obtenu un résultat comparable à celui que fournit une fumure élevée de fumier de ferme.

Prairies naturelles. — L'action des engrais phosphatés y est manifeste dans la plupart des cas; c'est qu'en effet le sol des vieilles prairies manque souvent d'acide phosphorique. La matière organique azotée s'y est accumulée et la proportion des matières minérales est en général peu élevée. M. Joulie a analysé 125 terres de prairies d'ancienne création, il a trouvé que :

56	contiennent	plus de 1 p. 1000	d'acide	phosphorique
46	—	de 0.5 à 1	—	—
23	—	de 0 à 0.5	—	—

Les sols de ces mêmes prairies contiennent tous plus de 1 pour 1000 et vont jusqu'à 5 pour 1000 d'azote. Si dans ces terres riches en azote, l'engrais phosphaté qui fait défaut vient à être incorporé, il y aura une amélioration immédiate, tenant à la fois à l'acide phosphorique ajouté et à l'azote mis en circulation. On observe en outre que là où la matière organique azotée est accumulée, l'engrais phosphaté se trouve dans les meilleures conditions pour produire tout son effet.

Les prairies sont généralement établies dans des sols argileux, un peu humides, que leur nature compacte rend souvent d'une culture difficile et qui par leur origine géologique sont pauvres en phosphate; les prairies abondent en effet dans les régions granitiques. Quand on crée une prairie, il faut donc se préoccuper d'enrichir le sol en acide phosphorique. La couche superficielle est constamment épuisée et on ne peut pas compter, pour l'enrichir, sur le sous-sol; elle n'est pas remuée par les instruments aratoires et les éléments fertilisants y semblent moins assimilables. Il est donc indispensable de l'enrichir et de maintenir sa fertilité par des fumures répétées.

Nous citerons plus loin l'action des phosphates naturels sur les prairies tourbeuses ou acides; une transformation complète est la conséquence d'une fumure phosphatée et l'on arrive à faire pousser une herbe fine et nourrissante, là où poussaient seulement des joncs et des carex.

L'emploi des superphosphates sur les prairies est presque toujours accompagné d'un surcroît de rendement considérable.

Voici la moyenne de dix-huit années d'expériences à Rothamsted :

	Foin à l'hectare.
	—
Sans engrais	2.746
Superphosphate seul	2.919
Sels ammoniacaux seuls	3.452
Sels ammoniacaux / Superphosphates } réunis	4.409

L'union des engrais phosphatés et azotés a donc été extrêmement favorable. Quant à la qualité des herbes, elle est complètement modifiée par l'engrais phosphaté; nous avons vu, dans nos cultures, des prairies transformées dans le courant d'une année en véritables champs de légumineuses qui viennent tripler le rendement ordinaire; leur végétation à peine visible auparavant, s'est développée considérablement sous l'influence des superphosphates; on croirait qu'un semis spécial a été fait. Tout d'abord on n'est pas sans inquiétude pour l'avenir, on sait en effet que les légumineuses, trèfles, petites luzernes, sainfoin, ne sont pas durables. Mais si on ajoute par la suite l'engrais azoté, les graminées reprennent le dessus et on arrive à volonté à constituer la flore de la prairie en supprimant tel ou tel engrais.

L'engrais phosphaté augmente la proportion d'acide phosphorique dans les fourrages. Dans les régions granitiques, le bétail, ne trouvant pas dans les aliments une proportion suffisante d'éléments calcaires et phosphatés, reste petit et chétif; on voit sa taille grandir et son squelette prendre de l'ampleur, lorsqu'on introduit dans le sol les engrais phosphatés qui enrichissent la plante au profit de l'animal.

Vigne. — La vigne, comme toutes les cultures arbustives, a des exigences très faibles en acide phosphorique; il n'en est pas moins vrai que dans les fumures annuelles, nous devons tenir compte de la restitution de l'acide phosphorique qui se pratiquera sous forme d'engrais facilement assimilable. C'est surtout au moment de la création du vignoble qu'il faut se préoccuper de la fumure phosphatée, et c'est en procédant au labour de défoncement, qu'on doit l'enfouir à dose élevée sous forme de phosphate naturel. Nous savons, en effet, d'une part, que la vigne a des racines très profondes, et d'autre part, que l'acide phosphorique a peu de tendance à s'enfoncer dans le sous-sol; c'est pour ces deux raisons qu'il convient d'enterrer profondément l'engrais phosphaté.

Nous n'insisterons pas davantage sur ces considérations culturales; si nous avons négligé de passer en revue toutes les récoltes successivement et de multiplier les exemples, c'est que nous avons eu soin de montrer auparavant que les résultats tiennent surtout à la composition du sol; dans tel sol l'engrais phosphaté reste sans effet, alors que dans tel autre il accroît beaucoup les rendements; c'est-à-dire que l'efficacité de l'engrais phosphaté dépend plus de la nature du sol que de la nature de la récolte à laquelle on l'applique.

D'une façon générale, on peut dire que l'acide phosphorique est peu abondant dans les terres cultivées et que presque toujours son emploi est rémunérateur. Son prix est peu élevé, et il suffira d'un faible excédent de récolte pour couvrir les frais de la fumure phosphatée.

CHAPITRE II.

LES PHOSPHATES NATURELS.

§ I. — FORMATION ET IMPORTANCE DES GISEMENTS DE PHOSPHATES NATURELS.

Nous avons vu que l'acide phosphorique se trouve à un grand état de diffusion à la surface de la terre; mais en certains points il s'accumule pour former de véritables gisements. C'est de là que nous tirons les engrais phosphatés nécessaires pour parer à l'insuffisance des terres cultivées. L'examen des gisements de phosphates, qui constituent une ressource de la plus haute importance pour l'agriculture, appelle de notre part une étude approfondie. Leur emploi a donné naissance plutôt à une industrie agricole qu'à une industrie minière; leur extraction n'est pas d'ailleurs régie par les dispositions appliquées aux exploitations minières proprement dites; elle n'est pas susceptible d'être concédée par l'État; le phosphate appartient à celui dans le sol ou dans le sous-sol duquel il se trouve.

Origine des gisements. — Entrons dans quelques détails sur l'origine des accumulations de phosphate actuellement connues. C'est, à de rares exceptions près, en combinaison avec la chaux, que nous rencontrons l'acide phosphorique, formant un phosphate tribasique; dans quelques cas particuliers, il est combiné à la magnésie, à l'oxyde de fer, à l'alumine, etc.

En examinant les propriétés physiques des divers phosphates que nous trouvons dans la nature, nous sommes facilement convaincus qu'ils n'ont pas tous la même origine; les uns existent à l'état de roches dures, à texture cristalline, d'une nature manifestement minérale, comme les apatites; d'autres se trouvent à l'état de rognons amorphes, de sables plus ou moins grossiers, de masses pulvérulentes ou agglomérées, tels que les nodules, les sables et les craies phosphatés; d'autres constituent de véritables fossiles ayant l'aspect de coquillages, de déjections animales, comme les phosphates fossiles et les coprolithes; d'autres enfin sont évidemment le résidu direct de la vie animale, puisqu'ils conservent encore la forme et la texture des tissus osseux dont ils constituent les débris, tels sont les produits des brèches osseuses et les guanos phosphatés.

L'origine de tous les gisements n'est pas encore bien établie, mais nous possédons un certain nombre de données qui nous permettent d'assigner à quelques-uns d'entre eux un mode de formation déterminée.

Les phosphates à texture cristalline, comme les apatites, paraissent être le résultat de dépôts formés par les eaux thermales; celles-ci tiennent en dissolution du phosphate de chaux et le laissent déposer lentement par une véritable cristallisation, par suite du refroidissement, ou bien du dégagement de l'acide carbonique qui le maintenait en dissolution; il existe encore de nos jours des sources analogues renfermant des quantités notables de phosphate, qu'elles abandonnent sous une forme cristalline. Ces phosphates seraient donc amenés de l'intérieur de la terre vers la surface, et leur origine est à chercher dans les roches existant dans les profondeurs de la couche terrestre.

L'origine des rognons, des sables et des craies phosphatés est sujette à plus de controverses; là encore on peut admettre que des eaux chargées de phosphate sont intervenues et ont laissé déposer ce corps autour d'un noyau servant de point de départ à l'agglomération qui s'est produite. Ainsi voyons-nous fréquemment, au sein d'un liquide, un point à surface rugueuse devenir le centre autour duquel se forment en s'accroissant peu à peu des masses cristallines; ainsi encore voyons-nous dans la vessie une particule solide devenir le centre de concrétions qui vont augmentant graduellement.

Les craies et les sables phosphatés semblent avoir une origine pareille, mais là il est plus probable que l'eau chargée de phosphate a dissous le carbonate de chaux, auquel le phosphate s'est substitué sans changer sa forme.

Quant aux coquillages fossiles qui sont originairement composés de carbonate de chaux, les eaux chargées de phosphate ont déposé ce sel en dissolvant le carbonate de chaux qui a été ainsi enlevé; le phosphate ayant peu à peu remplacé le carbonate, la forme n'a pas été modifiée. Les coprolithes représentant les déjections d'animaux antédiluviens pouvaient dès l'origine renfermer une certaine proportion de phosphate, mais ils ont été enrichis par un phénomène analogue à celui que nous venons de décrire.

Quant à l'origine de l'acide phosphorique des eaux qui ont ainsi circulé à la surface de la terre, elle est sujette à discussion; nous avons vu que les eaux sortant des profondeurs du sol peuvent contenir des phosphates; mais elles ne sont pas seules à jouer un rôle dans les phénomènes de concentration et de substitution qui ont donné naissance aux gisements de phosphates. Jetons un coup d'œil sur la circulation de l'acide phosphorique à la surface de la terre, et sur les causes qui tendent àle réunir et à le localiser.

Nous savons que l'acide phosphorique existe en petite quantité dans tous les sols, ainsi que dans toutes les eaux; les végétaux terrestres et marins absorbent pour les besoins de leur vie le phosphore ainsi disséminé et opèrent une première concentration. Les animaux prennent aux plantes qui leur servent d'aliment l'acide phosphorique nécessaire à la formation de leur charpente osseuse et opèrent ainsi une seconde concentration beaucoup plus importante. Enfin la dernière concentration et la plus complète se produit dans la décomposition qui suit la mort de l'animal et qui aboutit à la destruction de la matière organique. Il reste alors en fin de compte la matière minérale dans laquelle le phosphate de chaux entre pour environ 85 %. Là où les squelettes des animaux s'accumulent en grande quantité, il se forme donc de véritables gisements de phosphates, tels que ceux qui sont connus sous le nom de brèches osseuses.

Mais dans la plupart des cas, l'eau agit sur les éléments minéraux des squelettes et en opère peu à peu la dissolution à la faveur de l'acide carbonique qu'elle renferme, et aussi par la matière organique qui est susceptible de faire entrer les phosphates dans des combinaisons solubles; ces eaux peuvent ainsi entraîner au loin le phosphate et le déposer lorsque les circonstances sont favorables. Mais il arrive aussi que le sel dissous par les eaux ne quitte pas l'endroit où les squelettes sont déposés et ne fait que changer de place et de forme; la dissolution phosphatée produite au contact des os peut rencontrer, à faible distance, des surfaces qui sollicitent son dépôt, soit du calcaire, sous divers états, tels, par exemple, que la craie ou du sable ou des coquillages. Le phosphate se substitue alors au carbonate de chaux en gardant la forme que possédait celui-ci et le gisement n'a fait que changer de nature sans se déplacer. On voit souvent au voisinage des endroits où se sont manifestement déposés des débris animaux une partie du terrain transformée, par infiltration des eaux chargées de phosphate, en un véritable minerai phosphaté. Nous pensons que divers gisements de phosphate doivent leur origine directe au contact de résidus animaux accumulés en grande masse.

Importance des gisements au point de vue agricole et économique. — L'origine de ces gisements n'a d'ailleurs qu'un intérêt secondaire pour l'agriculteur; ce qui l'intéresse davantage, c'est leur répartition et leur importance. Le voisinage des gisements de phosphate peut être regardé comme une source de richesse pour l'agriculture, car les frais de transport entrent pour une large part dans le prix de revient à pied d'œuvre des engrais phosphatés. Nous devrons entrer dans de longs détails sur les divers gisements actuellement exploités, en insistant davantage sur ceux de la France; en nous plaçant au point de vue strictement agricole, cette étude offre un intérêt considérable.

Le territoire de la France est particulièrement favorisé; il contient de nombreux gisements répartis dans diverses formations géologiques. D'autres pays l'ont été moins. En raison de l'utilité des phosphates pour l'amélioration du sol, l'agriculture des pays où ce minerai est abondant se trouve dans une situation privilégiée, à la condition toutefois de tirer parti de cette matière fertilisante. Si en effet le phosphate des gisements d'une région est exporté et quitte le territoire national, c'est, il est vrai, un avantage au point de vue commercial, mais c'est un grand préjudice pour l'agriculture indigène qui aurait elle-même pu employer ce produit. L'avantage résultant de l'exportation peut être considéré comme bien inférieur à celui qu'eût donné l'utilisation agricole. Le kilog. d'acide phosphorique se vend à l'exportation environ 20 centimes, et correspond à une production d'un hectolitre de blé ou de seigle, d'un hectolitre et demi d'orge, etc. En nous plaçant uniquement au point de vue du territoire de la France, où l'acide phosphorique manque presque totalement sur plus du cinquième de la surface, nous devons voir avec regret exporter à vil prix un produit fertilisant de première nécessité, dont l'emploi deviendrait une cause de prospérité pour des régions entières. Cette exportation ne se justifierait que si le sol indigène était suffisamment pourvu de cet élément, ce qui est loin d'être le cas, ou que si l'on était assuré d'une réserve assez grande pour parer à l'appauvrissement du sol par les récoltes futures. En exportant l'acide phosphorique, nous sacrifions pour une faible compensation un des principaux éléments de la fertilité du sol.

Les gisements existant en France sont à l'heure qu'il est l'objet d'exploitations actives; malgré leur étendue et leur importance, on peut prévoir le moment où ils seront épuisés, et les agriculteurs éprouveront d'amers regrets d'avoir laissé enlever ainsi par l'étranger une si importante source de richesse. Avant qu'il ne soit trop tard, nous engageons vivement les cultivateurs à pourvoir leurs sols de phosphate; cet élément n'est point sujet, comme l'azote, à des déperditions; le stock introduit dans la terre lui restera acquis et sera utilisé peu à peu par les récoltes successives.

Si le prix des phosphates était élevé, une pareille pratique ne serait pas à conseiller à l'agriculteur, qui aurait alors un capital important à immobiliser pendant une longue période d'années; mais il n'en est point ainsi. Le prix des phosphates est extrêmement minime; avec un faible sacrifice on peut augmenter dans une forte proportion la valeur foncière des terrains. Prenons un exemple de la création d'un stock de phosphate dans le sol. En s'adressant à des phosphates naturels d'un titre moyen, dans lesquels le prix de l'acide phosphorique est d'environ 20 centimes le kilog., nous pouvons introduire dans le sol 1000 kilog. d'acide phosphorique par hectare avec une dépense de 200 francs, non compris les frais de transport et d'épandage. Les récoltes moyennes de céréales enlevant au sol environ 20 kilog. d'acide phosphorique par an; on voit que la proportion ainsi introduite peut suffire à 50 années de production moyenne, en laissant au bout de cette période le sol aussi riche en phosphate qu'il l'était au début. Cet apport aura augmenté la valeur foncière de 200 francs et la valeur locative de 10 francs par année; nous pouvons sans crainte affirmer qu'il est bien peu de terrains qui ne puissent répondre largement à ce sacrifice.

Répartition suivant les étages géologiques. — Les phosphates se rencontrent dans presque tous les étages géologiques.

Dans le terrain primitif, on trouve les immenses gisements d'apatite du Canada ; dans le silurien, les nodules ; dans le dévonien, les amas d'apatites du Nassau ; dans le terrain houillier, des bancs de nodules.

Dans le trias, on constate des concentrations de phosphate, mais en général elles ne sont pas susceptibles d'être exploitées.

Dans le lias, le phosphate commence à être abondamment répandu dans les roches constituantes et principalement dans les minerais de fer. On y a découvert des gîtes de nodules qu'on exploite avec avantage.

L'étage oolithique nous offre les importants gisements des phosphorites du Quercy.

Mais c'est dans l'étage crétacé que s'est produite la plus grande concentration du phosphate de chaux. Dans les différentes assises de cet étage, sont établies en France et à l'étranger, les exploitations les plus considérables de ce minerai, qui s'y présente sous la forme de nodules ou de coprolithes, de craie ou de sable phosphatés. C'est cet étage qui est le grand réservoir d'acide phosphorique.

Les terrains tertiaires sont pauvres en gisements, et on ne peut y signaler aucune exploitation importante.

Enfin les terrains quaternaires nous offriront l'exemple intéressant de dépôts récents de phosphate, sous la forme de brèches osseuses et de guanos phosphatés.

Certaines régions sont privilégiées, en ce sens que les formations géologiques dans lesquelles le phosphate est le plus abondant y couvrent de grandes surfaces. Dans l'étude qui va suivre, on trouvera l'énumération des principaux gisements phosphatés et, dans une certaine mesure, l'évaluation de leur importance; on y verra que le phosphate s'est localisé en assez grande abondance pour pouvoir fournir pendant longtemps aux exigences du sol. Mais il peut arriver que les gisements les plus riches viennent à s'épuiser et qu'il faille alors s'adresser à des produits moins concentrés dont l'extraction et l'emploi seraient plus onéreux.

Après avoir jeté un coup d'œil rapide sur les gisements qui existent dans les différents pays, nous examinerons avec plus de détails ceux de la France, en renvoyant pour plus amples renseignements aux études et aux mémoires des géologues et des ingénieurs qui ont écrit sur ce sujet : E. de Beaumont, Delesse, de Lapparent, de Molon, Nivoit, Fuchs, Olry, etc.

§ II. — LES PHOSPHATES MINÉRAUX DANS LES DIFFÉRENTS PAYS.

Allemagne.

Apatites du Nassau. — L'apatite est du phosphate de chaux cristallisé, contenant à l'état de combinaison du fluorure et du chlorure de calcium, et mélangé en quantité variable de silice, d'oxyde de fer, de carbonate de chaux, etc. Elle se présente en masses, parfois de dimensions considérables, formées de prismes hexagonaux d'une cassure vitreuse et inégale; c'est une roche très dure et d'une pesanteur spécifique voisine de 3.25. Sa couleur varie; le plus souvent elle est verdâtre avec des nuances diverses, depuis le vert clair et le vert jaunâtre jusqu'au vert foncé; quelquefois aussi elle est violacée; souvent enfin elle affecte une apparence laiteuse.

L'apatite se rencontre presque exclusivement dans les terrains cristallisés et dans les roches métallifères; comme celles-ci, elle provient de l'intérieur de la terre, d'où elle a pu être amenée en même temps que les roches qu'elle accompagne. On a encore supposé qu'elle est le résultat du dépôt formé par des sources minérales ou des émanations.

Description du gisement. — Dans les terrains dévoniens du Nassau, on a constaté dès 1850 la présence du phosphate de chaux, mais ce n'est qu'en 1864 qu'on s'est rendu compte de l'importance des gisements, et à partir de ce moment, leur exploitation a pris un essor rapide. Ces gisements sont disséminés et ne forment pas de masse continue; les concrétions sont cependant assez considérables pour qu'on soit obligé de les faire sauter par la mine; ce sont les grosses masses qui ont le plus grand degré de pureté. Les petits morceaux sont généralement souillés de parties terreuses qui en abaissent le titre; on peut les purifier par un lessivage qui élimine près de 50 % de matières argileuses et sableuses. Ce n'est pas seulement la puissance des gisements qui est variable, mais encore la richesse en phosphate de chaux. Dans les meilleures conditions, les grosses masses en contiennent 70 à 75 %; les pierres lavées entre 50 et 70 %; dans d'autres exploitations, on n'obtient pour les grosses masses qu'un titrage de 62 à 63 %. Lorsqu'on opère sur des produits très riches, on se garde de perdre les parties sableuses entraînées par le lavage et qui contiennent encore près de 30 % de phosphate.

Propriétés des minerais. — Les propriétés physiques des minerais sont aussi très variables, en particulier leur dureté. On en trouve qui sont assez durs pour faire feu au briquet; d'autres se laissent facilement rayer au couteau; leur cassure est en général concoïdale. Ceux qui sont les plus denses et qui ont la plus grande richesse se présentent ordinairement en rognons plus ou moins gros, avec une nuance changeante, verte ou violacée. La partie colorée forme un enduit plus ou moins épais à la surface de la masse.

Composition des produits. — Quoique la richesse de ces produits en acide phosphorique soit très variable et que par suite on ne puisse pas donner une composition moyenne, nous citerons quelques analyses des phosphates du Nassau.

	Vœlcker.			Dietrich et Konig.
	Échantillon de choix.	Phosphate riche.	Phosphate ordinaire.	
Phosphate de chaux.....	79.00	66.00	58.22	63.00
Carbonate de chaux.....	4.25	4.22	»	4.70
Oxyde de fer et alumine.	4.00	»	»	7.20
Fluor..................	2.88	»	»	4.88
Silice..................	4.61	10.62	21.61	16.00

La proportion du fluor varie entre 2 et 5 % ; celle du carbonate de chaux est peu élevée; l'oxyde de fer et l'alumine réunis s'éloignent peu de 5 à 7 %.

Si l'on excepte les gisements du Nassau, l'Allemagne ne contient que fort peu d'amas de phosphates; on en constate des couches dans la Wetsphalie, la Bavière, le Hainau, le Hanovre, etc.; elles sont du reste fort peu importantes et rarement exploitées. L'Allemagne est tributaire de l'étranger en ce qui concerne les engrais phosphatés dont elle fait pourtant un grand usage.

Espagne.

L'Espagne renferme divers gisements d'apatite qui font l'objet d'exploitations assez importantes et dont les produits, en raison de leur richesse, sont très recherchés pour la fabrication des superphosphates. Ils sont connus généralement sous le nom de phosphates de Logrozan ou de Cacérès, ou encore sous celui de phosphates de l'Estramadure.

Phosphates de l'Estramadure. — Dans la province de Cacérès, les gisements sont très importants; le phosphate se trouve en filons bien caractérisés, quelquefois en amas, dans le granit et le terrain de transition, avec des aspects, une texture et une densité très variables, tantôt à l'état cristallisé, tantôt à l'état amorphe.

Description des gisements. — Les filons dans le granit sont très nombreux; mais leur épaisseur est irrégulière et ils se réduisent souvent à des veines insignifiantes; il s'y mélange de grandes quantités de quartz; aussi leur exploitation est-elle peu avantageuse. Ceux qui existent dans les schistes sont beaucoup plus avantageux; leur rendement est plus élevé et leur exploitation plus facile; il s'y mélange moins de substances étrangères. L'un des gisements les plus importants est celui de Costanza, aux environs de Logrozan, qui a une longueur reconnue de plus de 4 kilomètres et qui est exploitable sur une étendue de 1 kilomètre; la puissance du filon est ordinairement voisine de 2 mètres; elle peut atteindre et même dépasser 10 mètres en certains points.

Quelquefois on trouve des filons irréguliers ou des amas dans les calcaires dévoniens, mais seulement aux endroits où ce calcaire est contigu aux schistes dans lesquels le phosphate se rencontre de préférence. Ceux qu'on trouve dans ces conditions aux environs de Cacérès et de Montanchez sont exploités sur une grande échelle; ils sont ordinairement accompagnés d'une argile ferrugineuse et contiennent peu de quartz en mélange. Ce phosphate a manifestement pour origine les sources minérales venant de l'intérieur de la terre, et l'on trouve encore dans la même région des sources thermales qui sont extrêmement riches en phosphate.

Les mines de Cacérès fournissent annuellement entre 50,000 et 60,000 tonnes de minerai, qui est en majeure partie expédié en Angleterre pour être transformé en superphosphate.

Composition des produits. — Voici la composition de ces produits, d'après des analyses faites au laboratoire de l'École de Mines de Madrid :

	Apatites de la mine de Seguridad.	Phosphorites de la mine Fortuna.	Phosphorites de la mine Cofianza.	Phosphorites de la mine de Esmeralda
	—	—	—	—
Phosphate de chaux	89.68	78.16	80.77	84.04
Carbonate —	0.00	11.30	17.00	0.00
Silice	1.90	5.60	0.10	10.00
Alumine et oxyde de fer .	2.45	1.10	0.08	0.43
Fluorure de calcium.....	5.39	2.18	1.03	5.05

Ces analyses se rapportent aux types principaux des diverses mines. Les produits qu'on trouve dans le commerce étant le résultat de mélanges du minerai, ont une composition plus uniforme, mais tout en présentant encore des écarts dans leur teneur en acide phosphorique.

M. Petermann donne pour 8 échantillons, prélevés sur les chargements des navires arrivés dans les ports belges en 1877 et 1878, des proportions d'acide phosphorique qui varient depuis 27,60 jusqu'à 33,12, correspondant à 60,25 et 72,30 de phosphate de chaux.

La moyenne centésimale de ses analyses est la suivante :

Acide phosphorique	30.45
Correspondant à phosphate de chaux	66.47
Carbonate de chaux	4.16
Silice et sable	25.32
Oxyde de fer et alumine	1.34
Fluor, avec traces d'autres substances.....	2.48

Vœlcker, qui a analysé un grand nombre de phosphates d'Espagne importés en Angleterre, trouve des titrages notablement plus élevés. Le plus souvent, ses chiffres sont voisins de 33 à 34 %, d'acide phosphorique, soit environ 74 de phosphate de chaux ; mais il a rencontré aussi des produits plus pauvres n'ayant que 19, 26, 29 % d'acide phosphorique et d'autres plus riches en donnant 36, 38 et jusque près de 40. Les phosphates de Montanchez sont en général les plus riches.

Au point de vue de la fabrication des superphosphates, il n'y a pas seulement à considérer la proportion du phosphate de chaux, mais encore celle du carbonate de chaux. Ce dernier élément est nuisible, en ce sens qu'il immobilise de l'acide sulfurique. Certains phosphates d'Espagne sont complètement dépourvus de carbonate de chaux; dans la plupart des minerais, il y en a des quantités peu élevées, comprises entre 3 et 12 %. La proportion de sable siliceux est beaucoup plus variable; c'est elle qui détermine ordinairement la richesse du minerai. Dans quelques cas, elle est presque nulle et alors la teneur en phosphate peut atteindre 85 % ; dans d'autres cas, cette proportion de silice s'élève à 35 et même à 40 % et abaisse alors d'autant la richesse du minerai. C'est le plus souvent 20 à 25 % de cette substance inerte qu'on rencontre dans les produits du commerce.

L'oxyde de fer et l'alumine, qui sont nuisibles dans la fabrication du superphosphate, existent dans une proportion ne dépassant pas ordinairement 1 à 2 %. Le fluorure de calcium se trouve dans les mêmes proportions.

Depuis peu d'années, on fabrique à Cacérès des superphosphates enrichis; on extrait l'acide phosphorique des minerais à gangue siliceuse qui n'immobilisent pas l'acide sulfurique, et cet acide phosphorique sert à attaquer les phosphates à gangue calcaire. On produit ainsi des engrais très concentrés et de haute valeur.

Le même gisement se continue dans le Portugal; on le rencontre surtout aux environs de Portalègre et de Marvao, dans des schistes analogues à ceux de Cacérès. Il y est exploité, quoique le minerai soit moins riche que celui d'Espagne.

Phosphates de Murcie. — Dans la province de Murcie, M. Ramon de Luna a découvert un gisement qui se trouve recouvert d'une couche peu épaisse de carbonate de chaux et qui est constitué par des masses poreuses d'une faible densité, de couleur rougeâtre, pénétrées de cristaux d'apatite. La substance qui accompagne le phosphate est principalement constituée par la silice et le phosphate de fer. Les terrains dans lesquels on rencontre ce minerai sont d'origine volcanique.

La composition centésimale de ce phosphate est en moyenne la suivante :

Phosphate de chaux	45.00
Carbonate —	11.00
Fluorure de calcium	0.50
Peroxyde de fer	5.50
Silice	38.50

On trouve encore dans la province de Murcie le gisement de Sierra Alhamilla, qui donne un produit blanc, facile à réduire en poussière, mais d'un titre peu élevé, 25 à 30 % de phosphate de chaux; il contient 30 % de silice et une forte proportion de sulfate de chaux.

Norwège.

En Norwège, on trouve aussi des filons de phosphate de chaux dans le terrain primitif et dans les schistes qui sont en contact avec lui. Quelquefois les couches sont superposées; leur puissance est ordinairement de 1 à 2 mètres. C'est dans les environs de Krajeroë et d'Arendal et dans la Laponie suédoise qu'on les rencontre.

Les phosphates de Norwège sont à juste titre regardés comme les plus riches. Suivant M. Petermann ils contiennent 86,08 % de phosphate de chaux, correspondant à 39,43 % d'acide phosphorique, très peu de silice, presque pas de carbonate de chaux et de fluorure de calcium.

Vœlcker y a trouvé 41 à 42 % d'acide phosphorique correspondant à 91 % de phosphate de chaux.

C'est donc un produit d'une très grande pureté et dont l'emploi serait des plus avantageux pour la fabrication des superphosphates; mais le peu d'abondance du minerai et la difficulté des transports ont fait perdre beaucoup d'importance à ces gisements, dont pendant quelques années l'exploitation a été activement poussée dans les parties accessibles.

Russie.

Phosphates de la Podolie. — La Russie contient dans les terrains siluriens de la Podolie des concrétions sphériques, brunes ou noirâtres, d'un diamètre variant de 2 à 18 centimètres, d'une structure fibreuse, d'une richesse moyenne de 75 à 88 % de phosphate de chaux. La teneur en fluorure de calcium est généralement élevée et atteint 6 à 7 %; le carbonate de chaux, le sable siliceux n'existent qu'en petites quantités. Ces concrétions paraissent s'être formées par substitution du phosphate au carbonate de chaux, sous l'influence d'eau chargée de phosphate. On trouve fréquemment dans les concrétions sphériques un noyau formé de carbonate de chaux.

Les principaux gisements se trouvent sur la rive gauche du Dniester, entre Saint-Uszica et Nogilew, ainsi que dans les vallées des affluents du Dniester, sur un grand nombre de points.

Phosphates de la Russie centrale. — Dans les terrains crétacés (étages albien et cénomanien) de la Russie, il existe des gisements d'une grande richesse sur d'immenses surfaces, comprises dans un triangle dont les sommets seraient Saint-Pétersbourg, Odessa et Orenbourg et n'occupant pas moins de 20 millions d'hectares. D'après Yermoloff, le rendement par hectare dans la région centrale pourrait être de 15 à 20,000 tonnes de minerai; dans d'autres régions, comme le gouvernement de Tambow, ce chiffre s'élèverait à 30 et même 60 mille tonnes. Ce phosphate, qu'on appelle le *samorod,* se trouve dans le terrain crétacé. Dans la région occidentale, dans les steppes, on a pu en reconnaître la présence en un grand nombre de points. Dans le gouvernement de Tambow, il présente fréquemment une première couche de nodules recouverte de grès, puis une deuxième couche de concrétions ou de morceaux en forme de dalles, renfermant plus ou moins de nodules, et d'une épaisseur de 40 à 60 centimètres. Cette dernière, qui est la plus importante, repose sur du sable. Sa richesse est ordinairement comprise entre 38 et 50 % de phosphate de chaux; les parties les plus siliceuses n'en renferment que 30, les plus pures vont jusqu'à 60 %. Dans d'autres endroits tels qu'à Spassk, le phosphate s'est infiltré dans le sable, dont il a soudé les particules, en formant des grès d'une richesse en phosphate de 10 à 25 %.

Autres gisements. — Dans le calcaire cénomanien de la partie centrale de la Russie, dans le gouvernement de Koursk, le phosphate revêt encore la forme de rognons et de nodules souvent cimentés entre eux, ou celle de larges dalles.

Leur teneur en phosphate de chaux varie de 30 à 60 % avec une moyenne de 35, la teneur en carbonate de chaux de 8 à 10 %, le fluor est peu abondant; la matière sableuse constitue fréquemment la moitié du poids du minerai.

En général, plus les nodules sont denses, plus leur richesse est grande. On trouve, en mélange avec la masse du phosphate, des débris fossiles, os, coquilles marines, etc. qui contiennent jusqu'à 30 et 35 % d'acide phosphorique. Dans tout le terrain qui contient ces gisements le phosphate de chaux s'est infiltré.

On constate encore dans les grès siluriens du gouvernement de Saint-Pétersbourg des amas de coquilles et des concrétions phosphatées qui dosent 25 à 30 % de phosphate de chaux.

Les terrains dévoniens du gouvernement de Novgorod contiennent une roche calcaire remplie de débris fossiles et qui ne titrent que 5 à 20 % de phosphate de chaux; elle n'est susceptible d'être utilisée que par les agriculteurs du pays.

Dans les terrains jurassiques du même pays on signale également des nodules.

En général on n'exporte de la Russie que les produits les plus riches, qui servent à la fabrication du superphosphate; les frais de transport très élevés ne permettent pas d'employer ailleurs que sur place les produits dont la richesse est moindre.

La Russie est peut-être le pays du monde le plus riche en phosphate. « Il est difficile, dit M. Yermoloff, de se faire une idée même approximative des richesses recelées dans le gisement du crétacé... Nous ne croyons pas exagérer en affirmant que la Russie centrale repose sur du phosphate de chaux et qu'elle pourrait en paver la moitié de l'Europe, tant les couches qu'elle renferme sont inépuisables de richesses. »

Angleterre.

Phosphates du Pays de Galles. — L'Angleterre possède quelques gisements de phosphates; le principal se trouve dans les terrains siluriens du pays de Galles, sous forme d'un schiste noirâtre d'une puissance d'environ $0^{m},45$. On y trouve encore un calcaire phosphaté d'une épaisseur plus considérable. Les gisements ont une grande étendue, mais ils sont formés de minerais très inégaux qu'il faut séparer. Les plus riches contiennent 60 à 65 % de phosphate de chaux, la moyenne est d'environ 50. La teneur en carbonates de chaux et de magnésie est variable et quelquefois assez élevée. Presque tous ces produits contiennent de la pyrite de fer.

C'est dans le schiste noir qu'existent les concrétions constituant le véritable gisement; mais le produit qu'elles fournissent, en raison de sa contenance en carbonate de chaux et en oxyde de fer, ne se traite pas avantageusement pour la fabrication des superphosphates. Le calcaire phosphaté qui l'accompagne n'est pas assez riche pour pouvoir être exploité.

Gisements divers. — Dans le même pays, l'étage albien du crétacé renferme des phosphates disséminés dans deux bandes, dont l'une va du Dorsetshire au Yorkshire et l'autre traverse le Sussex, le Surrey et le Kent. Les terrains tertiaires (crags) des comtés de Suffolk, Norfolk et d'Essex renferment parfois des amas de nodules mêlés à des os d'animaux; ces nodules sont constitués par des coprolithes amorphes d'aspect terreux, souvent avec des nuances verdâtres. Leur richesse est assez uniforme, en moyenne de 60 % de phosphate de chaux avec 15 à 30 de carbonate. On les emploie directement après les avoir pulvérisés.

L'Angleterre n'est pas plus que l'Allemagne favorisée au point de vue de l'acide phosphorique. Aussi est-elle obligée, pour les besoins de sa culture très intensive, de faire appel aux gisements étrangers. C'est le pays qui consomme le plus de superphosphates et qui fait les plus fortes importations des phosphates de l'Amérique, de l'Espagne et de la France.

Belgique.

Craie phosphatée de Ciply. — La Belgique contient des roches phosphatées dont quelques-unes sont exploitées; le gisement le plus important se trouve dans la craie de Ciply, formée de masses peu cohérentes et stratifiées.

Description des gisements. — A la partie supérieure et sur une épaisseur variant de 6 à 12 mètres, cette craie renferme de petits grains brunâtres et arrondis dépassant rarement le volume d'une tête d'épingle et constitués par un mélange de phosphate et de carbonate de chaux. Au-dessus de cette craie plus ou moins brunâtre, se trouvent les poudingues de la Malogne, essentiellement formés de nodules dont les grains sont cimentés par du calcaire et qui sont également un mélange de phosphate et de carbonate de chaux. L'épaisseur de ce gisement est très variable, souvent elle n'a que quelques décimètres, dans d'autres cas elle atteint près de 2 mètres. Ce poudingue est lui-même recouvert par le tuffau de Maestricht qui, lui aussi, contient de l'acide phosphorique.

Composition des craies. — M. Petermann, qui a fait des études très étendues sur ces gisements, donne la composition suivante à la craie de Ciply :

Phosphate de chaux...........	25.40	p. 100
Carbonate de chaux...........	50.00	—
Matières organiques...........	2.30	—
Fluor.........................	traces	—
Oxyde de fer et alumine.......	1.00	—
Silice, sable, etc.............	21.30	—

En moyenne, M. Petermann a obtenu avec les craies

11,25 % d'acide phosphorique, correspondant à 24,56 % de phosphate de chaux; le minimum de phosphate a été de 20,24 et le maximum de 30,54.

Ce minerai étant constitué par un mélange peu cohérent de grains phosphatés et de carbonate de chaux, M. Melsens a essayé d'en opérer la concentration par un lavage à l'eau, qui entraîne une partie du carbonate en laissant un produit enrichi en phosphate. Cet enrichissement, cependant, ne dépasse guère un tiers; il peut porter de 24 à 33 % la teneur en phosphate.

Le développement de cette craie phosphatée est considérable; elle affleure sur une ligne de plus de 7 kilomètres de longueur; une surface d'au moins 250 hectares est exploitable à ciel ouvert; on a calculé que le volume de roche qu'on pourrait enlever ainsi est d'environ 20 millions de mètres cubes, contenant plus de 7,000,000 de tonnes de phosphate de chaux.

Les craies de Ciply ne sont pas assez riches, si ce n'est après leur traitement par des procédés mécaniques, pour qu'on puisse les transformer en superphosphates. Les expériences culturales instituées par M. Petermann ne leur assignent qu'une valeur fertilisante extrêmement faible, si elles n'ont pas au préalable subi une transformation chimique.

Phosphate riche de Mesvin-Ciply. — Mais dans cette craie grise relativement pauvre en phosphate, on a trouvé des produits d'une richesse beaucoup plus grande, notamment aux environs de Mesvin-Ciply. Le phosphate forme une couche terreuse d'environ $0^{m},25$ d'épaisseur au-dessus de la craie et se présente avec l'apparence d'une poudre grenue faiblement agglomérée, assez lourde, humide au toucher et de couleur châtaine. Cette couche n'est pas continue; elle forme souvent une sorte de poche conique qui s'enfonce dans la craie; on l'exploite à ciel ouvert, avec la seule précaution d'empêcher son mélange avec les matériaux qui l'entourent. Ce phosphate est généralement séché, avant d'être expédié; d'après M. Petermann, il renferme en moyenne :

	Matière brute.	Matière séchée.
	—	—
Acide phosphorique p. 100............	24.45	27.79
Correspondant à phosphate de chaux...	53.30	60.58

On y trouve une quantité de carbonate de chaux peu élevée (10 à 15 %), avec 10 % de sable et très peu d'alumine et d'oxyde de fer. Le minerai est donc propre à la fabrication des superphosphates.

On a encore dans d'autres localités, telles que le bois d'Havré (Havré-Aubourg), des gisements analogues recouvrant la craie et titrant jusqu'à 56,43 % de phosphate, avec 10 à 13 % de carbonate de chaux.

Ces deux couches sont l'objet d'une exploitation importante. Elles paraissent s'être formées sous l'influence de l'action des eaux, qui en ont éliminé mécaniquement le carbonate de chaux; la nature a ainsi réalisé un effet auquel tend l'industrie, lorsqu'elle soumet ces craies à un lavage qui concentre le phosphate.

Poudingues de la Malogue. — Les poudingues de la Malogue qui recouvrent la craie phosphatée et qui sont formés par des nodules, sont notablement plus riches qu'elle, ainsi que l'indiquent les analyses ci-dessous :

	Petermann.			
	I.	II.	En moyenne.	Nivoit.
	—	—	—	—
Acide phosphorique........	22.48	15.10	19.15	20.35
Correspondant à phosphate de chaux................	49.00	33.00	43.11	44.30

Ces divers échantillons contiennent de grandes quantités de carbonate de chaux, des matières organiques, peu ou pas de fluor. L'épaisseur de ces poudingues est très variable, mais généralement assez faible.

Au-dessus de la craie de Ciply se trouve une roche calcaire poreuse et friable appelée tuffeau de Ciply et dont la partie inférieure est mélangée de pierres calcaires plus dures; ces dernières renferment une certaine quantité de phosphate; elles servent souvent à la fabrication de la chaux. M. Petermann en donne l'analyse suivante :

	Pierres dures.	Chaux vive provenant des pierres dures.
Acide phosphorique..........	5.98	8.86
Chaux..	53.03	84.72

Une pareille chaux employée au chaulage introduit dans le sol de grandes quantités de phosphate.

L'exploitation des gisements connus sous le nom de craie de Ciply a augmenté considérablement dans ces dernières années, grâce surtout aux dépôts plus riches qu'on y a constatés et aux procédés propres à enrichir mécaniquement en phosphate les produits naturellement pauvres.

Amérique du Nord.

Apatites du Canada. — Le Canada contient dans le granit et dans les schistes avoisinants, des filons d'apatite qui ont souvent une puissance de plusieurs mètres. Ce phosphate contient 70 à 75 % de phosphate de chaux, pas de carbonate et peu d'oxyde de fer, mais des quantités très notables de fluorure. Ce minerai est exporté en morceaux de 1/2 à 2 kilog. formant des cristaux prismatiques verdâtres d'aspect vitreux. Les frais d'extraction et surtout de transport n'ont pas permis à ce produit d'arriver en abondance sur les marchés européens.

Phosphates de la Caroline du Sud. — On trouve dans des terrains de formation relativement récente des couches, d'une épaisseur variable, de nodules mêlés à des débris de fossiles, recouvertes par les alluvions modernes.

Le gisement est exploité sur une grande échelle dans les environs de Charlestown, ainsi que sur les bords de la rivière Aschley. Les nodules sont tantôt compacts, noirs, riches en silice et en matière organique, tantôt moins colorés, spongieux comme du coke.

Les nodules qu'on trouve sur les bords des cours d'eau (*River phosphat*) sont plus appréciés que ceux qu'on tire du sein de la terre (*Land phosphat*); les premiers, plus durs et de couleur plus foncée, sont exploités à l'aide de dragues à vapeur et débarrassés par lavage du sable et de l'argile qui y adhèrent; les seconds plus mous et de couleur plus claire sont exploités à bras. Comme il y a beaucoup d'argile adhérente, l'opération du lavage est difficile et coûteuse.

Vœlcker donne pour leur composition les chiffres suivants :

	Phosphate de rivière.	Phosphate de terre.
	—	—
Acide phosphorique....................	26 à 29 %	22 à 25 %
Correspondant à phosphate de chaux....	58 à 63	48 à 54

Avec environ 20 % de carbonate de chaux.

Les phosphates de rivière se trouvent par places le long des cours d'eau ; ceux de terre recouvrent d'immenses surfaces qu'on a évaluées à près de 80 kilomètres carrés. La plus grande partie des phosphates de la Caroline du Sud est expédiée en Angleterre, chargée comme lest à bord des navires qui transportent le coton. Les frais de transport se trouvent ainsi notablement diminués.

On les emploie principalement à la fabrication des superphosphates.

Amérique du Sud et Antilles.

Guanos phosphatés. — Une source importante de phosphate se trouve dans les guanos répandus en grande quantité dans le nouveau monde et principalement sur les côtes et dans les îles de l'océan Pacifique.

Le guano, formé de déjections et de cadavres d'oiseaux et de chauves-souris, est un produit essentiellement azoté et comme tel rentre dans la catégorie des engrais azotés dont nous avons parlé longuement. Ici nous n'avons à le considérer que comme une source de phosphate et, de fait, dans certaines conditions il forme de véritables gisements phosphatés, donnant un produit dans lequel l'acide phosphorique s'est concentré et joue le principal rôle.

Dans les guanos proprement dits on trouve en même temps de l'azote et des phosphates en quantité variable. Ils sont de beaucoup les plus recherchés; leur principale valeur réside dans l'azote et il n'est tenu compte des phosphates que dans une mesure moindre, quoique leur proportion atteigne et dépasse souvent 20 %.

Formation des gisements. — Mais dans certains cas et particulièrement dans les régions où les pluies sont abondantes, les guanos ont subi des lavages; peu à peu les sels ammoniacaux et la plus grande partie de la matière organique ont été enlevés et il ne reste qu'un résidu renfermant les éléments les moins solubles du guano primitif. Le phosphate de chaux est de ces derniers; il se concentre dans le résidu, jusqu'à en former presque exclusivement la masse. Mais ordinairement on trouve une certaine quantité de matières azotées et la démarcation entre les guanos azotés et les guanos phosphatés n'est pas absolument nette. Tous les intermédiaires existent entre les produits très riches en azote et pauvres en phosphates et ceux où le phosphate s'est concentré et d'où l'azote a été éliminé.

Nous ne pouvons pas étudier en détail tous les gisements de guanos phosphatés qui sont actuellement connus; leur nombre est trop grand; nous nous bornerons à indiquer leur origine commune, la composition et l'utilisation de ceux qui sont exploités. Résidus du lavage des guanos par les eaux pluviales, ils gardent encore dans une certaine mesure la forme et l'aspect de la matière qui leur a donné naissance. La substance organique qui y persiste leur communique ordinairement une couleur et même une odeur se rapprochant de celles du guano proprement dit.

Guanos de Mejillones. — On trouve ces produits dans d'immenses gisements existant sur la côte de la Bolivie, près de la baie de Mejillones, à une altitude de 500 mètres. Ils sont constitués par une poudre fine ou par des morceaux très friables, de couleur ocreuse, encore assez riches en matière organique; ils contiennent des concrétions blanchâtres de phosphate ammoniaco-magnésien. Leur richesse en phosphate de chaux et l'absence presque complète de calcaire en font un produit précieux pour la fabrication des superphosphates et c'est dans ce but qu'ils sont ordinairement importés, principalement par l'Angleterre et par l'Allemagne. Ils renferment, suivant Vœlcker, de 64 à 76 % de phosphate de chaux, avec une moyenne d'environ 72; la proportion de carbonate de chaux dépasse rarement 2 à 3 %. Outre l'acide phosphorique, le guano de Mejillones renferme près de 1 % d'azote. L'acide phosphorique n'est pas tout entier à l'état de phosphate tribasique de chaux ; une partie se trouve à l'état de phosphate de chaux bibasique, une autre à l'état de phosphate de magnésie, combinaisons plus solubles dans les réactifs. Cette solubilité et l'état pulvérulent du produit permettraient d'utiliser directement ces guanos comme engrais. Cependant on les emploie pour la fabrication de superphosphates de qualité exceptionnelle, atteignant 20 à 21 % d'acide phosphorique soluble dans l'eau.

Guano des îles de l'océan Pacifique. — L'île Baker dans l'océan Pacifique est peuplée d'un nombre immense d'oiseaux qui se nourrissent de poisson ; les pluies périodiques lavent le guano à mesure de sa formation et le transforment en un produit contenant 35 à 40 % d'acide phosphorique, soit 75 à 90 % de phosphate de chaux, et dont une certaine quantité est à un état plus soluble. Ces guanos renferment en outre de 0.5 à 1 % d'azote ; ils sont exploités comme les précédents et employés aux mêmes usages.

Des gisements analogues existent dans les îles de Jarvis, Howland, Malden, Lacépède et dans un grand nombre d'îles de l'océan Pacifique. Nous réunissons dans un tableau la composition centésimale de ces produits d'après les analyses de Vœlcker :

	Howland.	Malden.	Inderbury.	Starburg.	Lacépède.	Jarvis.
Phosphate de chaux	72 à 76	68 à 77	62 à 82	75 à 95	72 à 8	25 à 55

Tous ces guanos ont une origine analogue à ceux des îles Mejillones et Baker, dont ils se rapprochent d'ailleurs beaucoup.

Diverses îles du golfe de Californie donnent des guanos phosphatés titrant jusqu'à 75 et 88 %.

Ceux qu'on trouve en Patagonie n'en contiennent que 20 à 30 %.

Guanos en roche. — On rencontre en abondance dans certaines régions voisines de l'équateur et notamment dans la mer des Antilles et dans le golfe des Caraïbes des minerais phosphatés qu'il faut regarder comme un produit minéral, mais qui dérivent directement des guanos; aussi leur a-t-on donné le nom de guanos en roche; dans beaucoup d'endroits, ce minerai existe même simultanément avec le guano azoté.

Mode de formation. — Des phosphates alcalins entraînés par les eaux pluviales se sont infiltrés dans les roches poreuses sous-jacentes au guano, ordinairement de formation madréporique; l'acide phosphorique s'est combiné avec la chaux de cette roche pour former du phosphate de chaux qui est resté fixé et qui, peu à peu, s'est substitué au calcaire.

Dans d'autres cas, le phosphate de chaux résidu du lavage des guanos s'est aggloméré sous l'influence de ciments, soit calcaires, soit ferrugineux ou alumineux, soit encore organiques ou siliceux et il s'est produit des morceaux d'une assez grande dureté.

Phosphates des Antilles. — Plusieurs îles de la mer des Antilles contiennent de notables quantités de ce phosphate compact; celui de l'île Saint-Martin se sépare difficilement de la roche madréporique sur laquelle il est déposé; aussi sa teneur en phosphate varie-t-elle d'après Vœlcker depuis 36 jusqu'à 80 % et sa teneur en carbonate de chaux depuis 7 jusqu'à 47 %. Suivant que ce minerai est riche en phosphate et pauvre en carbonate ou inversement, il est ou non employé à la fabrication des superphosphates.

Iles de Redonda, Alta Vela, Sombrero, Navassa. — Le minerai contient l'acide phosphorique en grande partie combiné à l'alumine; la chaux n'y existe qu'à l'état de trace; sa composition ne permet pas de l'utiliser pour la fabrication ordinaire des superphosphates; mais on en fait de l'alun et on obtient alors comme sous-produit de l'acide phosphorique.

Ces produits contiennent :

	Redonda.	Alta Vela.	Sombrero.	Navassa
Acide phosphorique p. 100....	20 à 30	22	31	31

Ile Curaçao. — A la base d'une montagne de calcaire corallien, il existe un phosphate très riche exporté sur une grande échelle et contenant 85 à 87 % de phosphate, avec 6 à 7 % de carbonate de chaux seulement. Ce produit est éminemment propre à la fabrication des superphosphates.

Un grand nombre d'autres îles de la mer des Antilles renferment des gisements de phosphates plus ou moins riches et dont quelques-uns sont exploités pour l'exportation.

Guano de Colombie. — On trouve dans le golfe de Maracaïbo, sous le nom de phosphate américain ou de guano de Colombie, des produits qui se présentent en grosses masses formant des sortes de géodes et contenant jusqu'à 35 ou 40 % d'acide phosphorique, dont une partie se trouve à l'état de phosphate tribasique et l'autre à l'état de pyrophosphate; ils sont exempts de carbonate de chaux.

§ III. — GISEMENTS DES PHOSPHATES DE LA FRANCE.

La France est privilégiée sous le rapport des gisements phosphatés, qu'on trouve dans divers étages géologiques et dans un grand nombre de départements. Certains gîtes font l'objet d'exploitations importantes qui alimentent les marchés, d'autres, de plus faible étendue, servent à l'agriculture locale. Ces phosphates se rencontrent tantôt sous la forme de nodules, tantôt sous celle de sables et de couches stratifiées, tantôt en roches. Nous ne possédons pas de gisements d'apatite ou phosphate cristallisé comme ceux du Canada, de Norwège, etc.; mais nous trouvons dans certains terrains des couches immenses de phosphates filoniens qui s'en rapprochent et qui sont le résultat de dépôts de sources phosphatées.

Nous allons suivre la succession des principaux étages géologiques, qui contiennent des amas de phosphate de chaux. Ce n'est que dans les terrains secondaires et dans le lias inférieur que nous rencontrons les premiers gisements exploitables.

Terrain liasique. — Le terrain liasique est en général très phosphaté, surtout dans les parties supérieures du lias inférieur; les nodules de couleur grisâtre, légers, qui constituent ces gisements sont le plus souvent empâtés dans le calcaire ou dans des argiles, quelquefois mélangés de minerais de fer. Ils ont la forme de rognons, de coquillages fossiles, de vertèbres de sauriens. Dans beaucoup de cas, leur exploitation est impossible parce qu'ils sont incrustés dans la roche et disséminés, mais en certains points comme dans l'Auxois, les Vosges, les Ardennes, ils se trouvent accumulés en plus grande quantité et leur extraction peut devenir rémunératrice.

Voici quelques exemples d'analyses des phosphates du lias :

	Vosges.		Ardennes.		
	Dans le calcaire.	Dans l'argile.	Moiry.	Pont-Maugis.	Côte-d'Or.
	—	—	—	—	—
Phosphate de chaux.....	57.7	79.1	29.80	21.65	61.0
Correspondant à acide phosphorique.........	26.5	36.3	13.67	9.93	28.0
Carbonate de chaux......	26.2	2.0	42.00	40.00	
Oxyde de fer............	5.1	5.8	3.92	8.30	
Alumine................	4.7	4.7	3.70	6.20	
Sable...................	6.8	7.0	14.30	19.20	

Gisements du lias. — Dans la Côte-d'Or, on exploite les gisements de phosphate qui sont disséminés dans une argile ocreuse du lias inférieur.

Des couches analogues se trouvent dans les Vosges, dans la Haute-Marne, dans Meurthe-et-Moselle, tantôt dans le calcaire, tantôt dans les argiles ferrugineuses.

Dans les Ardennes et la Meuse, où les terrains liasiques ont un grand développement, les phosphates se trouvent au milieu de calcaire et entre des marnes schisteuses; dans l'Auxois, ils sont susceptibles d'être exploités.

Terrain oolithique. — Le phosphate de chaux est très répandu dans ce terrain; mais ce n'est que dans un petit nombre de points que son exploitation est avantageuse. Le minerai se trouve tantôt dans du calcaire à silex et dans l'oolithe ferrugineuse, comme dans l'étage bajocien, tantôt dans des argiles grises, riches en fossiles et dans les crevasses du calcaire oxfordien.

Les nodules ont une composition variable; ils ne sont pas en général très riches.

Les phosphates du Calvados ont rarement plus de 35 % de phosphate de chaux.

Ceux de l'étage oxfordien de la Nièvre et du Cher en ont en moyenne 28 à 30 %.

Ceux de l'oxfordien du Quercy, qui sont les plus importants comme étendue et comme richesse, renferment souvent plus de 77 % de phosphate de chaux, correspondant à 35 d'acide phosphorique. Dans l'oxfordien de l'Hérault, leur teneur varie entre 40 et 70 % de phosphate.

Ces minerais sont très différents de ceux que nous avons signalés jusqu'ici; ils paraissent s'être formés par voie éruptive ou plutôt avoir été déposés par les sources thermales chargées de phosphate de chaux, dans des fissures des terrains calcaires; ils se présentent en rognons compacts, souvent concrétionnés comme l'agate.

Gisements. — Les principaux gisements de phosphate de l'oolithe se trouvent dans le Lot, où ils sont l'objet d'exploitations assez importantes, ainsi que dans les départements du Tarn, de Tarn-et-Garonne, de l'Aveyron et de l'Hérault.

Dans le Calvados il en existe aussi plusieurs; notamment aux environs de Bayeux et de Caen.

Terrain crétacé. — Ce terrain est certainement le plus riche en phosphate du globe; presque tous ses calcaires sont phosphatifères du bas en haut. Il y a cependant des niveaux où les gisements sont particulièrement abondants; dans l'étage albien par exemple, on rencontre partout des nodules; d'après les calculs des géologues, cet étage, dans la zone des Ardennes seulement, contiendrait jusqu'à 80 millions de tonnes de phosphate.

1° *Étage néocomien.* — L'étage néocomien, généralement constitué par des calcaires blancs, contient beaucoup de phosphate à l'état disséminé, notamment en mélange avec des minerais de fer ou des sables remplis de lignite. Mais ce n'est que dans de rares localités du Gard qu'il forme des amas assez importants pour que l'exploitation en soit possible. Le phosphate se trouve dans des calcaires blancs et cristallins de la partie supérieure de l'étage ; il remplit les cassures existant dans le calcaire, où il est accompagné de sables argileux, de blocs de calcaire et de débris de polypiers ; il s'est en outre introduit dans les fissures où il a formé des amas continus d'épaisseur variable, tantôt sous la forme de concrétions, tantôt en plaques minces de coloration variée. La richesse du minerai est en moyenne de 60 % de phosphate ; dans quelques cas, elle peut s'élever jusqu'à 80 %.

2° *Étage albien.* — Cet étage contient à sa base les sables verts qui sont recouverts d'une couche d'argile connue sous le nom de gault ; souvent aussi il est accompagné d'une roche qu'on appelle la gaize. C'est dans les sables verts et dans la gaize qu'on trouve le plus souvent les nodules de phosphate de chaux en couches assez régulières.

a) Sables verts. — Les nodules des sables verts présentent ordinairement la forme de rognons arrondis, lisses ou mamelonnés, dont la grosseur est intermédiaire entre celle d'une noix et celle du poing ; leur coloration est grise ou verdâtre à la surface, plus foncée à l'intérieur, avec des reflets irrisés. Ces rognons sont assez compacts, peu homogènes dans leur masse et pénétrés de grains de quartz et de sable ; souvent aussi on y constate des cristaux de pyrite ou de gypse. Ils se trouvent isolés dans la couche sableuse ou réunis en formant un conglomérat assez dur ; en beaucoup d'endroits ils se présentent sous l'aspect de fossiles : coquillages, poissons, sauriens, végétaux divers.

Dans les sables verts, la couche des nodules est assez variable, généralement d'une épaisseur de 5 à 18 centimètres, avec une moyenne voisine de 12.

Voici un exemple de la composition de nodules des sables verts, donné par M. Nivoit :

	Les Islettes (Meuse).
Phosphate de chaux	40.83
Correspondant à acide phosphorique	18.72
Carbonate de chaux	16.00
Oxyde de fer	4.30
Sable et argile	27.98

b) *Gaize*. — Les nodules de la gaize forment des couches plus régulières, avec une épaisseur moyenne de 10 centimètres qui descend jusqu'à 5 et monte jusqu'à 25. Ils sont de couleur plus foncée que ceux des sables verts; leur cassure montre une plus grande homogénéité dans leur masse, quoiqu'on remarque souvent au centre une matière blanchâtre constituée par de la gaize que le phosphate de chaux a englobée. Ils sont plus lourds que les précédents; et leur richesse en acide phosphorique est plus grande.

Les nodules de la gaize ont donné à M. Nivoit :

	Grandpré (Ardennes).
Phosphate de chaux	67.64
Correspondant à acide phosphorique	31.00
Carbonate de chaux	3.30
Oxyde de fer	7.50
Sable et argile	13.50

Ces nodules sont poreux; lorsqu'on les laisse exposés à l'air, leur friabilité devient plus grande et ils se désagrègent plus facilement qu'au moment de leur extraction.

c) *Gault*. — Le gault proprement dit accompagne presque partout l'étage albien; il contient lui aussi des nodules, en couches quelquefois superposées et formant alors une épaisseur totale de plus de $1^m,50$. C'est surtout à l'état de coquilles fossiles que s'y rencontre le phosphate de chaux. Voici des exemples de leur composition :

	Oursins de Lancrans.	Gryphée de Mussel.
	—	—
Phosphate de chaux	70.60	52.00
Carbonate de chaux	17.40	24.25
Sable	12.00	23.75

3° *Étage cénomanien ou craie glauconieuse.* — Le terrain crétacé renferme encore, dans la craie glauconieuse qui recouvre la gaize, sous la forme de sables argileux verdâtres, des nodules phosphatés en couches assez régulières, de 20 à 40 centimètres d'épaisseur; ils ressemblent à ceux des sables verts, quoique plus foncés de couleur et plus ferrugineux; ils se délitent facilement au contact de l'air; ils sont empâtés dans une gangue glauconieuse (hydrosilicate de fer et de potasse). Ils contiennent de 18 à 25 % d'acide phosphorique.

Un échantillon analysé par MM. Meugy et Nivoit, contenait :

Acide phosphorique	18.00
Correspondant à phosphate de chaux	39.50
Carbonate de chaux	12.00
Oxyde de fer	12.10
Sable et argile	26.30

4° *Étage turonien.* — L'étage turonien ou craie grise comprend les assises voisines de la craie glauconieuse; il contient : 1° le tun inférieur ou tun blanc, calcaire compact de 0m,60 d'épaisseur avec environ 10 % d'acide phosphorique, et qui est recouvert d'une couche de craie verdâtre, friable, contenant par places des nodules de phosphate; 2° le tun supérieur, formé de nodules phosphatés de la grosseur du poing, que cimente un calcaire verdâtre et dont la richesse est d'environ 10 % d'acide phosphorique. Cet étage n'offre aucune ressource importante au point de vue de l'exploitation des phosphates.

5° *Étage sénonien.* — L'étage sénonien ou craie blanche, qui constitue une des assises supérieures du crétacé, contient deux niveaux de phosphate d'une grande richesse dont l'exploitation récente a jeté une véritable perturbation sur le marché des phosphates. Ces gisements se présentent avec un aspect particulier, celui de poches remplies de sable phosphaté, au milieu d'une zone de craie qui elle-même est imprégnée de phosphate, souvent en proportion suffisante pour être utilisée.

L'accès facile de ces gisements et leur grande richesse ont donné à leur extraction une activité considérable; mais il convient de dire que les poches seront vite épuisées et que l'avenir des exploitations en France est réservé aux gisements de l'albien et du lias qui ont une étendue beaucoup plus grande.

Gisements du crétacé. — Après avoir énuméré les étages du terrain crétacé qui renferment les plus importants gisements de phosphate, nous devons parler des régions de la France dans lesquelles on les rencontre.

Le terrain crétacé occupe une grande partie du territoire national et c'est lui qui fournit à l'agriculture la plus forte quantité des phosphates.

Dans les départements du Nord, de l'Oise et de la Somme, la craie supérieure de l'étage sénonien domine.

Dans le Pas de Calais, l'étage albien et en certains endroits (Pernes) le cénomanien l'accompagnent, avec les argiles du gault et la craie glauconieuse.

Dans les Ardennes, la Meuse, la Marne, et la Haute-Saône, nous trouvons l'étage albien avec les grès verts et la gaize, les premiers dominant dans la Meuse, la seconde dans la Marne et surtout dans les Ardennes. L'Ain, l'Isère, la Drôme, l'Ardèche, Vaucluse contiennent également des gisements de phosphate dans les assises de l'étage albien, principalement dans les grès verts et dans le gault.

L'Yonne en renferme dans les grés verts, le Cher dans les parties supérieures du gault.

Le Gard a des gisements d'une certaine richesse, principalement dans le néocomien et dans le gault.

Nous venons de passer en revue d'une manière sommaire les assises géologiques et les départements où l'on trouve des phosphates; en raison de l'importance que présentent les matières phosphatées pour l'usage agricole, nous croyons devoir entrer dans de plus longs détails, en énumérant les localités actuellement exploitées et en décrivant département par département les divers gisements. Nous nous servirons surtout dans cette étude d'un document officiel publié par le service des mines, d'après les instructions du ministère des Travaux publics. Les résultats de l'enquête qui a été faite sont contenus dans des tableaux indiquant la production des phosphates de chaux en 1886 et accompagnés de renseignements sur la situation géologique, l'étendue présumée des gisements, le nombre et l'épaisseur des couches reconnues; nous y joindrons des indications d'autant plus détaillées que les gisements ont une plus grande importance.

Phosphates de l'étage albien.

Meuse. — Ainsi que nous l'avons vu, les phosphates de la Meuse se trouvent dans les sables verts; on les y rencontre par couches de $0^m,10$ à $0^m,30$, ordinairement de $0^m,15$ à $0^m,18$ d'épaisseur. Les carrières à ciel ouvert sont peu profondes; dès que les terres de recouvrement dépassent une épaisseur de $2^m,60$ on exploite plus avantageusement par des puits. Les puits et les galeries ont une profondeur ordinairement comprise entre 5 et 10 mètres et dépassent rarement ce dernier chiffre. Le phosphate se rencontre principalement en couches stratifiées, quelquefois en nodules disséminés d'une dureté assez grande, d'une coloration gris verdâtre plus ou moins foncée.

Nous donnons, d'après les documents officiels dont nous avons parlé plus haut, l'indication et l'importance des gisements de la Meuse qui sont actuellement exploités (page 400).

La composition des produits secs varie dans les limites suivantes :

Phosphate de chaux................	35 à 50
Correspondant à acide phosphorique.	16 à 23
Carbonate de chaux	4 à 10
Oxyde de fer et alumine............	5 à 15
Autres éléments (sable, etc.)........	28 à 40

Le fluorure de calcium existe dans la proportion de 3 à 4 %.

Ces produits sont vendus soit à l'état brut, c'est-à-dire tels qu'ils sont extraits des carrières, soit après avoir subi un lavage et une mouture. La quantité livrée à l'état brut a été de 15,812 tonnes et s'est vendue au prix moyen de 17 fr., 24 la tonne. Mais la plus grande partie a été réduite en poudre, après qu'on a enlevé par le lavage ou le fanage les produits inertes qui souillent le minerai. En 1886, 51,829 tonnes ont été vendues au prix moyen de 31 fr., 31.

Ces phosphates sont ordinairement employés en nature, après pulvérisation; la plus grande partie est consommée par la Bretagne, la Vendée et les départements limitrophes.

MEUSE.

NOMS DES LOCALITÉS.	Étendue approximative présumée des gisements.	Quantité présumée de phosphate existant dans les gisements.	Nombre des carrières.	Nombre des ouvriers à l'intérieur.	Nombre des ouvriers à l'extérieur.
	Hectares.	Tonnes.			
Varennes	620	992.000	8	6	18
Cheppy	100	150.000	21	14	42
Clermont	625	937.000	44	66	56
Aubréville	1.050	1.470.000	9	6	12
Avocourt	500	700.000	2	0	4
Neuvilly	1.200	1.680.000	5	0	7
Véry	200	300.000	18	0	31
Lisle-en-Barois	875	1.225.000	8	8	8
Villotte	1.000	1.500.000	53	113	88
Les Islettes	1.420	1.988.000	18	31	21
Triaucourt	1.950	2.730.000	17	12	22
Lavoye	400	200.000	14	16	12
Laheycourt	2.500	3.125.000	10	15	10
Froidos	2.800	350.000	7	9	7
Couzaucelle	100	80.000	4	0	10
Audernay	250	350.000	5	0	5
Auzéville	400	560.000	22	25	25
Monzeville et Esnes	625	875.000	14	0	22
Bethelainville	170	238.000	8	6	10
Dombasles	80	112.000	10	0	15
Bautheville	4	2.000	10	0	15
Cunel	5	2.000	3	0	3
Montblainville	180	215.000	2	0	8
Vauquois	700	875.000	4	0	12
Wally	650	910.000	3	4	2
Louppy-le-Château	950	1.330.000	1	1	1
Autrecourt	200	280.000	4	6	4
Rarécourt	800	1.120.000	8	14	12
Totaux	20.354	24.296.000	332	352	482

Les quantités de phosphate extrait, représentant une valeur de près de 2 millions de francs, et le nombre d'ouvriers employés à ce travail montrent que le département de la Meuse est un des principaux producteurs de phosphates.

Ardennes. — Les phosphates des Ardennes se trouvent dans les sables verts et forment des couches ayant ordinairement de 10 à 20 centimètres d'épaisseur. Presque tous les gisements sont exploités à ciel ouvert et la profondeur des carrières ne dépasse pas 3 mètres; quelques-uns seulement le sont par des puits d'une profondeur maxima de 6 à 7 mètres. Ce phosphate se rencontre en nodules appelés vulgairement *coquins* ou *crottes du diable*, avec beaucoup de coquilles fossiles, surtout des ammonites; il est dur, d'un vert grisâtre.

Outre les produits des sables verts, on trouve encore dans la gaize des phosphates qui sont plus riches, mais à une profondeur telle que leur extraction est à peu près entièrement abandonnée dans les Ardennes.

Nous réunissons dans le tableau suivant (page 402) les indications relatives aux exploitations en activité dans ce département.

La composition de ces produits secs est la suivante :

Phosphate de chaux................	45 à 48
Correspondant à acide phosphorique	16 à 22
Carbonate de chaux................	4 à 8
Oxyde de fer et alumine............	5 à 15
Sable et éléments divers...........	28 à 40

Ils sont donc identiques aux phosphates de la Meuse.

Ces phosphates sont rarement expédiés à l'état brut; en 1886, 410 tonnes seulement ont été vendues à cet état, au prix de 17 francs la tonne. Ils subissent une préparation qui consiste soit à laver, soit à faner ou à

ARDENNES.

NOMS DES LOCALITÉS.	Étendue approximative des gisements.	Quantité présumée de phosphate dans les gisements.	Nombre des carrières.	Nombre d'ouvriers à l'intérieur.	à l'extérieur.
	Hectares.	Tonnes.			
Saulces-Montclin....	20	12.000	12	»	32
Machéroménil.......	10	6.000	2	»	6
Vaux-Montreuil	4	3.000	7	»	18
Les Chesnois........	4	3.000	2	»	10
Wignicourt	3	2.000	2	»	4
Ecordal.............	10	8.000	4	»	10
Saint-Loup	15	12.000	6	»	15
Guincourt	20	20.000	4	8	4
Sorcy-Bauthémont..	5	2.500	5	2	4
Grandpré...........	35	17.500	20	»	75
Ternes.............	1	500	1	»	2
Landres	20	13.000	16	»	35
Champigneulle......	10	5.700	10	»	20
Saint-Juvin	15	7.800	3	»	7
Exermont	10	7.250	7	»	20
Sommerance........	10	4.000	3	»	6
Remonville	10	6.500	7	»	16
Fossé...............	1	650	4	»	5
Chevières...........	20	5.200	1	»	2
Cornay	20	9.000	7	»	22
Châtel-Chéhéry.....	10	7.500	7	»	20
Imécourt............	12	8.400	10	»	35
	255	161.500	140	10	368

sécher les nodules extraits, pour les débarrasser de la terre adhérente et les réduire en poudre par la mouture. La quantité vendue a été de 8,600 tonnes, au prix moyen de 26 fr. 82.

Une partie de ce phosphate est employée dans le département même, une autre plus importante est expédiée en Bretagne et en Belgique. Les phosphates des Ardennes, analogues à ceux de la Meuse, sont souvent utilisés à l'état naturel.

Pas-de-Calais. — Le Pas-de-Calais contient de très nombreux gisements de phosphates, connus sous le nom général de phosphates du Boulonnais. Dans ce département, le terrain crétacé est représenté par plusieurs étages : l'albien, le cénomanien et le sénonien; ce dernier étage affleure à Orville, sur un point du département très voisin de la Somme; il en sera parlé plus loin. Quant au cénomanien, nous l'étudierons avec l'albien, avec lequel d'ailleurs il se confond presque, puisqu'il repose sur l'argile du Gault qui constitue la couche supérieure de l'étage albien; cependant les produits sont différents, comme nous le verrons.

Nous réunissons dans le tableau suivant (page 404 les indications relatives aux exploitations de ce département en ayant soin de distinguer les gisements de l'albien et ceux du cénomanien.

Albien. — Les phosphates de l'albien, ou phosphates du Boulonnais proprement dits, se rencontrent à la base de l'argile du gault et forment des couches très étendues, ayant en moyenne $0^m,14$ d'épaisseur. Presque tous les gisements sont exploités à ciel ouvert, à une profondeur variant de 3 à 6 mètres; quelques puits sont creusés de 12 à 18 mètres de profondeur. Ces minerais se présentent à l'état de nodules très durs, de couleur bleuâtre. Leur teneur en phosphate de chaux à l'état sec est voisine de 45 %, avec 5 % d'oxyde de fer et d'alumine et 35 % de silice; ils ressemblent beaucoup

PAS-DE-CALAIS (ÉTAGES ALBIEN ET CÉNOMANIEN).

NOMS DES LOCALITÉS.	Étendue approximative et présumée des gisements.	Quantité présumée de phosphate dans les gisements.	Nombre des carrières.	Nombre des ouvriers à l'intérieur.	Nombre des ouvriers à l'extérieur.
	Hectares.	Tonnes.			
ALBIEN.					
Wissant			3	»	10
Landrethun			6	»	39
Réty			25	23	26
Hardinghen			15	15	30
Boursin			2	»	21
Colembert			2	»	7
Nabringhem			8	10	16
Longueville			4	4	12
Menneville	600	440.000	1	»	4
St-Martin-Choquel			3	»	26
Samer			1	»	5
Vieil-Moutier			2	»	12
Quesques			2	»	13
Lottinghem			5	12	7
Robergues			1	»	10
Surques			1	»	15
CÉNOMANIEN.					
Merck-en-Liévin	0,5	2.000	1	»	4
Pernes-en-Artois	50	300.000	4	»	162
Audincthun	5,5	21.100	6	»	38
Dennebrœucq	2	7.500	2	»	10
Reclinghem	2	7.500	2	»	8
Aumerval	20	50.000	»	»	»
Bailleul-lez-Pernes	15	30.000	»	»	»
Nedonchelle	20	50.000	»	»	»
Febvin-Palfart	95	200.000	»	»	»
Flechin					
Totaux	810	1.108.100	96	64	475

aux nodules de la Meuse et aux coquins des Ardennes,

Ces phosphates, après avoir subi les lavages et la mouture, étaient vendus en 1886 au prix moyen de 33 francs la tonne; ils étaient expédiés dans les départements du nord de la France, en Angleterre, en Portugal et en Espagne. Dans ces dernières années l'extraction, difficile et coûteuse, a baissé considérablement, par suite des exploitations très actives des gisements de la Somme et de ceux mêmes du cénomanien.

Cénomanien. — Les phosphates du cénomanien, empâtés dans la craie glauconieuse, sont activement exploités à Pernes en Artois, où ils offrent sur 50 hectares une couche moyenne de 40 centim. d'épaisseur; en certains points on signale des épaisseurs de 15 à 20 mètres. Les gisements sont exploités à ciel ouvert à des profondeurs maxima de 6 mètres; ils fournissent des nodules de couleur verte, extrêmement friables et contenant à l'état sec de 20 à 30 % d'acide phosphorique, avec 3 à 4 % d'oxyde de fer et d'alumine. La gangue qui les accompagne est formée de glauconie, hydrosilicate de fer et de potasse; aussi trouve-t-on dans ces phosphates des quantités de potasse parfois élevées, mais dont l'agriculteur ne doit tenir aucun compte, car elle n'est pour ainsi dire pas assimilable par les végétaux. Après lavage et séchage la mouture du phosphate est facile. L'extraction a pris ces dernières années, concurremment avec celle du sénonien, une importance très grande qui a porté préjudice aux phosphates du Boulonnais. En 1886, on exploitait déjà près de 1500 tonnes qui se vendaient 50 francs la tonne dans les départements environnants; les minerais les plus riches sont transformés en superphosphates.

Marne. — Les phosphates s'y trouvent principalement dans la gaize, à 15 à 20 mètres au-dessus des argiles du gault; l'épaisseur de la couche est de 35 à 40 centim. Nous donnons ci-dessous l'indication des principales carrières, qu'on n'exploite plus actuellement, quoiqu'elles se trouvent à ciel ouvert.

MARNE.

NOMS DES LOCALITÉS.	Étendue approximative présumée des gisements.	Quantité présumée de phosphates existant dans les gisements.
	Hectares.	Tonnes.
Braux-St-Rémy	5	4.500
Elize	10	9.000
Argerze	20	18.000
Dammartin-la-Plaine	4	3.000
Chaude-Fontaine	20	18.000
Sainte-Menehould	3	2.700
Totaux	62	55.800

Cher. — Le Cher contient dans la partie supérieure du gault une couche de nodules d'environ 25 centim. d'épaisseur, qui affleure sur 129 kilom. et qu'on exploite à ciel ouvert dans des carrières dont la profondeur ne dépasse pas $3^{m},50$. Le nombre d'ouvriers employés à ce travail est de 62. Les localités exploitées sont : Vailly, Sury, Assigny, Thou, Jars, Menetou-Ratel.

La quantité présumée de phosphate est de 650,000 tonnes; la richesse est de 38,50 % de phosphate de chaux. Ces nodules sont criblés et lavés; la mouture se fait dans une usine située dans la Nièvre. Le produit des carrières s'est élevé à 2,900 tonnes qui se sont vendues au prix de 55 francs et sont consommées principalement dans le Cher, la Nièvre et dans les régions avoisinantes.

Yonne. -- Les grès verts de l'Yonne contiennent dans les parties supérieures des sables de la Puisaie une certaine quantité de phosphate qui se rencontre à l'état de graviers durs, d'une couleur blanc grisâtre. On exploite le plus souvent à ciel ouvert, à une faible profondeur.

Le tableau suivant indique les lieux d'exploitation :

YONNE.

NOMS DES LOCALITÉS.	Étendue approximative présumée des gisements.	Quantité présumée de phosphates existant dans les gisements.	Nombre des carrières.
	Hectares.	Tonnes.	
Pourrain	6	24.000	1
Parly	»	»	3
Méry-la-Vallée et St-Martin-sur-Ocre	1.5	4.500	3
St-Aubin-Châteauneuf	2	6.000	1
Totaux	9.5	34.500	8

La teneur de ces phosphates secs est la suivante :

Phosphate de chaux	30 à 40
Correspondant à acide phosphorique	14 à 18
Carbonate de chaux	5 à 8
Oxyde de fer et alumine	3 à 10
Sable et autres éléments	54 à 56

On a exploité, en 1886, 940 tonnes qui se sont vendues au prix moyen de 15 francs, après avoir subi un criblage. Les produits sont consommés dans l'Yonne, dans le Loiret, ou livrés à l'industrie des superphosphates.

Ces gisements paraissent sur le point d'être abandonnés ; ceux de Parly sont regardés comme épuisés et ne sont plus exploités depuis le commencement de 1887 ;

ceux de Mery-la-Vallée et de St-Aubin-Châteauneuf ont été abandonnés soit à la fin de 1886, soit en 1887. L'Yonne doit donc être rangée dans les départements où l'extraction des phosphates tend à disparaître.

Ain. — On trouve aux environs de Bellegarde, non loin de la perte du Rhône, plusieurs couches de nodules superposées dans le gault, dont l'épaisseur réunie atteint près de 2 mètres.

Ces nodules gardent en grande partie la forme de fossiles, surtout d'oursins, de gryphées, d'ammonites. Ils sont mélangés de proportions notables de sables verts; leur teneur en phosphate de chaux est comprise entre 38 et 70 % et le taux de calcaire entre 17 et 35 %. Ces phosphates ont été exploités activement pendant quelques années et pulvérisés sur place dans des usines auxquelles le Rhône fournissait la force motrice; mais leur exploitation paraît aujourd'hui abandonnée. Le sable dans lequel se trouvent les nodules est lui-même chargé de phosphate de chaux dont il contient environ 4 à 5 %.

Ardèche. — C'est principalement à Viviers qu'on trouve dans les grès verts plusieurs couches de sables et de nodules d'une épaisseur très variable, occupant une étendue présumée de 48 hectares et dont on estime la quantité de phosphate à 72,000 tonnes. Ces phosphates sont exploités par galeries situées à une faible profondeur, quelquefois aussi à ciel ouvert.

Ils contiennent environ 45 % de phosphate de chaux et 5 % de carbonate. En 1886, la production a été de 482 tonnes qui, après débourbage et criblage, se sont vendues sur place au prix moyen de 22 fr. 23. Ces gisements ne paraissent pas appelés à prendre de l'importance.

Drôme. — Dans ce département, les grès verts de l'étage albien contiennent également des nodules phosphatés, qui forment des couches assez minces, mais continues, dans une assise de sable quartzeux cimenté par un agglutinant argilo-calcaire.

On a constaté ces gisements dans la Drôme et dans l'Isère, mais le premier de ces départements contient seul des carrières exploitées. L'épaisseur des couches de sable et de nodules est excessivement variable; dans certaines localités elle descend jusqu'à $0^{m},1$; dans d'autres, elle dépasse 1 mètre; l'exploitation se fait tantôt en galeries, tantôt à ciel ouvert.

Le tableau suivant rend compte de leur importance :

DROME.

NOM DES LOCALITÉS.	Étendue approximative et présumée des gisements.	Quantité présumée de phosphate existant dans les gisements.	Nombre des carrières.	Nombre des ouvriers à l'intérieur.	Nombre des ouvriers à l'extérieur.
	Hectares.	Tonnes.			
Saint-Paul-Trois-Châteaux	49	510.000	4	37	31
Clausayes	141	252.000	6	17	11
Les Granges-Gontardes.	8	16.000	1	3	1
Vallaurie	10	20.000	1	4	3
Totaux.........	208	798.000	12	61	46

Ces phosphates contiennent en général de 45 à 57 % de phosphate de chaux, et quelquefois même plus de 65, avec une proportion peu élevée, dépassant rarement 5 à 10 %, de carbonate; les quantités d'oxyde de fer et d'alumine sont voisines de 5 % et la proportion de sable est comprise entre 30 et 40 %.

Les quantités exploitées en 1886 ont été de 7,033 tonnes, qui se sont vendues, après avoir subi le débourbage et le criblage, au prix moyen de 30 fr. 04; mais qui, suivant leur richesse, varie de 20 fr. à 33 fr., 73. Ces produits sont ordinairement consommés dans les départements voisins, souvent aussi transformés en superphosphate.

Vaucluse. — Les grès verts y occupent une certaine étendue; mais les travaux ne sont pas encore assez développés pour permettre d'apprécier l'étendue et l'importance des gisements; les phosphates s'y trouvent à l'état de nodules d'une dureté moyenne, d'un blanc grisâtre, formant des couches dont l'épaisseur est généralement comprise entre $1^{m},50$ et 3 mètres, qu'on exploite en partie à galeries, en partie à ciel ouvert.

VAUCLUSE.

NOM DES LOCALITÉS.	Étendue approximative et présumée des gisements.	Quantité présumée de phosphate existant dans les gisements.	Nombre des carrières.	Nombre des ouvriers	
				à l'intérieur.	à l'extérieur.
	Hectares.	Tonnes.			
Apt.	»	»	8	»	3
Rustrel	»	»	3	10	4
Gignac.	»	»	2	4	1
Totaux	»	»	13	14	8

On voit par le tableau précédent que ces exploitations n'ont pas jusqu'à présent pris un grand développement; la richesse en phosphate de chaux est ordinairement de 42 à 57 %, avec une moyenne un peu supérieure à 50; il y a environ 5 % de carbonate de chaux, 2 à 3 % d'alumine et d'oxyde de fer et une proportion de sable siliceux voisine de 30 à 35 %.

La quantité exploitée en 1886 a été de 400 tonnes qui, après lavage et trituration, se sont vendues à des prix variant entre 35 et 50 francs, avec une moyenne de 38 fr. 75.

Ces phosphates sont souvent employés à la fabrication des superphosphates.

Exploitation des gisements de phosphates de l'étage albien. — Tous les phosphates de l'étage albien, grès vert, gault, gaize, que nous venons de décrire présentent des caractères communs; leur mode d'exploitation est le même, quel que soit le lieu d'origine; nous le décrirons d'une façon sommaire, d'après des documents recueillis sur place.

Les gisements de phosphate se découvrent par des sondages, et avec un peu d'habitude on ne se trompe guère sur la présence du minerai phosphaté, qui est toujours déposé entre la glaise et les sables verts; on peut même évaluer l'épaisseur de la couche.

Redevances aux propriétaires. — L'extraction se fait quelquefois par le propriétaire même du sol, qui vend le minerai fané aux usiniers; mais le plus souvent ce sont ces derniers qui achètent ou louent le terrain. Les prix d'achat ou de location n'ont rien de fixe, ils sont débattus entre les intéressés; quelquefois on stipule une redevance de 4 à 6 fr. par mètre cube de nodules extraits, mais c'est la location qui est le plus généralement adoptée. Dans ce cas, l'extracteur loue pour une période de deux, trois ou neuf ans, au bout de laquelle il s'engage à rendre le terrain dans l'état où il l'avait pris et recouvert de sa terre végétale; la location varie pour cette période de 2 à 5,000 fr. par hectare; à ce chiffre s'ajoute une indemnité pour privation de jouissance du sol.

Les rendements par hectare varient dans de larges limites : on considère comme un bon rendement de 1,000 à 1,500 tonnes de minerais fanés.

Exploitation à ciel ouvert. — L'exploitation se fait à ciel ouvert jusqu'à 3 ou $3^{m},50$ de profondeur et en puits et galeries, depuis 5 à 6 mètres. Rien n'est plus simple que l'exploitation à ciel ouvert; elle consiste à ouvrir à 10 mètres des champs voisins (règlement de l'administration des mines) une tranchée jusqu'à la couche phosphatée; les couches supérieures de terre végétale et de glaise bleue sont enlevées à la pelle et disposées de façon à combler dans le même ordre la terre enlevée.

Exploitation par puits et galeries. — Quant à l'exploitation par puits et galeries, elle s'opère dans les gisements dont la coupe est en général représentée par une succession de terre végétale, de glaise, de nodules, de sables verts.

On commence par ouvrir le puits en lui donnant à l'ouverture une largeur plus grande, et au bas en l'évasant en voûte. C'est dans cette voûte qu'on ouvre perpendiculairement quatre galeries; tantôt la galerie a les phosphates comme ciel, tantôt elle les a comme base; dans le premier cas les travaux sont plus secs que dans le second. On extrait d'abord une galerie, les terres de la deuxième galerie servent à combler la première et ainsi de suite, la dernière est comblée par les terres remontées à la surface et qu'on est obligé de redescendre. L'ouvrier commence par attaquer une galerie à l'aide de pics très petits; des femmes et des enfants ramassent les nodules, font un triage grossier à la main, les placent dans des paniers et les ramènent au moyen d'un chariot à trois roues dans la voûte du puits, où un treuil ou tour très primitif les remonte à la surface.

Les galeries de $1^{m},20$ de large sur une petite hauteur, ne dépassent pas une longueur de 20 mètres; l'administration des mines exige qu'elles soient boisées pour éviter des éboulements.

Criblage et fanage. — A l'extérieur de la mine les coquins sont jetés sur une claie appelée billard, dont les mailles ont 15 millim. sur 20 millim. et laissent passer les petits cailloux et les sables verts. Les phosphates restent; ce sont les *fanés;* ils sont encore englobés dans une gangue de glaise; on les étale au soleil pour les faire sécher, des femmes et des enfants marchent dessus avec leurs sabots pour détacher la terre. On passe une seconde fois au billard, et on recommence l'opération jusqu'à ce que l'usine les trouve acceptables. Quelquefois le fanage, lorsque la gangue est siliceuse, est suffisant pour nettoyer le minerai; souvent lorsque la gangue est très glaiseuse, le fanage n'est d'aucune utilité, et dans le Boulonnais on passe directement au lavage; le plus souvent on pratique simultanément les deux opérations, la première facilitant la seconde.

Frais d'extraction et de transport. — Le travail d'extraction est fait par des équipes d'ouvriers extracteurs qui travaillent à la tâche ou à prix convenus. Les frais d'extraction, de fanage et d'emmétrage ne dépassent pas 11 fr. par mètre cube de 1,500 kilog. Ce prix est moins élevé pour l'extraction à ciel ouvert.

Les fabricants de poudre de phosphate, au nombre de 25 ou 30 dans la Meuse, ont des équipes d'extraction réparties autour de leurs moulins à des distances qui vont quelquefois jusqu'à 15 kilomètres. La grande difficulté c'est de faire arriver les phosphates à l'usine, à cause du mauvais état des routes. Les transports sont effectués ordinairement à forfait par les petits cultivateurs qui utilisent ainsi leurs attelages, faisant payer très cher leurs charrois lorsque les travaux des champs pressent ou que l'industriel est démuni, faisant payer bon marché lorsque les animaux sont en chômage.

Lavage des nodules. — Quand les tas sont très éloignés du moulin, on ne transporte que les phosphates avés, mais il est rare qu'on puisse procéder à ce lavage à cause du manque d'eau et de l'obligation où on est de rendre l'eau au cours dont on l'a dérivée, après l'avoir débarrassée de ses vases.

Pour constituer un lavoir à bras, on établit par vannes une dérivation sur un cours d'eau et on constitue un bassin très peu profond de 3 mètres de long sur $1^{m},50$ de large dont le fond est formé par une plaque en fonte, percée de trous à la sortie de l'eau; les phosphates sont d'abord mis à tremper ou à dégraisser dans un compartiment, puis ils sont disposés en couches minces sur la plaque en fonte et remués avec des griffes en fer, enfin ils sont séchés au soleil; ils perdent ainsi 30 à 60 % de leur poids de terre. Avant de ramener l'eau au cours d'eau, suivant les exigences de l'administration des ponts et chaussées, on est obligé de lui faire subir des décantations dans une série de bassins.

Travail à l'usine. Mouture. — Les phosphates, fanés et lavés, sont jetés dans le lavoir mécanique, formé d'un arbre incliné muni de fortes dents en fonte, qui brassent fortement les nodules et les jettent dans une auge, où une roue à palettes en fer les remue une seconde fois au sein de l'eau.

Après le lavage, vient le séchage indispensable pour obtenir un bon broyage; le séchage se fait quelquefois au soleil; mais pour aller plus rapidement on a recours au grillage qui se pratique dans des fours.

Les phosphates propres et secs passant au travers de l'anneau de 7 sont concassés par des instruments formés de disques en fonte à dents puissantes; après deux concassages qui les amènent à la grosseur d'une noisette, une chaîne à godets remonte la matière à la réserve, qui est située au haut de l'usine; c'est de là qu'elle tombe dans des meules absolument semblables aux meules à blé, ayant $1^{m},40$ de diamètre, faisant 90 tours à la minute et débitant sept sacs à l'heure; elles doivent être rhabillées tous les cinq ou six jours. La farine obtenue est mise en sacs de 50 kilog. plombés et prêts pour l'expédition, qui a toute son activité au printemps et en été.

Dans certaines usines on ne concasse pas le phosphate, mais on le place directement dans les meules; dans ce cas, la mouture est souvent grossière et on est obligé d'avoir recours au bluttage. Une double mouture est quelquefois pratiquée. Nous aurons plus tard à insister sur la question de pulvérisation.

Pour trier les phosphates en qualités différentes on se base sur cette observation que les phosphates fanés donnent du 14 à 16, c'est-à-dire des poudres contenant 14 à 16 % d'acide phosphorique. Les phosphates lavés dans les lavoirs à main fournissent du 16 à 18; enfin les phosphates lavés deux fois au laveur mécanique donnent de 18 à 20.

Cette classification pratique doit être contrôlée par une analyse des produits.

Analyse. — Cette analyse doit être faite par des procédés scientifiques et non par celui auquel on donne le nom d'analyse commerciale et qu'il faut rejeter d'une façon absolue, parce qu'il n'a pour but et pour résultat que de tromper l'acheteur sur la valeur réelle du produit. En effet par ce procédé on peut faire passer pour des phosphates de bonne qualité des produits très médiocres ou même dépourvus de tout pouvoir fertilisant.

L'agriculture de certaines régions a été pendant de longues années la victime des fraudes qui s'exerçaient sous le couvert de la *méthode commerciale* et il est regrettable que des chimistes aient consenti à opérer les dosages par ce procédé vicieux et absolument condamnable.

La garantie d'analyse doit porter sur l'acide phosphorique et non sur le phosphate de chaux. Souvent le marchand déloyal tend à faire confondre ces deux termes qui, dans l'esprit de personnes peu au courant du langage scientifique, sont identiques; il arrive ainsi à faire payer le produit au double de sa valeur. Pour savoir la quantité d'acide phosphorique contenu dans un phosphate, il faut diviser la teneur réelle en phosphate tribasique de chaux par 2,18 et inversement pour exprimer en phosphate de chaux tribasique il faut multiplier le taux pour 100 d'acide phosphorique par le même coefficient, c'est-à-dire que le kilog. de phosphate valant 1, le kilog. d'acide phosphorique vaut 2. Le plus simple c'est d'exiger toujours la garantie en acide phosphorique.

Phosphates du néocomien.

Gard. — Ce département contient d'importants gisements de phosphates, dont une partie se trouve dans le néocomien et l'urgonien et une autre partie dans le gault.

Voici les indications relatives à leur répartition (p. 417) :

Néocomien. — Dans le néocomien et l'urgonien, les amas se trouvent dans des fissures et des cassures de calcaire blanc et y forment de nombreuses poches; ils sont accompagnés de sables argileux, de blocs de calcaire et de débris de polypiers imprégnés de phosphate. Le minerai s'est en outre répandu dans les joints de stratification et y a formé des amas ou des plaques plus ou moins épaisses de phosphate, affectant la forme de roches d'un blanc aunâtre avec des bandes colorées; sa dureté est inférieure à celle du calcaire. En général, on exploite par les puits ou les galeries.

Les phosphates du Gard, qui proviennent du néocomien, ont une teneur très élevée en phosphate de chaux. La moyenne peut être regardée comme s'élevant à 60 %, mais elle atteint quelquefois 84 %. Les communes de Lirac et de Tavel en particulier donnent des produits renfermant 70 à 74 % de phosphate, soit 32 à 34 d'acide phosphorique; la proportion de calcaire est ordinairement de 10 à 15 %, avec 1 % d'oxyde de fer et d'alumine et 9 à 13 % de sable. Ces produits sont très recherchés pour la fabrication des superphosphates.

GARD.

NOM DES LOCALITÉS.	Étendue approximative et présumée des gisements.	Quantité présumée de phosphate existant dans les gisements.	Nombre des carrières.	Nombre des ouvriers à l'intérieur.	à l'extérieur.
	Hectares.	Tonnes.			
Néocomien.					
Tavel	1	Indéterminable.	3	120	50
Lirac	5	Épuisée en partie.	1	10	2
Saint-Maximin	0.1	40.000	2	40	60
Albien.					
St-Julien-de-Peyrolas	30	3.500	1	15	5
Salazac	11	4.500	1	5	»
Totaux	47	48.000	8	190	117

D'autres carrières, situées également dans le néocomien, donnent des produits un peu moins riches en phosphate, plus riches en calcaire, mais qui sont encore très appréciés et dont la teneur varie entre 50 et 70 %, avec 20 à 40 % de calcaire.

L'étendue de ces gisements, comme on le voit dans le tableau ci-dessus, n'est pas très considérable, et on ne peut pas prévoir pendant combien de temps l'exploitation en sera possible; certaines carrières, notamment celles de Lirac, paraissent être déjà en partie épuisées; mais il est à présumer qu'on trouvera dans le même département d'autres poches à exploiter.

Albien. — Le gault est représenté dans le Gard et contient des nodules peu durs, formant une couche très étendue, mais d'une épaisseur ne dépassant pas 10 à 15 centim. et qu'on exploite en galeries, ou par puits, ou quelquefois à ciel ouvert.

On les rencontre à Saint-Julien-de-Pérolas et à Salazac; ils sont de nature tout à fait différente des minerais du néocomien ; leur teneur moyenne en phosphate de chaux n'est que de 45 à 50 % ; ils renferment 5 % de carbonate, 3 à 4 % d'oxyde de fer et d'alumine, et 30 à 40 % de sable. En raison de leur faible teneur en carbonate, ils peuvent être employés à la fabrication des superphosphates.

Les phosphates du néocomien sont de beaucoup les plus importants; les produits obtenus en 1886 ont été de 12,607 tonnes qui, après trituration, se sont vendues à un prix variant de 56 fr. 50 à 92 fr. 50. Ces prix très élevés à ce moment ont aujourd'hui beaucoup baissé. Suivant la richesse, ils sont ou transformés en superphophates, ou consommés directement.

L'exploitation des nodules du gault est bien moins importante ; elle a été dans la même année de 490 tonnes, qui se sont vendues au prix moyen de 38 francs, et ont été principalement consommées dans le midi de la France.

Phosphates du sénonien.

Nous arrivons maintenant à l'étude des gisements groupés dans les départements du nord de la France (Somme, Pas-de-Calais, Nord, Oise). Leur découverte remonte en réalité aux travaux de M. Buteux en 1849 et de M. de Mercey en 1863; mais leur exploitation ne date que de l'année 1886, après que MM. Merle et Poncin eurent pratiqué les premiers sondages. En raison de l'importance de ces gisements, de l'étendue qu'ils occupent, de l'influence commerciale qu'ils ont eue sur le marché des phosphates, et enfin de la date récente de leur exploitation, nous croyons devoir entrer dans plus de détails que pour les autres gisements, et nous nous servirons en partie de documents inédits ou peu connus que nous devons surtout à M. Hitier.

Ces phosphates existent soit à l'état de sables pulvérulents, soit à l'état de masses plus ou moins cohérentes, soit à l'état de craie phosphatée; ils sont situés dans l'étage sénonien du terrain crétacé, et groupés en des points très rapprochés des départements de la Somme, de l'Oise, du Pas-de-Calais, du Nord; ils sont désignés sous le nom général de phosphates de la Somme.

Dans ce département, l'étage sénonien occupe d'assez grandes surfaces, et c'est dans les couches inférieures de la craie à *Belemnites quadratus* que les phosphates se rencontrent; ce même étage contient à sa partie supérieure une craie phosphatée semblable à la craie de Ciply, dont nous avons déjà parlé. Les couches phosphatées, qui occupent ainsi le sommet et la base du même étage, ont entre elles une grande analogie de structure et de composition; leur mode d'exploitation est également le même.

C'est dans les environs de Doullens que se trouvent les plus riches exploitations de sables phosphatés : ce sont celles de Beauval, de Beauquesne, Caudax, Terramesnil, Puchevillers ; ce gisement se continue dans le Pas-de-Calais, où il est exploité notamment à Orville. Dans ces localités le sable phosphaté se rencontre au-dessous d'une argile à silex et peut être extrait à ciel ouvert.

Dans d'autres localités, telles que Hallencourt et Breteuil (Oise), le sable phosphaté est moins abondant, et l'on trouve surtout de la craie phosphatée, recouverte en plusieurs points du gisement par de la craie à silex.

L'origine des gisements de phosphate de cette région n'est pas encore bien connue ; il est probable que les résidus d'animaux marins se sont accumulés en certains points, à en juger par les nombreuses dents de poissons qu'on y rencontre; le phosphate de chaux, provenant de leur décomposition, s'est concentré dans les poches que la corrosion par les eaux a produites dans le calcaire. Les géologues ne sont pas encore d'accord sur l'origine organique ou minérale de ces gisements. Mais l'examen microscopique qu'ont fait M. S. Meunier et M. Olry, a montré que les petits nodules phosphatés affectent souvent la forme cristalline et se rapprochent ainsi des apatites. Cette observation a une grande importance au point de vue de l'emploi direct des produits.

Nous parlerons séparément du groupe qui comprend les phosphates arénacés de Beauval, d'Orville, etc., et de celui qui comprend les craies phosphatées de Hallencourt et de Breteuil.

1° **Phosphates arénacés**. — Les gisements exploités se trouvent sur le sommet des collines, ou plus souvent sur le penchant situé vers l'est; on les distingue de loin par les buttes de sable et d'argile extraits des poches dont ils sont entourés. L'aspect général de la contrée est celui des régions occupées par le limon des plateaux surmontant la craie blanche qui affleure le long des pentes des collines; le terrain est très mamelonné; l'altitude moyenne des gisements est presque invariablement de 140 mètres au-dessus du niveau de la mer.

Description des gisements. — Dans les gisements des environs de Doullens et Beauval, le phosphate se présente sous forme de sables et de craies arénacées d'un blanc jaunâtre plus ou moins coloré; il est contenu dans des poches de craie, poches coniques dont la contenance peut varier de 25 à 500 mètres cubes; il est surmonté d'une couche plus ou moins épaisse d'argile à silex.

Pour reconnaître la présence du sable phosphaté, on pratique des sondages; la sonde s'enfonce d'abord avec peine, car l'argile à silex est très compacte. Lorsque, cette couche étant traversée, on rencontre un banc de craie, on abandonne la recherche, car on admet qu'on n'a aucune chance de découvrir du phosphate; si, au contraire, la sonde, après avoir percé l'argile, s'enfonce avec une grande facilité, c'est que l'on a rencontré le phosphate. On pratique alors des sondages tout à l'entour pour mesurer l'étendue et l'épaisseur du gisement.

Les ouvriers habitués à ce travail (phosphatiers) reconnaissent le phosphate au toucher et à la vue; ils peuvent même, dans une certaine mesure, en apprécier la qualité.

Dans les environs de Doullens, les phosphates affectent presque tous la même forme et sont exploités à ciel ouvert, sauf à Beauquesne, où l'épaisseur de l'argile à silex nécessite l'emploi des puits.

L'exploitation à ciel ouvert se fait en enlevant la découverte, c'est-à-dire les couches de terre végétale et d'argile qui recouvrent le phosphate. L'épaisseur de la terre végétale est de 5 à 15 centimètres; l'argile a une épaisseur très variable, depuis 80 centim. jusqu'à 4 à 5 et même 12 mètres, comme à Terramesnil et Beauquesne. Sous l'argile se trouve une mince couche de sable jaunâtre; puis se montrent les blocs de craie, et l'on distingue alors les parois de la cuvette contenant le phosphate. Celui-ci est enfermé dans des poches de craie ayant la forme de cônes renversés, souvent terminés par une sorte de puits naturel cylindrique, dont le diamètre va tantôt s'élargissant, tantôt se rétrécissant. La largeur et la profondeur des poches sont très variables; dans le gisement dit de l'ancien bois de Beauval, le diamètre supérieur de la base du cône atteint 12 mètres, et la profondeur du puits 19 mètres; à Orville, le sable phosphaté a été observé sur une épaisseur maxima de 35 mètres; mais à côté de ces poches de grande dimension on en trouve d'autres ne contenant qu'un petit nombre de mètres cubes. A Beauval, les poches les plus riches sont au haut de la colline, à mi-côte elles sont moins riches; à Orville, le phosphate est rare au sommet des plateaux.

La couche supérieure du sable phosphaté de couleur rougeâtre a une épaisseur de 1 mètre à $1^{m}50$ et ne dose que 40 à 45 % de phosphate de chaux; au-dessous, le phosphate, d'un jaune plus pâle, titre 60 à 65; dans le puits même, 80 à 85; au fond, jusqu'à 90. La craie qui entoure ce sable phosphaté est elle-même riche en acide phosphorique, puisqu'elle dose de 30 à 40 % de phosphate de chaux; mais à l'heure actuelle, on ne l'exploite pas dans les environs de Doullens.

Mode d'exploitation des sables phosphatés. — Le travail d'extraction est des plus simples; on enlève la terre végétale et l'argile de recouvrement, en comblant à mesure les poches épuisées, par les nouveaux déblais. Le sable mis à nu est d'abord enlevé à l'aide de brouettes; quand la profondeur du puits augmente, les ouvriers rejettent le phosphate à l'extérieur ou bien le remontent à l'aide d'un treuil ou de seaux.

Le sable phosphaté reste souvent en tas longtemps exposé aux pluies et peut absorber jusqu'à 25 ou 30 % d'humidité. On lui fait subir une dessiccation sur des plaques de fonte chauffées, en l'étendant sur une épaisseur de 10 à 15 centimètres et en agitant fréquemment pendant 7 à 10 heures. Dans d'autres usines, on emploie des cylindres de tôle tournant sur des galets et munis d'hélices servant à entraîner le phosphate; on y fait circuler des gaz chauds au moyen d'un ventilateur; le sable met 15 minutes pour traverser cet appareil et en sortir parfaitement sec. Le phosphate séché est passé à un blutoir, qui, au lieu de 100 mailles qu'on est convenu d'adopter, n'en a le plus souvent que 70 ou 80. La partie fine est immédiatement mise en sacs; ce qui reste sur le tamis passe dans un broyeur et de là entre des meules de pierre.

En général, ce ne sont pas les propriétaires eux-mêmes qui exploitent le sable phosphaté; ils vendent leurs gisements à des industriels qui ont fondé des usines pour la dessiccation et le tamisage. A Beauval on compte une dizaine de ces usines, autant à Orville, quatre ou cinq à Beauquesne, Candas, Terramesnil. Ordinairement le champ dans lequel se trouve le gisement est vendu à un prix convenu entre le vendeur et l'acheteur, après une exploration sommaire. Souvent aussi, après des sondages exécutés de 10 mètres en 10 mètres, à raison de 100 par hectare, on détermine le cube approximatif du phosphate et on achète à raison de 7 à 12 francs le mètre cube, sans aucun contrôle et aux périls et risques de l'acheteur. Quelquefois le propriétaire extrait lui-même le phosphate et le vend aux usiniers à tant par tonne, suivant la richesse. Un mètre cube de sable donne ordinairement, après séchage et tamisage, une tonne de phosphate prêt pour la vente.

Le prix de vente des terrains dans lesquels se trouvent les gisements atteint quelquefois des chiffres extrêmement élevés, jusqu'à 600,000 francs l'hectare. La découverte de ces gîtes a donc amené une richesse extraordinaire dans cette région.

Les frais d'extraction, de séchage et de tamisage sont évalués de 10 à 12 francs par tonne, y compris 3 francs de frais de transport à la gare.

Composition des produits. — La richesse des phosphates de Beauval est assez variable, car il peut s'y mélanger des matières inertes; mais en général elle est élevée. Voici quelques analyses se rapportant à ces produits :

	BEAUVAL.			ORVILLE.	
	I M. Bor.	II M. Bor.	III Sibson.	Moyen.	Pauvre.
Phosphate de chaux.	75.25	71.08	73.30	73.81	46.65
équiv. à ac. phosph.	34.52	32.61	33.58	33.86	21.39
Chaux	46.47	44.27	50.86	57.44	34.20
Acide carbonique	3.81	4.02	2.80	3.70	7.04
Ox. de fer et alumine.	1.69	2.34	2.64	2.92	11.45
Silice	2.62	4.05	»	1.83	11.16
Matières organiques.	3.04	2.87	»	»	2.90

Les phosphates de la Somme sont donc en général très riches, puisque la proportion de 73 de phosphate de chaux est la plus fréquente. Le commerce livre des produits dont la richesse, classée par 5 degrés, va de 50 à 80 %.

Ces phosphates contiennent des quantités variables de fluorure de calcium, généralement comprises entre 1,5 et 3 %. La matière organique azotée qu'on y trouve équivaut à 0,3 ou 0,4 d'azote %. Dans les phosphates riches, la quantité de carbonate est assez faible, celle de fer et d'alumine très petite. Ils constituent une matière première excellente pour la fabrication des superphosphates.

Les prix de vente sont calculés d'après la teneur en phosphate, mais suivant un taux d'autant plus élevé que le phosphate est plus riche.

Voici les prix des phosphates de Beauval, payés en 1889, par le syndicat des agriculteurs de la Somme qui achète seulement les produits moins riches :

36 à 42 p.	100 de	phosphate de chaux.	2f 40	les 100 kilogr.
42 à 48	—	—	2.90	—
48 à 54	—	—	3.40	—
54 à 60	—	—	3.90	—

Les sables plus riches destinés à la fabrication des superphosphates étaient vendus, en 1888, à des prix plus élevés. L'acide phosphorique est payé, pour les produits contenant :

27 à 30 p.	100 d'acide	phosphorique;	0f 17	le kilog.
30 à 32	—	—	0 19	—
32 à 34	—	—	0 22	—
34 à 36	—	—	0 25	—

livrés sur wagons à Doullens, les sacs en plus.

Le prix plus élevé qu'on paye pour les phosphates plus riches tient en partie à ce que le transport est moins onéreux pour une matière moins chargée de produits inertes, mais surtout à ce que ces produits se prêtent mieux à la fabrication des superphosphates. C'est pour ce dernier usage que les Anglais en achètent de grandes quantités; l'Allemagne et l'Italie achètent en général des produits moins riches.

L'emploi direct de ces phosphates ne paraît pas s'être encore beaucoup répandu.

2° **Craie phosphatée.** — Le phosphate arénacé que nous venons d'étudier est déposé dans des poches de la craie et constitue pour ainsi dire une anomalie. C'est la craie qui elle-même constitue le véritable gisement d'acide phosphorique du sénonien. On trouve, en effet, sur d'immenses étendues, une craie chargée de phosphate; mais sa richesse est en général trop faible pour que l'exploitation en soit fructueuse; elle dépasse rarement 30 % de phosphate et varie ordinairement de 12 à 24 %. Si l'industrie parvenait à réaliser économiquement la concentration de l'acide phosphorique, comme la nature l'a fait pour les sables arénacés, elle pourrait faire entrer dans la circulation végétale et animale des quantités énormes d'acide phosphorique, qui restent actuellement à l'état inerte.

A Breteuil (Oise) et à Hallencourt (Somme), la craie phosphatée est exploitée, non pas à quelques mètres au-dessous de la surface du sol, mais sous une couche de craie non phosphatée qui peut atteindre 20 mètres. Sous la craie phosphatée on rencontre encore quelques lits de phosphate arénacé. On doit donc avoir recours à des puits et à des galeries; la pulvérisation du phosphate est difficile et la craie une fois pulvérisée, il faut chercher à l'enrichir avant de la livrer au commerce. Pour cet enrichissement, on peut se servir de procédés mécaniques basés sur la différence de densité du phosphate et du carbonate de chaux.

Procédé par insufflation. — On place la matière pulvérisée sur une peau de tambour, sur laquelle on tape avec des baguettes, en produisant un violent courant d'air. Le carbonate de chaux plus léger est entraîné plus loin que le phosphate de chaux ; on a ainsi deux tas dont le plus éloigné est surtout constitué par du carbonate et ne contient plus que de 5 à 10 de phosphate. Ce départ d'une partie de la chaux enrichit d'autant le phosphate.

Procédé par lévigation. — La matière pulvérisée est placée sur un plan incliné et soumise à un courant d'eau, le carbonate de chaux est entraîné le plus loin ; mais ce procédé offre l'inconvénient d'obliger à sécher de nouveau le phosphate. Pour que les deux procédés opèrent une séparation suffisante, il est nécessaire que la craie phosphatée se soit effritée à l'air pendant quelques mois avant le broyage.

Ces procédés, usités à Ciply, sont encore à l'étude dans la Somme, où actuellement on se sert des procédés suivants :

Procédé par décantation. — La craie phosphatée, grossièrement broyée, est mélangée avec de l'eau, de manière à faire une bouillie épaisse. On remplit un bac demi cylindrique d'un tiers de cette matière et de deux tiers d'eau ; un arbre horizontal, muni de fortes dents recourbées en fer, agite la masse, qu'on laisse ensuite déposer. Les petites particules de phosphate de chaux plus lourdes tombent au fond ; on décante la partie supérieure, contenant une assez forte proportion de carbonate de chaux. On recommence ces lavages et décantations plusieurs fois, mais on perd toujours ainsi du phosphate de chaux et on n'enrichit la craie que dans d'assez faibles proportions.

Cuisson. — La cuisson de la craie phosphatée semble donner de bons résultats ; on obtient ainsi une chaux phosphatée qui se délite très facilement, et tout l'acide carbonique étant ainsi éliminé, on enrichit le produit dans une assez forte proportion. La vente de ces produits est encore très restreinte.

Importance des gisements. — On ne connaît pas encore l'importance des gisements de phosphates de l'étage sénonien; d'après les sondages effectués, on les évalue aux chiffres suivants :

Somme.............	750.000	tonnes.
Pas-de-Calais.........	530.000	—
Nord...............	150.000	—
Oise................	300.000	—
	1.730.000	—

Il est probable que d'autres sondages feront découvrir de nouveaux gisements. Il y a quelques mois on en découvrait un nouveau à Montoy, dans le Nord. En outre, il y a des produits moins riches en phosphate qui pourraient être utilement employés dans la région même.

Le tableau suivant est emprunté à l'enquête publiée par le ministère des travaux publics en décembre 1887; il se rapporte à une époque où l'exploitation n'avait pas encore pris tout son développement.

Nous avons réuni dans ce même tableau les quatre départements où on a exploité les phosphates du sénonien. Ces exploitations actives, qui actuellement amènent une dépréciation très grande sur le prix des phosphates, auront un terme. Ce n'est pas l'étage sénonien qui sera le grand fournisseur de phosphate; sa richesse et son étendue sont très limitées; d'après M. Olry, avec l'extraction moyenne actuelle, une période de 10 années suffira à les épuiser. C'est toujours au gault qu'on sera obligé de recourir, et les exploitations de ce terrain, qui aujourd'hui périclitent, reprendront tôt ou tard toute leur importance.

DÉPARTEMENTS et communes où se trouvent les gisements.	Étendue approximative et présumée des gisements.	Quantité présumée de phosphate existant dans les gisements.	Nombre des carrières.	Nombre des ouvriers à l'intérieur.	Nombre des ouvriers à l'extérieur.
	Hectares.	Tonnes.			
Somme.					
Beauval	200	500.000	15	»	200
Hallencourt et communes voisines	50	250.000	»	»	»
Totaux...	250	750.000	15	»	200
Pas-de-Calais.					
Orville	50	530.000	51	3	325
Nord.					
Quievy	25	30.000	1	»	30
Briastre	120	124.000	2	»	»
Totaux...	145	154.000	3	»	30
Oise.					
Hardivillers....	40	300.000	»	»	»

Phosphates des terrains du lias.

Côte-d'Or. — Les terrains du lias inférieur de la Côte-d'Or contiennent, principalement dans l'arrondissement de Semur, des nodules qu'on exploite sur une grande échelle et qui sont connus sous le nom de phosphates de *l'Auxois*.

Ces nodules, d'une couleur blanc jaunâtre, friables, extrêmement légers, forment une couche ayant une épaisseur moyenne de 12, mais variant entre 5 et 40 centim.; ils se trouvent dans une argile ocreuse.

Mode d'exploitation. — Le phosphate s'exploite à ciel

ouvert; la profondeur des carrières ne dépasse pas 2 mètres. Ces nodules se distinguent de ceux de l'albien par une grande friabilité; lavés mécaniquement ou dans les lavoirs à bras, ils donneraient une proportion trop considérable de déchets. On les sèche d'abord au soleil, puis on les passe au crible. Le lavage s'opère dans des séries de cuveaux où les nodules déposés sur leur crible sont d'abord trempés, puis rincés dans un dernier bac. On évite ainsi la production des déchets abondants et on économise l'eau. Depuis quelques années on applique aux produits lavés la calcination dans des sortes de fours à chaux; on enrichit ainsi la matière par le départ d'acide carbonique et d'eau et la pulvérisation dans les moulins ordinaires se fait sans difficulté.

Le tableau de la page 431 énumère les localités du département de la Côte-d'Or où se trouvent les exploitations.

La richesse de ces nodules est assez grande; elle atteint 65 % de phosphate, soit 29 % d'acide phosphorique. La composition est uniforme; la proportion de calcaire varie de 5 à 6; celle de l'alumine et de l'oxyde de fer, de 9 à 10; celle du sable, de 14 à 20 %. Il y a en outre une quantité de fluorure de calcium s'élevant à 6 %.

La production autrefois très importante n'a été que de 9,720 tonnes en 1886; le phosphate broyé et criblé s'est vendu au prix moyen de 65 francs la tonne.

Il est éminemment propre à la fabrication des superphosphates; on l'expédie dans les départements voisins et même en Suisse et en Italie.

Vosges. — Le lias moyen des Vosges contient des couches de nodules gris, très tendres, empâtés dans le calcaire ou dans des argiles ferrugineuses. En certains endroits, les accumulations sont assez considérables pour être exploitées; l'épaisseur des couches est ordinairement comprise entre $0^m,25$ et $0^m,50$.

COTE-D'OR.

NOM DES LOCALITÉS.	Étendue approximative et présumée des gisements.	Quantité présumée de phosphate existant dans les gisements.	Nombre des ouvriers à l'intérieur.	à l'extérieur.
	Hectares.	Tonnes.		
Chazilly			»	5
Créancey			»	7
Cussy-le-Châtel			»	5
Essey			»	15
Macouges			»	7
Meilly			»	9
Painblanc			»	5
Rouvres-sur-Meilly			»	6
Thoisy-le-Désert			»	7
Vandenesse			»	8
Aisy-sous-Thil			»	4
Brianny			»	4
Corrombles			»	20
Courcelles-Fresnois			»	6
Courcelles-lez-Semur			»	3
Epoisses	5.000	1.500.000	»	28
Flée			»	6
Fontangy			»	3
Forleans			»	7
Jeux-les-Bard			»	5
Millery			»	6
Montbertault			»	6
Montigny			»	5
Percy-sous-Thil			»	5
Roilly			»	3
Semur			»	3
Torcy			»	7
Vic-de-Chassenay			»	12
Nan-sur-Thil			»	3
Villeneuve-sur-Chavigny			»	5
Totaux	5.000	1.500.000	»	215

L'exploitation se fait à ciel ouvert, dans des carrières dont la profondeur varie de $1^m,50$ à 3 mètres. Le tableau suivant donne l'énumération des endroits où se fait l'exploitation.

La richesse des produits est variable, mais en général assez élevée, atteignant en moyenne 60 à 62 et quelque-

VOSGES.

NOM DES LOCALITÉS.	Étendue approximative et présumée des gisements.	Quantité présumée de phosphate existant dans les gisements.	Nombre des carrières.	Nombre des ouvriers à l'intérieur.	Nombre des ouvriers à l'extérieur.
	Hectares.	Tonnes.			
Aingeville	60	30.000	4	»	16
Dombasle			2	»	5
Hagnéville			1	»	2
Houécourt			2	»	9
Oëlleville			2	»	5
Tosainville			3	»	10
Urville			2	»	6
Totaux	60	30.000	16	»	53

fois même près de 80 % de phosphate de chaux. L'oxyde de fer et l'alumine sont dans la proportion moyenne de 10 % ; le carbonate de chaux varie depuis des quantités très minimes jusqu'à 15 et 20 %.

Ces gisements sont exploités depuis un certain nombre d'années ; en 1886, 280 tonnes ont été vendues à l'état brut, au prix de 30 francs ; 1,400 tonnes après pulvérisation, au prix de 35 francs.

Ces phosphates sont expédiés dans les départements voisins ; l'Angleterre, la Suisse, l'Italie, la Belgique, la Bavière en consomment également une certaine quantité. Leur composition permet de les transformer en superphosphates.

Haute-Saône. — Les couches supérieures du lias inférieur renferment, dans la Haute-Saône, des nodules tantôt assez durs, tantôt plus tendres, de couleur jaune ou blanchâtre, qui sont exploités à ciel ouvert et qui se trouvent dans des couches de faible épaisseur, généralement comprises entre 10 et 20 centimètres.

Le tableau ci-dessous donne les renseignements sur l'importance de ces gisements. Les chiffres exprimant les quantités présumées de phosphates s'appliquent seulement à ceux qui sont exploitables à ciel ouvert.

HAUTE-SAONE.

NOM DES LOCALITÉS.	Étendue approximative et présumée des gisements.	Quantité présumée de phosphate existant dans les gisements.	Nombre des carrières.	Nombre des ouvriers à l'intérieur.	Nombre des ouvriers à l'extérieur.
	Hectares.	Tonnes.			
Vitrey-Saint-Marcel...	350	70.000	1	»	16
Montigny-lez-Cherlieu.			1	»	10
Pusy................	120	18.000	2	»	8
Auxon..............			1	»	4
Villeminfroy.........	300	60.000	1	»	4
Pomoy-Mollans.......			1	»	4
Vy-lez-Lure, les Aynams, la Villeneuve, Conflans-sur-Lanterne, etc..........	1.500	180.000	»	»	»
Totaux.........	2.270	328.000	7	»	46

La richesse de ces phosphates varie ordinairement entre 64 et 73 % de phosphate de chaux, soit de 29 à 33 % d'acide phosphorique, la proportion de carbonate entre

12 et 20, celle de l'oxyde de fer et de l'alumine entre 3 et 6; il y a en outre 10 à 15 de silice.

En 1886, les quantités exploitées ont été de 2,887 tonnes dont 180 ont valu à l'état brut 26 francs et dont 2,707 tonnes après mouture se sont vendues de 56 à 58 francs.

La plus grande partie est transformée en superphosphate. L'Allemagne, la Suisse et l'Italie s'adressent à ces produits, en raison de leur titre assez élevé qui permet leur traitement chimique.

Dans d'autres départements, tels que Meurthe-et-Moselle, la Meuse, les Ardennes, le lias contient de la chaux phosphatée dont jusqu'à présent on ne paraît pas avoir tiré grand profit. D'un côté ces nodules sont généralement encastrés dans la roche, de l'autre leur richesse en acide phosphorique est peu élevée et dépasse rarement 20 % d'acide phosphorique, soit 44 % de phosphate de chaux. Il y a pourtant lieu de s'assurer si ces départements ne renferment pas des accumulations de nodules dégagés de la roche et réunis par place comme cela se voit souvent dans la Côte-d'Or et dans les Vosges.

Phosphates des terrains oolithiques.

Les crevasses du calcaire oxfordien contiennent des gisements nombreux, mais irréguliers et peu étendus, de phosphate de chaux; les plus importants, découverts en 1868 par M. Poumarède dans la région des *Causses,* sont ceux du Lot, de l'Aveyron, du Tarn et de Tarn-et-Garonne, où se trouvent de grandes exploitations fournissant le produit connu sous le nom de phosphate ou de phosphorite du *Quercy*.

Ce minerai phosphaté est différent de ceux que nous avons jusqu'ici signalés en France : nodules, coprolithes, craies ou sables; il se rapproche de ceux du néocomien de Lirac. C'est une roche dure et fortement concrétionnée, qu'on rencontre en amas confus ou en filons dans des crevasses parfois très profondes du calcaire. Les géologues sont d'accord pour attribuer l'origine de ces gisements à des eaux thermales qui, venant de couches profondes, ont déposé le phosphate qu'elles tenaient en dissolution dans les fissures du calcaire jurassique.

Lot. — Les gisements sont nombreux mais irréguliers et peu étendus. Les crevasses remplies de phosphate ont des dimensions variables; on en trouve qui peuvent donner plus de 20,000 tonnes de phosphate, d'autres n'en renferment que de petites quantités. Les phosphates de Quercy sont en roche, en nodules ou en filons; le plus souvent ils sont concrétionnés comme le calcaire. Quelquefois ils offrent la structure de l'agate. Leur dureté est assez grande, leur coloration est plus ou moins foncée, violacée ou jaune rougeâtre.

Le phosphate est ordinairement mélangé de carbonate de chaux, d'oxydes de fer et de manganèse et souvent d'une argile rouge renfermant des os fossiles.

L'exploitation se fait à ciel ouvert, ou plus fréquemment par puits et par galeries, quelquefois à une profondeur atteignant 50 et jusqu'à 70 mètres.

Nous donnons la liste des gisements exploités en 1886; dans la colonne indiquant le nombre des carrières, les chiffres gras signalent les carrières dont l'exploitation était en chômage en 1886.

Composition. — La composition des phosphates du Lot est très variable; au début de l'exploitation, en 1870, leur richesse atteignait quelquefois 77 % de phosphate, soit plus de 35 d'acide phosphorique et la moyenne était comprise entre 71 et 74; peu à peu cette proportion, par suite de l'épuisement du minerai le plus riche, s'est abaissée à 60 et plus récemment à 45 % ; la teneur en carbonate de chaux est voisine de 20 % ; il y a jusqu'à 12

LOT.

Communes où se trouvent les gisements.	Étendue approximative et présumée des gisements.	Quantité présumée de phosphate existant dans les gisements.	Nombre des carrières.	Nombre des ouvriers à l'intérieur.	Nombre des ouvriers à l'extérieur.
	Hectares.	Tonnes.			
Puyjourdes...........	0.5	10.000	1 5	10	6
Saint-Jean-de-Laur....	2	100.000	3 2	20	15
Bach..................	4	300.000	6 2	15	10
Escamps	3	200.000	8 3	25	15
Beauregard	1	20.000	1 1	10	5
Larnagol.............	3.5	300.000	4 6	20	15
Cajarc	3	300.000	5	25	15
St-Martin-Labouval...	0.5	10.000	1 1	10	5
Lagagnac, Concots, Beduer, Vaylats, Saillac, Blars, Saint-Sulpice, Cabrerets, Carayac, Grealou, Marcilac, St-Chels..	»	»	31	»	»
Totaux	17.5	1.240.000	29 51	135	86

à 16 % d'oxyde de fer et d'alumine. Dans le commerce, on trouve actuellement ces produits avec un titrage variant de 30 à 50 % de phosphate; la richesse moyenne est de 40 à 45 % ; la richesse minima de 30 % et la richesse maxima de 75 %.

Exploitation. — Les matières extraites des carrières sont jetées sur le sol et triées à la main par des ouvriers expérimentés; les morceaux les plus gros et les plus beaux donnent les titres supérieurs. Les minerais sont ensuite portés au moulin, lavés, triés à nouveau, séchés au soleil ou dans des fours et finalement réduits en poudre. Leur exploitation ne paraît pas se développer, elle est aujourd'hui à peine aussi active qu'il y a 10 à 12 ans. Un grand nombre de carrières sont inactives. En 1886, la production a été de 25,900 tonnes, chiffre à peine égal à celui de 1877; les produits après mouture ont été vendus au prix moyen de 32 fr. 72, oscillant entre 28 et 42 francs. A l'origine de cette exploitation, de grandes quantités étaient expédiées en Angleterre, où leur titre élevé les faisait rechercher pour la fabrication des superphosphates; mais depuis que le titre s'est abaissé, ce débouché s'est trouvé fermé ; à l'heure qu'il est, les phosphates du Lot sont généralement employés en nature dans les régions voisines : Plateau central, Guyenne et Gascogne ; les pays granitiques de la Haute-Vienne, de la Creuse, du Cantal, des Deux-Sèvres, de la Vendée et de la Bretagne sont les principaux consommateurs.

Départements voisins. — Dans les départements de l'Aveyron, de Tarn-et-Garonne, l'extraction a presque entièrement cessé. En 1886, les exploitations du Tarn et de Tarn-et-Garonne n'ont pas donné de produits; celles de l'Aveyron ont donné 3,900 tonnes qui après mouture ont été vendues au prix de 30 francs.

Ces indications sont résumées dans le tableau ci-dessous.

Algérie. — L'Algérie possède quelques gisements peu importants; dans une veine ramifiée de l'étage tithonique, dans la province d'Oran, on trouve en roches et en filons le phosphate qu'on exploite à la surface

Départements et communes où se trouvent les gisements.	Étendue approximative et présumée des gisements.	Quantité présumée de phosphate existant dans les gisements.	Nombre des carrières.	Nombre des ouvriers à l'intérieur.	Nombre des ouvriers à l'extérieur
	Hectares.	Tonnes.			
Tarn-et-Garonne.					
Puy-la-Roque........	»	»	1	»	»
Mouillac............	»	»	6	»	»
Caylux..............	»	»	30	»	»
Saint-Antonin........	»	»	3	»	»
Saint-Projet.........	»	»	1	»	»
Totaux..........	»	»	41	»	»
Tarn.					
Penne...............	0.3	30.000	8	»	»
Aveyron.					
Naussac.............	»	»	4	»	»
Salles-Courbatiers....	1.5	30.000	11 / 1	10	10
Villeneuve...........	1	20.000	9	8	6
La Capelle-Balagnier .	»	»	2	»	»
Totaux..........	2.5	50.000	20 / 7	18	16

ou quelquefois à des profondeurs pouvant aller jusqu'à 22 mètres. Ces phosphates sont riches; leur titrage peut atteindre 80 % ; ils contiennent peu de carbonate et de sable, encore moins d'oxyde de fer et d'alumine. En 1886, on en a extrait 50 tonnes qui ont été vendues 40 francs.

On a encore trouvé, près de Souk-Ahras (province de Constantine), des gîtes qui paraissent avoir une certaine importance.

La Tunisie en contient de grandes quantités dans la formation albienne, qui y est très étendue.

§ V. — PHOSPHATES D'OS.

Le squelette des animaux est en grande partie formé de phosphate de chaux qui doit faire retour à l'agriculture, soit directement, soit après avoir été utilisé dans diverses industries.

La classification en phosphates d'origine animale et phosphates minéraux n'est pas absolument exacte. Car nous avons vu que les gisements de nodules, de coprolithes, de guanos phosphatés, sont le résultat de la minéralisation d'un monde animal disparu ; on y trouve encore, comme témoins de leur origine, de la matière organique azotée et des fossiles bien caractérisés. Par des phénomènes de combustion et par des lavages successifs, la matière organique, dont les produits de décomposition sont très mobiles, a peu à peu disparu, et le phosphate s'est concentré.

L'agriculture actuelle exploite ainsi le phosphate accumulé par des générations antérieures. Nous trouvons fréquemment, avec leur structure propre, les débris des squelettes, soit dans les brèches osseuses, soit en fragments roulés par les eaux.

Mais les produits que nous connaissons généralement sous le nom de phosphates d'os proviennent des animaux contemporains, sacrifiés pour les besoins de notre alimentation ou de notre industrie et dont le squelette a réuni l'acide phosphorique qui existait dans leur alimentation végétale.

Le poids du squelette			varie de	
—	d'un homme adulte	—	4 à 5	kilog.
—	d'un bœuf	—	45 à 50	—
—	d'un cheval	—	40 à 45	—
—	d'un mouton	—	4 à 5	—
—	d'un porc	—	8 à 12	—
—	d'un veau	—	6 à 7	—

Les os bruts contiennent en moyenne 20 o/o d'acide phosphorique. Les os sont donc une source importante d'acide phosphorique; leur emploi agricole se rattache à la théorie de la restitution au sol. Pour mettre ce principe en évidence, nous dirons que la sépulture humaine immobilise en France plus de 600,000 kilog. d'acide phosphorique par an.

Il est rare qu'on emploie les os directement; c'est généralement après leur transformation industrielle qu'ils font retour à l'agriculture, soit après extraction de la graisse (os dégraissés) ou de la gélatine (os dégélatinés), soit après avoir servi sous forme de noir à la clarification des jus sucrés (noirs de raffinerie et de sucrerie). Nous examinerons successivement les différents produits d'os offerts au cultivateur.

Os bruts ou os verts. — Les os bruts ou os verts se trouvent surtout dans les ateliers d'équarrissage, où ils s'accumulent en grandes quantités, dans les boucheries et dans les ménages. Ces os sont recueillis; ceux d'une dimension et d'une dureté suffisantes sont employés à la fabrication de divers ustensiles.

Les autres sont généralement livrés aux fabriques de gélatine, quelquefois employés directement à la culture; ils contiennent environ 20 % d'acide phosphorique, 5 à 6 % d'azote et 4 % de carbonate de chaux.

Ils constituent donc un engrais azoté et phosphaté à

la fois. Mais avant de les employer il convient de les dégraisser et de les broyer. La forte proportion de la graisse (6 à 12 %) rendrait leur effet moins efficace, en protégeant le tissu contre les actions dissolvantes du sol. On a observé qu'un os non dégraissé n'avait perdu, après avoir séjourné dans le sol pendant une année, que 8 % de son poids, tandis qu'un os dégraissé avait, dans les mêmes conditions, perdu 25 %. La graisse rend en outre difficile l'opération du broyage, nécessaire pour l'utilisation agricole de l'os.

Os dégraissés. — L'opération du dégraissage est très simple; elle s'opère par l'eau bouillante sur laquelle la graisse vient surnager ou par un dissolvant, tel que le sulfure de carbone ou la benzine.

L'os vert est passé à travers des concasseurs formés de cylindres en fonte armés de dents; il est broyé en morceaux de la grosseur d'une noix; on le place alors dans des paniers percés de trous et plongés dans l'eau qu'un jet de vapeur porte rapidement à l'ébullition. Au bout de quelques heures la graisse s'est rassemblée à la surface.

Quand on emploie, pour le dégraissage, la benzine ou le sulfure de carbone, on régénère le dissolvant par distillation.

Le broyage se fait ensuite sur le produit dégraissé.

Le commerce de ces poudres d'os n'a pas une grande importance en France; en Angleterre et en Allemagne, l'emploi en est considérable.

Leur composition centésimale est la suivante :

Eau	6.0 à 10.0
Azote	3.5 à 4.0
Acide phosphorique	20.0 à 26.0
Potasse	0.2 à 0.3
Chaux	30.0 à 32.0
Magnésie	1.0 à 1.5

En raison de la facilité avec laquelle ses principes sont assimilés, sa valeur est élevée. Aussi la fraude s'est-elle souvent exercée à son endroit; cendres de tourbe, plâtre, brique pilée, y sont quelquefois mélangés, ainsi que des déchets de fabrique d'ivoire végétal. On y introduit encore des farines d'os dégélatinés et des cendres d'os plus riches en phosphate, mais plus pauvres en azote. Ces produits frelatés ont le même aspect que le produit pur; mais leur teneur en azote s'abaisse beaucoup.

Nous citons, d'après Vœlcker, des analyses de produits impurs :

	OS FRELATÉS		
	avec os dissous.	avec ivoire végétal.	avec os dégélatinés.
Azote	2.71	2.41	1.23
Phosphate de chaux	41.49	37.31	55.69

L'acheteur des poudres d'os doit donc faire contrôler ses produits par l'analyse chimique.

On trouve souvent dans le commerce des rognures, des râpures d'os, provenant des fabriques de boutons, de manches à couteaux, etc.; leur composition se rapproche beaucoup de celles que nous venons de donner; mais avec une teneur en azote un peu inférieure, 3,2 %, et une richesse en phosphate un peu supérieure, 54 %. Ces rognures, qui constituent un engrais puissant, sont quelquefois fraudées avec des râpures d'ivoire végétal, des coquilles, etc., ayant un aspect analogue, mais de valeur à peu près nulle.

Les déchets de l'ivoire animal ont une composition voisine de celle des os.

Le prix des poudres d'os dégraissés est établi d'après

leur teneur en azote et en acide phosphorique; il varie pour les ventes en gros de 13 à 15 francs les 100 kilog., ce qui, en attribuant à l'azote le prix de 1 fr. 50 le kilog., fait ressortir le prix du kilog. d'acide phosphorique à 0 fr. 35.

Mais il faut tenir compte, dans l'achat de cet engrais, non seulement de sa teneur en principes fertilisants, mais encore du degré de finesse, qui varie suivant la perfection du broyage. Les poudres d'os laissent le plus souvent à désirer sous ce rapport; on ne devrait employer directement que la partie passant à travers les mailles d'un tamis fin et réserver les parties grossières à la fabrication des superphosphates. Il est utile aussi d'examiner la poudre au point de vue de sa teneur en matière grasse, qui dans une certaine mesure entrave la dissolution.

La conservation des poudres d'os exige des précautions spéciales; la fermentation ne tarde pas à s'y établir, surtout en présence de l'humidité. On risque alors de perdre des quantités d'ammoniaque importantes. Elles doivent donc être placées dans des endroits secs, hangars ou greniers, en tas, ou mieux en sacs ou en tonneaux.

On a depuis longtemps conseillé de faire fermenter la poudre d'os avant son emploi; cette pratique est très répandue en Angleterre, en Belgique et en Allemagne, où le commerce livre à l'agriculture des poudres d'os ayant subi par leur long séjour en tas, accompagné d'arrosages, une fermentation ammoniacale de la matière organique azotée. Ces farines fermentées sont beaucoup plus aqueuses; elles contiennent de 20 à 30 % d'eau, 50 à 60 % de phosphate de chaux et de 1,2 à 1,8 % d'azote. L'abaissement du taux d'azote provient de l'humidité plus grande, ainsi que du départ de l'ammoniaque pendant la fermentation et l'échauffement de la masse.

Cette matière, quoique moins riche que les précédentes, a une rapidité d'action remarquable.

Os dégélatinés. — Le produit que nous venons d'examiner peut se classer aussi bien parmi les engrais azotés que parmi les engrais phosphatés; il n'en est pas de même des poudres d'os dégélatinés. La présence de la matière azotée rend difficile la pulvérisation; mais ce n'est pas la seule raison pour laquelle les industriels dégélatinent les os avant de les livrer à l'agriculteur. Les os contiennent presque toute la matière azotée à l'état d'osséine, qui se transforme en gélatine et acquiert alors une valeur bien supérieure à celle que l'agriculteur pourrait payer; dans cette fabrication le phosphate de chaux est un sous-produit.

Fabrication. — Le dégélatinage consiste à chauffer les os dégraissés dans des autoclaves, à une pression de 2 ou 3 atmosphères. Les os sont introduits, au moyen de vastes paniers cylindriques en fonte, dans des cuves fermant hermétiquement, dans lesquelles arrive la vapeur sous pression; l'osséine est transformée en gélatine qui entre en dissolution.

Les os, à la sortie de l'autoclave, sont blancs; ils ont acquis une grande friabilité qui permet de les réduire en poussière très fine. La pulvérisation se fait au moyen de meules verticales en fonte et la poudre est passée au blutoir. Il se fait un commerce très important de ces poudres ou farines d'os dégélatinés.

Composition. — Leur composition est très uniforme; elle se tient dans les limites suivantes :

Eau	6	à	12	p. 100
Sable	1	à	3	—
Phosphate de chaux	60	à	70	—
Carbonate —	3	à	6	—
Azote	0.9	à	1.8	—

Les poudres d'os dégélatinés du commerce, sont ordinairement vendues en France sur garantie de 60-65 % de phosphate, correspondant à 27,5 et 29,8 d'acide phosphorique; l'azote qui y est contenu en quantité sensible (1 à 1,5 %) n'entre pas ordinairement dans le calcul.

Les différences de composition tiennent plutôt aux variations dans la teneur en eau et en matières inertes, qu'à la composition même des os. Ainsi nous citerons, d'après Bobierre, un produit non adultéré ayant la composition suivante :

Eau..........................	15.70
Résidu siliceux...............	14.50
Phosphate de chaux..........	42.40
Carbonate —	13.30
Matières organiques..........	14.10, avec 1.26 d'azote.

Les poudres d'os dégélatinés sont souvent fraudées par des matières qui leur ressemblent, telles que des poussières tamisées de plâtre et de calcaire; l'analyse chimique met à l'abri de ces fraudes. Mais l'une d'elles est plus difficile à constater, c'est celle qui consiste à introduire dans la poudre d'os un phosphate naturel qui n'abaisse pas sensiblement le titre en acide phosphorique, et ne modifie pas la couleur, tels sont les phosphates arénacés de la Somme ou les phosphates de Cacérès, etc. On substitue ainsi un produit peu assimilable à un engrais qui l'est beaucoup.

Prix. — Le prix de l'acide phosphorique des poudres d'os dégélatinés est toujours plus élevé que celui des phosphates naturels. Mais il est actuellement plus bas qu'il y a quelques années et ne dépasse pas 0 fr. 40 le kilog., ce qui met les 100 kilog. de poudre à environ 11 fr. 50; alors qu'il y a quelques années, le prix s'élevait à 17 fr. les 100 kilog.

Si l'on tient compte de la valeur de l'azote (environ

1 fr. 50 par 100 kilog.) le prix de l'acide phosphorique descend à 0 fr. 35 le kilog. La poudre d'os est employée directement par l'agriculture, ou plus souvent transformée en superphosphate.

Cavernes à ossements. Cendres d'os. — Dans certaines régions de l'Europe et de l'Amérique, on trouve des amas quelquefois considérables d'os provenant d'animaux antédiluviens, et constituant les cavernes à ossements et les brèches osseuses, dont les plus remarquables sont celles de Gailenreuth en Franconie, d'Adelsberg en Carniole, des Eyzies en France.

Dans le crag supérieur de Suffolk, en Angleterre, on trouve des ossements fossiles d'éléphants, de rhinocéros, de bœufs, etc., mélangés avec du sable et du gravier, qui ont fait l'objet d'exploitations assez importantes et qu'on a employés pour la fabrication du superphosphate. Leur aspect est spongieux; ils sont friables et contiennent de 50 à 55 % de phosphate de chaux, environ 9 % de phosphates de fer et d'alumine, et 27 % de carbonate de chaux. L'azote a presque entièrement disparu.

Cendres d'os d'Amérique. — Nous devons encore signaler les immenses gisements d'os de ruminants qui, depuis des temps reculés, se sont accumulés le long de la chaîne des Andes, dans les vastes pampas de l'Amérique du Sud, sur une surface que d'Orbigny évalue à 95,000 kilomètres carrés. Ces os fossiles sont enfouis dans un limon rougeâtre; ils font l'objet d'un commerce important; on en expédie pour l'Angleterre des chargements considérables; il ne paraît pas que la France s'adresse beaucoup à ces produits.

Généralement carbonisés et moulus, ils sont connus sous le nom de cendres d'os. Montévidéo est leur centre d'exportation. Bobierre leur assigne la composition centésimale suivante :

	I	II
Charbon et matière organique............	3	3.5
Résidu siliceux..........................	21	8.5
Phosphates de chaux et de magnésie......	66	78.2
Carbonate de chaux, etc..................	10	9.8

Vœlcker y a trouvé de 64,0 à 82,6, en moyenne 73,8 % de phosphate de chaux.

La teneur en acide phosphorique fixe leur valeur; et l'on doit toujours la déterminer par l'analyse, car souvent ils sont mélangés de grandes quantités de matières sableuses.

Enfin on a signalé, sur certains rivages, de véritables gisements d'os d'amphibies (phoques, morses). Au détroit de Magellan, la plage est recouverte de galets osseux.

Noir animal vierge. — Les os donnent encore une catégorie de produits qui ont joué un rôle considérable dans l'amélioration de vastes régions de la France, telles que la Bretagne, la Vendée, et qu'on connaît sous le nom de noirs d'os ou de noir animal.

Ils sont le produit de la calcination des os en vases clos, et contiennent beaucoup de charbon; ils se présentent en grains ou en poussière plus ou moins fine. Ces noirs ont des propriétés absorbantes vis-à-vis des matières colorantes, et permettent d'effectuer la décoloration et la clarification des jus sucrés. L'industrie met à profit cette aptitude spéciale.

Fabrication. — La fabrication des noirs est très simple; les os bruts ou verts sont triés à la main; on recherche de préférence les gros os durs (tibia, fémur, etc.) qui donnent des produits meilleurs que les parties spongieuses; les os de bœuf sont supérieurs à ceux de mouton et de cheval. On ne leur fait pas subir de nettoyage préalable;

on estime au contraire que les os sales, chargés de matières organiques, donnent les meilleurs noirs. On les place dans des marmites en fonte, qu'on empile dans la chambre d'un four à potier; on chauffe au rouge; les produits volatils sont condensés et fournissent des eaux dont on extrait l'ammoniaque. Lorsqu'au bout de trente-six heures environ le dégagement est fini, le charbon d'os est refroidi dans des étouffoirs, puis broyé par des cylindres cannelés qu'on rapproche ou éloigne à volonté, suivant la grosseur qu'on veut obtenir. Le noir animal vierge se distingue en *noir en grains* et *noir fin*. Ce dernier n'est autre chose que le produit du blutage; on l'appelle encore noir impalpable ou folle farine.

Composition. — Ces noirs vierges contiennent en moyenne, d'après un grand nombre d'analyses :

Charbon et matières organiques...... avec près de 1 p. 100 d'azote.	10 p. 100
Phosphate de chaux.................	78.5 —
Carbonate —	7.8 —

Le noir fin est un peu plus riche que le noir en grains.

Le noir vierge intéresse peu l'agriculteur, qui ne tire parti de cette substance qu'après que l'industriel en a épuisé les propriétés absorbantes.

Noirs de sucrerie. — Le noir animal est utilisé dans les sucreries pour la clarification des jus qui, après la carbonatation, sont jetés sur les filtres constitués par des cylindres en tôle remplis de noir en grain, auquel ils abandonnent le carbonate de chaux, une partie des sels et des matières organiques. Le noir en grain est revivifié un grand nombre de fois, afin de servir à de nouvelles opérations; sa revivification s'opère en le plaçant dans des cuves où il subit la fermentation alcoolique et puis la fermentation lactique, qui détruisent la plus grande partie des matières organiques qui l'imprégnaient; on le fait quelquefois aussi fermenter en présence d'acide chlorhydrique. Après lavage, on le soumet à une nouvelle carbonisation en vases clos. Mais il arrive un moment où il a perdu ses propriétés décolorantes; il devient gris, lourd, chargé de carbonate de chaux et n'a plus de valeur pour le fabricant de sucre.

Il est alors livré à l'agriculture.

Composition. — A cet état, il pèse environ 100 kilog. à l'hectolitre; il contient 65 à 75 % de phosphate de chaux, 15 à 25 % de carbonate de chaux, 5 à 10 % d'eau et un peu d'azote.

On le vend d'après sa teneur en acide phosphorique à raison de 0 fr. 20 à 0 fr. 30 le kilog. Ce prix ne s'éloigne pas sensiblement de celui des phosphates minéraux, auxquels du reste il ressemble beaucoup. Il est souvent mélangé frauduleusement avec du sable, du schiste, du plâtre, des cendres, etc. M. Petermann signale une fraude qui se pratique assez fréquemment en Belgique; elle consiste à introduire dans le noir de sucrerie les résidus de la lévigation de vinasses calcinées, qui se présentent en masse pulvérulente de couleur noire, contenant environ 1,5 % d'acide phosphorique et quelquefois 3,5 % de potasse. C'est une fraude dangereuse à cause des sulfures et des cyanures nuisibles à la végétation qui existent souvent dans ce produit. La vente de cet engrais a beaucoup diminué, par suite des modifications apportées dans le mode de traitement des liquides sucrés.

Noirs de raffinerie. — Pour raffiner les sucres bruts, on les dissout et on obtient des sirops colorés et troubles; pour les clarifier, on les mélange, dans une chaudière à double fond chauffée à la vapeur, avec un lait de chaux faible, puis avec 1 % de sang de bœuf défibriné, et 3 à 4 % de noir animal fin. L'albumine est coagulée par la chaleur et se précipite en englobant le noir, la chaux et toutes les impuretés du jus. Le caillot qui se présente, après lavage et pression, en masse fendillée, était le plus souvent rejeté par les raffineurs, quelquefois revivifié et employé à une nouvelle clarification pour des sucres inférieurs. Sur les conseils de Payen, on l'employa comme engrais dans les terres de landes, et bientôt il devint, à Nantes, l'objet d'un commerce important.

Composition. — La composition des noirs de raffinerie était autrefois très variable, par suite des proportions diverses de sang ou de noir qu'on mettait en œuvre; on obtenait des produits dosant de 1 à 3, 6 % d'azote et de 44 à 73 de phosphate. Le mode opératoire étant plus uniforme aujourd'hui, leur composition n'est plus influencée que par le taux d'humidité; elle est comprise entre les limites suivantes :

Azote	1.5	à 2	p. 100
Phosphate de chaux	55	à 65	—
Carbonate —	5	à 12	—
Résidus siliceux	3	à 15	—
Eau	20	à 40	—

Leur valeur doit toujours être déterminée par l'analyse, non seulement à cause des variations dans la richesse des produits purs, mais aussi à cause des fraudes dont ils sont l'objet.

La Bretagne et la Vendée sont leurs principaux centres de consommation. Ces deux régions ont fait pendant de longues années un emploi considérable de noir animal; on en importait à Nantes des chargements très importants, provenant non seulement des usines de la France, mais encore de celles de l'Allemagne, de l'Angleterre, des Pays-Bas, etc.

Mis en tas, le noir de raffinerie ne tarde pas à se couvrir

de moisissures, et à fermenter avec élévation de température (noirs chauds); on ne l'emploie que lorsque la fermentation est terminée. Ce phénomène donne à l'acide phosphorique et à l'azote une activité plus grande par suite de la solubilisation partielle qu'ils éprouvent.

Aussi le prix des noirs de raffinerie est-il plus élevé que celui des noirs de sucrerie; il est voisin de celui des poudres d'os, c'est-à-dire que le kilog. d'acide phosphorique se vend en moyenne o fr. 30, en comprenant dans ce prix la valeur de l'azote.

Falsification. — Les noirs, avant d'arriver aux cultivateurs, subissent fréquemment des adultérations; peu de matières fertilisantes ont été l'objet de fraudes plus nombreuses. La nature même du produit se prête à l'introduction de matières inertes, telles que les charbons tamisés, les tourbes, les argiles noircies, le terreau, etc. Quelquefois aussi on noircissait artificiellement des phosphates naturels, pour les faire passer comme noirs d'os et les vendre au même prix. De véritables usines se sont installées en vue de ces falsifications.

Voici, d'après M. Andouard, l'analyse d'un produit de ce genre :

Phosphates de chaux	0.0
Charbon et matières organiques	67.2
Carbonate de chaux	13.2
Sable	11.5
Alumine et fer	8.1

Ces diverses fraudes ont pesé lourdement sur l'agriculture des régions où le phosphate est de première nécessité. Jusqu'à ces dernières années la vente se faisait à l'hectolitre; ce procédé offrait de grandes facilités aux fraudeurs qui pouvaient mélanger aux noirs des substances volumineuses telles que les tourbes. Elle se faisait aussi en stipulant le dosage de l'acide phosphorique non dans la matière en nature, mais dans la matière sèche, ce qui permettait aux marchands malhonnêtes de vendre au prix du phosphate lui-même, l'eau qu'ils y introduisaient.

Aujourd'hui le commerce de ces produits est basé sur leur analyse. L'analyse commerciale, longtemps employée pour la vérificaion de ces noirs était un premier encouragement donné à la fraude, puisqu'elle permettait de faire admettre comme substances riches en acide phosphorique des produits riches en fer et en alumine, tels que les cendres de tourbe, les tourbes même, etc. Le noir pur est à peu près inconnu; il entre dans les mélanges d'engrais et se vend sous un nom rappelant son origine, aux agriculteurs habitués depuis longtemps à son emploi.

La texture des tissus osseux se prête à une plus grande solubilité dans les liquides du sol, à une assimilation plus facile par les plantes; aussi les divers engrais phosphatés auxquels les os donnent naissance sont-ils, à juste titre, regardés comme très actifs et sont-ils payés plus cher que les phosphates minéraux.

Il y a peu d'années encore, les noirs de sucrerie et de raffinerie tenaient une place importante dans les engrais phosphatés. Par suite de perfectionnements apportés dans l'industrie sucrière, de moindres quantités de ce produit entrent aujourd'hui en jeu et ils ne tiennent plus qu'une place secondaire dans l'emploi agricole.

Utilisation des os à la ferme. -- Les produits d'os constituent pour les fermes une ressource dont il faut savoir tirer parti. Outre les os produits à la ferme même, et provenant soit du ménage, soit du dépeçage des animaux morts, l'agriculteur peut trouver à en acheter à bas prix. C'est ainsi, par exemple, que des ateliers d'équarrissage vendent souvent des os verts, dits os de régie, à 3 ou 4 fr. les 100 kilog.

La seule difficulté est le broyage, qui pour les os verts est presque impossible ; il faut au préalable les débarrasser de la graisse en les faisant bouillir, après les avoir grossièrement concassés. Le suif et une partie de la gélatine seront ainsi séparés ; le liquide qui les contient devra être utilisé à l'alimentation des porcs ou à l'arrosage du fumier. On peut encore séparer les matières grasses, en étalant les os concassés sur la sole d'un four afin de leur faire subir un grillage assez léger pour ne pas perdre d'azote. Les os secs et friables sont réduits en poudre au maillet, au rouleau, au concasseur ; on la rendra plus fine en la passant au moulin à farine.

On peut encore recourir aux procédés chimiques. L'un d'eux consiste à faire tremper les os dans un cuvier contenant de l'acide chlorhydrique étendu, qui dissout les sels minéraux et laisse la matière azotée. Le mélange des deux produits liquide et solide sera incorporé au fumier. On peut encore séparer la matière azotée, la laver et la faire consommer par les porcs ; le liquide acide est saturé par un lait de chaux ou par du phosphate naturel et donne du phosphate précipité.

En Angleterre, les fermiers suivent généralement le procédé anciennement recommandé par le duc de Richmond : 220 kilog. d'os concassés sont arrosés de 37 litres d'eau et versés dans un bac contenant 70 kilog. d'acide sulfurique concentré ; après 8 jours de contact, le magma est incorporé au fumier ou employé en nature après avoir été absorbé par de la terre ou mieux par du noir animal.

L'agriculteur doit calculer les frais de ces différentes opérations et comparer son prix de revient aux prix des produits commerciaux analogues.

§ IV. — SCORIES DE DÉPHOSPHORATION.

Origine. — On désigne sous ce nom un produit industriel qui commence à prendre une grande place dans l'application agricole, et qui constitue un sous-produit de la fabrication des aciers; on le désigne sous les noms de *scories de déphosphoration*, de *phosphate métallurgique* ou de *phosphate Thomas.*

Les minerais de fer sont souvent très chargés d'acide phosphorique; on en trouve qui en contiennent plus de 1 %. Cet acide est réduit pendant le traitement dans les hauts fourneaux, et le phosphore passe dans la fonte à l'état de phosphure de fer; c'est un grand inconvénient pour la transformation en fer et en acier. Avant cette conversion, la fonte doit donc être débarrassée de phosphore. MM. Thomas et Gilchrist ont imaginé dans ce but un procédé qui est employé sur une vaste échelle dans la métallurgie du fer.

Dans un récipient en forme de poire, ouvert par le haut et qui peut basculer sur son axe horizontal, on verse la fonte en fusion et, par des trous placés dans la partie inférieure de la poire, on insuffle de l'air avec violence à travers le métal fondu; le carbone, le silicium, le phosphore, le soufre s'oxydent, ainsi qu'une certaine quantité de fer; mais pour que cette oxydation permette d'éliminer les corps auxquels elle a donné naissance, il faut que ceux-ci puissent s'unir à une base. A cet effet, on a revêtu de pierre à chaux les parois intérieures de la poire et on a ajouté au métal en fusion environ 20 % de chaux. Cette base s'empare des acides produits et forme avec eux une véritable scorie contenant du carbonate, du silicate, du phosphate, du sulfate de chaux, ainsi que du fer à l'état de protoxyde et de l'oxyde de manganèse. Quelquefois le calcaire est remplacé dans cette opération par la bauxite, la dolomie, et contient alors de notables quantités de magnésie. Cette scorie qui se présente en fragments noirs avec des boursouflures, est souvent mélangée de parcelles de fer. Avant son emploi agricole, elle était regardée comme de nulle valeur; aujourd'hui l'agriculture l'utilise en grandes quantités.

Donnons, d'après M. Grandeau, un exemple du résultat obtenu. Une fonte contenait :

	Avant le traitement.	Après le traitement.
Phosphore	2.5 à 3 %	0.02 %
Carbone	3.0 —	0.43 —
Silicium	1.3 —	traces —
Soufre	0.2 —	0.03 —
Manganèse	1.5 à 2 —	0.76 —

L'épuration s'est faite au moyen d'une chaux provenant de la cuisson d'une dolomie; elle contenait :

	Avant le traitement.	Après le traitement.
Acide phosphorique	traces	[illegible] %
Chaux et magnésie	88.00 %	54.00 —
Silice	7.00 —	12.00 —
Alumine, oxydes de fer et de manganèse	» —	11.00 —

Le laitier ainsi obtenu n'est pas toujours de même nature; celui qui s'écoule au commencement de l'opération contient beaucoup plus de chaux non transformée et moins d'acide phosphorique; il se délite à l'air beaucoup plus rapidement; celui qu'on obtient à la fin de l'opération est plus riche en phosphate et en silicate; il s'altère beaucoup moins au contact de l'air; il a besoin d'être broyé mécaniquement avant d'être appliqué à la culture.

Pulvérisation. — En sortant des appareils, les scories en fusion se figent par le refroidissement; elle constituent une masse dure avec beaucoup de boursouflures. Nous venons de dire que celles qui sont pauvres en acide phosphorique se délitent facilement au contact de l'air et peuvent alors être employées directement à la fumure des terres; quant aux autres et en particulier celles qui sont les plus riches, elles résistent beaucoup plus longtemps, et il est nécessaire d'en opérer la désagrégation préalable au moyen de broyeurs et de meules; elles sont donc employées à l'état de poudre plus ou moins grossière.

La désagrégation est indispensable; elle a une influence prédominante sur l'utilisation de l'acide phosphorique; mais c'est une opération qui n'est pas sans inconvénient pour la santé des ouvriers et qui use rapidement l'outillage, en raison des parcelles d'acier qu'on trouve dans le produit.

Les matières pulvérisées subissent des tamisages ou des blutages. Les scories fournies par le commerce se présentent actuellement sous plusieurs formes : à l'état brut; après délitage à l'air et tamisage; après broyage sommaire; après mouture fine. Les prix varient suivant l'état de finesse. L'agriculteur doit se demander, s'il a intérêt à acheter à bas prix la scorie brute et à en attendre le délitage, ou à s'adresser à des produits déjà préparés. C'est du degré de finesse que dépend la rapidité de l'utilisation. En Allemagne, l'industrie a fait sous ce rapport de grands progrès et livre des produits passant entièrement au tamis de $0^{mm},25$ de diamètre.

On a cherché à concentrer l'acide phosphorique des

scories, soit en enlevant la chaux en excès par le sucre, soit en laissant refroidir lentement dans des bacs les laitiers qui se séparent en 2 couches, celle du haut pouvant contenir 35 % d'acide phosphorique; soit par des procédés chimiques dont nous aurons l'occasion de parler.

Importance de la production. — En France, des usines métallurgiques importantes produisent des scories de déphosphoration; en Angleterre, en Belgique, en Allemagne, d'énormes quantités sont mises à la disposition des agriculteurs.

Pour montrer l'importance de cette production, nous donnerons quelques chiffres établis par M. Grandeau pour 1886, d'après les données de M. Gilchrist.

	Scories. — Tonnes.	Acide phosphorique. — Tonnes.
Angleterre	77.540	11.631
Allemagne, Luxembourg et Autriche-Hongrie	265.158	39.775
France	36.813	5.522
Belgique et autres pays	14.578	2,188
	394.089	59.116

Le tableau de la page suivante rend compte, pour l'année 1886, de la production et de la consommation des scories phosphatées en France.

Les produits vendus sont principalement consommés dans les localités voisines des centres de production; cependant le département de Meurthe-et-Moselle et le Nord en envoient de notables quantités en Suisse et dans la Bretagne.

Au lieu d'employer ces scories en nature, on les a transformées quelquefois en phosphate précipité, en les traitant par de l'acide chlorhydrique et en ajoutant dans la solution un lait de chaux; mais depuis que l'application di-

Départements.	Communes.	Quantités produites.	Quantités vendues.		Prix moyen sur place par tonne.	
			A l'état brut.	En poudre.	A l'état brut.	En poudre.
		Tonnes.	Tonnes.	Tonnes.	fr. c.	fr. c.
Meurthe-et-Moselle..	Jœuf...........	20.000	600	1.800	3.50	4.50
	Mont-St-Martin.	10.000	370	1.630	3.50	4.50
Meuse.....	Stenay.........	225	225	»	4.50	»
	Commercy.....	400	»	»	»	»
Nord.....	Denain.........	2.000	»	»	»	»
	Trith-St-Léger..	1.700	»	1.225	»	10.00
Saône-et-Loire....	Le Creuzot.....	15.000	»	5.000	»	20.00
	Totaux.....	49.325	1.195	9.655		

recte à l'agriculture après désagrégation et pulvérisation a été reconnue possible, ce procédé semble abandonné.

Composition. — La composition des scories de déphosphoration varie avec le contact plus ou moins prolongé de la fonte, avec la composition de celle-ci et avec les proportions et la nature de la matière calcaire ou magnésienne qu'on y ajoute. Celles qui ont séjourné moins longtemps sur la fonte contiennent moins d'acide phosphorique, et leur teneur s'abaisse jusqu'à 7 %. Celles de la fin des opérations en contiennent en général de 14 à 18 et quelquefois même jusqu'à 20 %. La proportion de chaux est voisine de 40 %, celle de la magnésie varie avec la nature de la roche introduite.

L'oxyde de fer, presque tout entier à l'état de protoxyde, est compris entre 12 et 22 %; il y a en outre plusieurs centièmes de bioxyde de manganèse et 6 à 13 de silice.

Les scories phosphatées doivent donc être analysées comme les autres engrais de richesse variable; mais on peut admettre qu'à moins de fraudes les produits ordinaires contiennent 12 à 15 % et même pour certaines usines 16 à 18 % d'acide phosphorique. Cet acide phosphorique se trouve presque tout à l'état tribasique; on constate cependant qu'une partie est soluble dans le citrate d'ammoniaque, 2 à 3 % ordinairement, et quelquefois 7 à 10 %. Enfin récemment on a cru constater dans ces produits l'existence d'un phosphate à 4 équivalents de base (tétraphosphate) très soluble dans l'eau chargée d'acide carbonique et dans les acides organiques.

La chaux libre ou faiblement combinée des scories agit d'ailleurs sur le sol comme un véritable chaulage. Il convient cependant de dire que la chaux se trouve en partie à l'état de silicate.

Cette nouvelle source d'acide phosphorique est précieuse pour l'agriculture, qui trouve là à un prix ordinairement très minime une substance fertilisante de grande valeur.

CHAPITRE II.

PHOSPHATES AYANT SUBI DES TRAITEMENTS CHIMIQUES.

Tous les produits phosphatés dont nous avons parlé jusqu'à présent se trouvent à l'état de phosphate tribasique de chaux, 3 CaO, PhO^5, insoluble dans l'eau, très faiblement soluble dans les liquides du sol chargés d'acide carbonique, ainsi que dans les matières organiques. Malgré cette faible solubilité, les plantes peuvent tirer parti de l'acide phosphorique qui leur est donné sous cette forme, lorsque le phosphate se trouve dans un grand état de division qui en permet la diffusion dans le sol. Mais l'utilisation des divers phosphates naturels est très variable; certains d'entre eux, même lorsqu'ils sont au plus haut degré de division, sont moins facilement absorbés par les plantes. Chacun garde sa nature propre; celui qui était dur et fortement agrégé donnera des particules dures et résistantes, sur lesquelles les agents du sol et les radicelles des plantes auront moins de prise. De là dans l'emploi des phosphates naturels des différences de résultat très grandes, tenant surtout à la texture; souvent même les phosphates les plus tendres et qui se prêtent à l'absorption par les plantes ne produisent pas, dans certains sols et pour certaines exigences culturales, tous les résultats que l'on serait en droit d'attendre. Ces considérations ont amené à chercher des procédés permettant d'utiliser les phosphates qui ne sont pas naturellement assimilables ou ceux qui ne le sont pas assez. On a été ainsi conduit à appliquer à la fabrication des engrais phosphatés des traitements chimiques modifiant la nature et la composition des produits naturels.

§ I. — SUPERPHOSPHATES.

Les matières fertilisantes qui sont données au sol sous une forme soluble sont en général les plus efficaces; on a donc cherché à solubiliser les phosphates; de là est née l'industrie des superphosphates, dont Liebig en 1840 a donné l'idée, et dont M. Lawes en 1842 a été le promoteur.

Théorie de la fabrication. — Cette solubilisation se fait à l'aide d'un acide, et c'est l'acide sulfurique, que son bas prix et son énergie indiquaient tout naturellement, qui a été choisi à cet effet.

Les réactions qui se produisent sont les suivantes :

Réaction principale. — Des 3 équivalents de base qui étaient unis à l'acide phosphorique, deux se combinent à l'acide sulfurique pour former du sulfate de chaux, c'est-à-dire du plâtre, et il reste un seul équivalent de chaux combiné à l'acide phosphorique pour faire un phosphate monocalcique :

$$3\,CaO, PhO^5 + 2SO^3, HO = 2CaO, SO^3 + CaO, 2HO, PhO^5.$$

Ce phosphate monocalcique est soluble dans l'eau; il se trouve donc dans les conditions les plus favorables à l'utilisation de l'acide phosphorique.

Les produits de la réaction restent mélangés; le

plâtre sert de véhicule au phosphate soluble et donne un état pulvérulent qui rend facile son application.

Réactions secondaires. — La réaction que nous venons d'indiquer est très simple théoriquement; mais elle est beaucoup plus compliquée dans la pratique industrielle. En effet, les phosphates naturels sont constitués par un mélange complexe dans lequel entrent ordinairement, outre le phosphate de chaux, du carbonate de chaux, des fluorures, de l'oxyde de fer et de l'alumine, de la magnésie et des éléments terreux, sable, argile, silicates divers. Examinons le rôle de ces diverses substances dans la fabrication des superphosphates.

Les matières sableuses et terreuses, et l'argile ne sont que des produits inertes et encombrants qui ne prennent aucune part à la réaction.

Le carbonate de chaux est facilement attaqué par les acides; il prend donc pour son compte de l'acide sulfurique, en dégageant de l'acide carbonique et en donnant du sulfate de chaux. La magnésie, l'oxyde de fer et l'alumine immobilisent également une certaine quantité d'acide, ainsi que les fluorures dont l'acide fluorhydrique se dégage à l'état libre.

Il y a donc, en plus de la quantité d'acide sulfurique qui serait théoriquement nécessaire pour faire du phosphate monobasique, une consommation de cet acide due à des matières étrangères, et qui constitue une véritable perte grevant d'autant les frais de fabrication.

La quantité de ces diverses matières étrangères est variable dans les phosphates; aussi les industriels choisissent-ils de préférence les minerais les moins chargés de ces produits qui immobilisent en pure perte l'acide sulfurique.

D'autres considérations interviennent encore dans la

fabrication du superphosphate. Le degré d'agrégation et de pulvérisation du phosphate, la concentration de l'acide sulfurique, la manière de le mettre en contact avec le minerai, ont une influence notable sur le résultat des opérations.

Finesse du phosphate. — Lorsque le phosphate est très concret ou qu'il se trouve en particules d'une moindre finesse, l'action de l'acide sulfurique est ralentie soit par la résistance de minerai, soit par la couche de sulfate de chaux qui se forme à la surface et qui entrave l'action ultérieure de l'acide.

Concentration de l'acide sulfurique. — Le degré d'hydratation de l'acide sulfurique est à prendre en considération à deux points de vue. En premier lieu un acide qui n'aurait pas la proportion d'eau suffisante ne pourrait pas opérer la réaction intégrale, puisqu'il faut une certaine quantité d'eau, soit pour produire le phosphate de chaux monobasique, soit pour suffire à l'hydratation du plâtre.

En second lieu l'acide sulfurique concentré est d'un prix beaucoup plus élevé. En se servant des acides des chambres de plomb pesant 53 à 54° B^é, on opère plus économiquement qu'avec des acides grevés de frais de fabrication plus considérables.

On remarque en outre que les acides trop concentrés élèvent beaucoup la température, forment des grumeaux et attaquent d'une façon inégale. L'emploi d'acide étendu permet une désagrégation plus complète, attaque moins l'alumine et le fer mais, par contre, donne un produit qui sèche moins vite.

Mélange de l'acide avec le phosphate. — La manière dont on opère le mélange influe en ce sens que lorsque l'acide sulfurique est, sur certains points de la masse, en excès sur le phosphate, toute la chaux se combine à l'acide; on obtient alors de l'acide phosphorique libre qui ne réagit qu'ultérieurement et très lentement sur d'autres portions de phosphate non attaqué pour produire du phosphate monocalcique. Il faut donc répartir l'acide sulfurique uniformément, afin de produire du premier coup autant de phosphate monocalcique que possible; encore ne peut-on écarter que partiellement cet inconvénient.

Cette répartition doit se faire en versant peu à peu et avec précaution l'acide sulfurique. On évite ainsi une trop grande élévation de la température qui donnerait naissance à du sulfate de chaux anhydre, lequel subséquemment et pendant le refroidissement enlèverait de l'eau au phosphate monocalcique formé, et le ramènerait partiellement à l'état insoluble.

La réaction entre l'acide sulfurique et le phosphate n'est jamais intégrale, surtout au début; il reste de l'acide sulfurique libre et du phosphate non attaqué qui continuent à se combiner lentement et graduellement.

Lorsque le phosphate est très attaquable, les réactions sont plus énergiques, et il peut se produire un dégagement de chaleur assez intense pour donner naissance à des pyrophosphates, composés peu solubles dont il faut éviter la production.

Quantité d'acide à employer. — Le but à atteindre étant de transformer intégralement le phosphate tribasique en phosphate monobasique, il faut calculer le poids d'acide sulfurique à employer d'après la composition du minerai, en tenant compte des autres substances qui prennent de l'acide et dont il faut satisfaire les exigences avant d'agir sur le phosphate proprement dit.

Les quantités d'acide sulfurique à 53° Bé nécessaires sont les suivantes :

Pour 100 de phosphate tribasique de chaux...		93,5
—	carbonate de chaux...............	145,7
—	carbonate de magnésie............	173,4
—	fluorure de calcium...............	186,5

Si la proportion d'acide employé dépasse celle qu'indique la théorie, on obtient de l'acide phosphorique libre qui entrave la dessiccation du produit; si elle est au contraire sensiblement moins élevée, on laisse inattaqué du phosphate tricalcique.

Composition générale des superphosphates. — Mais, malgré toutes les précautions, un superphosphate ne se compose pas uniquement de phosphate de chaux monocalcique et de sulfate de chaux.

Il est constitué par :

Du phosphate de chaux monocalcique,
— — bicalcique,
— — tricalcique non attaqué,
Des phosphates de fer et d'alumine,
De l'acide phosphorique libre,
Quelquefois des pyrophosphates,
Des sulfates de chaux et de magnésie,
Du carbonate de chaux non attaqué,
Du fluorure de calcium non attaqué,
De l'acide sulfurique libre,
Des matières inertes.

Nous nous sommes expliqués sur la formation des sulfates de chaux et de magnésie, du phosphate monocalcique et de l'acide phosphorique libre, et nous avons montré que de l'acide sulfurique et du phosphate de chaux tribasique ont pu rester, sans réagir l'un sur l'autre. Nous avons encore à examiner la formation du phosphate de chaux bibasique et des phosphates de fer et d'alumine. Un grand intérêt s'attache à cette étude; la production de ces derniers composés correspond à un phénomène particulier auquel on a donné le nom de *rétrogradation* et qui joue un rôle important dans l'industrie et le commerce des superphosphates.

Rétrogradation. — Sous ce nom de rétrogradation, on désigne le retour à l'état insoluble dans l'eau, du phosphate qui avait été solubilisé par l'acide sulfurique.

Dans les premiers temps de la fabrication, le superphosphate était coté d'après sa teneur en acide phosphorique soluble dans l'eau c'est-à-dire monobasique. La rétrogradation, qui a pour effet d'insolubiliser à nouveau des produits qu'on avait rendus solubles, a jeté un grand trouble dans le commerce. Les produits analysés peu de temps après la fabrication donnaient un taux de phosphate monobasique qui s'abaissait graduellement, et au bout d'un certain temps on ne trouvait plus la quantité primitivement dosée. C'est seulement lorsque le fait de la rétrogradation eut été connu et expliqué, principalement par les travaux de M. Millot, que les transactions relatives à ce produit purent s'effectuer avec régularité.

La réaction qui produit la rétrogradation est complexe; elle tient à la présence de l'oxyde de fer et de l'alumine, ainsi qu'à la formation de phosphate bicalcique.

Phosphate bicalcique. — Le phosphate de chaux bibasique insoluble dans l'eau peut prendre naissance par un dédoublement du phosphate monobasique, une partie de l'acide phosphorique devenant libre et l'autre restant unie à deux équivalents de chaux. Cette réaction qui se produit sous l'influence du dessèchement s'explique par la formule suivante :

$$2\,(PhO^5, CaO, 2HO) = PhO^5, 3HO + PhO^5, 2CaO, HO$$

Ce produit provient encore de la saturation de l'acide

phosphorique libre par le phosphate et le carbonate de chaux non attaqués, comme le montrent les formules suivantes :

$$2(PhO^5, 3CaO) + PhO^5, 3HO = 3(PhO^5, 2CaO, HO)$$
$$PhO^5, 3HO + 2(CaO, CO^2) = PhO^5, 2CaO, HO + 2HO + 2CO^2$$

Enfin le phosphate de chaux acide lui-même peut réagir sur le phosphate tribasique non attaqué et donner le phosphate bicalcique :

$$PhO^5, CaO, 2HO + PhO^5, 3CaO = 2(PhO^5, 2CaO, HO)$$

On voit que diverses réactions peuvent donner naissance à du phosphate de chaux bicalcique et faire ainsi passer à l'état insoluble dans l'eau, l'acide phosphorique qui se trouvait à un état soluble.

Phosphates de fer et d'alumine. — Ces réactions ne sont pas les seules qui opèrent la rétrogradation. Celle-ci étant plus accentuée dans les superphosphates qui contiennent beaucoup de fer et d'alumine, on a attribué à ces derniers un rôle important dans le retour du phosphate monocalcique à l'état insoluble.

On n'est pas encore bien fixé sur les réactions qui s'accomplissent ; mais le fait d'une insolubilisation plus grande de l'acide phosphorique dans les produits contenant de l'oxyde de fer et de l'alumine est constant. Ces deux oxydes forment des phosphates insolubles, soit que l'acide phosphorique libre ou le phosphate monocalcique agissent directement sur eux, soit que l'acide sulfurique resté libre les ait au préalable dissous, leur permettant de réagir par double décomposition sur les diverses formes solubles de l'acide phosphorique.

Fabrication des superphosphates. — Nous avons montré comment on calcule les quantités d'acide sulfurique qu'il convient d'employer, pour transformer en superphosphate un phosphate naturel de composition connue. Les considérations que nous avons exposées portent à n'employer à cet usage que des phosphates d'un titre élevé, pour lesquels la consommation de l'acide sulfurique est relativement moindre. Nous devons entrer maintenant dans quelques détails sur la manière dont il convient de faire le mélange des deux substances destinées à réagir l'une sur l'autre.

Fabrication industrielle. — Le phosphate est amené au préalable à l'état de poudre fine ; la réaction est d'autant plus complète que cette finesse est plus grande. La pulvérisation se fait par des meules verticales ou horizontales de granit ou de fonte; elle est toujours précédée d'une dessiccation ; lorsque les phosphates sont très durs, il convient de les concasser au préalable dans des broyeurs. La matière pulvérisée tombe dans l'auge d'une chaîne à godets qui la déverse dans des blutoirs en toile métallique. La poussière se rend directement au malaxeur et le grain qui reste sur le tamis est repassé sous les meules. Les malaxeurs ont des formes très variables, qui peuvent se résumer en une sorte de pétrin mécanique, dans lequel on introduit lentement les proportions voulues de phosphate et d'acide, pendant que l'agitateur est en mouvement. Lorsque la masse paraît suffisamment homogène, le pétrin est vidé et le phosphate mis en tas. On procède par intermittences.

Dans des installations plus complètes, on a remplacé ce pétrin par des malaxeurs fonctionnant d'une façon continue, dans lesquels on fait arriver par un bout les quantités proportionnelles de phosphate et d'acide; le superphosphate sort à l'autre bout. Dans la réaction il se dégage des gaz et des vapeurs très irritantes, consistant surtout en acide carbonique chargé d'acide sulfurique et d'acide fluorhydrique ; on détermine une aspiration pour mettre les ouvriers à l'abri de ces vapeurs.

Pendant le malaxage, le superphosphate acquiert une certaine liquidité, qui lui permet de couler ; la température s'élève d'abord pour s'abaisser ensuite lentement. Au bout d'un certain temps, la masse a durci, le plâtre qu'elle contient faisant prise. Le bloc est attaqué à la pioche et réduit en morceaux qui se désagrégent facilement au moyen de broyeurs et se présentent alors sous une apparence pulvérulente ou quelquefois un peu pâteuse.

Fabrication à la ferme. — Mais il n'est pas indispensable d'avoir une installation complète pour préparer des superphosphates. Si dans les usines il est utile d'avoir recours à des instruments supprimant de la main-d'œuvre et donnant un travail plus parfait et plus rapide, les petits industriels ou l'agriculteur lui-même peuvent préparer leurs superphosphates d'une manière plus simple. Il suffit d'avoir une aire imperméable, tel qu'un sol bitumé ou cimenté, des cuves de bois doublées de plomb, ou encore des bacs en fonte. Quand on opère sur une aire plane, il est bon de faire un rebord avec du ciment et de la brique ; on a ainsi une sorte de cuvette dans laquelle se fait le mélange.

Généralement on commence par mettre le phosphate de chaux en une couche uniforme, en ajoutant peu à peu la quantité d'acide sulfurique nécessaire. Pendant ce temps, on agite vivement la matière avec des rateaux en fer ou en bois, de manière à obtenir une masse bien homogène. Le superphosphate est alors mis en tas et abandonné à lui-même ; quand il a durci, on l'écrase à la batte. Au lieu de verser l'acide sur le phosphate, on peut intervertir l'opération et commencer par mettre dans la cuvette une certaine quantité d'eau à laquelle on ajoute l'acide sulfurique ; cette quantité d'eau doit être à peu près le quart ou le cinquième du poids de l'acide. Quand le mélange des deux liquides est fait, on verse rapidement le phosphate et on remue énergiquement. Il y a quelques années, le prix des superphosphates était excessif, et il y avait grand avantage à appliquer cette méthode dans les fermes; l'économie qui en résultait sur l'achat des superphosphates pouvait atteindre et même dépasser 50 %. Mais aujourd'hui le prix des superphosphates a baissé dans de grandes proportions, et les industriels, surtout ceux qui fabriquent eux-mêmes l'acide sulfurique et dont les appareils suppriment la main-d'œuvre, peuvent fournir ce produit à un prix qui ne dépasse pas celui qu'on atteindra dans la fabrication à la ferme. Les malaxeurs perfectionnés donnent d'ailleurs un mélange plus parfait et, par suite, une attaque plus complète du phosphate; lorsque le mélange mécanique laisse, par exemple, 1 % de phosphate non attaqué, le mélange à la main peut en laisser jusqu'à 2 et 3 %. Il convient d'ajouter que le dégagement de vapeurs irritantes rend la fabrication à la ferme très désagréable, même alors, ce qui est toujours nécessaire, qu'on la pratique en plein air.

A l'heure actuelle, où le prix de l'acide phosphorique des superphosphates est peu élevé, l'agriculteur n'a donc pas un intérêt suffisant à fabriquer lui-même ce produit. Ce n'est que dans le cas où les superphosphates lui seraient vendus trop cher, qu'il devrait recourir au procédé que nous venons de décrire.

La possibilité de fabriquer à la ferme le superphosphates servira toujours de garantie contre une élévation xagérée des prix commerciaux.

Choix du phosphate. — Tous les phosphates ne s'attaquent pas avec la même facilité par l'acide sulfurique; le degré de pulvérisation, la compacité de la matière, influent sur la rapidité de l'action. Les apatites, les phosphates du Quercy, les phosphorites d'Allemagne, nécessitent un degré de pulvérisation plus grand que les minerais plus friables ou plus poreux. Les guanos phosphatés, les phosphates de Beauval et de Ciply, ainsi que les noirs d'os, sont très facilement attaqués. L'aptitude des superphosphates à prendre une forme pulvérulente est également à considérer, autant pour le transport en sac que pour l'emploi. Il est nécessaire que le produit ne reste pas pâteux ou qu'il ne se présente pas en morceaux trop durs et difficiles à écraser. Certains phosphates, surtout ceux qui contiennent de petites quantités de carbonate de chaux et beaucoup de fer et d'alumine, ont une tendance à donner des engrais pâteux, tandis que ceux qui sont riches en carbonate de chaux se prennent, par la formation du plâtre, en une masse sèche d'un travail facile et qui ne s'agglomère pas dans les sacs. On a reconnu utile, pour arriver à une fabrication convenable, de faire des mélanges de ces divers phosphates, dont les uns apportent plus de richesse et d'autres plus d'aptitude à former des produits concrets.

Enrichissement des superphosphates par l'acide phosphorique. — On peut enrichir dans une forte proportion les superphosphates, en employant pour leur préparation de l'acide phosphorique au lieu d'acide sulfurique. L'économie de ce système est facile à comprendre : l'acide sulfurique agissant sur les phosphates naturels, transforme leur phosphate de chaux tribasique en phosphate monobasique, et leur carbonate en sulfate de chaux; le poids du mélange obtenu par suite de l'addition d'acide est plus élevé que le poids primitif du phosphate, le poids des deux corps en réaction s'ajoutant l'un à l'autre. La transformation en superphosphate au moyen de l'acide sulfurique n'est donc pas un mode de concentration du phosphate ; au contraire, il y a dilution, et si nous partons d'un phosphate naturel contenant 30 % d'acide phosphorique, nous arrivons à un superphosphate qui pourra n'en contenir que 15 ou 16 %. Au point de vue des transports, ce résultat a des inconvénients, puisqu'il augmente considérablement le poids de la matière inerte. Aussi a-t-on cherché à remplacer l'acide sulfurique par l'acide phosphorique dans l'attaque des phosphates naturels. On arrive ainsi à une concentration du produit, puisqu'on y introduit plus d'acide phosphorique qu'il n'y en avait auparavant.

Réactions qui se produisent. — En attaquant par l'acide phosphorique, nous avons une réaction semblable à celle que l'on obtient avec l'acide sulfurique et qui aboutit à la formation de phosphate de chaux monobasique. Pour arriver à ce résultat, il faut employer deux fois plus d'acide phosphorique que le phosphate en contient déjà :

$$3(CaO, PhO^5) + 2(PhO^5, 3HO) = 3(CaO, 2HO, PhO^5)$$

De plus chaque équivalent de carbonate de chaux exigera un équivalent d'acide phosphorique suivant la formule :

$$CaO, CO^2 + PhO^5, 3HO = CaO, 2HO, PhO^5 + HO + CO^2$$

on aboutit ainsi finalement à un produit qui est presque exclusivement formé de phosphate de chaux soluble et qui peut titrer plus de 40 % d'acide phosphorique. Les formules qui précèdent permettent de calculer les quantités d'acide phosphorique nécessaires pour obtenir cette transformation.

Préparation de l'acide phosphorique. — Pour préparer l'acide phosphorique, on se place dans des conditions telles que le prix de l'acide sulfurique soit très peu élevé. On opère sur des phosphates naturels peu riches et par suite d'une valeur minime. On attaque par une quantité d'acide sulfurique suffisante pour que toute la chaux soit transformée en sulfate. La réaction est opérée dans deux pétrins verticaux superposés; dans le premier on fait réagir les matières pendant une heure, et on déverse alors dans le second, où l'action se complète et où on dilue avec de l'eau le liquide boueux obtenu, de manière à pouvoir le passer dans des filtres-presses. La réaction qui met l'acide en liberté est la suivante :

$$3(CaO, PhO^5) + 3(SO^3, HO) = PhO^5, 3HO + 3\,(CaO, SO^3).$$

Les liquides recueillis contiennent 7 à 8 % d'acide phosphorique; ils se rendent dans des appareils à concentration. Les tourteaux qui sortent des filtres-presses sont lavés à l'eau pour dissoudre l'acide phosphorique qu'ils renferment encore, et ces eaux faibles sont utilisées à de nouveaux lavages; on évite ainsi toute perte. La concentration de l'acide se fait dans des étuves ou des fours garnis de plomb, jusqu'à une densité de 1,5 à 1,6 Bé, et le liquide obtenu est employé directement, comme le serait l'acide sulfurique, au traitement des phosphates naturels.

Cette préparation des superphosphates riches se pratique dans les mines de Cacérès, où on trouve deux catégories de phosphates pauvres, les uns à gangue siliceuse, les autres à gangue calcaire. Les premiers servent à la fabrication de l'acide phosphorique et exigent très peu d'acide sulfurique, les seconds conviennent parfaitement à l'attaque par l'acide. On fabrique ainsi des superphosphates à 30 et 35 % d'acide phosphorique soluble.

Composition des différents produits com-

merciaux. — Les produits obtenus en faisant réagir l'acide sulfurique sur les phosphates varient avec les matières premières employées et avec le mode de traitement. Il faut donc s'attendre à une diversité de composition dans les superphosphates que fournit le commerce. Ce n'est pas un produit défini et identique à lui-même qui est livré à l'agriculture, puisque sa richesse en principes utiles est sujette à une grande variabilité, attribuable surtout à la teneur en acide phosphorique des minerais employés. En général on rejette ceux qui sont très pauvres en acide phosphorique ou très chargés de carbonate de chaux ; et on traite seulement les matériaux les plus riches en acide phosphorique.

Il est donc impossible de donner une composition moyenne des superphosphates ; dans chaque cas particulier l'analyse est indispensable pour fixer sur leur valeur, qui dépend non seulement de la proportion totale de l'acide phosphorique, mais encore des divers états sous lesquels il se trouve et qui lui assignent des valeurs différentes au point de vue commercial, ainsi qu'au point de vue fertilisant.

Composition générale. — L'acide phosphorique se présente dans les superphosphates sous trois formes essentielles : 1° le phosphate soluble dans l'eau, qui est le plus apprécié ; 2° le phosphate dit rétrogradé, insoluble dans l'eau, mais soluble dans le citrate d'ammoniaque, qui est le produit d'une réaction secondaire, ultérieure à la fabrication ; 3° l'acide phosphorique resté engagé dans les particules qui ont échappé à l'action de l'acide sulfurique et qui est encore à l'état de phosphate naturel. On assigne généralement aux deux premières formes une valeur peu différente ; mais celle du phosphate qui n'a pas été attaqué est bien moindre. Il est donc indispensable, pour être fixé sur le prix que l'on doit payer un produit commercial de cette nature, de recourir à l'analyse et d'attribuer à chaque forme de l'acide phosphorique la valeur marchande qui lui est propre.

Acide phosphorique soluble et acide rétrogradé. — Suivant que la proportion d'acide sulfurique a été plus ou moins grande, suivant que la composition du phosphate attaqué a été différente, la proportion de l'acide soluble dans l'eau est plus ou moins élevée; cette forme d'acide phosphorique est évidemment celle qu'il y a le plus d'intérêt à obtenir et à conserver dans les superphosphates. Dans certains pays, en Angleterre notamment, c'est elle seule qu'on prend en considération dans l'analyse des superphosphates, en ne tenant pas compte du phosphate non attaqué ni de celui qui est redevenu insoluble par la rétrogradation. En France, d'autres usages ont prévalu; on attribue en général à l'acide phosphorique rétrogradé la même valeur qu'à l'acide soluble dans l'eau; dans la plupart des cas les superphosphates se vendent suivant la quantité d'acide phosphorique soluble au citrate, représentant la somme de l'acide phosphorique soluble dans l'eau et de l'acide phosphorique rétrogradé. Le prix est calculé sur cette base, mais souvent avec une garantie d'un minimum d'acide soluble dans l'eau fixé en général aux deux tiers.

Différents types de superphosphates. — On fabrique des superphosphates avec des matières premières très diverses, des apatites, des nodules et coprolithes, des craies etsables phosphatés, en général avec toutes les phosphorites; on emploie également les poudres d'os, les noirs de raffinerie, les guanos phosphatés. Nous examinerons successivement les diverses sources de phosphates au point de vue de leur aptitude à la production des superphosphates et de la qualité des produits auxquels ils donnent ainsi naissance.

Superphosphates dérivés des apatites. — Par leur texture compacte les apatites ne peuvent pas être utilisées directement, leur résistance aux agents dissolvants du sol et des racines étant très grande. On est obligé, pour les rendre assimilables, de les transformer en superphosphates, ce que leur composition permet de faire avantageusement, puisque la proportion de carbonate de chaux y est peu élevée et celle du phosphate de chaux considérable; l'acide sulfurique n'est donc pas immobilisé dans des produits inertes. De plus les quantités d'oxyde de fer et d'alumine, qui sont les principaux agents de la rétrogradation, ne se trouvent dans les apatites qu'en proportion peu importante. Les superphosphates d'apatite sont donc en général riches, et la rétrogradation y étant peu considérable, la plus grande partie de l'acide phosphorique s'y trouve à l'état soluble dans l'eau.

Superphosphates dérivés des nodules. — Les phosphates minéraux amorphes, à l'ensemble desquels on donne souvent le nom de phosphorites, et qui comprennent les nodules ou rognons, les phosphates fossiles, les coprolithes, ont les compositions les plus variées; ordinairement les plus riches sont employés à la fabrication des superphosphates. On recherche particulièrement ceux dans lesquels la proportion de carbonate de chaux est peu élevée et qui immobilisent moins d'acide sulfurique, ainsi que ceux qui contiennent moins d'oxyde de fer et d'alumine, afin d'éviter la rétrogradation.

Les phosphates pauvres ne sont pas toujours à rejeter; si la proportion de carbonate de chaux est peu élevée et la gangue composée surtout de matière siliceuse, il y a peu d'acide sulfurique immobilisé et les produits ne sont ni trop onéreux ni trop pauvres.

Suivant la richesse initiale des matières premières en

phosphate, suivant la proportion de calcaire qui y existe, on obtient donc des produits plus ou moins riches; suivant également la proportion de fer et d'alumine, la rétrogradation est plus ou moins accentuée.

Les produits qu'on trouve dans le commerce peuvent se classer en 3 catégories : les superphosphates à bas titre contenant de 10 à 12 % d'acide soluble au citrate; les superphosphates moyens de 12 à 14; les superphosphates riches de 15 à 17.

Superphosphates dérivés des sables et craies phosphatés. — Les sables de la Somme et du Pas-de-Calais sont riches en phosphate de chaux, avec une teneur peu élevée en calcaire, ainsi qu'en oxyde de fer et en alumine. Ils sont donc propres à la fabrication des superphosphates, et c'est même la seule manière de les utiliser, puisque leur état physique et la difficulté de leur pulvérisation les rendent peu aptes à l'emploi direct. On peut obtenir des superphosphates dosant jusqu'à 18 et 19 % d'acide soluble.

Les craies phosphatées des mêmes régions se prêtent moins à la transformation en superphosphate, puisqu'elles contiennent des quantités très grandes de carbonate de chaux.

Superphosphates dérivés des os. — Les os des animaux, résidus de l'alimentation ou de certaines industries, contiennent de la graisse et de la matière azotée, comme substances organiques; des phosphates et des carbonates de chaux et de magnésie comme matières minérales. Les os ne sont pas toujours employés en nature, ils ont ordinairement subi certains traitements industriels. Ils donnent des produits très divers, susceptibles d'être employés directement soit en nature, soit après avoir servi à la fabrication de la gélatine ou au raffinage de sucre. Souvent aussi on les transforme en superphosphates, qui, exempts d'oxyde de fer et d'alumine, ne rétrogadent pas. Lorsque les os n'ont pas été calcinés à blanc, il y existe une certaine quantité d'azote qui varie avec le mode de traitement; elle est maxima, lorsque l'os vert est simplement dégraissé.

Examinons les différents produits d'os qui sont transformés en superphosphate.

1° Les *os bruts* dont on a retiré la graisse et dans lesquels la matière azotée reste avec la matière minérale, constituent un engrais azoté autant que phosphaté; en les traitant par l'acide sulfurique on obtient le produit connu sous le noms d'*os dissous* et qui contient ordinairement de 2.5 à 3 % d'azote et de 12 à 14 % d'acide phosphorique soluble. Il se présente parfois sous une forme pâteuse, qui rend son emploi assez difficile.

2° Les *os dégélatinés* fournissent des superphosphates, qui contiennent en général près de 0,5 % d'azote, avec une proportion d'acide phosphorique soluble de 15 à 17 p. %; mais quelquefois, par suite d'un défaut de fabrication, le taux s'abaisse à 10 à 12 %. On doit donc recourir à l'analyse pour être fixé sur leur valeur. Lorsque ce produit est bien fabriqué, il se présente à l'état pulvérulent avec une couleur d'un blanc grisâtre et contient tout l'acide phosphorique à l'état monobasique. Souvent il est enrichi par l'addition de phosphate précipité, afin d'augmenter la teneur en acide phosphorique soluble au citrate. Cette addition passe ordinairement inaperçue, parce que la garantie porte presque toujours sur l'acide soluble au citrate, au lieu de porter sur l'acide soluble à l'eau. Lorsqu'un superphosphate d'os contient plus de 19 % d'acide soluble au citrate, c'est qu'il a été enrichi.

3° Les *noirs d'os*, après avoir servi dans les sucreries, retiennent du carbonate de chaux et des matières organiques. On les utilise sous le nom de noirs de sucrerie, souvent à l'état naturel, quelquefois à celui de superphosphates qui se rapprochent beaucoup des superphosphates d'os dégélatinés, et dont la richesse en acide phosphorique soluble est comprise entre 15 et 18 %.

Les noirs de raffinerie fournissent des produits un peu plus riches en azote que les précédents, mais un peu moins riches en acide phosphorique.

Tous les produits d'os donnent des superphosphates de bonne qualité et qui sont à juste titre recherchés par les cultivateurs.

Il convient cependant d'examiner si la fabrication des superphosphates d'os répond à un véritable besoin. Nous ne le pensons pas; les os sous divers états sont par eux-mêmes très assimilables, lorsqu'ils sont réduits à un degré de finesse suffisant; l'action de l'acide sulfurique augmente il est vrai leur aptitude à être assimilés, mais dans une proportion qui ne paraît pas en rapport avec le sacrifice qu'exige cette transformation; il vaut mieux à notre avis employer directement les produits d'os broyés, dans lesquels l'acide phosphorique est payé moins cher. L'industrie des superphosphates d'os ne nous semble donc pas devoir être encouragée.

Superphosphates dérivés des guanos-phosphatés. —

Nous avons vu quelle est la composition des guanos dits phosphatés; leur richesse est souvent égale à celle des phosphates minéraux dans lesquels l'acide phosphorique atteint son maximum. Leur transformation en superphosphate est peu onéreuse, puisque la proportion de carbonate de chaux y est faible. Les superphosphates de guanos existent dans le commerce sous des dénominations très diverses, qui rappellent plus ou moins leur origine; ils sont peu sujets à rétrograder à cause de leur faible teneur en oxyde de fer et en alumine; on y trouve des quantités sensibles d'azote sous la forme organique et ammoniacale, ainsi qu'un peu de potasse. Ces divers éléments augmentent la valeur de ces superphosphates. Ceux qu'on trouve sur les marchés, lorsqu'ils sont exempts de tout mélange, contiennent de 20 à 21 % d'acide phosphorique soluble, avec environ 0,5 % d'azote et 1 % de potasse.

Nous devons nous demander s'il y a intérêt à transformer les guanos phosphatés en superphosphates; à première vue, cela pourrait sembler inutile, car la forme organisée que revêt l'acide phosphorique dans les débris animaux le rend plus assimilable que celui des phosphates minéraux. Une partie de leur acide phosphorique se trouve d'ailleurs à l'état de phosphate ammoniaco-magnésien, de phosphates alcalins, de combinaisons avec la matière organique, de phosphate acide de chaux ou de magnésie, formes essentiellement utilisables par les plantes. Mais une autre partie est plus résistante, tant qu'elle n'a pas été traitée par l'acide sulfurique. La transformation en superphosphate a donc son utilité; mais l'agriculteur ne doit pas payer à un prix beaucoup plus élevé le phosphate de guano dissous que le même phosphate à l'état naturel. Nous ferons donc à ce sujet, quoique avec plus de réserve, les mêmes observations qu'au sujet des superphosphates d'os.

Prix des superphosphates. — Le prix a subi dans ces dernières années des fluctuations très grandes; il s'est élevé jusqu'à 1 fr. et 1 fr. 10 le kilog. d'acide phosphorique, puis il s'est abaissé graduellement à 0 fr. 80, 0 fr. 70 et a pu, à certains moments, descendre jusqu'à 0 fr. 40; il semble depuis quelque temps se maintenir entre 0 fr. 50 et 0 fr. 65.

Observation générale. — Les prix que nous donnons dans cet ouvrage servent surtout à fixer les idées et à permettre les comparaisons; mais ils n'ont rien d'absolu. Ils varient, en effet, suivant des circonstances multiples tout à fait indépendantes de leur valeur intrinsèque; l'importance de l'offre et de la demande, l'écoulement des stocks en magasin, l'état plus ou moins prospère de l'agriculture et de l'industrie, la concurrence ou l'entente des fabricants, etc. Ces conditions influent dans une grande mesure sur le prix des engrais. Les cours changent d'une année et quelquefois d'une semaine à l'autre; l'agriculteur doit être au courant de ces fluctuations et faire ses achats aux cours les plus bas. Ce que nous cherchons à lui faire connaître surtout, c'est la valeur relative des différents engrais. Le prix devait être étalonné sur la valeur agricole; et il n'en est pas toujours ainsi. Si cette valeur agricole était bien établie, on verrait cesser bien des anomalies qui existent actuellement dans le cours des matières fertilisantes.

§ II. — PHOSPHATE PRÉCIPITÉ.

La transformation en superphosphate n'est pas la seule méthode qu'on emploie pour amener à un plus grand degré de division les divers engrais phosphatés. On fabrique encore des phosphates précipités, qui sont le résultat d'une véritable précipitation au sein d'un liquide qui tenait le phosphate en dissolution.

Fabrication. — L'industrie qui extrait la gélatine des os, des cornes, etc. fournit comme sous-produits des phosphates précipités. Les matières premières sont formées d'une partie minérale riche en phosphate et d'une partie organique azotée qu'on transforme en gélatine, après l'avoir isolée de la matière minérale par une macération dans l'acide chlorhydrique dilué, dans lequel elle est insoluble, tandis que les phosphates entrent en dissolution. On ajoute dans le liquide soutiré un lait de chaux, qui forme un précipité volumineux renfermant tout l'acide phosphorique à l'état de phosphate bicalcique ou tricalcique, suivant qu'on a employé une proportion de chaux plus ou moins grande, suivant que la température a été plus ou moins élevée et suivant la manière dont on a opéré l'addition de la chaux. En général ce n'est pas exclusivement l'une ou l'autre forme de l'acide phosphorique qui s'est précipitée, mais un mélange en proportion variable de phosphate bicalcique et de phosphate tricalcique. Le phosphate bicalcique étant vendu plus cher, on tend à l'obtenir en plus forte proportion.

Ces phosphates précipités constituent donc un véritable sous-produit de la fabrication de la gélatine. On en obtient d'autres en utilisant l'acide chlorhydrique, résidu de certaines industries, au traitement de phosphates naturels pauvres qu'on transforme en phosphate bicalcique comme dans le cas précédent. La dissolution s'obtient en faisant digérer le phosphate, réduit en poudre et imprégné d'eau, dans une quantité d'acide chlorhydrique suffisante pour dissoudre le phosphate, en laissant déposer les matières siliceuses et en décantant le liquide clair, qu'on traite par un lait de chaux pour précipiter l'acide phosphorique.

La chaux doit être ajoutée en quantité telle qu'elle forme avec l'acide phosphorique le phosphate bicalcique, ce que l'analyse préalable du produit et la mesure de l'acide chlorhydrique employé permettent de déterminer. Quelquefois, au lieu de chaux on emploie de la magnésie ou de la chaux magnésienne ; l'emploi des carbonates de chaux ou de magnésie n'est pas à recommander au point de vue de la qualité des produits.

On agite vivement pendant l'addition du lait de chaux,

afin que cette base ne se trouve nulle part en excès; on évite ainsi la production du phosphate tricalcique. Le phosphate bicalcique a pour formule :

$$2CaO, HO, PhO^5.$$

C'est lui que l'industriel cherche à produire, car son acide phosphorique se dissout dans le citrate d'ammoniaque et, suivant l'usage établi, est coté à un prix supérieur; le phosphate tricalcique qui se formerait dans le cours de cette fabrication, quoique amené par la précipitation chimique à un degré de division très grand, ne se dissout pas dans ce réactif. Sa valeur marchande, sinon sa valeur fertilisante, est donc inférieure à celle du phosphate bibasique.

Cette fabrication paraît très simple; elle présente cependant de grandes difficultés; ce n'est qu'en France et en Belgique où elle est arrivée à un certain degré de perfection et où le phosphate est presque tout entier à l'état bibasique. L'ancien procédé consistait à mettre un excès de chaux; on obtenait alors un précipité imprégné de chlorure de calcium, difficile à laver et à sécher, hygroscopique et formé presque exclusivement de phosphate tribasique. On doit, au contraire, précipiter en liqueur très acide, en fractionnant l'addition du lait de chaux et en laissant toujours dans les liquides de l'acide phosphorique en excès, qui réagit sur le phosphate tribasique formé. Le précipité, lavé à la turbine et séché à basse température, remplit les conditions voulues.

On a proposé de traiter les phosphates fossiles par l'acide sulfurique pour saturer simplement le carbonate de chaux; puis de soumettre le produit à l'action de l'acide sulfureux qui dissout le phosphate et laisse intacts le fer et l'alumine; le liquide clair est décanté, débarrassé de l'acide sulfureux qu'on récupère; le phosphate se concentre dans un précipité grenu.

Pour concentrer l'acide phosphorique des scories, on les traite par l'acide chlorhydrique et on neutralise avec un lait de chaux; on obtient un précipité contenant de de 27 à 35 % d'acide phosphorique, en partie tribasique, en partie bibasique et aussi en partie combiné au fer. Ce produit est connu sous le nom de *précipité Thomas.*

Avantages de cette fabrication. — Les phosphates précipités, quelle que soit d'ailleurs la proportion relative de leurs divers constituants, sont des produits riches puisqu'ils sont débarrassés du carbonate de chaux et des parties siliceuses qui les accompagnaient primitivement. En effet, pendant la dissolution dans l'acide, le carbonate de chaux passe à l'état de chlorure de calcium, ainsi que deux équivalents sur trois de la chaux combinée à l'acide phosphorique; l'addition de chaux rend à ce dernier un nouvel équivalent de cette base; il reste donc en dissolution toute la chaux qui existait auparavant à l'état de carbonate et le tiers de celle qui était sous forme de phosphate. Par le départ du dépôt siliceux et du chlorure de calcium l'acide phosphorique se concentre dans un précipité séparé des matières inertes qui l'accompagnaient. Cette fabrication est donc un véritable mode de concentration de l'acide phosphorique; sous ce rapport elle est très différente de celle des superphosphates, dans lesquels l'acide phosphorique se trouve délayé par l'addition d'acide sulfurique, de telle sorte que la richesse primitive est diminuée.

Les os bruts contiennent environ 23 % d'acide phosphorique, tandis que le phosphate précipité, résultat de leur traitement, pourra en contenir jusqu'à 40 % ; dans les phosphates naturels pauvres, la concentration est encore plus grande, puisqu'on retire un produit à 38 à

40 % d'acide phosphorique, d'une matière qui n'en contenait que 15 à 20. Ce n'est donc pas seulement dans le but de transformer les phosphates en produits d'une extrême division et, par suite, d'une utilisation plus directe par les plantes, qu'on prépare les phosphates précipités, mais aussi pour les concentrer afin de pouvoir les loger et les transporter avec moins de frais.

Composition des phosphates précipités. — Les phosphates précipités se présentent sous la forme d'une poudre blanche, ordinairement très fine, faiblement agglomérée et d'une parfaite homogénéité.

Si ce produit était à un état de pureté chimique, avec la formule : $2\,CaO, HO, PhO^5$, il contiendrait 52 % d'acide phosphorique ; mais quelque soin qu'on ait apporté à sa fabrication, ce résultat n'est jamais atteint. On y trouve, à l'état d'impureté, de la chaux en excès, de la magnésie, des carbonates de chaux et de magnésie, de l'oxyde de fer et de l'alumine, enfin de l'eau hygroscopique. Le commerce l'offre avec une richesse qui ne dépasse pas 42 % d'acide phosphorique et qui est généralement comprise entre 36 à 40 %. La plus grande partie de l'acide phosphorique est soluble dans le citrate d'ammoniaque, comme le phosphate rétrogradé du superphosphate ; une autre partie, celle qui est à l'état de phosphate tribasique, résiste à ce réactif ; le phosphate bibasique lui-même, lorsque la température de la préparation ou de la dessiccation a été trop élevée, devient moins soluble par la texture cristalline qu'il prend ; il se forme, pense-t-on, du phosphate tétracalcique et le produit devient acide.

Il n'est pas rare de trouver des phosphates précipités contenant seulement 15 % d'acide soluble au citrate. L'acide phosphorique qui n'est pas attaqué par le citrate d'ammoniaque, n'en est pas moins à un état de division moléculaire qui doit le faire regarder comme beaucoup plus actif que celui des phosphates non traités. Cependant on ne devrait tenir compte, dans l'achat de ces produits, que du phosphate soluble dans le citrate, qu'on cote à un prix peu différent de celui des produits similaires dans les superphosphates.

Falsifications. — Les phosphates précipités peuvent contenir, dans le cas d'une fabrication défectueuse ou d'une fraude intentionnelle, de la chaux, des carbonates de chaux ou de magnésie, du plâtre, etc. Il est toujours nécessaire de recourir à l'analyse pour être fixé sur leur valeur, même alors que la préparation a été faite dans les meilleures circonstances.

Commerce. — Par les conditions mêmes de leur fabrication, les phosphates précipités n'ont qu'une importance secondaire au point de vue agricole. Ils sont subordonnés d'un côté à la fabrication de la gélatine des os et de l'autre à la production d'acide chlorhydrique. La première industrie n'a qu'un développement restreint; d'autre part la production de l'acide chlorhydrique résiduaire est aujourd'hui plus faible qu'il y a quelques années. Ce n'est donc qu'en quantité limitée qu'on trouve aujourd'hui les phosphates précipités dans le commerce. Ils sont surtout achetés par les fabricants d'engrais, qui s'en servent pour l'enrichissement des mélanges. Leur prix est souvent élevé, par suite de leur rareté sur le marché.

Autres produits phosphatés. — Nous avons encore à examiner des produits qui sont peu employés à l'heure actuelle, mais qui sont susceptibles de prendre une certaine importance.

Phosphate de magnésie. — Ce sel est quelquefois produit de la même manière que le phosphate de chaux précipité, par le simple remplacement de la magnésie ou de son carbonate, à la chaux ou au carbonate de chaux. Nous ne voyons pas un grand avantage à cette substitution, qui permet toutefois d'obtenir des produits un peu plus riches en acide phosphorique, à cause du faible équivalent de la magnésie. S'il était constaté qu'un sol eût besoin de fumure magnésienne, ce qui n'est pas souvent le cas, il vaudrait mieux la lui donner directement sous la forme de magnésie ou de sulfate de magnésie. Les phosphates de magnésie ne sont ni plus solubles ni plus assimilables que les produits correspondants de la chaux.

Phosphate ammoniaco-magnésien. — M. Schlœsing a conseillé le phosphate de magnésie, préparé directement par l'action de l'acide sur la base, pour recueillir l'ammoniaque dissoute dans de grandes masses de liquides, en produisant une combinaison très peu soluble de phosphate ammoniaco-magnésien, qui constitue un engrais phosphaté et azoté d'excellente qualité, mais dont la production est subordonnée à celle des eaux ammoniacales.

Le phosphate ammoniaco-magnésien se présente sous la forme d'une poudre cristalline ou quelquefois en cristaux assez gros, faiblement solubles dans l'eau. Il peut contenir jusqu'à 50 % d'acide phosphorique et près de 10 % d'azote ammoniacal; c'est donc un engrais riche et peu encombrant; il serait à désirer que son usage pût se généraliser.

Phosphate d'ammoniaque. — On obtient aussi quelquefois du phosphate d'ammoniaque, en employant l'acide phosphorique au lieu d'acide sulfurique dans le traitement des eaux ammoniacales. L'acide phosphorique de ce produit est complètement soluble dans l'eau; l'usage ne paraît pas s'en être répandu.

On pourrait encore réaliser d'autres combinaisons;

les agriculteurs qui veulent s'adresser à ces produits doivent considérer avant tout leur richesse en acide phosphorique et l'état de désagrégation chimique de la combinaison phosphatée.

CHAPITRE III.

EMPLOI AGRICOLE DES PHOSPHATES.

Nous avons vu que les produits phosphatés auxquels l'agriculteur peut s'adresser sont de nature très diverse. Outre les phosphates minéraux tirés du sein de la terre et qui eux-mêmes peuvent se subdiviser en catégories très distinctes, on emploie les os en nature ou avec les différentes formes que leur donnent les traitements industriels; les guanos phosphatés, résidus du lavage par les pluies des déjections d'oiseaux; les scories phosphatées, que depuis quelques années la métallurgie met à la disposition de l'agriculture. Nous réunissons tous ces produits, qui se comportent dans le sol d'une façon analogue, quoique leur énergie soit variable.

Nous examinerons d'un autre côté les phosphates qui ont subi des traitements chimiques, dont le prix est plus élevé et dont l'action sur la végétation est généralement plus rapide. Les premiers peuvent être comparés dans une certaine mesure aux engrais azotés organiques, les seconds aux engrais azotés salins, en ce sens que les phosphates non traités ont besoin de subir dans le sein de la terre une préparation susceptible de favoriser leur diffusion et de les mettre ainsi à la disposition des racines, tandis que les phosphates provenant de traitements chimiques ont en quelque sorte subi cette préparation au préalable et se trouvent dès le moment de leur incorporation prêts à agir sur la végétation.

§ I. — PHOSPHATES EMPLOYÉS A L'ÉTAT NATUREL.

L'expérience a démontré que les divers phosphates naturels n'ont pas une action identique sur la végétation; il existe entre eux des différences d'action qui tiennent surtout à leur état d'agrégation; nous avons donc à examiner comparativement l'effet que produisent les phosphates d'après leur origine et leur nature et à déterminer les conditions de leur incorporation au sol, les résultats qu'ils donnent suivant la nature de la terre et des cultures. Après avoir discuté les points qui s'appliquent à l'ensemble de ces produits, nous pourrons les comparer entre eux au point de vue de leur efficacité et de leur utilisation agricole.

Ces divers produits contiennent en majeure partie, sinon en totalité, l'acide phosphorique à l'état de phosphate tribasique de chaux et sous une forme insoluble dans l'eau. Nous devons d'abord étudier quelles réactions se passent entre cet engrais et les éléments du sol, au point de vue de l'utilisation de l'acide phosphorique par les plantes. Ces réactions sont de même nature pour tous ces phosphates et ne diffèrent que par leur intensité.

Transformations générales du phosphate dans le sol. — La terre végétale est un milieu tellement complexe et variable et dans lequel les engrais sont soumis à tant de réactions diverses, qu'il est difficile, sinon impossible, de se rendre compte de toutes celles qui se produisent entre les éléments de la terre et les produits phosphatés donnés comme engrais. Ces réactions sont subtiles; leur étude offre les plus grandes difficultés; mais, vu l'importance de la question, nous y insisterons dans la limite des données positives que nous possédons.

Les produits que nous envisageons n'ont subi que des actions mécaniques, telles que la pulvérisation et le blutage; ils sont à un certain degré de finesse, condition indispensable de leur emploi agricole. Les nodules, les coprolithes ou même les os qui seraient entiers ou en gros fragments, sont presque entièrement dépourvus de valeur fertilisante; ils ne sont pas employés. Nous insisterons plus loin sur l'influence de la division mécanique des phosphates; ici nous nous bornerons à noter les réactions auxquelles les produits sont sujets, en nous plaçant d'abord dans le cas des terres arables ordinaires, renfermant en proportions diverses le calcaire, la matière humique, le sable et l'argile.

Action des matières minérales du sol. — Dès 1857, P. Thénard a montré que l'acide phosphorique forme, avec l'alumine et le sesquioxyde de fer, une combinaison insoluble dans l'acide carbonique, mais qui devient soluble par le contact du silicate de chaux; il pense que ce dernier corps est l'agent dissolvant du phosphate. M. Dehérain a démontré presque en même temps que cette propriété dissolvante appartient à un plus haut degré aux carbonates alcalins et alcalino-terreux. En laissant passer à travers un sol contenant des phosphates insolubles de l'eau chargée d'acide carbonique, des carbonates de potasse ou d'ammoniaque, on fait entrer du phosphate en solution; si encore on mélange du carbonate de chaux et du phosphate de fer, on constate que le phosphate devient soluble dans l'acide carbonique. Le marnage et le chaulage auraient donc pour résultat de favoriser l'aptitude à la dissolution des phosphates du sol ; le mélange de phosphate avec les matières organiques aurait un résultat analogue par la production de carbonate d'ammoniaque.

Outre les carbonates, d'autre sels, tels que les sels ammoniacaux paraissent avoir une très légère action dissolvante sur les phosphates; les nitrates et les chlorures n'ont, d'après Vœlcker, aucune action de ce genre.

En résumé, d'après M. Dehérain, le phosphate de chaux donné au sol entre d'abord en dissolution dans l'acide carbonique et les acides faibles, puis il passe à l'état insoluble en s'unissant à l'oxyde de fer et à l'alumine. Le retour à l'état soluble est dû à la présence de carbonates alcalins ou alcalino-terreux. Une série de réactions mettent donc le phosphate en solution et l'immobilisent tour à tour et presque simultanément.

Action de l'acide carbonique. — L'eau chargée d'acide carbonique qui circule entre les particules terreuses tend à opérer la dissolution du phosphate, comme elle opère celle du carbonate de chaux. On serait donc porté à croire que, de même que ce dernier, il se trouve en grande quantité dans les eaux de drainage, et tend à s'éliminer par cette voie. Il n'en est pas ainsi ; les eaux de drainage ne contiennent que de très minimes proportions d'acide phosphorique et il n'y pas à redouter une perte appréciable venant de ce chef. La cause de cette fixité tient à ce que la terre contient des proportions notables d'oxyde de fer et d'alumine, qui ont la propriété d'absorber et d'insolubiliser l'acide phosphorique à l'état de phosphates d'alumine et de fer, sur lesquels une solution d'acide carbonique n'a pour ainsi dire pas de prise. Le phosphate tribasique qui se dissout dans les liquides du sol à la faveur de l'acide carbonique cède donc à mesure son acide phosphorique à l'alumine et à l'oxyde de fer. Au bout d'un temps plus ou moins long la plus grande partie du phosphate de chaux tribasique affecte donc une nouvelle combinaison sensiblement insoluble, mais que cependant les racines des plantes peuvent absorber.

La fixité de l'acide phosphorique a encore une autre cause, que nos expériences mettent en évidence : l'eau chargée d'acide carbonique, qui est susceptible de dissoudre des quantités notables de phosphate de chaux, perd en grande partie ce pouvoir dissolvant, lorsqu'elle se trouve saturée par du carbonate de chaux. Nous avons vu l'eau chargée d'acide carbonique dissoudre 0 gr. 13 de phosphate de chaux par litre, alors qu'en présence du carbonate de chaux elle n'en a plus dissous que 0 gr. 04. Le calcaire du sol enlève donc aux liquides qui baignent les particules terreuses une notable partie de leur faculté dissolvante vis-à-vis du phosphate. Aussi la transformation dont nous avons parlé plus haut et qui repose sur la solubilité des phosphates dans l'eau chargée d'acide carbonique est-elle très lente.

Action des matières organiques. — La terre contient des matières organiques, constituées, soit par les résidus des récoltes, soit par le fumier de ferme et qui donnent naissance à la matière humique complexe, formée non seulement de matière organique, mais aussi d'éléments minéraux avec lesquels elle se combine. En isolant la matière humique, on y constate toujours la présence de chaux, de magnésie, d'oxyde de fer, d'alumine, d'acide phosphorique, etc. Il s'agit ici de véritables combinaisons; en effet les caractères de ces corps sont profondément modifiés; ils entrent en solution dans les alcalis, avec la matière noire ; l'acide phosphorique, qui seul nous intéresse ici, se trouve en quantité très notable engagé dans des combinaisons complexes avec la matière organique.

On doit à M. Grandeau une expérience du plus haut intérêt. Ce savant a montré que l'acide phosphorique ainsi solubilisé à la faveur des composés humiques se sépare de ceux-ci par la dialyse. Les racines des plantes, qui sont de véritables dialyseurs, peuvent donc le soutirer aux corps bruns, sortes de réservoirs d'acide phosphorique. Ce rôle de la matière organique a une importance capitale dans la fertilité du sol et explique en grande partie la nécessité où se trouve l'agriculteur d'entretenir une proportion convenable d'humus dans la terre.

Sprengel avait déjà entrevu une partie du rôle de l'humus, en préparant sa combinaison avec différentes bases; mais c'est M. Risler qui, dès 1858, a fait connaître le véritable rôle de l'humus au point de vue de l'absorption des substances fertilisantes. M. Risler a prouvé que ces dernières pouvaient entrer en combinaison avec la matière organique et affecter ainsi de nouvelles formes. Il a particulièrement montré la solubilité du phosphate de chaux dans l'acide humique. Ces constatations sont très importantes pour la pratique agricole; on ne saurait attacher assez d'attention à des études qui expliquent en grande partie le mécanisme qui modifie et rend assimilables les principes fertilisants confiés au sol. L'action de la matière organique est en effet considérable; M. Risler a trouvé dans une de ses expériences que 0 gr. 728 de cette matière avaient pu faire entrer en dissolution dans l'eau 1 gr. 397 de phosphate de chaux, c'est-à-dire près du double de son poids.

M. Grandeau a institué des expériences directes pour montrer l'influence de la matière organique sur l'absorption de l'acide phosphorique; il a introduit de la tourbe dans un sol calcaire et dans un sol argileux, dans lesquels il a fait pousser de l'orge, comparativement avec des sols qui n'avaient pas reçu cette addition. Toutes les cases avaient la même quantité de phosphate de chaux. Il a pesé les récoltes et déterminé dans chaque sol la proportion d'acide phosphorique entré en combinaison avec la matière noire. Voici les résultats qu'il a obtenus :

	SOL CALCAIRE.		SOL ARGILEUX.	
	Sans tourbe.	Avec tourbe.	Sans tourbe.	Avec tourbe.
	kilog.	kilog.	kilog.	kilog.
Récolte	0.430	0.800	0.600	0.775
	gr.	gr.	gr.	gr.
Acide phosphorique soluble, pour 100 de terre.	0.03	0.10	0.06	0.08

Influence de la nature des engrais phosphatés. — Toutes les réactions entre les phosphates et les agents du sol, influencées d'ailleurs par les conditions climatériques et par l'état d'humidité, sont accentuées dans une forte proportion par une division plus grande, qui a pour effet d'augmenter les surfaces de contact et de répartir davantage les particules de phosphate. Suivant l'état de division, la transformation du phosphate de chaux sera donc considérablement accélérée ou ralentie, sans cependant que la nature des réactions se modifie. Nous aurons à reparler longuement du degré de finesse des phosphates naturels; mais outre cet état de division il y a un état d'agrégation moléculaire qui agit dans le même sens.

Ainsi les apatites qui sont formées d'une substance cristalline très dure et très compacte entrent à peine en jeu avec les éléments de la terre, même lorsqu'elles sont très divisées; il y a une résistance propre à la particule phosphatée qui tient à sa texture intime; aussi voyons-nous les apatites rester pour ainsi dire inertes au sein de la terre. Les divers phosphates amorphes ont également, abstraction faite de leur degré de finesse, une résistance qui tient à leur texture. Il y en a qui, sous ce rapport, se rapprochent des apatites, d'autres, au contraire, qui se rapprochent des os; c'est-à-dire qu'entre ces deux extrêmes les phosphates minéraux naturels présentent tous les termes d'une série commençant aux plus résistants et finissant aux plus tendres, de telle sorte qu'on y trouve tous les degrés d'assimilation.

Quant aux os, dont le tissu cellulaire forme une masse faiblement agglomérée, poreuse, facilement accessible aux agents dissolvants du sol, ils se prêtent mieux aux transformations qui favorisent l'assimilation par les plantes.

Les guanos phosphatés sont dans le même cas.

Les scories phosphatées, qui contiennent à côté du phosphate de chaux, de la chaux libre, ainsi que des silicates basiques de chaux, de magnésie, de fer et d'alumine, subissent il est vrai les mêmes transformations finales que les autres phosphates, mais après des modifications préalables dont nous devons dire quelques mots. Les matières alcalino-terreuses qu'elles renferment à l'état libre commencent par se transformer en carbonates, les silicates facilement attaquables se désagrègent et leurs éléments se séparent, il en résulte encore des carbonates de chaux et de magnésie, de l'oxyde de fer, de l'alumine et de la silice libre; une partie des silicates résiste plus longtemps. Le phosphate ainsi dégagé et pour ainsi dire mis à nu, entre alors en réaction avec les éléments du sol; une partie de l'acide phosphorique combinée à la chaux et à la magnésie se comporte comme les phosphates naturels, une autre partie combinée à l'oxyde de fer et à l'alumine, insensible à l'action de l'eau chargée d'acide carbonique, est cependant susceptible de se combiner avec la matière organique.

Terres acides. — Ces réactions se modifient lorsqu'au lieu de donner le phosphate aux terres arables ordinaires on le donne aux terres acides, telles que les terres de bruyères et de landes, aux sols tourbeux, etc., qui contiennent une quantité notable d'acide humique libre, provenant des débris végétaux accumulés en l'absence de calcaire. Au contact de cet acide les phosphates se solubilisent, formant un véritable superphosphate, l'acide du sol jouant dans cette circonstance le même rôle que l'acide sulfurique.

On aurait tort de croire qu'il s'opère une simple dissolution du phosphate dans l'acide du sol, qui est toujours en grand excès sur les fumures phosphatées les plus abondantes. Même dans certaines terres acides il existe, ainsi que M. Dehérain l'a constaté, des quantités notables d'acides plus énergiques, tels que l'acide acétique, dont le pouvoir dissolvant sur le phosphate est assez considérable et vient s'ajouter à celui de l'acide humique et de l'acide carbonique.

Nous avons institué des expériences sur des terres provenant des landes stériles de la Bretagne, en les additionnant de phosphate de chaux naturel.

Il se produit d'abord un dégagement d'acide carbonique provenant du carbonate de chaux qui accompagne les phosphates, il se forme ainsi un véritable humate de chaux; puis le phosphate est attaqué à son tour. Si l'on traite le mélange par de l'eau, on ne dissout que des quantités insignifiantes d'acide phosphorique et de matière organique; avec l'eau ammoniacale la matière humique donne une solution fortement colorée en brun. En examinant ce liquide, nous trouvons qu'il contient presque tout le phosphate de chaux, non pas à l'état de simple dissolution, mais formant avec la matière organique une véritable combinaison chimique, d'une extrême solubilité dans les alcalis. En se comportant ainsi, le phosphate de chaux a subi une modification aussi profonde, sinon de même nature, que celle que lui fait subir l'acide sulfurique. Aussi sous ce nouvel état doit-il être regardé comme très assimilable par les plantes, puisqu'il se présente à un état de division chimique.

L'alumine et l'oxyde de fer accompagnent toujours l'acide phosphorique dans sa combinaison avec la matière organique, en même temps que la chaux provenant du minerai phosphaté; il est impossible de dire avec lequel de ces éléments basiques l'acide phosphorique est combiné.

L'acide carbonique du sol ne paraît jouer qu'un rôle très effacé dans cette circonstance; les acides noirs, autrement énergiques que lui, suffisent à la dissolution.

En incorporant 1 gramme de phosphate de chaux des Ardennes, à 17 % d'acide phosphorique, à 100 grammes de tourbe, nous avons vu qu'au bout d'une année environ, 0 gr. 070, c'est-à-dire près de la moitié de l'acide phosphorique reçu, était devenue soluble par sa combinaison avec la matière noire. Ce pouvoir dissolvant n'est pas illimité ; si on force la proportion de phosphate, la solubilisation n'augmente pas dans le même rapport. En introduisant 10 fois plus de phosphate dans la même quantité de tourbe, la proportion devenue soluble ne s'est élevée qu'à 0,100, c'est-à-dire moins de la dixième partie de l'acide phosphorique donné. Dans la pratique on se trouve toujours dans des conditions telles que la tourbe soit en grand excès sur le phosphate et puisse ainsi exercer au maximum son pouvoir dissolvant.

La terre de landes n'a pas seulement besoin de phosphate, mais aussi de chaux; il faut lui donner ces deux éléments qui manquent à sa constitution. Si l'on appliquait le calcaire avant le phosphate, ce dernier serait dans des conditions moins avantageuses, puisque l'acide qui devrait le dissoudre serait en partie ou en totalité neutralisé par la chaux; on se retrouverait alors dans le cas d'une terre ordinaire, riche en matière organique, mais n'ayant plus l'acide libre qui agit si énergiquement sur le phosphate. Il faut donc se garder d'appliquer un chaulage avant ou en même temps qu'un phosphatage. Dans nos essais, nous avons vu qu'une terre de landes qui, à l'état naturel, avait amené en combinaison soluble près de la moitié du phosphate qu'on lui avait donné, n'en a pu dissoudre aucune trace, quand on a appliqué la chaux en même temps que le phosphate.

Terres argileuses. — Dans les terres de cette nature, dans lesquelles circule peu d'acide carbonique, la transformation du phosphate de chaux est assez lente; mais il se forme, au bout d'un certain temps, une combinaison avec l'oxyde de fer et l'alumine. Les réactions chimiques des phosphates avec les éléments de l'argile sont peu connues; on saisit mieux l'action physique, qui tient à ce que la plasticité des terres fortes est diminuée par l'incorporation d'éléments calcaires opérant la coagulation de l'argile et produisant plus d'ameublissement et de perméabilité. Le phosphate de chaux possède ces avantages à un certain degré et, sous ce rapport, il peut atténuer les inconvénients des terres fortes.

Terres calcaires. — Les terres très calcaires, telles que les craies, sont généralement pauvres en matières organiques; les phosphates n'y trouvent donc pas le principal élément de leur transformation en produits assimilables et n'y subissent que des modifications très lentes; aussi a-t-on constaté qu'en général les phosphates naturels réussissent peu dans ces terrains et qu'il est nécessaire de les amener au préalable par un traitement chimique au degré de division que le sol est incapable de leur donner.

Terres sableuses. — Dans les terres légères et sableuses, ordinairement peu riches en humus, les phosphates naturels ne prennent pas une part importante aux réactions du sol.

Application du phosphate au sol.

Application aux différents sols. — Des principes généraux que nous venons de poser, nous pouvons tirer des conclusions pratiques relatives à l'emploi des phosphates naturels.

Nous avons vu plus haut quelles sont les terres auxquelles il convient de donner des phosphates. C'est seulement dans des cas exceptionnels, lorsque l'acide phosphorique est très abondant, que les sols ne profitent pas de l'apport des phosphates. Une petite partie seulement du territoire de la France peut se passer de cet élément fertilisant, qui partout ailleurs donne des résultats utiles. Il existe même des régions entières, autrefois presque impropres à la culture, qui sont aujourd'hui transformées en terres fertiles par l'action des engrais phosphatés. C'est précisément dans les sols où ils sont le plus nécessaires, que se produisent le mieux les réactions qui les rendent assimilables.

Nous commencerons l'étude de l'application des engrais phosphatés par les terres dans lesquelles leur action est la plus énergique.

Terres de défrichement. — Il existe en France de vastes surfaces, dont le Limousin, la Bretagne et la Vendée nous offrent les types les plus caractérisés, où l'accumulation des matières organiques a donné naissance à un terreau acide connu pour sa stérilité et qui, par suite de la constitution géologique du sol, est extrêmement pauvre en phosphate. Ces terres dérivent des roches primitives, granits, gneiss ou schistes; elles sont tantôt sableuses et constituent ce qu'on appelle les terres de bruyères ou de landes; tantôt argileuses et imperméables et forment les tourbes. L'expérience a montré depuis longtemps que l'apport du phosphate modifie profondément ces sols et permet leur exploitation. Lorsqu'on défriche les landes pour les mettre en culture, on y incorpore des phosphates et de la chaux; en apportant les éléments qui font défaut et en saturant l'acidité du sol, on met en œuvre les principes fertilisants qui s'y trouvent à l'état latent.

Rôle du phosphate dans les défrichements. — Le défrichement s'opère sur les landes qui sont sèches et sur les terres tourbeuses qui sont imprégnées d'eau. Dans le premier cas, on emploie les charrues défonceuses, après avoir pratiqué quelquefois un écobuage; avant de procéder au labour, on sème le phosphate qui se trouve ainsi enterré dans l'opération même du défrichement. Dans le cas des terres humides, il faut d'abord faire écouler les eaux, en creusant des tranchées et en pratiquant des saignées. Malgré le départ de l'eau, ces terres ne supportent pas le poids des animaux dont les pieds s'enfoncent dans la masse spongieuse qui les forme; elles ne peuvent pas être labourées. On répand le phosphate à leur surface; sous l'influence de cet engrais, un gazon épais recouvre le terrain et le consolide, on peut alors, au bout d'une année, procéder au défoncement.

L'incorporation du phosphate dans le sol varie donc suivant les circonstances; mais l'important est que le phosphate soit donné à la terre; il remplira toujours son effet. Souvent on n'apporte le phosphate qu'après avoir ameubli, assaini et nettoyé le sol; opérations qui exigent une année, et quelquefois deux, de façons prératoires. Le phosphate donné dès le premier labour produirait immédiatement son action, et en provoquant une végétation, vigoureuse retarderait le nettoyage du sol. L'écobuage lui-même, lorsqu'il n'est pas exigé pour la destruction des plantes spontanées, ne doit pas être recommandé. Il nous semble préférable de laisser au sol toute son action dissolvante pour le phosphate, qui agira dès la première année de culture. Nous n'avons pas du reste à nous arrêter sur la pratique des défrichements, sur les procédés employés pour assainir le sol, pour le débarrasser des mauvaises herbes; ces questions sont traitées dans les ouvrages spéciaux d'agriculture.

Il est inutile aussi d'insister longuement sur les bons effets obtenus par l'emploi des engrais phosphatés dans les terres acides de défrichements; ils sont trop bien connus. Les résultats produits par cet engrais en Bretagne sont extrêmement frappants; le phosphate fait d'une année à l'autre passer la terre de l'état improductif à l'état de fertilité. M. Rieffel a obtenu les résultats suivants :

1re année. Terre de landes écobuée 766 kilog. de froment par hectare.
2e — — phosphatée 1.950 — — —

Dans un autre cas, le même agronome obtient des chiffres encore plus significatifs :

	Seigle.	Sarrasin.	Blé.
	—	—	—
	Hectol.	Hectol.	Hectol.
Terre de landes brute...........	0	0	0
— phosphatée.....	25	26	12

La mise en culture des landes est une opération des plus lucratives, puisqu'on peut, au prix d'un faible sacrifice, porter à une haute valeur un sol primitivement stérile. En Bretagne, en Vendée, en Sologne, le phosphate est aujourd'hui employé sur une vaste échelle, même par les petits cultivateurs; souvent même on en abuse. Dans le Limousin il l'est moins que dans les contrées précédentes. Il nous semble important de signaler ce fait, que des départements comme la Somme, les Ardennes, où on trouve en même temps que les engrais phosphatés des terrains acides et souvent tourbeux, n'utilisent pas, pour leur amélioration, un produit dont ils disposent en abondance et à un prix très minime.

Quantités de phosphate à employer. — On a intérêt à incorporer aux terres acides de fortes quantités de phosphate dès l'origine, car, pendant les premiers temps du défrichement la terre étant très acide, le phosphate se trouvera tout entier amené à un état de combinaison qu'il ne pourrait acquérir que lentement par des apports ultérieurs faits à une terre déjà saturée. On n'a pas d'ailleurs à craindre qu'il se perde; il constitue un stock utilisable à mesure des besoins des récoltes. On peut donc conseiller d'employer, pour la transformation des terres de landes et des sols analogues, de fortes quantités de phosphate, ce qui est pratiquement possible à cause du prix peu élevé de cet engrais. Cependant, l'agriculteur qui ne dispose que d'un capital très restreint pourra faire cette opération avec des quantités plus minimes; mais les résultats seront moindres.

Examinons quelles quantités de phosphates sont nécessaires à la fertilisation de ces sols. En employant, comme on le fait fréquemment, des phosphates naturels des Ardennes contenant 40 à 45 % de phosphate réel, soit 20 % d'acide phosphorique, à la dose de 1,000 à 1,500 kilog. par hectare, au début de la mise en culture, on constitue un stock de 200 à 300 kilog. d'acide phosphorique, pouvant suffire à plusieurs récoltes successives ; mais il faut au bout de quelques années appliquer à nouveau des fumures phosphatées, afin de maintenir le stock qu'il suffit d'ailleurs d'entretenir par une fumure annuelle d'environ 150 kilog. Voilà les quantités les plus faibles qu'il faille employer. En admettant que le phosphate revienne à 5 francs les 100 kilog., il y aura donc une première mise de fonds qui ne dédépassera pas 50 à 75 fr. par hectare, somme bien minime en comparaison du résultat obtenu.

Mais quand le propriétaire dispose de capitaux suffisants, il a tout intérêt à augmenter la proportion de phosphate. Une quantité de 2,000 à 3,000 kilog., au début de la mise en culture, n'est pas excessive ; les récoltes pourront prospérer pendant un grand nombre d'années, avant qu'on ait à s'occuper de la restitution.

L'usage, en Bretagne et en Vendée, est de phosphater chaque année à raison de 400 à 500 kilog. par hectare.

Époque de l'épandage. — Il est indifférent de répandre le phosphate à telle ou telle époque de l'année, puisqu'il n'est pas entraîné par les eaux pluviales ; on choisira l'époque la plus convenable à cette opération, c'est-à-dire celle où les travaux des champs laissent le plus de liberté aux ouvriers et aux attelages et où l'accès des terres est possible.

Le phosphate gagne à être répandu à l'avance pour subir les transformations qui le rendent plus accessible aux plantes. Quand son application a lieu en automne, la récolte de l'année suivante peut déjà en profiter largement. Celui qu'on donne ultérieurement à des terres déjà cultivées s'applique sur les labours afin d'être incorporé au sol.

Nature des phosphates à employer. — Tous les phosphates naturels peuvent être utilisés pour la mise en valeur de pareils sols. Ceux-là même qui dans d'autres terres ne produisent que peu d'effet se trouvent, par le fait de l'action des acides organiques, susceptibles de remplir un rôle utile, pourvu qu'ils soient amenés à un certain degré de pulvérisation. Les nodules, les phosphates fossiles, les phosphates d'os, sont le plus fréquemment employés. Outre l'acide phosphorique, ils contiennent du calcaire et apportent ainsi les deux éléments qui font défaut.

Pendant longtemps, on a employé exclusivement des noirs d'os provenant des sucreries et des raffineries, ces produits étant ceux sur lesquels l'attention avait d'abord été appelée. Peu à peu ces produits, qui n'existaient sur les marchés qu'en quantité limitée, ont été remplacés en grande partie par les phosphates minéraux.

M. Bobierre a fait il y a longtemps une série d'expériences très concluantes pour montrer qu'on pouvait, avec grand avantage, substituer dans les défrichements le phosphate fossile, d'un prix peu élevé, aux noirs de valeur plus grande. Voici des résultats se rapportant au sarrasin :

	Hauteur de la plante.	Poids du grain récolté.	Nombre de grains.
	—	—	—
Noir animal seul...........	0m20	0g685	27
Poudre fine de nodules.....	0.60	2.670	110

M. Lecouteux, opérant en grande culture, a constaté qu'en Sologne, 65 fr. de noir animal ont produit 25 hectol. de seigle; et que 30 fr. de phosphate fossile ont donné la même récolte.

Il convient cependant d'observer que parfois les phosphates fossiles ne produisent pas, la première année, une action aussi manifeste que les noirs ou produits d'os ; et que pour tirer des conclusions d'expériences de ce genre, il faut attendre la seconde et la troisième année.

Les produits dérivés des os, tels que les noirs d'os, les poudres d'os, donnent d'excellents résultats, mais leur prix est relativement élevé et il vaut mieux les réserver aux terres qui n'ont pas autant d'aptitude à utiliser les phosphates. Les phosphates des Ardennes et les produits similaires du nord de la France sont fréquemment employés en Bretagne; leur richesse en acide phosphorique ne doit pas être trop faible, pour qu'on n'ait pas à payer le transport de grandes quantités de produits inertes.

Étant donnée l'aptitude particulière des sols acides à utiliser les phosphates, il conviendrait d'y essayer les minerais les moins attaquables, dont l'emploi est impossible dans les terres normales; les apatites, par exemple, et surtout les craies phosphatées, qui donnent de très faibles résultats à l'état naturel et sont souvent trop pauvres pour être transformées en superphosphate. Le nord de la France pourrait fournir actuellement des quantités énormes de craies phosphatées, qui ne sont pour ainsi dire pas utilisées, dont le prix d'achat serait extrêmement minime et dont la valeur à pied d'œuvre se réduirait presque aux frais d'extraction et de transport. Nous engageons vivement les agriculteurs qui possèdent des terres acides à faire des essais avec ces craies phosphatées, qui pourraient probablement servir à transformer les sols aussi bien que le font les autres phosphates naturels.

De même qu'il a fallu longtemps pour habituer le cultivateur breton à substituer le phosphate naturel aux noirs, il faudra longtemps aussi pour l'habituer à se servir d'autres phosphates que ceux des Ardennes, de la Meuse, du Boulonais, etc., qui se présentent tous avec une couleur verdâtre. Pour faire accepter les phosphates de la Somme, certains industriels en changent la couleur par du sulfate de fer, du sulfure de calcium, etc., qui leur donnent l'aspect des phosphates du gault. Il est bon que l'agriculteur se rappelle que la coloration n'est pas un indice certain de l'origine et de la valeur des phosphates.

Durée d'action des phosphates. — Dans les vieilles terres de Bretagne, les phosphates produisent des effets pendant de très longues années; M. Bobierre en cite où, pendant vingt années consécutives, chaque nouvel apport de cet engrais avait donné des résultats. Cependant, il arrive un moment où on n'a plus intérêt à en ajouter de nouvelles doses. Cette limite est atteinte d'autant plus vite que les fumures phosphatées ont été plus élevées et que la teneur en matières organiques est moins forte. On a reconnu par exemple que dans les terres de Sologne et dans les Dombes l'action du phosphate perd de son intensité une fois le défrichement opéré, parce que l'accumulation des matières humiques est moins grande et l'acidité moins prononcée.

Il est donc impossible de fixer, autrement que par l'expérience, la période de temps pendant laquelle le phosphate agira. Même en fumant à raison de 1000 kilog. à l'hectare, il faudra un certain nombre d'années pour former le stock normal des terres arables, puisque les récoltes enlèvent graduellement une partie de l'acide phosphorique.

Mais nous devons appeler l'attention sur un point important, c'est que le phosphate ne doit pas être considéré comme constituant pour ces sols un engrais exclusif. Il provoque une végétation abondante, qui enlève au sol ses matières fertilisantes, qui, en un mot, l'épuise. Il sera donc nécessaire, au bout d'un certain temps, lorsque la fertilité commencera à diminuer, de compléter l'action du phosphate par celle d'autres engrais.

M. Lecouteux, qui a étudié l'application du phosphate en Sologne, distingue deux cas, celui des défrichements en vue du reboisement, celui des défrichements en vue de la mise en culture. Dans le premier cas, il est permis de faire de la culture épuisante et on procède ainsi :

1re année.	Défrichement en hiver, hersages, labours d'été, etc.			
2e —	Seigle avec	500	kilog. de	phosphate.
3e —	—	—		—
4e —	Sarrasin	200		—

Le sol ainsi conduit produit des récoltes de 25 hectolitres par la seule action du phosphate ; après cet épuisement, on procède au boisement.

Dans les terres au contraire qu'on veut conserver en culture, on procède ainsi :

1re année. Défrichement.
2e — Seigle avec 500 kilog. de phosphate.
3e — Fourrage — — et 200 kilog. de sulfate d'ammoniaque.
4e — Céréale avec 500 kilog. de phosphate et 200 kilog. de sulfate d'ammoniaque.

Puis la terre rentre en culture ordinaire, c'est-à-dire reçoit les fumures de restitution indispensables pour le maintien de la fertilité.

Phosphatage et chaulage. — Le phosphate ne produit tout son effet qu'à la condition d'une transformation des fonctions du sol par un chaulage ou un marnage. Le phosphate seul, quoique contenant par lui-même des quantités notables de calcaire, ne suffirait pas à saturer les acides du sol, comme le fait le chaulage ou le marnage, dont la principale conséquence est de faire nitrifier et par suite de faire entrer en circulation l'azote qui était immobilisé dans des combinaisons incapables de servir à l'alimentation végétale. Ces terres contiennent en général beaucoup d'azote, ainsi que de la potasse; en leur apportant le phosphate et en modifiant leurs fonctions chimiques par le calcaire, on les fait rentrer dans le cas de sols abondamment pourvus des principaux éléments de la fertilité.

La pratique a montré qu'il est préférable de commencer par l'application des phosphates; en effet, dans les sols acides, le phosphate se combine rapidement à la matière orgnique sous une forme très assimilable. Si l'acidité était au préalable saturée par la chaux, il n'en serait plus ainsi et le phosphate ne serait pas attaqué aussi rapidement. Si au contraire le chaulage est effectué après le phosphatage, les matières humiques ont pu épuiser leur action sur le phosphate avant d'être saturées. On a quelquefois conseillé d'apporter en même temps la chaux et le phosphate; cette pratique est à déconseiller autant que le chaulage précédant le phosphatage. La faible économie qui résulterait d'une application simultanée des deux engrais serait loin de compenser l'immobilisation d'une grande partie du phosphate. C'est en partie pour cette raison que le noir de sucrerie, riche en carbonate de chaux, est souvent inférieur au noir de raffinerie, pauvre en calcaire.

Les praticiens expriment ces idées en disant que la chaux *brûle le noir;* en effet, ils ont maintes fois observé que dans les terres récemment chaulées, marnées ou même écobuées, le noir reste souvent sans effet. M. Moll, par exemple, a fait l'expérience directe sur une lande défrichée. Un carré reçut du noir de raffinerie; un second carré la même quantité de noir, plus de la chaux; le troisième de la chaux seule. Le carré phosphaté donnait de bonnes récoltes de blé et d'avoine, le carré chaulé donnait des résultats un peu inférieurs; quant au carré chaulé et phosphaté, il présentait une végétation languissante. M. de Romanet et d'autres agriculteurs ont également signalé que le noir restait souvent sans action dans des terres de bruyère préalablement marnées ; dans les mêmes terres, l'écobuage a toujours été défavorable à l'action du noir.

En appliquant le phosphate la première année du défrichement et en attendant à l'année suivante pour opérer le chaulage, on laisse au premier tout le temps nécessaire pour entrer en combinaison avec les éléments du sol ; cette pratique est généralement suivie, surtout en Bretagne, où la transformation des landes se poursuit activement. L'effet du phosphate employé dans ces conditions est des plus remarquables ; dès la première année de son application, le sol est transformé au point qu'il peut servir à la culture des céréales, des légumineuses et se couvrir de bonnes herbes.

Les agriculteurs habiles savent mener simultanément les deux opérations du chaulage et du phosphatage ; la dernière précédant la première, qui est conduite avec modération, de façon pour ainsi dire à arriver à la limite de saturation des acides, sans la dépasser. L'expérience est le meilleur guide pour déterminer les doses d'engrais à employer ; chaque sol a en effet des exigences particulières.

Prairies acides. — Les terres acides forment souvent des prairies où les espèces végétales de médiocre qualité dominent ; les prêles, les carex, les joncs, etc., tiennent la place des bonnes graminées ; les légumineuses, qui donnent tant de qualité aux herbes des prairies, sont totalement absentes. Par l'application des phosphates, la flore se modifie rapidement, les espèces d'une valeur alimentaire très faible disparaissent et l'on voit apparaître à leur place, sans qu'il soit nécessaire d'avoir recours à un ensemencement, de bonnes graminées ainsi que des légumineuses, trèfle blanc, minette , etc. A voir cette transformation rapide et complète, sans semis de graines, on serait tenté de croire à une génération spontanée ; mais ces graines ont été apportées par le vent ou produites en quantité infime sur quelques points privilégiés de terrain ; elles se sont développées dès que le milieu est devenu favorable aux jeunes plantes, qui prennent alors le dessus sur les espèces qui autrefois occupaient le terrain. Dans de pareilles prairies, l'apport de phosphate fait merveille et l'on peut directement, sans labour ni ensemencement, créer en sol acide une prairie de bonne qualité. M. de Molon, à Menez-ru, ne procédait pas autrement et obtenait des résultats qu'il nous a été permis de constater.

Nous citerons comme exemple une expérience de M. Ayraud sur des prairies humides des terrains schisteux de Vendée :

	1000 kilog. phosphate des Ardennes par hectare.	Sans engrais.
Bonnes graminées	27.27 %	15.05 %
Graminées des terrains humides	13.44 —	25.90 —
Légumineuses	28.28 —	9.96 —
Plantes indifférentes	8.36 —	12.93 —
Plantes nuisibles	22.65 —	36.15 —

Le rendement a passé de 1 à 2 ; la quantité et la qualité du foin ont augmenté.

Les prairies à sol humide et à terre acide sont très nombreuses, et dans toutes les formations géologiques on en trouve de fréquents exemples ; elles seront complètement modifiés par les phosphates naturels.

Application aux différentes cultures. — Nous savons que les terres acides sont presque impropres à la culture ; aussi longtemps qu'on n'a pas donné de l'acide phosphorique et saturé l'acidité par la chaux. Dans de pareils sols, le phosphate s'applique à toutes les natures de récolte indistinctement et leur est indispensable.

Lorsqu'on a introduit une quantité suffisante de phosphate, on peut y faire prospérer les plantes qui ont les plus grandes exigences en acide phosphorique, telles que les céréales, les légumineuses, le chou et les plantes fourragères en général, ainsi que les racines.

Dans les landes, en Bretagne ou en Sologne, le seigle et le sarrasin semés avec du noir donnent dès la première année une récolte satisfaisante. C'est toujours par le seigle qu'on commence la culture ; les céréales plus exigeantes ne réussissent que la seconde année et souvent la troisième. Quant aux légumineuses fourragères, la vesce est seule à prospérer dès le début sur les sols phosphatés ; le trèfle rouge ne réussit que plus tard, lorsque le sol s'est enrichi en chaux ; la luzerne, à racines très profondes, n'a pas en général une longue durée, à cause de la pauvreté du sous-sol en chaux. Le sainfoin et le trèfle incarnat, très calcicoles, ne donnent des résultats rémunérateurs qu'après les chaulages.

Terres imperméables. — Après les terres très riches en matières organiques, exemptes de calcaire et par suite acides, nous devons signaler des terres ayant avec ces dernières une certaine analogie sous le rapport de la production végétale; ce sont les terres argileuses imperméables. Ces sols, imprégnés d'eau et dans lesquel la circulation de l'air ne se fait pas suffisamment, contiennent de la matière organique qui ne peut pas s'y décomposer. Leurs propriétés physiques ainsi que leur composition chimique en font de médiocres terres de culture. Pour les améliorer au point de vue physique, il faut procéder à l'écoulement des eaux et les ameublir par des chaulages ou des marnages; pour les améliorer au point de vue chimique, il faut leur donner l'élément phosphaté qui leur manque généralement. Là encore il convient d'employer les phosphates naturels, puisque le plus souvent il existe dans ces terres une certaine quantité de matière organique apte à opérer la dissolution des phosphates.

Comme dans les cas précédents, le phosphate et la chaux doivent être employés successivement.

Terres franches. — Dans les sols que nous venons d'examiner, l'efficacité des phosphates naturels est indiscutable; nous arrivons maintenant à d'autres catégories de terres, pour l'amélioration desquelles nous devons chercher les formes les plus utiles de l'acide phosphorique. Éliminons d'abord toutes les terres dans lesquelles l'analyse constate une quantité suffisante de phosphate, ainsi que celles dans lesquelles des expériences culturales ont montré que l'action des phosphates, même les plus assimilables, a été nulle. Ne nous occupons que des terres dans lesquelles l'analyse a décelé de faibles quantités d'acide phosphorique ou qui dans les essais se sont montrées sensibles à l'application des phosphates.

Pour être fixé sur la nature des phosphates qui leur conviennent le mieux, il faut les expérimenter en observant quels sont ceux qui, à égalité de dépense, donnent le meilleur rendement. On n'est plus ici placé dans des conditions telles que l'acide phosphorique, sous quelque forme qu'il soit donné, produise les mêmes effets; et, dans beaucoup de cas, les phosphates naturels, si efficaces dans les terres acides, ne donnent pas de résultats; il faut alors s'adresser à d'autres matières phosphatées, surtout à celles qui ont subi des traitements chimiques. Il est souvent difficile de savoir à priori, par des considérations théoriques, si telle nature de terre peut utiliser les phosphates naturels ou s'il est nécessaire de recourir aux superphosphates et aux phosphates précipités; l'expérience donnera une indication plus certaine. L'agriculteur doit toujours la faire comparativement, avec les divers engrais phosphatés du commerce, afin d'être fixé une fois pour toutes. D'une manière générale, on peut dire que les terres normales que nous envisageons se trouvent mieux d'une application des phosphates ayant subi des traitements que de celle des phosphates naturels; elles ne contiennent pas l'acide libre des terres de défrichement qui réagit si énergiquement sur les phosphates; quand ceux-ci ne sont pas à un état de division ou de faible agrégation, ils restent donc souvent sans effet.

Mélange du phosphate avec les matières organiques. — Afin de préparer les phosphates à une plus facile assimilation par les plantes et de les rapprocher ainsi, dans une certaine mesure, des superphosphates, on a conseillé leur incorporation au fumier et à d'autres résidus organiques. Cette pratique est usitée dans certaines localités, mais son usage ne s'est pas encore assez généralisé.

Depuis longtemps, dès 1858, M. de Molon recommandait expressément de mélanger au préalable le phosphate avec des matières animales fermentescibles, lorsque l'engrais devait s'appliquer à des terres naturellement pauvres en détritus organiques; plus tard, le même agronome attirait l'attention sur un engrais formé par la fermentation et le recoupage des varechs humides, stratifiés avec du phosphate minéral en poudre fine.

En 1865, M. Risler essayait avec succès un procédé très économique et très efficace de préparation de la poudre d'os; il la mélangeait avec de la sciure de bois, arrosait le tas avec du lizier, et laissait la fermentation se poursuivre pendant quelques semaines, avant de répandre ce mélange. Cette pratique donnait au phosphate un degré d'assimilation plus grand; elle ne saurait trop être recommandée. En opérant ainsi, M. Risler réalisait avant l'épandage cette combinaison du phosphate et de la matière organique qu'il avait découverte dans la terre, et qui doit être regardée comme jouant un rôle prépondérant dans l'aptitude de l'acide phosphorique à être utilisé par les plantes.

Nous devons entrer dans quelques considérations pour rechercher si l'on doit conseiller l'introduction des phosphates dans le fumier et dans d'autres débris organiques, quelles sont les réactions qui se produisent et les résultats qu'on obtient.

Phosphatage du fumier. — C'est surtout avec le fumier qu'on mélange le phosphate; il se produit dans le sein de cette masse en fermentation des combinaisons qui échappent à notre examen. Elles ne sont pas solubles dans les réactifs usuels; en effet, les fumiers phosphatés que nous avons examinés, traités par l'eau pure ou ammoniacale, ou chargée d'acide carbonique, ou enfin par le citrate d'ammoniaque, ne cédaient à ces dissolvants que de minimes quantités d'acide phosphorique. Mais l'oxalate d'ammoniaque, quelquefois employé pour mesurer le degré d'agrégation des phosphates, montre que le séjour dans le fumier les a rendus plus faciles à attaquer et a produit ainsi un résultat utile. Il y a donc une réaction manifeste entre le phosphate et les éléments du fumier, quoiqu'elle échappe aux méthodes chimiques ordinairement employées à déterminer l'aptitude à l'assimilation.

Le fumier constitue un milieu essentiellement alcalin, dans lequel les acides bruns se trouvent saturés par la chaux, la magnésie, la potasse, l'ammoniaque et qui, par suite, ne peut pas agir de la même manière que le ferait un milieu acide, comme dans les terres de défrichement. Il se comporterait plutôt comme l'humus des terres ordinaires, avec une certaine lenteur, et ferait d'avance cette transformation utile que les éléments du sol doivent produire par leur matière organique.

Les agriculteurs croient quelquefois que l'incorporation du phosphate au fumier a pour but principal de fixer l'azote et d'empêcher les déperditions d'ammoniaque C'est là une erreur; une action de cette nature ne pourrait se produire que par la formation de phosphate ammoniaco-magnésien, qui est toujours très limitée.

Une opinion diamétralement opposée accuse cette pratique de favoriser la déperdition de l'azote, par le carbonate de chaux qui, accompagnant en plus ou moins forte proportion le phosphate, peut amener un dégagement de carbonate d'ammoniaque. Cela peut être vrai dans une certaine mesure, si le fumier n'est pas bien tassé; mais la crainte de cette déperdition ne doit pas préoccuper le cultivateur et l'empêcher de recourir à un procédé qui offre, au point de vue de l'enrichissement du sol en phosphate, des avantages incontestables. En tassant bien le fumier, en le recouvrant d'un peu de terre, comme nous l'avons recommandé (p. 294, t. I), on évite le départ de l'ammoniaque, et l'introduction du phosphate n'offre alors que des avantages. Toutefois il convient d'employer des phosphates moins riches en calcaire, de préférence aux craies phosphatées, et surtout aux scories de déphosphoration dont la chaux caustique est à redouter.

M. Vivien a bien voulu nous communiquer à ce sujet les résultats des expériences et des analyses comparatives qu'il a faites sur des fumiers de moutons, provenant de deux bergeries de 100 têtes chacune. Les moutons recevaient la même nourriture et la même quantité de paille litière; une bergerie différait de l'autre en ce sens qu'on répandait journellement sur sa litière 20 kilog. de phosphate fossile de la Meuse en poudre fine, soit 200 grammes par tête et par jour. Au bout de 25 jours, on retira environ 15,000 kilog. de fumier dont voici la composition centésimale, en ramenant au même taux d'humidité :

	N° 1. Additionné de phosphate.	N° 2. Fumier naturel.
Eau	68.000	68.000
Matières organiques	24.015	25.460
— minérales	7.985	6.540
	100.000	100.000
Azote ammoniacal	0.250	0.224
— nitrique et organique	0.500	0.482
Azote total	0.750	0.706
Potasse	0.650	0.700
Acide phosphorique soluble dans l'oxalate d'ammoniaque	0.212	0.149
Acide phosphorique soluble dans le citrate d'ammoniaque	0.182	0.132
Acide phosphorique total	0.651	0.268

Il est permis de recommander sans réserve l'incorporation des phosphates naturels au fumier, non seulement à cause du degré d'assimilation auquel ils sont ainsi amenés, mais encore parce que leur répartition ultérieure sur le sol sera plus parfaite.

Cette incorporation s'opère soit en stratifiant le fumier avec du phosphate, à mesure que le tas s'élève, soit en répandant la poudre chaque soir sur la litière dans les étables mêmes. Dans le premier cas, on procède de la manière suivante : chaque fois qu'on enlève le fumier des étables, une ou deux fois par semaine, on répand d'abord une couche de phosphate sur le tas et on le recouvre de fumier frais; la poudre phosphatée se trouve ainsi en contact intime avec les matières organiques en décomposition; mais la répartition n'est pas parfaite. Dans le second cas, chaque matin ou chaque soir, on saupoudre uniformément la litière avec une quantité déterminée de phosphate, que les animaux, par leur piétinement, mélangent avec la paille et les déjections solides et liquides. On choisit de préférence pour cet épandage le moment où les animaux sont absents, afin de ne pas les incommoder par les poussières produites et de pouvoir opérer une répartition plus uniforme.

Les doses de phosphate qu'il convient d'employer sont très variables et n'ont rien d'absolu; on les calcule d'une part d'après la quantité de fumier qu'on se propose de distribuer par hectare et d'autre part d'après la quantité de phosphate qu'on reconnaît nécessaire à la fumure de cet hectare. Supposons par exemple qu'on veuille donner le phosphate à raison de 1,000 kilog. par hectare et le fumier à raison de 20,000 kilog. C'est donc dans la proportion de 1 kilog. de phosphate pour 20 kilog. de fumier qu'il faut faire le mélange. En se rapportant aux chiffres pratiques donnés dans le 1er volume (page 221), on peut déterminer la quantité qu'il convient de répandre par tête d'animal et par jour; elle sera d'environ 1[k],300 par cheval; 2[k],5 par bœuf; 80 grammes par mouton et 165 par porc, ou plus simplement, sachant que le poids du fumier produit pendant une année égale 25 fois le poids du bétail, on voit que, dans le cas actuel, il faut employer en phosphate un poids voisin de celui du bétail contenu dans les étables. Ce sont là des exemples de calcul que le praticien pourra appliquer, suivant le but qu'il se propose et les conditions dans lesquelles il est placé.

On peut encore mélanger le phosphate minéral avec

d'autres matières organiques en décomposition, détritus de ferme, balles et menues pailles, sciures de bois, tannée, gadoues et boues de ville, vases et curures d'étangs; composts de toutes sortes, etc. Le nombre des recettes est indéfini; le principal est de maintenir le tas humide par des arrosages au purin, s'il se peut; on peut ainsi fabriquer à très bon marché de véritables fumiers.

Mélange avec des marcs. — C'est surtout lorsque le milieu devient acide ou est acide naturellement, que les résultats sont avantageux; les marcs de pommes et de raisins sont dans ce cas. Nous avons vu (t. I, p. 539), que les marcs peuvent donner jusqu'à 0,5 % d'acide exprimé en acide sulfurique, qui attaque le phosphate et le solubilise, formant une sorte de superphosphate. On obtient ainsi le double résultat de saturer l'acide qui peut être nuisible et d'augmenter la valeur du phosphate. Dans les sciures et les autres débris organiques de cette nature, une fermentation acide se produit et conduit au même résultat; son action s'ajoute à celle que la matière exerce toujours sur le phosphate. Celui-ci doit être choisi de préférence avec une gangue pauvre en carbonate de chaux; on le stratifie avec des couches alternatives de marcs, de sciures, etc.; on recoupe le tas de temps en temps, en l'arrosant s'il tend à se dessécher.

Mélange avec les tourbes. — Le mélange avec la tourbe, surtout la tourbe acide, est particulièrement recommandable; on forme ainsi un milieu où le phosphate se transforme très facilement. MM. Fleischer et Kissling ont mélangé 2 kilog. de phosphorite en poudre contenant $0^k,600$ d'acide phosphorique avec des quantités variables de tourbe humide, et après 18 semaines, ils ont dosé la quantité d'acide phosphorique solubilisé, pour 100 d'acide phosphorique total; ils ont trouvé les résultats suivants :

Avec 116 kilog. tourbe		....	7.81 à 9.20 %
— 87	—	....	4.43 à 5.23 —
— 58	—	....	2.60 à 3.68 —
— 29	—	....	0.58 à 0.68 —

La proportion d'acide solubilisé croît donc avec la proportion de tourbe.

Si à ce compost on ajoute du sulfate de potasse, on rend soluble jusqu'à 19 centièmes. L'addition de sulfate d'ammoniaque, de nitrate de soude, de chlorure de potassium n'a pas d'effet bien sensible. Le plâtre, et surtout le carbonate de potasse, agissent défavorablement.

En résumé, toutes les fois que l'agriculteur reconnaît l'utilité de l'acide phosphorique, il aura avantage à introduire des phosphates naturels dans ses fumiers, composts ou détritus organiques. Ce contact intime de la matière organique rend le phosphate plus assimilable et facilite sa répartition dans le sol. C'est le moyen le plus judicieux d'enrichir le sol en acide phosphorique et souvent de se passer des superphosphates.

Pratique de l'épandage des phosphates. — Les règles à suivre pour l'application des phosphates naturels sont très simples.

Nous savons en effet que le phosphate naturel est insoluble et se conserve dans le sol, sans être sujet aux déperditions que subissent les engrais azotés. On pourra donc les appliquer soit avant, soit après l'hiver, quels que soient les sols et quels que soient les climats.

Époques. — C'est généralement l'automne qu'on choisit pour phosphater le sol, qu'il s'agisse de céréales d'hiver, de plantes semées au printemps, de vignes ou de prairies. Le phosphate naturel n'a pas, en effet, une action immédiate; il a besoin de rester longtemps au contact du sol et de subir des actions très complexes, avant d'être pour ainsi dire préparé pour l'alimentation des plantes. A moins d'avoir affaire à des sols acides ou exceptionnellement riches en matières organiques, le phosphate répandu au printemps ne produit pas d'effet très marqué. Souvent même, répandu avant l'hiver, son action est peu considérable sur la première récolte; elle ne devient sensible que sur la seconde, et quelquefois sur la troisième. Les effets des engrais azotés solubles sont immédiats et frappent vivement l'imagination du cultivateur; il n'en est pas de même pour le phosphate, dont les résultats cependant, pour être lents, n'en sont pas moins certains; ils sont moins apparents, mais ils s'échelonnent pour ainsi dire sur une longue série de récoltes.

Le phosphatage s'applique plus au sol qu'à la récolte et pourrait être logiquement classé dans les améliorations foncières.

Doses à employer. — Ces considérations nous amènent à conseiller les fortes doses de phosphate; il est préférable d'apporter tout d'un coup l'acide phosphorique nécessaire à une suite de cultures que de fractionner sa distribution. On enfouit ainsi un capital plus considérable; l'intérêt qu'il produit est représenté par la solubilisation lente du phosphate. Lorsqu'on a reconnu la nécessité de l'acide phosphorique dans un terrain, on peut, sans hésiter, porter les doses à 1,000 et 1,500 kilog. de phosphate naturel, représentant par hectare un apport de 200 ou 300 kilog. d'acide phosphorique et une avance moyenne de 60 francs.

Nous savons que les doses élevées ne sont à redouter, ni au point de vue des déperditions dans le sous-sol, ni au point de vue de l'action sur les récoltes; seule la considération économique doit guider le praticien, et, tout envisagé, nous n'hésitons pas à lui conseiller les doses élevées. Le phosphate gagne à être répandu à l'avance, non seulement à cause de la préparation lente qu'il doit subir, mais aussi au point de vue de la répartition et de la diffusion, que les façons culturales, répétées sur une série de cultures, augmentent dans de larges proportions.

Pratique de l'épandage. — C'est toujours avant le labour que doit se pratiquer l'épandage; il se fait à la main en couverture, absolument comme on fait pour le plâtre sur les prairies artificielles, en choisissant pour cette opération un temps très calme ou même pluvieux. Lorsque le vent règne et que le sol est sec, l'épandage est pénible pour l'ouvrier chargé du travail, et la poudre est enlevée et souvent emportée hors du champ. En certains endroits, on a l'habitude de plonger dans l'eau le sac de phosphate, afin de le mouiller et d'éviter les poussières; cette pratique est mauvaise en ce sens que l'épandage est très irrégulier.

Comme les doses de phosphate qu'on emploie sont généralement assez élevées, il n'est pas utile de mélanger la poudre avec des matières inertes.

Enfouissement. — Le phosphate naturel ne s'applique jamais en couverture sur les plantes en croissance; son action dans ces conditions serait absolument nulle, si ce n'est cependant sur les prairies humides et marécageuses. Il faut enfouir l'engrais aussi profondément que possible, car on ne doit pas compter sur la diffusion naturelle, comme pour les engrais azotés. Aussitôt après l'épandage, on doit faire passer la charrue qui enterre le phosphate et le met sous le sillon où les racines iront le chercher. Il est encore préférable, quand on le peut, de semer le phosphate en deux parties : une moitié sera enfouie par un labour profond; la seconde par un coup de charrue ou de scarificateur donné superficiellement, perpendiculairement au premier labour, afin que le phosphate se mélange aussi intimement que possible à la terre. C'est pour satisfaire à ce principe qu'on recommande l'incorporation au fumier, soit dans l'étable, soit sur le tas lui-même à mesure qu'il s'élève.

Une autre pratique consiste à répandre en même temps le fumier et le phosphate; lorsque le premier est étalé sur le champ, on sème régulièrement la poudre et on fait ensuite passer la charrue; on a tout avantage à faire coïncider les deux opérations.

Pour les mêmes raisons, il convient de pratiquer simultanément l'enfouissement du phosphate et celui des engrais verts. Si l'on enterre directement les plantes, on doit au préalable semer le phosphate en couverture; si on procède d'abord à un fauchage, on a soin de répandre la poudre sur l'engrais vert étalé sur le sol. Dans ces conditions l'effet du phosphate est beaucoup plus accentué.

Les phosphates considérés comme amendement calcaire. — L'acide phosphorique n'est pas le seul élément utile que renferment les phosphates, la chaux qui leur est combinée, ainsi que celle existant à l'état de carbonate, joue dans beaucoup de cas un rôle des plus utiles. La proportion de cet élément est toujours notablement plus élevée que celle de l'acide phosphorique, surtout dans les produits riches en carbonate. Dans les sols dépourvus de calcaire, c'est parfois à la chaux que tient en partie l'action utile; elle n'agit pas seulement par l'apport d'un principe fertilisant qui manquait à la terre, mais encore en modifiant la constitution intime de celle-ci par la saturation des matières organiques et par la coagulation de l'argile.

Lorsque la matière organique est très abondante, comme dans la plupart des terres de défrichement, le calcaire accompagnant le phosphate est insuffisant pour saturer l'acidité du sol et modifier sa constitution physique; aussi, dans de pareilles terres, est-il nécessaire de compléter l'action du phosphate par un chaulage subséquent. Mais dans beaucoup de sols même acides, la proportion de matière organique n'est pas très élevée et en donnant à haute dose, par exemple à raison de 1,000 kilog. le phosphate naturel, on introduit assez de calcaire pour saturer l'acide humique et pour transformer ainsi complètement la terre, qui perd ses propriétés acides, s'assimile aux terres calcaires, devient apte à nitrifier et se prête à des cultures auxquelles elle se refusait auparavant.

Dans les sols très argileux, où la chaux fait défaut, ces phosphates produisent également un effet comme amendement calcaire, en provoquant la coagulation de l'argile et en contribuant ainsi à augmenter l'ameublissement et la perméabilité de la terre. L'application des phosphates équivaut donc à un marnage à faible dose et on peut leur attribuer, outre les effets dus à l'acide phosphorique, ceux des amendements calcaires. A ce dernier point de vue, leur action est d'autant plus efficace qu'ils sont plus riches en carbonate de chaux.

Les craies phosphatées, dont les immenses gisements de la Somme, du Pas-de-Calais et de l'Oise restent encore inexploités, se vendent à un prix extrêmement minime. Il y aurait, à notre avis, grand avantage à les employer en guise d'amendement calcaire dans les terrains où la chaux fait défaut; l'acide phosphorique qu'elles renferment deviendrait graduellement assimilable et finirait par être utilisable dans toutes les terres qui manquent de chaux, particulièrement dans les terres acides. Nous conseillons donc l'emploi, ou tout au moins l'essai, des craies phosphatées. Ces produits, surtout ceux qui ne renferment que des quantités d'acide phosphorique trop faibles pour être envisagés comme minerais phosphatés, nous semblent appelés à rendre les plus grands services à l'agriculture des régions où les amendements calcaires sont utiles.

Les phosphates d'os peuvent, sous ce rapport, être comparés aux phosphates minéraux; comme ceux-ci, ils apportent avec eux du carbonate de chaux.

Les scories phosphatées méritent d'être examinées à part, au point de vue de leur action comme amendement calcaire. La chaux qu'elles renferment ne se trouve pas à l'état de carbonate, si ce n'est en petite quantité ; elle existe principalement à l'état de silicate faiblement combiné et de chaux caustique; sous ces deux formes, dont l'action est peu différente, elle agit plus vite et plus efficacement comme amendement que sous la forme de carbonate; et si l'application des phosphates minéraux peut se comparer à celle d'un marnage, celle des scories correspond à un chaulage.

Comparaison des phosphates naturels entre eux.

L'utilisation des phosphates naturels dépend essentiellement de deux causes :

1° La division mécanique qui détermine la grandeur des surfaces s'offrant aux agents dissolvants du sol et à l'action directe des racines.

2° L'agrégation moléculaire, c'est-à-dire la résistance propre de la particule phosphatée à la dissolution.

Degré de division des phosphates. — Lorsque les phosphates se présentent sous la forme de fragments grossiers, leur utilisation est sensiblement nulle; ils n'entrent en circulation que dans une proportion très minime, ou même restent à l'état inerte sans jouer aucun rôle dans l'alimentation végétale; ceux qu'on donnerait sous cet état seraient donc perdus et ne constitueraient pas un engrais phosphaté; cela est vrai, non seulement pour les phosphates minéraux, mais encore pour les os, dont les morceaux peuvent rester dans le sol pendant de longues années, sans subir une diffusion appréciable.

Pour que le phosphate soit considéré comme une matière fertilisante, il doit donc être à un certain degré de finesse; la théorie aussi bien que l'expérience montrent que plus la division est grande, plus se fait sentir l'efficacité des phosphates. Les traitements chimiques, si coûteux qu'ils doublent et triplent le prix de l'acide phosphorique, n'ont en réalité d'autre but que de produire une division extrême, constituant en quelque sorte l'idéal de la pulvérisation.

Le degré de finesse auquel sont amenées les particules a une importance très grande au point de vue agricole; il n'est donc pas hors de propos que nous y insistions longuement.

Procédés divers de pulvérisation. — Les moyens actuellement employés pour réduire les phosphates naturels à l'état de division se résument dans des opérations mécaniques, telles que la mouture, le blutage.

On a autrefois expérimenté l'étonnement, qui consiste à projeter dans l'eau froide les fragments de phosphate préalablement amenés à une haute température. Le refroidissement subit amène un fendillement de la masse, qui est alors plus friable. Cette méthode n'est que rarement usitée à l'heure actuelle. On a également essayé de chauffer fortement les phosphates naturels constitués par des mélanges de phosphate et de carbonate de chaux; sous l'action de la température, l'acide carbonique se dégage et la chaux carbonatée est transformée en chaux vive. En mettant cette masse en présence de l'eau ou de la vapeur d'eau, la chaux s'hydrate et produit un foisonnement qui amène une division très grande. Ces procédés cependant offrent des difficultés dans l'application et ne donnent pas en réalité les résultats auxquels on pourrait s'attendre.

On s'est donc attaché par divers moyens, avec des succès variables, à résoudre le problème de la pulvérisation des phosphates; la mouture et le blutage ont donné les résultats les plus pratiques, et sont généralement employés concurremment, le blutage ayant pour but d'enlever les particules suffisamment fines et de retenir les plus grossières, qui doivent subir une nouvelle pulvérisation. Quelquefois on se contente de la mouture et on obtient alors un mélange de particules fines et de particules grossières; quelquefois aussi on applique aux phosphates la double mouture qui augmente beaucoup le degré de finesse de la poudre.

Augmentation des surfaces. — Cette finesse a pour effet principal d'accroître la surface propre des particules phosphatées et de multiplier ainsi les points de contact avec les principes dissolvants du sol et des racines. Montrons par un exemple combien cette surface augmente avec le degré de pulvérisation. Prenons un nodule formant un cube de 1 centimètre de côté; son poids est de 2 gr. 7 (densité moyenne des nodules) et sa surface de 6 centim. carrés. Amenons ce nodule à une division telle qu'il soit réduit en petits cubes d'un millim. de côté. Les 2 gr. 7 de phosphate auront alors acquis une surface totale de 60 centim. carrés; transformons-le en petits cubes de 1/10 de millim. de côté; nous aurons obtenu une surface de 600 centim. carrés. Par cette division nous avons donc centuplé la surface; 500 kilog. de phosphate donnés par hectare auront, dans le cas des nodules non divisés, une surface ne dépassant pas 110 mètres carrés; avec 1 millimètre de côté, nous aurons 1,100 mètres carrés; avec 1/10 de millimètre, 11,000 mètres carrés. On voit quelle est l'importance du degré de finesse au point de vue de la surface que présentent les particules de phosphate et, par suite, de leur utilisation agricole; il n'est pas douteux, en effet, que les chances de dissolution augmentent avec la surface et l'on peut sans hésiter poser en principe que, de deux phosphates d'origine analogue, le plus efficace sera celui qui offrira la plus grande ténuité.

Composition des parties fines et des parties grossières. — Au point de vue chimique, les parties fines ont une composition sensiblement identique à celle des parties grossières. Nous avons trouvé, par exemple, dans un phosphate des Ardennes :

	Acide phosphorique p. 100.
	—
Parties grossières	16.5
— fines	15.6

Solubilité des parties fines et grossières. — Mais si la composition chimique diffère peu, il n'en est pas de même de l'aptitude à subir l'action des réactifs, et par suite à se diffuser dans le sol et à se prêter à l'assimilation par les plantes.

MM. Barral et Menier, qui se sont occupés de la pulvérisation des engrais, ont mis en contact avec de l'eau saturée de gaz carbonique du phosphate des Ardennes découpé en cubes de dimensions décroissantes et ont obtenu les résultats suivants au bout d'une heure de contact :

	Parties dissoutes.	Acide phosphorique dissous.
	—	—
Cubes de 3mm de côté	4mg	2mg
— 2 —	11	5
— 1 —	48	25
Farine impalpable	81	42

C'est-à-dire que la solubilité est porportionnelle aux surfaces.

Nous avons essayé comparativement l'action des réactifs sur un phosphate des Ardennes dans l'état de pulvérisation usuelle, sur les éléments grossiers d'un côté et sur les éléments fins de l'autre, après avoir opéré la séparation par lévigation.

1er essai : 2 gr. de phosphate ont été mis en contact pendant 12 heures avec 100^{cc} d'eau contenant 2 gr. d'oxalate d'ammoniaque; au bout de ce temps, la dissolution contenait les quantités suivantes d'acide phosphorique :

	milligr.
Phosphate en nature	7.6
— éléments grossiers	3.8
— — fins	12.8

2e essai : la même opération répétée sur les mêmes produits avec une solution d'acide citrique à 1 % a donné au bout de 12 heures :

	milligr.	
Phosphate en nature	13.0	d'acide phosphorique.
— éléments grossiers.	10.0	—
— — fins	32.0	—

3e essai : avec l'acide acétique également à 1 %, on a obtenu en 24 heures :

	milligr.	
Phosphate en nature	12.0	d'acide phosphorique.
— éléments grossiers.	5.0	—
— — fins	17.0	—

4e essai : avec le citrate d'ammoniaque normal, nous avons en acide phosphorique dissous :

	Après 12 heures.	Après 24 heures.	Après 48 heures.
	milligr.	milligr.	milligr.
Phosphate en nature	traces	0.3	0.3
— éléments grossiers	0.0	0.0	traces
— — fins	1.6	3.4	4.2

5e essai : nous avons encore recherché quelle était, sur les mêmes produits, l'action d'une dissolution d'acide carbonique. 2 gr. de phosphate ont été mis en contact avec un litre d'eau saturée d'acide carbonique qui a dissous en acide phosphorique :

	Après 19 heures.	Après 48 heures.
	milligr.	milligr.
Phosphate en nature	5.0	6.0
— éléments grossiers	0.0	1.0
— — fins	10.0	15.0

On voit que, dans tous les cas, ce sont les éléments les plus fins qui se sont prêtés le mieux à l'action des réactifs.

Nous citerons encore des expériences de M. Vivien sur le même sujet; elles portent sur un grand nombre d'échantillons :

NATURE DU PHOSPHATE.		Quantité de phosphate pour 100 passant au tamis n° 150.	Acide phosphorique soluble pour 100 de l'acide phosphorique total.	
			Dans l'acide acétique.	Dans l'oxalate d'ammoniaque.
Somme	1	60.20	15.95	52.10
—	2	52.00	11.55	42.91
—	3	35.84	5.75	36.10
Ciply	1	91.40	7.87	45.52
—	2	53.60	6.35	34.55
Meuse	1	84.80	13.02	61.31
—	2	62.40	15.47	42.59
Quiévy	1	100.00	38.24	81.72
—	2	79.20	6.40	68.07

On voit que le phosphate, quelle que soit l'origine géologique, est d'autant plus attaqué qu'il est réduit en poudre plus fine.

Ce fait est tout aussi vrai pour les phosphates d'os, les noirs, les guanos, ainsi que pour les scories. M. Fleischer a mis en contact avec de l'eau saturée d'acide carbonique des scories de différentes finesses ; il a constaté les résultats suivants :

Éléments	de 0mm5 à 1mm......	1.37	d'acide phosphor.	est dissous.
—	de 0.25 à 0.5.......	2.58	—	—
—	au dessous de 0.25..	5.50	—	—
—	impalpables.........	7.50	—	—

A la station agronomique de Brême, on a employé comme dissolvant l'acide humique, qui a dissous :

Éléments	de 0mm25.........	16.13	d'acide phosphorique.
—	0.25 à 0.5....	14.75	—
—	0.50 à 1.0....	11.85	—
—	1.50 à 2.0....	5.04	—

En résumé, sur tous les produits et avec tous les réactifs, la dissolution augmente considérablement avec la finesse. Il est bien évident que l'utilisation agricole est en relation avec les indications fournies par les réactifs. Nous citerons comme exemple les expériences de M. Wagner sur les scories. Le rendement fourni par un superphosphate étant égal à 100, dans 3 séries d'expériences portant sur l'orge, le froment et le lin, M. Wagner calcule que le rendement du phosphate des scories à mouture très fine est égal à 61 ; celui des scories à mouture fine est égal à 58 ; enfin celui des scories à mouture grossière ne dépasse pas 13.

Détermination du degré de finesse. — L'analyse chimique seule ne peut donc pas déterminer la valeur réelle des phosphates, alors surtout qu'il s'agit de produits naturels pour lesquels on emploie des procédés de division mécanique plus ou moins parfaits. Le même phosphate, avec une richesse identique en acide phosphorique, produira des effets bien différents, suivant qu'il aura été ou non amené à l'état de poudre fine. Les phosphates commerciaux pulvérisés contiennent des particules de grosseurs très variées; on peut en séparer par le blutage, par la lévigation, par la ventilation, des parties d'une finesse extrême, constituant pour ainsi dire des poussières impalpables, mais qui ordinairement ne se rencontrent qu'en petite proportion; nous trouvons ensuite des produits de plus en plus grossiers, d'abord la poudre fine, puis la poudre plus grossière, enfin des parties ayant l'apparence de sable. Plus la proportion de ce qu'on peut appeler les poussières est élevée, plus la valeur agricole du produit sera grande. On peut se rendre compte dans une certaine mesure de cette proportion, en délayant le phosphate dans l'eau pour le mettre en suspension, en décantant le liquide trouble et en renouvelant cette opération un certain nombre de fois; la partie qui n'est pas entrée en suspension sera formée d'éléments grossiers, celle que l'eau a entraînée, d'éléments fins.

On a même conseillé depuis longtemps l'emploi de l'appareil Masure pour faire ces déterminations de finesse. Ce procédé ne peut avoir de valeur que pour comparer entre eux deux produits de même origine et de même densité.

Il est beaucoup plus logique d'avoir recours au tamisage, au moyen de tamis de dimensions déterminées. Ceux qui nous semblent le mieux remplir ce but sont les tamis n° 110 dont les mailles sont écartées de $0^{mm},2$; et n° 230 dont les mailles sont écartées de $0^{mm},1$; ils sont en soie dite de bluterie; leur régularité est plus grande que celle des tamis de laiton. Au moyen de deux tamisages on peut diviser le phosphate en 3 lots : l'un, constitué par les parties grossières qui sont restées sur le tamis de $0^{mm},2$; l'autre, par les parties fines qui sont restées sur le tamis de $0,^{mm}1$; le dernier enfin, par les parties très fines ou poussières, qui ont passé par le tamis de $0^{mm},1$. Plus la proportion de ces dernières est élevée, meilleure sera la qualité du phosphate. Pour faire cette opération, on peut employer un petit appareil constitué par deux tamis ayant respectivement les dimensions indiquées, le tamis le plus gros se trouvant placé au-dessus du plus fin; un couvercle constitué par une peau de tambour forme la partie supérieure; la partie inférieure porte un réservoir semblable au couvercle : 100 grammes du phosphate à essayer sont placés sur le tamis supérieur et tout l'appareil bien fermé est vivement agité, afin d'opérer un tamisage complet; quand celui-ci est terminé, on défait l'appareil et on pèse les 3 lots qui se sont séparés.

L'acheteur doit, dans ses marchés, exiger des garanties portant sur la finesse, en même temps que sur la richesse des poudres phosphatées. Un mouvement très accentué se produit dans ce sens et les laboratoires agricoles fixent leur attention sur ce point important.

L'association des chimistes de sucrerie et distillerie a recommandé d'employer les tamis en toile métallique n°s 100, 150 et 200 et d'exiger que la proportion d'éléments fins réponde au moins aux chiffres suivants :

	Simple monture.	Double monture.
	—	—
Passant au tamis de 200............	55	80
— 150............	25	10
— 100............	10	8
Resté sur le tamis de 100............	10	2

Ces bases pourraient être adoptées; mais dans le commerce il est rare de trouver des phosphates avec des proportions aussi élevées de poussières très fines. On admet généralement qu'un phosphate naturel doit passer dans la proportion de 80 % à travers les toiles métalliques du n° 150; le commerce jusqu'ici s'était contenté du tamis n° 100 qui répond à un intervalle des fils de $0^{mm},15$. Il sera logique et équitable de payer une sorte de prime aux industriels qui livreront les produits les plus parfaits au point de vue de la pulvérisation.

Le numéro du tamis indique le nombre de fils par pouce linéaire; mais les intervalles ne sont pas les mêmes avec les fils métalliques qu'avec les fils de soie; ces derniers, dont les fils sont beaucoup plus fins, laissent pour un même numéro un intervalle notablement plus grand. Il est donc nécessaire, lorsqu'on désigne un tamis d'un numéro déterminé, de s'entendre en même temps sur la nature du tamis et sur l'épaisseur des fils; il nous semble indispensable que les chimistes se mettent d'accord sur le choix des tamis, afin d'éviter une confusion qui serait très regrettable et pourrait jeter un trouble dans le commerce des phosphates.

Les phosphates naturels sont loin de posséder le même degré de finesse; nous présenterons à ce sujet des chiffres empruntés à un travail de M. Vivien, et que nous résumerons dans le tableau de la page suivante :

Ces déterminations ne sont pas encore assez nombreuses pour permettre de tirer des conclusions formelles sur la valeur comparée des phosphates de diverses provenances au point de vue de la finesse; mais on voit que ce sont, en somme, les tamis les plus fins qui règlent la valeur des phosphates. Les essais faits avec les tamis moins fins ne donnent qu'une indication peu certaine, car ils laissent passer un ensemble de particules parmi

	PROPORTION DE PHOSPHATE PASSANT AU TAMIS :									PHOSPHATE restant sur le tamis n° 100.		
	N° 200.			N° 150.			N° 100.					
	Minimum.	Maximum.	Moyenne.	Minimum.	Maximum.	Moyenne.	Minimum.	Maximum.	Moyenne.	Minimum.	Maximum.	Moyenne.
Somme .. (12 analyses).	0.0	46.0	»	24.4	68.9	53.5	58.4	94.35	78.10	5.65	41.6	21.87
Ardennes. (1 —).	»	»	»	»	»	69.3	»	»	93.70	»	»	6.30
Meuse ... (2 —).	54.0	80.0	67.0	62.4	84.8	73.6	85.5	92.0	88.75	1.00	14.5	7.75
Quiévy... (2 —).	71.0	96.6	83.8	79.2	100.0	89.6	91.0	100.0	95.50	0.00	9.0	4.50
Pernes... (1 —).	»	»	48.0	»	»	56.4	»	»	77.40	»	»	25.60
Gard..... (2 —).	»	»	»	68.9	72.3	70.6	84.7	88.4	86.50	11.60	15.3	13.45
Ciply. ... (4 —).	19.2	86.0	43.9	53.6	91.4	67.8	94.8	98.2	97.25	1.60	5.2	2.75
Scories de déphosphatation (1 analyse)........	»	»	40.5	»	»	42.5	»	»	49.00	»	»	51.00

lesquelles les plus ténues, c'est-à-dire les plus actives, peuvent être plus ou moins abondantes.

Mais il n'est pas toujours possible à l'industriel de donner aux phosphates une finesse extrême; il est retenu d'un côté par la dépense résultant des blutages et du repassage des parties grossières sous les meules; de l'autre par la nature même des phosphates qui ne se prêtent pas tous à la pulvérisation. Ce ne sont pas toujours les plus durs qui se réduisent le moins facilement en poussière. Certains produits, tels que les sables phosphatés de Beauval, offrent une grande résistance à la pulvérisation; ils se réduisent sous les meules en petites sphères qui roulent les unes sur les autres et échappent en quelque sorte au broyage. Ce manque de finesse leur enlève beaucoup de leur efficacité.

Ce serait un grand avantage pour l'agriculteur, si les industriels ne livraient pour l'emploi direct que les parties les plus ténues, réservant les plus grossières pour la fabrication des superphosphates.

Si nous avons autant insisté sur ces considérations de finesse, c'est que jusqu'ici on n'y a pas attaché une assez grande attention. Nous pensons en effet que le succès des phosphates employés en nature dépend en grande partie de leur degré de ténuité.

État moléculaire des phosphates. — L'utilisation des phosphates dépend en second lieu de leur état moléculaire. Nous devons développer ce second point.

C'est un fait que l'expérience agricole, d'accord en cela avec les essais de laboratoire, a pleinement confirmé, qu'il y a des différences très grandes entre la résistance des matières phosphatées, suivant la nature des minerais. Ceux qui ont une texture compacte, subissent moins énergiquement l'action des agents dissolvants que les autres; il y a là une résistance propre qui tient au mode d'agrégation des molécules, c'est-à-dire à la constitution physique du minerai. On comprend facilement que les molécules, réunies par une véritable cristallisation, se soudent entre elles d'une façon beaucoup plus énergique que quand elles se sont simplement réunies par une sorte d'agglomération. On a remarqué que ce sont en général les phosphates les plus riches, c'est-à-dire les apatites, qui offrent la plus grande résistance aux agents dissolvants, les molécules de phosphate paraissant s'être soudées d'autant plus énergiquement qu'elles sont moins séparées par les substances étrangères. Mais on voit aussi des phosphates pauvres, tels que les craies phosphatées, se comporter dans le sol d'une manière peu différente de celle des phosphates compacts. On comprend dès lors combien il serait intéressant de pouvoir déterminer par des essais de laboratoire le degré de résistance des différents phosphates, et par là même leur plus ou moins grande valeur agricole.

Lorsqu'il s'est agi des engrais azotés d'origine organique, c'est-à-dire insolubles, une question du même genre s'est posée devant nous et nous en avons trouvé la solution rigoureuse dans les phénomènes de nitrification; leur valeur, en effet, est proportionnelle à la quantité de nitrate qu'ils sont susceptibles de fournir en un temps donné. Pour les phosphates, la difficulté est plus grande; nous n'avons pas les moyens de mesurer leur assimilabilité. Le mécanisme de leur dissolution est encore obscur; et il ne nous est pas possible de reproduire dans le laboratoire ce qui se passe au sein de la terre.

Dans l'état actuel des choses, on ne peut donc employer que des moyens conventionnels. Le premier qui se présente à l'esprit est l'eau chargée d'acide carbonique reproduisant dans une certaine mesure les liquides qui circulent dans le sol. Beaucoup d'autres réactifs ont été employés, notamment des acides faibles, tels que les acides acétique, citrique, oxalique, etc.; les résultats laissent à désirer sous beaucoup de rapports.

Solubilité dans l'oxalate d'ammoniaque. — Dans ces dernières années, on a proposé de mesurer l'assimilabilité des divers phosphates en les traitant par une solution chaude d'oxalate d'ammoniaque et en dosant l'acide phosphorique entré en solution. L'action d'un réactif de cette nature, qui est relativement peu énergique, doit, dans une certaine mesure, nous donner le degré d'agrégation comparée, à la condition toutefois qu'on opère sur des produits ayant la même finesse. Mais ce procédé s'éloigne beaucoup des réactions qui ont lieu dans le sol et ne doit pas être regardé comme ayant une valeur absolue. M. Joulie, auquel il est dû, a trouvé que les phosphates précipités ont le maximum de solubilité; que les guanos et les produits d'os viennent immédiatement après, avec une solubilité moindre, quoique élevée; que les phosphates des Ardennes leur sont inférieurs, avec des solubilités très variables; enfin que les apatites se placent au dernier rang. Cette classification se trouve donc, d'une manière générale, confirmée par les observations de la pratique agricole; mais dans des cas particuliers, il se produit des écarts qui enlèvent à ce moyen d'appréciation une partie de sa valeur. Il serait préférable de se rapprocher davantage des conditions naturelles, en employant comme dissolvants soit les solutions d'acide carbonique, soit les matières humiques du sol elles-mêmes, ces deux agents étant ceux qui sont chargés, au sein de la terre, d'amener le phosphate à un état plus accessible aux plantes.

Voici les chiffres trouvés par M. Joulie pour les différents phosphates; ils indiquent la proportion d'acide phosphorique attaquable par l'oxalate d'ammoniaque, pour 100 de l'acide phosphorique total contenu dans les produits examinés :

		Moyenne.
Phosphates précipités (venant des os)....	77 à 99	89.7
Noirs de sucrerie........................	43 à 71	59.3
Poudre d'os dégélatinés..................	67 à 77.5	69.8
— non dégélatinés..............	» »	64.4
Cendres d'os d'Amérique..................	» »	35.0
Phosphate des Ardennes...................	20.6 à 32.3	29.9
— du Lot..........................	15.6 à 48.6	30.3
— du Cher.........................	» »	49.5
Phosphorite de Nassau....................	» »	24.6
Apatite de Cacérès.......................	» »	13.2
— du Canada.......................	» »	traces
Guanos du Pérou..........................	» »	85.6
— de Bolivie..........................	45 à 72	56.8

Nous complétons ces résultats par ceux qu'ont obtenus M. Vivien et M. Durin, en employant comparativement l'acide acétique et l'oxalate d'ammoniaque; les chiffres représentent l'assimilabilité relative, c'est-à-dire la proportion de l'acide phosphorique dissous, pour 100 de l'acide phosphorique total contenu dans l'échantillon.

	Acide acétique.			Oxalate d'ammoniaque.		
	Minimum.	Maximum.	Moyenne.	Minimum.	Maximum.	Moyenne.
Ardennes....	»	»	19.0	»	»	46.8
Meuse.......	»	»	16.8	42.6	61.3	51.9
Quiévy......	6.4	38.2	22.3	68.0	84.0	78.9
Somme.......	5.75	15.95	11.5	36.1	52.1	44.9
Ciply........	1.7	7.9	5.3	34.5	42.5	37.7
Pernes.......	»	»	3.9	»	»	47.9
Gard.........	19.8	27.1	23.4	43.4	49.9	46.7
Scories......	»	»	12.0	»	»	13.3

Il serait du plus haut intérêt d'avoir des résultats culturaux obtenus comparativement avec les différents phosphates naturels et de rechercher si ces résultats concordent avec ceux que donne l'oxalate d'ammoniaque; mais les expériences entreprises dans ce sens ne sont ni assez nombreuses, ni exécutées dans des conditions assez satisfaisantes, pour qu'il soit possible de se faire une opinion définitive.

L'action du réactif n'a pas toujours été confirmée par les résultats culturaux. Il convient donc, dans l'état actuel de la question, de n'accepter qu'avec une certaine réserve les indications fournies par l'examen chimique sur la valeur agricole comparée des phosphates de diverses origines. Il est à désirer que les agriculteurs fassent eux-mêmes, dans leurs terrains, les essais avec les produits commerciaux qui sont à leur portée.

Pour compléter ces données générales, nous passerons en revue les différents phosphates naturels en les groupant en 3 catégories : phosphates minéraux, phosphates métallurgiques, phosphates des os.

Phosphates minéraux. — Les phosphates minéraux peuvent être ramenés à quelques types principaux : les apatites ou phosphates cristallisés (Espagne, Norwège, etc.); les phosphorites ou phosphates filoniens (Quercy, Gard, Estramadure); les phosphates arénacés (Somme); les craies phosphatées (Somme, Belgique) puis le grand groupe des nodules, appartenant les uns à l'étage albien (Ardennes, Meuse, Boulonnais, etc.), les autres à l'étage sénonien (Quiévy); les autres à l'étage liasique (Auxois).

Apatites. — Les phosphates cristallisés résistent d'avantage, comme nous l'avons vu, à l'action des dissolvants chimiques, tels que l'eau chargée d'acide carbonique, l'acide acétique, l'oxalate d'ammoniaque, etc. D'accord avec les essais de laboratoire, l'expérience a démontré que leur emploi direct n'était pas avantageux. Comme d'autre part leur composition chimique les rend très aptes à la fabrication des superphosphates, c'est à ce dernier usage qu'on les réserve presque exclusivement.

Phosphorites du Quercy. — Cette catégorie de phosphates tient le milieu entre l'apatite et les nodules; ce nom de phosphorite donne lieu à des confusions, puisque certains auteurs l'appliquent indifféremment à tous les phosphates, qui n'ont pas la forme franchement cristalline, même aux nodules; et que d'autres le réservent plus spécialement aux produits rocheux du Quercy et de l'Estramadure. Quoi qu'il en soit, ces minerais sont très différents des apatites et des nodules, au point de vue de la texture et de l'utilisation agricole. On admet généralement que leur assimilabilité est très faible, et cependant la Vendée, le Limousin, les départements du sud-ouest sont alimentés par les gisements du Quercy, et nous avons pu souvent constater les bons résultats obtenus par leur emploi direct dans les sols riches en matières organiques. Classer ces phosphates dans la catégorie de ceux qui ne sont pas directement utilisables, c'est condamner une partie de la région méridionale à l'emploi des superphosphates, à moins qu'elle ne fasse venir à grands frais les produits naturels des départements du Nord et de l'Est.

Nous pensons qu'il ne faut pas rejeter ces produits de l'utilisation directe, mais chercher à augmenter leur efficacité par une finesse plus grande, par une incorporation au fumier et aux composts, et aussi par l'emploi de doses élevées.

Phosphates arénacés. — L'opinion est encore mal établie sur l'emploi direct des sables phosphatés de la Somme;

l'avis général des agriculteurs qui en ont fait usage dans la région du Nord, c'est que ces produits à l'état naturel n'ont qu'une action très faible. Nous sommes tentés de nous ranger à cet avis en considérant : 1° que le degré de finesse auquel ces sables sont livrés à l'agriculteur laisse le plus souvent à désirer ; 2° que d'après les études de M. S. Meunier et de M. Olry, les phosphates arénacés ont une texture cristalline qui les rapproche de l'apatite. Avant de porter un jugement définitif sur la valeur de cette matière, dont l'emploi est encore récent, il convient d'avoir recours à des expériences culturales plus précises que celles qui ont été faites jusqu'à ce jour. Nous ajouterons que dans ces dernières années on a cherché à introduire en Bretagne les phosphates arénacés; mais au lieu de faire ouvertement cette tentative, les marchands colorent leurs produits de manière à leur donner l'aspect des poudres de nodules.

Craies phosphatées. — Les observations précédentes s'appliquent également aux craies phosphatées, si abondantes dans le nord de la France et en Belgique. M. Petermann les a expérimentées et a observé que la craie de Ciply n'augmente nullement la récolte dans un sol où le superphosphate, employé parallèlement, la triple. Dans les sols moyens, cette craie n'est donc pas appelée à jouer un rôle utile; mais nous pensons que dans les terres acides son emploi peut être avantageux, en apportant les éléments phosphatés et calcaires. Il convient d'établir des essais dans ce sens.

Nodules et coprolithes. — Aucun doute n'existe sur l'assimilabilité de ces produits, employés depuis de longues années dans les conditions les plus diverses. Ils présentent des caractères que n'offrent pas les produits précédents; ils sont beaucoup plus facilement attaqués par les réactifs chimiques; leur texture est poreuse, leur origine est manifestement organique. La poudre fine absorbe l'humidité assez énergiquement ; abandonnée à l'air elle devient plus attaquable. M. Dehérain a observé que de la poudre récemment obtenue, dosant environ 4 % d'humidité et 0,25 de phosphate soluble dans l'acide acétique, contenait, après 3 mois d'exposition à l'air, près de 18 % d'eau et 5 % d'acide phosphorique soluble dans l'acide acétique. C'est dire que ces produits sont très sensibles aux actions atmosphériques. Rien n'autorise à établir une distinction entre les nodules des différentes provenances; ceux de la gaize, des sables verts, du gault se comportent de la même façon; ceux de l'étage sénonien (Quiévy) et de l'étage liasique (Auxois) semblent cependant plus facilement attaquables par les réactifs, ils sont plus friables et moins fortement concrétionnés que les précédents.

En résumé, on doit conseiller de faire passer à la fabrication des superphosphates tous les produits naturels dont l'assimilabilité est faible et de conserver pour l'emploi direct ceux seulement dont l'efficacité est bien démontrée.

Scories de déphosphoration. — Les expériences sur l'emploi des scories de déphosphoration sont très nombreuses ; elles ont été faites en France, en Angleterre, en Belgique, en Allemagne, partout où l'industrie du fer en laisse de grandes quantités comme résidu. On a cherché à établir la valeur de l'acide phosphorique qu'elles fournissent, comparativement à celle des autres produits phosphatés. Les résultats ne sont pas tous concordants ; dans certains cas, les scories se sont montrées égales ou même supérieures aux superphosphates ; dans d'autres elles se sont montrées inférieures; mais presque toujours leur efficacité a été au moins aussi grande que celle des nodules. Ce fait s'explique par la solubilité d'une partie de leur acide phosphorique dans les réactifs peu énergiques, tels que le citrate d'ammoniaque. Nous ne citerons pas les chiffres de ces nombreuses expériences qui, en résumé, prouvent que l'agriculture peut trouver dans les scories un engrais de bonne qualité et d'un prix peu élevé. Son emploi est surtout à conseiller dans les sols riches en matières organiques.

On s'est demandé si l'action de ces scories n'est pas attribuable en partie à la chaux qui les accompagne. M. Petermann a constaté que dans les sols ordinaires, même pauvres en calcaire, c'est bien l'acide phosphorique qui est l'agent de fertilisation; mais dans le cas des terres acides, très chargées de matières organiques, dans les sols tourbeux, dans les prairies marécageuses, les deux éléments concourent à l'amélioration foncière, et c'est alors que le phosphate métallurgique produit les effets les plus remarquables. On est ainsi arrivé à la station expérimentale de culture des tourbes à Brême, à obtenir par son emploi direct des surcroits de rendement s'élevant parfois à 78 %.

Au début, on a craint que le protoxyde de fer ne pût exercer une influence nuisible sur les racines, en enlevant l'oxygène indispensable aux réactions chimiques du sol et à la vie des racines. Il n'en est rien; M. Wagner a montré, par des essais directs, qu'on peut impunément porter la dose des scories à des chiffres très élevés.

Produits d'os et guanos. — Les guanos phosphatés et les produits d'os sous leurs différentes formes ont une action généralement plus rapide que les phosphates minéraux; aussi leur prix est-il plus élevé. La faible agrégation sous laquelle ils se présentent, leur texture poreuse, les rendent essentiellement aptes à prendre part aux réactions dont la terre arable est le siège.

Dans la comparaison des produits d'os et des guanos avec les phosphates minéraux, il ne faut pas oublier de tenir compte de la présence de la matière organique azotée. Quoiqu'il soit hors de doute que les produits d'os et les guanos phosphatés donnent des résultats supérieurs à ceux des phosphates minéraux, l'agriculteur peut cependant se demander dans quel cas il doit préférer les premiers, car il y a entre l'acide phosphorique sous ces deux formes une différence de prix presque du simple au double. Pour une même dépense, il pourra donc incorporer à la terre une quantité double d'acide phosphorique, en choisissant les phosphates minéraux.

C'est la nature du sol qui doit guider dans le choix; autrefois, à une époque où l'exploitation des phosphates fossiles n'existait pas, les noirs d'os étaient exclusivement employés dans le défrichement des landes de Bretagne; les résultats qu'ils donnaient étaient des plus frappants; depuis, on a reconnu que les phosphates fossiles produisaient dans ces sols des effets analogues; en effet, les terres acides sont de celles qui peuvent le mieux agir sur les phosphates, même sur ceux qui sont relativement résistants. Il semble donc inutile de leur donner des produits d'un prix élevé, puisqu'elles sont susceptibles d'utiliser ceux qui ont une moindre valeur.

Tous les sols riches en matières organiques, même lorsqu'ils sont calcaires, et que, par suite ils n'ont pas de réaction acide, semblent être dans ce cas; la matière organique qu'ils renferment agit suffisamment sur les particules de phosphate minéral, pour le rendre assez rapidement assimilable.

Il faut donc réserver les produits d'os, d'un emploi plus coûteux, aux sols dans lesquels les phosphates naturels ne produisent que peu d'effet, c'est-à-dire aux sols pauvres en matières organiques, tels que le sont en général les terres très calcaires, ainsi qu'aux sols très légers dans lesquels la combustion de la matière organique est active et où l'humus fait généralement défaut. Les produits d'os se rapprochent davantage des superphosphates et conviennent particulièrement aux mêmes terrains que ces derniers. Ils donnent des résultats immédiats, là où les phosphates minéraux agissent peu; mais ces derniers doivent y être employés de préférence si on veut constituer un stock d'acide phosphorique utilisable graduellement. La quantité qu'on en mettra compensera dans une certaine mesure leur plus lente assimilation.

L'acide phosphorique contenu dans les résidus animaux, fumiers, poudrettes, sang desséché, corne, etc., ou dans les résidus végétaux, tourteaux, marcs, etc., peut être rapproché des phosphates d'os ou de guanos. La grande proportion de matière organique qui l'accompagne contribue à le rendre plus rapidement utilisable, quelle que soit d'ailleurs la forme sous laquelle il se présente. On peut donc leur attribuer une valeur égale et même supérieure à celle des produits d'os.

§ II. — PHOSPHATES AYANT SUBI DES TRAITEMENTS CHIMIQUES.

Transformations dans le sol. — Nous venons d'envisager les produits phosphatés qui n'ont pas subi de traitement chimique; ils se trouvent presque tous à l'état tribasique et sont complètement insolubles dans l'eau. Nous avons à examiner au même point de vue les superphosphates et les phosphates précipités, dans lesquels l'acide phosphorique existe sous trois formes essentielles : phosphate monocalcique soluble dans l'eau; phosphate bicalcique; phosphates de fer et d'alumine. Ils se comportent autrement dans le sol, et subissent des réactions beaucoup plus actives que les matières phosphatées non modifiées dans leur constitution intime et qui n'ont pas été amenées à l'état de division chimique. Nous envisagerons ici ces engrais sans nous préoccuper des produits qui les accompagnent, tels que le plâtre, la silice, etc., et qui n'influent pas directement sur les rapports du phosphate avec le sol.

Phosphate monocalcique. — L'acide phosphorique soluble dans l'eau, combiné à un seul équivalent de base ou même quelquefois libre, se dissout immédiatement dans les liquides du sol; il y rencontre du carbonate de chaux, de l'oxyde de fer et de l'alumine et s'unit à ces éléments basiques, principalement aux deux derniers, et forme ainsi, dès son introduction dans le sol, des combinaisons insolubles. Quoiqu'il soit au bout de très peu de temps engagé dans les mêmes combinaisons que les phosphates naturels, il se distingue de ces derniers en ce qu'il a pu, avant de se fixer à l'état insoluble, se répartir dans tous les sens autour des particules terreuses, s'y diffuser à un état manifestement assimilable, auquel le phosphate naturel n'arrive qu'au bout d'un très long temps. Malgré sa solubilité primitive, cet acide phosphorique n'est pas entraîné par les eaux pluviales, puisqu'il se fixe rapidement à l'état de combinaisons insolubles. L'analyse d'un sol qui aura reçu comme fumure un superphosphate, ne décèlera pas de phosphate soluble dans l'eau.

Les expériences directes démontrant l'insolubilisation presque immédiate ou la rétrogradation du phosphate acide au contact du sol sont nombreuses; MM. Way, Millot, Joulie, Vœlcker, Heyden, etc., ont étudié cette question. Nous citerons quelques résultats de M. Heyden. A travers des sols différents, il a fait passer des solutions de phosphate en quantité relativement grande par rapport au poids de la terre mise en expérience. En examinant les liquides filtrés, il trouve que les différentes terres ont retenu à l'état insoluble pour 100 de l'acide phosphorique donné :

Terre A	95.84
— B	98.24
— C	96.79
— D	98.76

Liebig, analysant des couches de terrains qui avaient reçu du superphosphate pendant vingt-deux années consécutives, a trouvé les 3/4 de l'acide phosphorique du sol contenus dans les 9 premiers pouces, c'est-à-dire dans la partie supérieure.

Cependant beaucoup de praticiens persistent à croire que le superphosphate doit sa supériorité à l'état soluble sous lequel il présente à la plante l'élément phosphaté. Ils se figurent que ses solutions circulent dans le sol, comme s'il s'agissait d'un nitrate; ce qui précède montre combien cette idée est fausse. Tous les sols rendent insoluble le phosphate acide; s'il en était autrement, on constaterait des pertes d'acide phosphorique par les eaux de drainage, et l'emploi des superphosphates serait dangereux par l'action de leur acide sur les racines. Partout en effet où son acidité ne peut être saturée, dans les sols tourbeux ou naturellement acides, le superphosphate devient un véritable poison pour les plantes; dans les sables quartzeux, très pauvres en chaux, il est même prudent de répandre le superphosphate assez longtemps avant les semailles, pour lui laisser le temps de perdre sa réaction acide.

Phosphates de fer et d'alumine. — Quant aux phosphates de fer et d'alumine qui se trouvent en plus ou moins grande abondance dans les superphosphates et qui proviennent de la rétrogradation, ils ont par leur nature même, la composition que les phosphates solubles prennent par leur contact avec le sol; ils sont dès l'origine insolubles, mais, s'ils ont une moindre tendance à se diffuser, ils se trouvent cependant à un état de division très grand et ont dès leur application la forme que les phosphates naturels mettent si longtemps à revêtir; ils se présentent ainsi tout préparés aux récoltes. Les phosphates de fer et d'alumine, qui sont le résultat de la transformation plus ou moins lente des différents phosphates dans le sol, entrent en combinaison avec la matière organique et constituent alors des produits essentiellement assimilables; plus est rapide cette transformation, plus sera grande l'activité du phosphate.

Phosphate bicalcique. — Quant à l'acide phosphorique qu'on trouve soit dans les superphosphates eux-mêmes, soit surtout dans les phosphates précipités, combiné à la chaux à l'état bibasique, il se transforme rapidement dans le sol en ces combinaisons complexes que nous avons déjà signalées pour les phosphates naturels. L'état de division de ces phosphates étant très grand, leur surface multipliée se prête facilement à cette transformation qui est comparable comme rapidité à celle des superphosphates.

En parlant des combinaisons diverses que tendent à revêtir les différentes formes de l'acide phosphorique et dans lesquelles l'oxyde de fer, l'alumine, l'humus interviennent, nous n'entendons pas affirmer qu'elles sont indispensables à l'absorption de l'acide phosphorique par les plantes; on voit en effet, dans les terres où ces combinaisons ne peuvent pas se réaliser, comme celles qui sont exemptes de matière organique, les divers phosphates produire des résultats, si leur état de division est assez grand. Les racines des plantes peuvent, en effet, dissoudre directement les particules de phosphate de chaux qu'elles rencontrent; mais il n'en est pas moins vrai que dans les terres arables la tendance à la formation d'un produit complexe se manifeste avec une certaine énergie, et que c'est en réalité plus à ces derniers produits qu'aux formes sous lesquelles l'acide phosphorique est donné au sol, que les racines des plantes s'adressent pour trouver leur nourriture phosphatée.

En résumé, l'acide phosphorique appliqué au sol sous des formes très différentes, est ramené par une série de réactions au même état insoluble. Ces réactions sont plus ou moins rapides, la diffusion est plus ou moins parfaite, suivant la nature du produit. Le phosphate naturel est plus résistant; le phosphate bicalcique l'est beaucoup moins; les phosphates de fer et d'alumine provenant de la rétrogradation s'unissent facilement à l'humus; enfin le phosphate monobasique soluble se transforme presque instantanément et subit une précipitation qui le diffuse au plus haut degré.

Nous n'avons jusqu'à présent envisagé que les rapports des phosphates acides ou précipités avec les terres normales; nous devons dire quelques mots des terres ayant une composition spéciale et dans lesquelles les réactions sont ou moins accentuées ou totalement différentes.

Terres sableuses. — Ainsi que nous venons de le dire, les terres sableuses, très pauvres en matière organique et en éléments argileux auxquels est principalement due la présence de l'oxyde de fer et de l'alumine, peuvent garder pendant quelque temps les divers phosphates sous la forme qu'ils avaient primitivement. Toutefois si elles contiennent quelques éléments alcalins, tels que les carbonates de chaux et de magnésie, les phosphates acides se combinent à ces bases pour former des phosphates insolubles.

Terres argileuses. — Dans les terres fortement argileuses et qui sont exemptes de calcaire, les phosphates acides sont susceptibles de jouer un rôle secondaire dû à leur acidité même et qui consiste à décomposer les silicates très ténus qui constituent l'argile ; une certaine quantité de potasse peut se trouver ainsi solubilisée et mise à la disposition des plantes. L'acide phosphorique y rencontre en abondance l'oxyde de fer et l'alumine avec lesquels il se combine.

Terres calcaires. — Dans des terres exclusivement calcaires, le fait principal est la saturation de l'acidité par le carbonate de chaux et la formation instantanée de phosphate de chaux insoluble.

Terres acides. — Quant aux terres acides, sur lesquelles nous avons insisté en parlant des réactions du phosphate naturel, il n'y a pas lieu d'examiner ici leur action sur les phosphates ayant subi des traitements chimiques. Ces derniers, d'un prix beaucoup plus élevé que les phosphates naturels, ne donneraient pas de résultats supérieurs ; au contraire, ils y joueraient un rôle plutôt nuisible, en ajoutant leur acidité propre à l'acidité déjà excessive de ces sols. Les phosphates naturels, d'un prix moins élevé, donnant de meilleurs résultats, il n'est jamais à conseiller d'employer dans les terres acides des phosphates ayant subi les traitements chimiques.

Le superphosphate ne pourrait d'ailleurs être appliqué sans danger dans les sols incapables de saturer son acidité ; c'est le cas des sables purs ou des terres argileuses imperméables et pauvres en chaux, et surtout des terres tourbeuses ou de défrichement.

Nous emprunterons à M. Bobierre des résultats obtenus avec la terre de landes, dans des expériences en pots, sur le sarrasin :

	Hauteur de la plante.	Poids du grain.	Nombre de grains.
	—	—	—
Phosphate naturel en poudre...	0.60	2.670	110
Superphosphate................	0.18	0.080	6

Des raisons d'ordre économique s'opposeraient encore à l'emploi des superphosphates dans les terres acides, même alors qu'ils n'agiraient pas défavorablement sur la végétation.

Dans la grande généralité des autres terres, le superphosphate sera donné avec avantage, s'il y a manque d'acide phosphorique et, dans ce cas, nous aurons à examiner plus loin si on doit employer de préférence les superphosphates ou les phosphates naturels. Nous pouvons cependant dire ici d'une façon générale que le superphosphate réussit mieux dans les terres calcaires ou dans les terres moyennes, et particulièrement dans les terres pauvres en matières organiques. L'agriculteur devra se laisser guider par l'expérimentation directe et par les considérations économiques.

Finesse des superphosphates et des phosphates précipités. — En parlant des phosphates naturels nous avons longuement insisté sur la finesse; ce point, quoique bien moins important pour les superphosphates, mérite cependant d'être examiné.

Les phosphates qui ont subi des traitements chimiques sont, par ce fait même, amenés à un grand état de division; mais par la suite les molécules s'agglomèrent plus ou moins, surtout pendant la dessiccation. Quelquefois aussi des réactions chimiques ultérieures amènent une sorte d'agrégation entre les particules voisines. Ces phosphates n'ont donc pas l'état de division moléculaire qui peut être regardée comme réalisant l'idéal de la finesse. Il faut cependant faire exception pour les produits qui sont solubles dans l'eau. On peut admettre, en faisant abstraction de ces derniers, qu'il y a dans les phosphates précipités et les superphosphates un grand degré de division, mais qu'il ne faut cependant pas s'exagérer.

En parlant de division moléculaire, on emploie une expression qui ne convient pas aux produits commerciaux, puisque la matière se réunit sous forme de mottes et de grumeaux, faiblement agrégés il est vrai, mais qui portent certaines entraves à la répartition et à la diffusion de l'acide phosphorique dans le sol. Que la matière soit humide comme le sont souvent les superphosphates, ou qu'elle ait été desséchée, comme les phosphates précipités, elle n'existe pas à l'état de poudre impalpable et il s'y trouve des masses agglomérées se divisant facilement sous les doigts et que la plus faible action mécanique désagrège. Si l'on ne prenait pas la précaution de diviser ces masses, elles resteraient dans le sol en se localisant à l'endroit où elles ont été placées et subiraient leur transformation dans un petit rayon autour d'elles; on n'aurait donc pas atteint le but principal de la division chimique, qui est la répartition du phosphate au sein de la terre. Bien plus à craindre sont les effets de l'agglomération, sous forme de pâte non susceptible d'être réduite en poussière, qui s'observe quelquefois dans les superphosphates ayant reçu un excès d'acide sulfurique et les concrétions pierreuses, particulières aux phosphates fraîchement préparés et qui n'ont pas subi de recoupages, de broyages et de tamisages ultérieurs.

Quoique les particules des phosphates précipités et des superphosphates soient à un grand état de division, il faut donc se préoccuper de leur agglomération qui tient à leur mode de fabrication et qui a plutôt pour effet d'empêcher une répartition uniforme que de diminuer la rapidité avec laquelle les phosphates subissent l'action des agents du sol et des racines. L'agriculteur doit porter son attention sur le degré de division d'où dépendra la répartition égale dans la terre.

M. Wagner a démontré directement l'influence de la finesse en appliquant à diverses cultures du phosphate précipité, une partie à l'état très fin, l'autre en grains :

	Rendement.
Sans engrais	100
Avec phosphate précipité fin	145
— en grains	128

Pour le ray-grass, les résultats sont les suivants :

Phosphate précipité en poudre	100
— — de 0mm5 à 1mm	92
— — 1 à 2	64
— — 2 à 3	44
— — 3 à 4	37

Cependant, pour le superphosphate, les résultats sont différents dans un sol sablonneux et peu calcaire; le produit très fin y a donné des résultats sensiblement inférieurs à ceux du produit en grains de 1mm,5 à 2mm de diamètre. D'après cet auteur il y aurait, dans le cas des sols extrêmement perméables, un certain avantage à modérer une diffusion qui peut devenir excessive.

Ces questions ne sont pas encore complètement élucidées et appellent de nouvelles recherches.

Épandage des superphosphates et des phosphates précipités. — Les phosphates ayant subi des traitements chimiques affectent dans le sol des formes insolubles, comme les phosphates naturels. On peut donc les confier à la terre avant l'hiver, sans aucun inconvénient au point de vue des déperditions.

Époque. — C'est à l'automne qu'on doit répandre le superphosphate destiné aux céréales d'hiver. On a pour habitude de répandre, au moment du labour précédant la semaille, celui qu'on applique aux plantes sarclées semées au printemps; on pourrait encore le donner longtemps avant, au commencement de l'hiver par exemple. L'emploi trop tardif au printemps peut retarder d'une année l'action de l'engrais, si après son épandage des sécheresses surviennent. Le superphosphate, en effet, comme tous les engrais, a besoin d'humidité pour donner les meilleurs résultats.

Une grande liberté est donc laissée au cultivateur pour répandre le superphosphate ou le phosphate précipité.

Doses à employer. — Les quantités d'acide phosphorique à fournir au sol seront d'autant plus élevées que l'engrais sera plus pauvre, que la récolte à fumer sera plus exigeante, et enfin que le sol sera déjà moins riche.

En donnant une proportion d'acide soluble au citrate d'ammoniaque double de celle qu'exige la récolte à fumer, on se placera dans de bonnes conditions. La pratique a constaté qu'une fumure de 10,000 kilog. de fumier de ferme par hectare et par an peut être considérée comme une bonne moyenne pour les sols de qualité ordinaire; elle apporte 55 kilog. d'acide phosphorique. La fumure à raison de 100 kilog. d'acide phosphorique par hectare peut donc être considérée comme intensive; elle représente une dépense d'environ 65 francs; elle sera réalisée par l'emploi de :

1000 kilog. de superphosphate à	....	10 p. 100
650 — —	à........	15 —
500 — —	à........	20 —
250 — de phosphate précipité à	.....	40 —

La dose doit être poussée aussi loin que l'on obtient des résultats rémunérateurs ; dans le cas des engrais phosphatés à action rapide, l'excès de fumure ne se traduit pas, comme pour les engrais azotés, par des pertes dans le sous-sol, ni par une action nuisible sur les récoltes, ni enfin par une dépense très élevée.

Enfouissement. — Le phosphate doit toujours être enterré d'autant plus profondément que les plantes sont plus pivotantes. On sème en couverture sur le sol et on fait ensuite passer la charrue, qui enfouira l'engrais et le mélangera avec la terre. S'il s'agit de plantes à racines superficielles, on peut avec avantage opérer en deux fois ; une moitié de l'engrais sera, comme précédemment, profondément enfouie, l'autre moitié sera semée sur le labour et enterrée par un fort coup de herse ou de scarificateur donné en travers du labour.

Emploi en couverture. — Nous ne conseillons pas l'emploi des superphosphates en couverture sur les céréales au printemps ou sur les plantes sarclées en végétation. Cet épandage tardif, même accompagné d'un fort hersage, est le plus souvent sans effet sur des plantes déjà venues et dont les racines plongent profondément dans le sol. Le phosphate, il est vrai, n'est pas perdu et se retrouvera pour les cultures à venir.

Sur les prairies artificielles ou naturelles, le superphosphate ne peut être donné qu'en couverture ; on le répand soit avant l'hiver, soit au commencement du printemps, suivant les climats. Si le climat n'est pas trop sec au printemps, il vaut mieux attendre cette époque que de provoquer pendant l'hiver une végétation que les gelées printanières pourraient compromettre.

Épandage. — L'épandage se fait, comme pour le phosphate naturel, mais en accentuant, pour le phosphate précipité, les précautions destinées à éviter la perte des poussières qui sont extrêmement légères. L'emploi des semoirs déposant la poudre au fond des raies donne de bons résultats.

Quant aux superphosphates leur maniement est pénible pour les ouvriers; l'acidité produit sur leurs mains une impression qui devient à la longue très désagréable; il est bon, quand on sème à la volée, de se munir de gants en cuir, ou encore de faire l'épandage à la pelle. Cette acidité rend également la conservation en sacs très difficile; au bout de peu de temps ceux-ci se déchirent au moindre contact. On a proposé de les imbiber d'une solution de chlorure de calcium destiné à saturer l'acide; mais le plus simple pour l'agriculteur, c'est de vider les sacs immédiatement et en lieu sec ou bien de n'acheter qu'au moment de l'emploi, ou encore de substituer les tonneaux en bois aux sacs en toile.

Broyage. — L'épandage doit être régulier et uniforme. Il est indispensable de procéder au préalable au broyage qui, d'après ce que nous avons dit, n'est pas toujours facile; car le phosphate est parfois trop dur, parfois trop humide. Dans le dernier cas, on doit, pour le sécher, le mélanger avec des matières inertes, sable, terre sèche, etc.; le plâtre convient bien à cet effet, mais s'il est cuit, il peut favoriser la rétrogradation; le calcaire a une action analogue, aussi vaut-il mieux se dispenser de leur emploi.

Mélange avec les engrais. — Le mélange avec tous les engrais, sauf le nitrate de soude, peut se faire sans précaution spéciale. Nous avons dit, à propos de ce dernier sel, qu'il est décomposé par les acides du superphosphate et qu'il peut y avoir une perte sensible d'azote. Cette perte est d'autant plus à craindre que le contact est plus prolongé; mais si l'on se borne à faire le mélange au moment même de l'épandage, on n'a point à s'inquiéter des pertes d'azote.

Le superphosphate peut sans inconvénient être mis en contact avec les graines qu'on sème ; c'est un fait maintes fois constaté qu'il ne nuit pas à leur germination ; pour les betteraves, il paraît même favoriser la levée et M. Corenwinder recommande d'opérer le trempage des graines dans des dissolutions faibles de superphosphate.

Mélange du superphosphate avec le fumier. — On a conseillé de saupoudrer le fumier avec du superphosphate, non dans le but d'augmenter la solubilité de l'acide phosphorique, mais dans celui de fixer, par l'acidité et par le plâtre du superphosphate, l'ammoniaque qui tend à se dégager. Ce que nous avons dit dans le premier volume nous dispense d'insister sur ce point ; cette fixation ne sera importante que dans le cas où les doses seront très élevées, en outre le superphosphate, pas plus que le phosphate précipité, ne gagne rien à ce mélange, qui doit être réservé aux phosphates naturels.

Comparaison entre les différents phosphates ayant subi des traitements chimiques.

Différents superphosphates. — Parmi les phosphates qui ont subi un traitement chimique, nous trouvons principalement les superphosphates minéraux, les superphosphates d'os et de guanos ; dans ces divers produits, le traitement par un acide qui est généralement l'acide sulfurique, quelquefois l'acide phosphorique, a transformé en produits solubles dans l'eau la plus grande partie du phosphate, et a ainsi amené à un état très assimilable et identique l'acide phosphorique des matières les plus différentes sous le rapport de l'assimilabilité primitive. Outre l'acide phosphorique soluble dans l'eau, les produits renferment de l'acide phosphorique rétrogradé ainsi que du phosphate tribasique non attaqué.

Les agronomes ont longtemps hésité à attribuer aux produits qui sont seulement solubles dans le citrate d'ammoniaque la même valeur qu'à celui qui est soluble dans l'eau. En Angleterre, actuellement encore, c'est ce dernier seul dont la proportion sert de base aux achats. En France l'usage a prévalu d'attribuer la même valeur marchande à ces deux formes de l'acide phosphorique, mais avec certains tempéraments. Ainsi il est généralement spécifié dans les achats basés sur le taux d'acide phosphorique soluble dans le citrate, que les 3/4 ou les 2/3 au moins de cet élément soient solubles dans l'eau; il est rare d'ailleurs que la rétrogradation puisse ramener une plus forte proportion d'acide phosphorique à l'état insoluble. Ceci spécifie implicitement que c'est au phosphate soluble dans l'eau qu'on donne la préférence. Par la même considération, l'acide phosphorique des superphosphates d'os est payé un peu plus cher que celui des superphosphates minéraux. En effet les premiers, ne contenant pas d'oxyde de fer et d'alumine, ne sont pas sujets à la rétrogradation comme les seconds, et tout l'acide phosphorique attaqué persiste à l'état de phosphate soluble dans l'eau.

En somme, les différents superphosphates peuvent être regardés, à égalité d'acide phosphorique modifié par les acides et par suite soluble dans le citrate, comme ayant une valeur fertilisante et commerciale sensiblement égale, cependant avec une légère plus-value pour les produits qui contiennent le moins d'acide phosphorique rétrogradé.

L'agriculteur qui achète des superphosphates n'a donc pas à s'inquiéter outre mesure de leur origine; le traitement les a amenés tous à une forme à peu près identique.

Nous ne distinguons pas sous ce rapport les superphosphates enrichis par l'acide phosphorique de ceux qui sont obtenus au moyen de l'acide sulfurique; ils n'ont qu'un avantage, commun d'ailleurs avec tous les produits riches, de supporter, pour un même taux d'éléments utiles, des frais de transport moins élevés.

Si ces produits contiennent d'autres substances fertilisantes comme ceux qui proviennent des os ou des guanos phosphatés, et dans lesquels on trouve de petites quantités d'azote et de potasse, il est rationnel de payer un supplément représentant la valeur de ces dernières.

Apport de plâtre par les superphosphates. — Il ne faut pas oublier que les superphosphates apportent avec eux une dose de sulfate de chaux qui n'est pas négligeable, puisqu'elle s'élève ordinairement à 25 % ; ce qui correspond, pour une fumure de 500 kilog., à une dose de 120 kilog. de plâtre. Or, l'action du plâtre sur les légumineuses particulièrement est bien connue ; il n'est donc pas impossible qu'on attribue dans certains cas à l'acide phosphorique une action qui appartient en réalité au sulfate de chaux.

M. Risler a attiré l'attention sur le dosage de l'acide sulfurique dans les sols ; il émet l'opinion que les bons effets du superphosphate, constatés sur les sols calcaires, généralement riches en acide phosphorique, pourraient être attribuables à l'acide sulfurique qu'ils apportent. Cette opinion serait confirmée par les deux observations suivantes :

M. P. de Gasparin constate dans des sols contenant 40 % de carbonate de chaux l'action remarquable du superphosphate employé en couverture, alors que dans la plupart des cas l'application en couverture donne des résultats médiocres; d'autre part, M. Hérisson nous signale les bons effets produits par le plâtre sur la vigne en sol calcaire dans une région voisine. Nous avons cru intéressant de rapprocher ces deux faits ; il est utile que l'attention des agriculteurs aussi bien que des expérimentateurs soit attirée sur ce point encore peu étudié.

Phosphates précipités. — Les phosphates précipités, qui sont le résultat de la précipitation par la chaux du phosphate dissous dans l'acide chlorhydrique, se rapprochent beaucoup des superphosphates ; mais ils ne renferment pas d'acide phosphorique soluble dans l'eau et ils peuvent se comparer dans une certaine mesure à des superphosphates dans lesquels tout l'acide phosphorique aurait rétrogradé. Lorsqu'ils sont préparés dans des conditions satisfaisantes, l'acide phosphorique se trouve tout entier soluble dans le citrate d'ammoniaque ; mais quelquefois, surtout lorsqu'on a employé un excès de chaux ou que la température a été trop élevée dans le cours de la préparation, il reste une partie insoluble dans ce réactif et dont l'efficacité doit être regardée comme moindre, quoique supérieure encore à celle des phosphates naturels.

Dans la généralité des terres où les phosphates naturels produisent peu d'effet, on peut employer assez indifféremment les divers phosphates ayant subi des traitements chimiques. Quoiqu'on puisse admettre que le phosphate soluble dans l'eau se diffuse plus uniformément dans le sol dès les premiers temps de son application, et que pour cette raison il y ait lieu de lui donner la préférence, la valeur de ces produits ne nous semble pas très différente.

On a souvent admis que les phosphates solubles dans l'eau sont nuisibles à la végétation, lorsqu'on les donne à des terres acides, dont ils augmentent encore l'acidité par celle qui leur est propre ; beaucoup d'observations confirment cette manière de voir.

Les phosphates précipités constitués essentiellement par du phosphate bibasique, et n'ayant aucune réaction acide, seraient plus susceptibles d'être employés dans des terres de ce genre où ils ne sauraient produire un effet défavorable, mais la considération de prix doit encore les faire rejeter de l'application à de pareils sols.

Une distinction qu'il convient d'établir entre les superphosphates et les phosphates précipités tient à la présence dans les premiers du sulfate de chaux produit par l'acide sulfurique employé pour la fabrication. Dans les terres où manque l'acide sulfurique, l'application du superphosphate correspond à un plâtrage à petite dose, tandis que les phosphates précipités n'agissent nullement dans ce sens.

Comparaison entre le phosphate monocalcique et le phosphate bicalcique (superphosphate et phosphate précipité). — Des essais culturaux peuvent seuls déterminer l'efficacité relative de ces deux produits. Nous citerons les résultats obtenus par M. Grandeau dans un sol contenant par kilog. 0 gr. 63 d'acide phosphorique. Les essais continués pendant huit ans ont porté sur la pomme de terre, le seigle vert, le colza, le blé, la betterave, l'orge, le maïs géant, l'avoine. L'acide phosphorique a été donné comparativement à doses égales, sous forme de phosphate précipité et de superphosphate d'os, avec ou sans engrais azoté. En prenant la moyenne des rendements obtenus, M. Grandeau résume ainsi ses résultats :

	Récolte à l'hectare.	
	Parcelles avec azote.	Parcelles sans azote.
	—	—
Le phosphate précipité a donné....	12.581 kilog.	10.657 kilog.
Le superphosphate —	12.570 —	10.617 —

Il résulte clairement de ces expériences que le phosphate bibasique donne des résultats égaux au phosphate monobasique et qu'il n'y a pas lieu d'établir une différence de prix entre les deux produits. M. Grandeau étend cette conclusion non seulement aux phosphates précipités, mais aussi à la partie rétrogradée des superphosphates.

Voici encore une expérience de M. Garola, dans les sols de la Beauce, établissant que les résultats donnés par le phosphate bicalcique ne sont pas inférieurs à ceux du phosphate monocalcique, à égalité d'acide phosphorique :

	Blé. Moyenne de 2 années.	
	Grains.	Paille
	—	—
Excédent de récolte attribuable au :	quintaux.	quintaux.
Phosphate précipité	12.20	10.80
Superphosphate	11.16	6.60

M. Petermann opérant en pots sur deux sortes de terres, a obtenu pour le froment les résultats suivants :

	Sable de la Campine.		Sol de Gembloux.	
	Grains.	Balles et paille.	Grains.	Balles et paille.
	—	—	—	—
	gr.	gr.	gr.	gr.
Sans engrais	2.49	6.54	9.40	22.90
Superphosphate	10.10	24.05	19.58	37.99
Phosphate précipité	11.08	26.48	20.42	37.48
— d'alumine	18.16	34.97	25.18	40.57
— de fer	15.53	33.62	22.47	39.37

Dans des essais en plein champ sur des féveroles le même auteur a obtenu :

Sans engrais	9.600 kilog.
Superphosphate	12.432 —
Phosphate précipité	13.421 —

M. Wagner a fait des expériences dans le même sens et arrive aux mêmes conclusions; la parcelle sans engrais donnant un rendement de 100, les rendements pour les parcelles fumées avec le superphosphate soluble et le superphosphate en grande partie rétrogradé ont été :

	1re récolte.	2e récolte.	3e récolte.
	—	—	—
Superphosphate soluble........	127	128	127
— rétrogradé.....	122	122	129

L'Association centrale des agriculteurs de la Saxe a obtenu les résultats suivants exposés par M. Mærker :

		I			II	
	Sans fumure.	Super-phosphate.	Phosphate précipité.	Sans fumure.	Super-phosphate ordinaire.	Super-phosphate rétrogradé.
	kilog.	kilog.	kilog.	kilog.	kilog.	kilog.
Orge........... } Grains..	2.026	2.478	2.503	2.498	2.823	2.600
Avoine......... } Grains..	1.844	2.456	2.443	1.206	1.412	1.684
Pois et féveroles. } Grains..	2.528	2.501	2.547	1.206	1.498	1.458
Pommes de terre........	9.915	12.836	12.301	14.240	17.159	16.988
Betteraves fourragères...	30.039	42.399	39.137	»	42.710	41.500
— à sucre. 1....	41.125	42.710	42.600	»	»	»
— — 2....	38.780	40.728	40.360	»	»	»

En général, dit M. Mærker, le phosphate de chaux précipité employé à la même dose que l'acide phosphorique soluble, dans les sols moyens et de bonne qualité, s'est montré équivalent au superphosphate soluble.

M. Jamieson arrive aux mêmes conclusions. Nous pourrions citer encore de nombreuses expériences; mais le fait nous semble aujourd'hui assez bien établi.

Le commerce et l'agriculture sont d'accord en France pour attribuer la même valeur à l'acide phosphorique soluble dans l'eau et à l'acide soluble seulement dans le citrate d'ammoniaque. L'Angleterre, qui traite des matières exemptes de fer, comme les apatites d'Espagne, de Norwège ou d'Amérique, les os, ne produit que des superphosphates dont tout l'acide est soluble. C'est peut-être aujourd'hui le seul pays où on n'admette pas l'équivalence de ces deux formes de l'acide phosphorique.

Phosphate ammoniaco-magnésien. — Un produit jusqu'ici peu répandu dans le commerce, mais qui nous semble appelé à un certain avenir, le phosphate ammoniaco-magnésien, quoique se présentant sous une forme cristalline et insoluble dans le citrate d'ammoniaque, peut être rapproché des produits précédents en tant qu'engrais phosphaté. Il paraît se comporter de la même manière vis-à-vis des agents du sol et se prêter facilement à l'assimilation par les plantes. Le commerce ne l'offre que rarement, sinon jamais, à l'état isolé, mais il existe en notable quantité dans des engrais organiques, tels que les poudrettes et les guanos. Ordinairement, en raison de son insolubilité dans le citrate d'ammoniaque, on lui refuse à tort une assimilabilité rapide; nous estimons que l'unité d'acide phosphorique doit être payée au même prix dans le phosphate ammoniaco-magnésien et dans les phosphates précipités.

M. Boussingault a institué des expériences directes sur l'emploi du phosphate ammoniaco-magnésien, elles étaient faites dans des pots; le produit des grains sur la terre phosphatée a été presque double, ce qui faisait dire à M. Boussingault que jamais il n'avait observé, soit en petit soit en grand, de résultats différentiels aussi saillants.

M. Is. Pierre, de 1851 à 1854, a constaté que le phosphate ammoniaco-magnésien, employé à la dose de 150 à 300 kilog. par hectare, a exercé sur le froment une action favorable très prononcée, au point de vue du rendement et de la densité du pain. Employé à la dose de 250 à 500 kilog. par hectare dans une terre de médiocre qualité, il a sextuplé la récolte de sarrasin pour la paille et l'a triplée pour le grain.

Cet engrais peut être assimilé aux guanos riches; il présente en même temps l'azote et l'acide phosphorique sous une forme très assimilable.

§ III. — COMPARAISON ENTRE LES DIVERSES FORMES DE L'ACIDE PHOSPHORIQUE DANS LES PRODUITS NATURELS ET DANS LES PRODUITS AYANT SUBI DES TRAITEMENTS CHIMIQUES.

Après avoir examiné les différentes formes de l'acide phosphorique, il nous semble utile de les mettre en parallèle, de les comparer au point de vue de leur efficacité et de donner des règles qui permettent à l'agriculteur de se guider dans le choix qu'il devra faire.

Nous rappelons que l'acide phosphorique se présente sous quatre états principaux :

Phosphate tribasique de chaux insoluble dans l'eau.
Phosphate monobasique — soluble —
Phosphate bibasique et phosphates de fer et d'alumine, insolubles dans l'eau, mais solubles dans le citrate d'ammoniaque.

Nous avons montré que les trois dernières formes qu'on rencontre dans les produits traités chimiquement ont une valeur agricole sensiblement égale et qu'il n'y a pas lieu d'établir de distinction entre elles, au point de vue de l'action fertilisante et de la valeur commerciale. Quant au phosphate tribasique des produits naturels, il est plus ou moins assimilable suivant son origine, mais de toute manière il diffère notablement des formes précédentes, et ce sont ces différences que nous devons mettre en relief.

La question présente au point de vue pratique un grand intérêt, car le commerce attribue aux phosphates des prix plus ou moins élevés, dont les écarts sont justifiés par les dépenses qu'occasionne le traitement chimique; il s'agit de savoir si l'agriculteur doit accepter ce surcroît de dépense et s'il a avantage à s'adresser aux produits les plus chers. Mais avant d'aborder ce sujet, nous devons étudier la question au point de vue théorique et établir scientifiquement la valeur fertilisante de ces produits.

Comparaison au point de vue de l'assimilation par les plantes. — Tous les phosphates peuvent être employés en agriculture pour apporter aux plantes l'acide phosphorique, et tous sont susceptibles d'être assimilés, dans une certaine mesure, par l'organisme végétal. Mais la faculté d'être utilisé par les plantes varie beaucoup, suivant la forme sous laquelle se présente l'acide phosphorique : dès lors il était rationnel que des distinctions d'origine et des différences de valeur fussent introduites dans le commerce de matières aussi variées; mais pour régler équitablement les prix, il eût fallu posséder des notions vraies, acquises par la comparaison expérimentale des effets que produisent les divers phosphates dans les conditions diverses de la culture. En l'absence de semblables notions, on a imaginé des conventions arbitraires, ne reposant point sur l'expérience, d'où sont résultées des différences considérables entre les prix de l'unité d'acide phosphorique dans les matières phosphatées, notamment entre les prix de cette unité dans les produits d'industrie, superphosphates, phosphates précipités, phosphates enrichis, et les prix de la même unité dans les engrais phosphatés n'ayant pas subi de traitement : phosphates naturels, os, poudrette, etc.

Lorsque Liebig conseilla, vers 1840, de solubiliser l'acide phosphorique des os, au moyen d'un traitement par un acide, tous les physiologistes et agronomes étaient persuadés que la solubilité dans l'eau d'un aliment minéral des plantes est la condition première de son absorption. Des essais institués alors en Angleterre, pour comparer les effets des os broyés et du superphosphate d'os, donnèrent un avantage marqué à ce dernier, et déterminèrent la création d'une fabrication qui prit rapidement de grands développements, surtout quand elle admit comme matière première les phosphates minéraux.

Naturellement, l'acide phosphorique acquit dans les superphosphates une valeur beaucoup plus grande que celle qu'il avait avant traitement dans le phosphate minéral. La nouvelle industrie se propagea en France et en Allemagne. Mais une difficulté imprévue ne tarda pas à se produire : la rétrogradation; l'acide phosphorique perdait graduellement sa solubilité première dans les superphosphates provenant de certaines phosphorites.

Quelle valeur fallait-il donner à cet acide rétrogradé que l'eau ne dissolvait plus, et dont pourtant le mode de combinaison primitif avait été certainement détruit par l'acide sulfurique? En Angleterre, les agriculteurs, fidèles à leur opinion sur la solubilité nécessaire des aliments des plantes, ne voulurent payer que l'acide soluble à l'eau; c'est pourquoi les fabricants s'étudièrent à éviter la rétrogradation, soit en employant un excès d'acide sulfurique, soit en choisissant de préférence certaines phosphorites. Les usages anglais passèrent en Allemagne. Il en fut autrement en France où on se servit du citrate pour mesurer l'efficacité comme engrais et, par suite, la valeur vénale de l'acide phosphorique contenu dans les diverses matières phosphatées.

Pour en venir là, on supposait que la faculté d'être assimilés est, chez les phosphates, non plus en relation directe avec la solubilité dans l'eau, comme on le pense en Angleterre, mais bien en relation inverse avec la cohésion, le phosphate de moindre cohésion devenant le plus assimilable. La solubilité dans le citrate était assurément le signe d'une très faible cohésion; ce réactif partagea tous les phosphates en deux catégories, les phosphates solubles au citrate, les insolubles.

Puis, l'usage fut introduit d'appeler du nom d'*assimilables* les phosphates solubles dans ce réactif; l'acide des superphosphates, des phosphates précipités, des phosphates enrichis, c'est-à-dire l'acide des produits livrés par l'industrie chimique, se trouvant soluble dans le citrate fut réputé dès lors assimilable. Implicitement, le public devait croire et crut en effet que l'acide des phosphates insolubles au citrate était non assimilable, ou tout au moins peu assimilable, et il accorda à l'acide soluble au citrate une valeur double et parfois triple de la valeur de l'acide des phosphates insolubles.

De tels errements ne sont plus permis aujourd'hui : il est certain que l'assimilabilité d'un phosphate ne dépend pas seulement de sa solubilité dans le citrate; les phosphates d'os, les phosphates du fumier, des poudrettes, des guanos, insolubles dans le citrate, sont néanmoins parfaitement assimilables et assimilés par la végétation.

Des expériences de comparaison instituées en France, en Belgique, en Allemagne, en Angleterre, ont montré que l'acide phosphorique soluble à l'eau, l'acide des superphosphates rétrogradés, l'acide des phosphates précipités produisent des effets de même ordre, et que l'acide des produits naturels donne, dans beaucoup de cas, des récoltes sensiblement égales à celles que donnent les phosphates ayant subi un traitement chimique.

On ne doit donc pas réserver la dénomination d'assimilables aux seuls phosphates ayant subi des traitements chimiques et solubles dans le citrate, parce que cette dénomination laisse supposer implicitement que l'acide phosphorique des autres engrais phosphatés n'est pas assimilable, et qu'ainsi elle établit en faveur des premiers une supériorité et une plus-value qui, dans beaucoup de cas, ne sont pas justifiées; la dénomination d'assimilables peut être, à bon droit, appliquée à des phosphates qui résistent à l'action du citrate d'ammoniaque.

Si l'acide phosphorique n'était absorbé par les végétaux que quand il est soluble dans l'eau, les superphosphates auraient une supériorité comparable à celle des nitrates sur les engrais organiques à décomposition lente. Mais nous savons qu'il n'en est pas ainsi. Sous quelque forme que l'acide phosphorique soit donné au sol, il passe à l'état insoluble et subit des réactions complexes qui le ramènent à un même état de combinaison avec les éléments minéraux et avec la matière organique. Nous ne croyons pas que les racines des plantes établissent une différence entre les produits de la transformation des différents engrais phosphatés. Mais ce que nous savons bien, c'est que ces racines peuvent tirer parti des principes insolubles, les dissoudre grâce à l'acidité de leurs sucs, les absorber par dialyse; ce que nous savons aussi, c'est que l'assimilation des substances minérales et surtout des substances insolubles est proportionnelle à leur état de dispersion ou de diffusion dans le sol. Les racines fouillent la terre en tous sens pour y chercher leur nourriture et la récolte qu'elles en font est d'autant plus abondante que leurs points de contact avec ces aliments sont plus nombreux. Ce fait ressort nettement des résultats culturaux obtenus par l'emploi des phosphates à divers degrés de finesse. Il faut donc examiner les engrais phosphatés au point de vue de leur dissémination dans la terre.

Comparaison au point de vue de la diffusion dans le sol. — Les phosphates naturels n'ont subi que des traitements mécaniques qui les amènent à des degrés différents de finesse. En examinant au microscope les phosphates pulvérisés du commerce, on voit qu'ils sont formés de particules de grosseur très variable, les unes plus fines ayant des dimensions ne dépassant pas 1 millième de millimètre de côté, les autres plus grosses se présentant au milieu des particules plus fines comme de véritables rochers. On comprend facilement que c'est aux particules fines, dont la proportion est relativement peu élevée, qu'appartient principalement le pouvoir fertilisant; celles qui sont en fragments relativement gros ne prennent que peu de part aux réactions dont la terre est le siège. L'action immédiate de ces phosphates est donc limitée par la proportion d'éléments d'une très grande ténuité qui entrent dans leur composition; les parties plus grossières ne peuvent être regardées que comme constituant un stock lentement et graduellement assimilable.

Les phosphates ayant subi des traitements chimiques se trouvent au contraire à un degré de finesse pour ainsi dire illimité qu'on peut appeler division moléculaire. Quand ils sont solubles dans l'eau, ils sont au maximum de diffusibilité. Sous la forme de phosphate rétrogradé ou de phosphate précipité, ils sont encore à l'état de particules dont les plus forts grossissements nous montrent l'extrême ténuité; jamais on n'y rencontre les blocs que nous remarquons dans les produits non traités. Ils se présentent donc à poids égal sous une surface infiniment plus grande et avec un nombre de particules infiniment plus grand; leur répartition plus uniforme dans la masse de la terre, la surface plus considérable sous laquelle ils s'offrent aux racines et aux agents dissolvants du sol rendent leur effet sur la végétation beaucoup plus énergique.

Nous avons montré (page 527) combien le degré de pulvérisation des phosphates augmente les points de contact avec le sol et les racines; nous voyons qu'en divisant un cube de 1 centim. de côté en cubes de 1/10 de millimètre, on fait passer la surface de 6 centim. carrés à 600 centim. carrés, et que 500 kilog. de phosphate pulvérisé occupent ainsi une superficie de 11,100 mètres carrés. Mais si l'on s'adresse à des phosphates ayant subi des traitements chimiques, par exemple à des phosphates précipités, on voit la surface augmenter dans des proportions énormes. En admettant pour les particules un côté de $\frac{1}{100}$ de millim., ce qui n'a rien d'exagéré pour la division chimique, une fumure de 50 kilog. à l'hectare donnera une surface aussi grande qu'une fumure de 500 kilog. d'une finesse de $\frac{1}{10}$ de millimètre. Ceci explique pourquoi il faut, pour produire les mêmes résultats, des quantités beaucoup moindres de phosphates chimiquement préparés que de phosphates naturels.

Ces considérations de finesse et de pulvérisation des engrais ont été depuis longtemps déjà exposées par M. Ménier.

Lorsque le phosphate est donné sous une forme soluble, il imprègne en quelque sorte les particules terreuses si bien que tous les éléments radiculaires le rencontrent sur leur passage. Quand il est donné sous une forme insoluble et à un état très divisé comme dans les phosphates précipités, la multiplication des particules augmente pour les éléments radiculaires les chances de rencontre; quand, au contraire, il est divisé mécaniquement comme dans les phosphates naturels, les morceaux dont le microscope nous révèle la présence, restant immobilisés en certains points, peuvent attendre longtemps avant qu'une racine vienne à leur contact. C'est sur cette différence dans la dissémination des particules et dans leur étendue superficielle que repose la distinction que nous établissons entre les divers produits phosphatés. Des procédés permettant de mesurer le degré de division seraient donc aussi utiles au moins que l'analyse chimique.

Si par des moyens mécaniques les phosphates naturels étaient amenés à la même division que par les traitements chimiques, il n'y aurait pas de différence à établir entre eux. Déjà on paraît vouloir entrer dans une voie qui répond à ces idées, et certaines usines livrent des phosphates naturels passant tout entiers au tamis n° 200 et constituant une poudre pour ainsi dire impalpable. D'après les renseignements qu'a bien voulu nous fournir M. Vivien, le département de l'Aisne, qui consommait de grandes quantités de superphosphate, s'adresse aujourd'hui aux phosphates naturels très fins, qui paraissent donner des résultats analogues à ceux des superphosphates. Il y a là une constatation du plus haut intérêt pour l'agriculture et un encouragement aux industriels qui cherchent à remplacer par une division mécanique les traitements chimiques toujours très coûteux.

Expériences culturales. — Pendant de longues

années, on donnait aux superphosphates une préférence très marquée et presque absolue; la grande majorité des agriculteurs s'adressait à ce produit, laissant les phosphates naturels aux terres de défrichement; aussi l'industrie, en présence des demandes croissantes, tenait ses prix très élevés et vendait, il y a peu de temps, le kilog. d'acide phosphorique au prix de 1 fr., tandis que dans le phosphate naturel ce prix ne dépassait guère le chiffre de 0 fr. 25. Un revirement s'est opéré, grâce surtout à M. Grandeau et à d'autres agronomes; des expériences ont montré que dans beaucoup de cas le phosphate naturel a une action peu différente de celle des superphosphates.

Nous citerons comme exemple, les expériences de M. Grandeau, dont nous avons rapporté une partie, (page 562), sur la valeur comparée des phosphates. M. Grandeau a mis en parallèle avec l'acide phosphorique des superphosphates et du phosphate précipité, le phosphate tribasique sous forme de poudre d'os et de phosphorite; voici les résultats obtenus :

	Avec azote.	Sans azote.
	kilog.	kilog.
Phosphate précipité	12.581	10.657
Superphosphate	12.570	10.617
Phosphate naturel (moyenne)	11.241	10.553

Le phosphate tribasique a eu dans ce cas une valeur fertilisante peu inférieure à celle du superphosphate précipité.

M. Jamieson arrive à des conclusions analogues; voici le résumé de nombreuses expériences faites par cet expérimentateur en Écosse, sur la culture des navets :

	Phosphates insolubles.		Phosphates solubles.	
	Origine minérale.	Origine animale.	Origine minérale.	Origine animale.
	—	—	—	—
	kilog.	kilog.	kilog.	kilog.
1876. I........	40.600	46.670	46.000	44.170
— II........	47.600	37.650	47.600	37.650
1877...........	22.210	18.679	24.340	24.215

L'action des phosphates solubles ne dépasse pas celle des phosphates insolubles de plus de 10 % en 1876; de plus de 20 % en 1877.

Une constatation aussi importante attira l'attention du public agricole; elle devait provoquer de nouvelles recherches; les unes apportèrent une confirmation éclatante; d'autres donnèrent au contraire une grande supériorité au superphosphate. Ces résultats montrèrent que c'est surtout la nature du sol qui influe sur le choix le plus avantageux.

Nous citerons un certain nombre de ces expériences :

Dans un sol de la Beauce, riche en matières organiques et pauvre en calcaire, M. Garola constate que les rendements obtenus avec le phosphate naturel des Ardennes sont égaux, même supérieurs à ceux du phosphate soluble. Ces résultats sont rapportés à un hectare et les poids représentent l'excédent sur la parcelle sans engrais :

	Orge.		Maïs fourrage.	Blé.	
	Grain.	Paille.		Grain.	Paille.
	—	—	—	—	—
	quintaux.	quintaux.	quintaux.	quintaux.	quintaux.
Engrais divers, plus phosphate naturel (moyenne)..	7.90	17.40	84	11.25	11.75
Engrais divers, plus superphosphate..............	7.10	15.15	26	13.80	14.95

M. Dupont, opérant sur un sol argileux non fumé depuis quatre ans, a appliqué au blé la même dose d'acide phosphorique et il a obtenu les rendements suivants :

	Grain.	Paille.
	—	—
	kilog.	kilog.
Superphosphate (soluble au citrate).....	15.0	28.3
— (soluble à l'eau)........	15.0	27.2
Phosphate des Ardennes................	14.6	26.4
Superphosphate riche..................	18.0	»
Sans engrais..........................	11.0	15.7

Vœlcker, pour répondre aux expériences de M. Jamieson, réunit les résultats favorables au superphosphate; nous en rapportons quelques-uns.

Expériences de M. Hannam :

	Turneps à l'hectare.
	—
753 kilog. os broyés ont produit....................	25.538 kilog.
376 — os traités par l'acide sulfurique..........	40.340 —
408 — cendres d'os............................	23.530 —
220 — — traitées par l'acide sulfurique.	35.630 —

Expériences du duc de Richmond :

	Racines.	Orge.
	—	—
	1re année.	2e année.
14 hectol. 4 d'os ont produit...........	27.610 kilog.	28 hect.
1 — 8 d'os traités par l'acide sulf.	30.622 —	26 —

Expériences de M. Purchos.

	Turneps.
	—
14 hectol. 4 d'os ont produit......................	20.330 kilog.
18 — d'os....................................	22.745 —
3 — 5 d'os traités par l'acide sulfurique......	32.785 —

Expériences de M. Hary Verney.

	Orge.
	—
Sans engrais..	27 hectol. 5
Phosphorite d'Espagne (56 fr.)......................	39 —
Superphosphate (56 fr.)............................	46 —

Expériences de M. Lawes, à Rothamsted.

	Navets.
	—
450 kilog. poudre d'os calcinés ont produit......	25.600 kilog.
450 — — traitée par 300 kilog. acide sulfurique..........................	34.000 —

Dans une série d'expériences qui a duré de 1855 à 1859, Vœlcker a obtenu à Cirencester les résultats suivants :

900 kilog. os coûtant 125 fr.............	22.088	kilog.	navets.
Même somme en superph. d'os...........	34.150	—	—
— — de coprolithes.	29.116	—	—
Sans engrais............................	13.050	—	—

Nous citerons encore les essais de M. Gatellier dans les sols de la Brie; des cultures de blé, divisées en parcelles de 5 ares, ont reçu les mêmes doses d'acide phosphorique sous différentes formes :

	I.		II.		III.	
	Grain.	Paille.	Grain.	Paille.	Grain.	Paille.
	—	—	—	—	—	—
	kilog.	kilog.	kilog.	kilog.	kilog.	kilog
1. Superphosphate minéral...	86	192	180	300	103	302
2. — d'os.......	90	193	189	302	109	328
3. Phosphate précipité.......	73	181	177	270	77	280
4. — fossile..........	76	171	161	239	82	283
5. Scories de déphosphoration.	70	173	167	258	75	262

Calculant le prix de revient de l'excédent produit par chacun des engrais phosphatés, M. Gatellier conclut qu'aux prix actuels, en Brie, l'agriculture a intérêt à s'adresser aux superphosphates.

M. Garola, dans les sols de la Beauce, qui presque tous manquent d'acide phosphorique, a fait chez divers agriculteurs des essais de même nature sur la valeur comparée des phosphates donnés à dose égale d'acide phosphorique; ces expériences poursuivies pendant deux années permettent d'apprécier la durée d'action des engrais qui ont été appliqués la première année; elles s'appliquent à la culture des céréales sur une terre ayant porté de la luzerne.

	1887.		1888.		TOTAL.	
	Grain.	Paille.	Grain.	Paille.	Grain.	Paille.
Excédent de récolte attribuable au :	— quintaux.	— quintaux.	— quintaux.	— quintaux.	quintaux.	— quintaux.
Phosphate précipité.	14.00	14.45	10.45	7.20	24.45	21.65
Superphosphate.....	14.75	11.70	7.56	1.48	22.31	13.18
Scories de déphosphoration............	11.75	13.95	7.92	5.40	19.67	19.35
Phosphate des Ardennes...............	1.25	4.05	2.52	1.81	3.77	5.86

Dans une autre expérience, poursuivie pendant trois années sur l'avoine, on arrive aux rendements suivants :

	Moyenne de 1886 à 1888.	
	Grain.	Paille.
	— quintaux.	— quintaux.
Engrais complet, avec phosphate minéral.	26.5	40.5
Le même, avec superphosphate...........	29.3	45.7
Sans engrais..........................	22.1	36.1

Il nous semble inutile de multiplier les exemples; ceux qui précèdent suffisent pour faire connaître l'état de la question qui nous occupe.

Conclusions. — La conclusion qu'il faut tirer de toutes ces expériences, c'est que l'équivalence des diverses formes de l'acide phosphorique n'est pas une loi générale; c'est aussi que tous les sols ne se comportent pas de la même manière vis-à-vis des différentes sources d'acide phosphorique.

Il y a donc lieu de continuer de toutes parts des expériences de cette nature qui offrent un grand intérêt, mais en leur donnant un caractère d'uniformité qui permette de synthétiser les résultats et d'en tirer des règles utiles à la pratique agricole. Il faut tout d'abord que des essais de cette nature aient une assez longue durée; les résultats d'une seule récolte sont peu concluants; il n'est pas rare en effet que les phosphates naturels restent une année et quelquefois deux ans sans produire des résultats sensibles et que ceux-ci se manifestent par la suite.

Il faut ensuite qu'on détermine la finesse de la poudre de phosphate employée; suivant qu'on met en parallèle avec du superphosphate une poudre grossièrement ou finement moulue, les résultats sont très différents.

Enfin il est indispensable que les expériences soient accompagnées d'une étude approfondie du sol, au point de vue de sa composition générale, surtout de sa teneur en acide phosphorique soluble dans différents réactifs, en matières organiques, en calcaire.

Emploi suivant les sols. — Quoi qu'il en soit, les observations accumulées jusqu'à ce jour donnent déjà des renseignements pratiques d'une grande utilité sur l'adaptation des différents engrais phosphatés aux différents sols.

La constitution du sol tient une large place dans l'aptitude du phosphate à servir d'aliment aux plantes. Ce n'est pas seulement sur les phosphates constituant le stock de la terre, mais encore sur ceux donnés comme engrais que la constitution du sol a une influence et celle-ci s'exerce différemment sur les diverses substances phosphatées qui sont à la disposition de l'agriculteur. Il ne suffit donc pas de donner les phosphates aux sols qui en manquent, il faut encore les approprier de manière à obtenir le maximum d'effet. La pratique agricole a remarqué depuis longtemps que tel engrais phosphaté qui donne de bons résultats dans une terre reste presque sans effet dans une autre. En synthétisant les nombreuses observations et en les discutant scientifiquement, on peut arriver à des règles d'emploi qui guideront le praticien dans le choix qu'il devra faire.

Il y a là une question économique d'une grande importance, eu égard à la diversité de prix des phosphates et à la diversité de l'action qu'ils produisent. Si dans un sol les phosphates d'un prix peu élevé fournissent des résultats satisfaisants, ce serait une erreur économique que d'employer ceux qui sont plus chers. C'en serait une aussi d'employer des phosphates à bas prix, là où ils ne sont pas susceptibles de produire d'effet, au lieu de ceux d'un prix plus élevé qui donneraient des résultats.

Toutes les terres acides, terres de défrichements, landes, terres de bruyères, tourbes, terres de vieilles prairies, toutes celles enfin où la matière organique prédomine sans être saturée par le calcaire, peuvent utiliser les phosphates minéraux qui leur sont donnés à l'état naturel; l'acidité de ces terres les rend aptes à agir sur les phosphates qui y deviennent rapidement assimilables. Dans de pareils sols, il faut toujours employer les phosphates dont le prix est le moins élevé. Si on leur donnait des superphosphates, non seulement on augmenterait inutilement la dépense de fumure, mais encore on risquerait d'obtenir des résultats moins avantageux, à cause de l'acidité de ces produits, qui viendrait augmenter celle de la terre. C'est dans ces sols que l'application des phosphates minéraux offre le plus d'avantages.

Il en est d'autres qui sont également susceptibles d'utiliser les produits naturels, quoique d'une façon moins accentuée. Tous les sols riches en matières organiques, même alors qu'ils ne rentrent pas dans la catégorie des terres acides, se trouvent dans ce cas; la matière organique agit, quoique avec quelque lenteur, sur le phosphate et l'amène graduellement à un état de combinaison qui facilite son absorption par les plantes. Les terres argileuses ou argilo-calcaires et en général les terres fortes dans lesquelles la circulation de l'air est moins active et où, par suite, la matière organique a une tendance à s'accumuler, peuvent tirer parti d'une façon plus ou moins accentuée des phosphates naturels.

Au contraire, les sols calcaires ou silico-calcaires, ceux surtout qui sont légers et perméables, consomment rapidement la matière organique, sont pauvres en humus et tirent moins bien parti des phosphates minéraux naturels. A de pareils sols, il faut réserver les produits d'une qualité supérieure. C'est à eux que conviennen particulièrement les superphosphates ou les phosphates précipités; ils donnent des résultats immédiats et la plupart du temps très rémunérateurs.

En résumé la pratique nous enseigne, d'accord avec la théorie, que dans les sols riches en matières organiques, les phosphates naturels plus ou moins attaquables, donnent généralement de bons résultats; que dans les sols pauvres en matières organiques, riches en chaux, avec une faible teneur en acide phosphorique, les superphosphates au contraire sont d'un emploi plus avantageux.

Si, du reste, on excepte les sols acides, on peut dire d'une façon très générale que les effets du superphosphate sont supérieurs à ceux du phosphate naturel. Les considérations théoriques que nous avons exposées donnent l'explication de ce fait, que les expériences culturales sont venues confirmer.

Comparaison au point de vue économique. — C'est donc au point de vue économique seul que la question présente de l'intérêt pour l'agriculteur, qui doit calculer le résultat net de son exploitation.

Dans tous les essais sur la valeur comparée des différentes formes de l'acide phosphorique, le prix de revient doit venir en première ligne dans la discussion des résultats de l'expérience. Ce n'est pas l'engrais donnant le produit brut le plus considérable qui est toujours le plus avantageux, c'est celui qui, pour la même dépense, donne l'excédent le plus élevé. Les expériences que l'on instituera devront satisfaire à ces deux conditions : dosage égal d'acide phosphorique, pour permettre les conclusions théoriques; dépense égale, pour permettre les conclusions pratiques.

Il y a peu d'années encore, la valeur marchande des superphosphates était beaucoup plus élevée que celle des phosphates naturels, de telle sorte qu'on payait quatre à cinq fois plus cher l'acide phosphorique soluble que celui des produits minéraux. Il y avait là évidemment une exagération que ne justifiait pas l'action plus grande de la première forme. Si ces différences de prix s'étaient maintenues, nous n'aurions point hésité à recommander aux agriculteurs de renoncer dans tous les cas à l'emploi des superphosphates et de s'adresser exclusivement aux phosphates naturels ou aux produits d'os, quitte à en augmenter considérablement la dose. Grâce surtout à l'intervention des chimistes agronomes et particulièrement de M. Grandeau, une plus juste appréciation a prévalu et le prix des superphosphates s'est abaissé au point de n'être plus qu'environ le triple de celui dès phosphates minéraux.

Le prix du kilog. d'acide phosphorique varie actuellement dans les limites suivantes :

Dans les phosphates naturels d'origine minérale. o fr. 20 à o fr. 25
— — — organique o fr. 30 à o fr. 40
— superphosphates et phosphates précipités.................................. o fr. 55 à o fr. 65

C'est-à-dire qu'entre l'acide insoluble des phosphates naturels et l'acide soluble des superphosphates, il y a une différence de 1 à 3; en d'autres termes pour le même prix l'agriculteur pourra, dans le premier cas, fournir à sa terre trois fois plus d'acide phosphorique que dans le second. La question se résume à savoir s'il est plus avantageux de donner au sol trois fois plus d'acide phosphorique ou de lui donner trois fois moins d'un acide plus assimilable. Dans le premier cas on tend à compléter la réserve du sol et on envisage surtout l'avenir; dans le second cas, on cherche le résultat immédiat et on rentre plus tôt dans le remboursement des avances. Ce procédé convient mieux à la culture intensive qui cherche à produire vite et beaucoup et ne tient que peu de compte des ressources du sol, sachant que par les engrais chimiques on dispose à son gré de l'alimentation d'abondantes récoltes. Nous pourrions donc faire ici la même comparaison qu'à propos des engrais azotés à décomposition lente et de ceux dont l'action est immédiate.

Le prix relativement bas des engrais phosphatés permet aujourd'hui de mener de front les deux méthodes, c'est-à-dire d'employer concurremment les phosphates naturels à bas prix pour enrichir la terre et les superphosphates pour ne pas perdre le temps que nécessite toujours une amélioration foncière.

On arrivera peut-être un jour à phosphater les terres comme on les chaule pour des périodes plus ou moins longues et à des doses élevées; mais ce que tout agriculteur soucieux de ses intérêts doit faire dès à présent, lorsqu'il a reconnu la pauvreté de ses terres en acide phosphorique, c'est de les enrichir en phosphatant ses fumiers. Il arrivera ainsi, par une méthode dont nous avons exposé les avantages, à constituer à la longue le stock de phosphate assimilable permettant à sa terre de se passer des superphosphates, qu'on pourra dès lors supprimer dans les formules d'engrais.

FIN.

TABLE DES MATIÈRES

INTRODUCTION.

PREMIÈRE PARTIE.

ENGRAIS AZOTÉS.

CHAPITRE PREMIER.

CHAPITRE III.

CHAPITRE IV.

Matières cornées.

Déchets de cuirs.

Déchets et chiffons de laine. — Plumes, poils, etc.

Produits animaux divers.

Traitements chimiques des matières animales.

Engrais de poissons.

Guanos.

Déjections d'oiseaux de basse-cour.

Rapport des engrais organiques avec le sol.

CHAPITRE V.

DEUXIÈME PARTIE.

ENGRAIS PHOSPHATÉS.

CHAPITRE PREMIER.

CHAPITRE II.

Amérique du Sud et Antilles.

Phosphates de l'étage albien.

CHAPITRE II.

Phosphates ayant subi des traitements chimiques.

CHAPITRE III.

EMPLOI AGRICOLE DES PHOSPHATES.

BIBLIOTHÈQUE DE L'ENSEIGNEMENT AGRICOLE

OUVRAGES PUBLIÉS

Prairies et Herbages, un volume de 759 pages avec 120 figures dans le texte, par M. BOITEL, inspecteur général de l'Enseignement agricole.

Les Plantes vénéneuses considérées au point de vue de l'empoisonnement des animaux de la ferme. — Volume d'environ 500 pages, avec 60 figures dans le texte, par M. CORNEVIN, professeur à l'École vétérinaire de Lyon.

Les Engrais : Tome I, comprenant l'alimentation des plantes, les fumiers, les engrais de villes et les engrais végétaux. — Volume de 570 pages, avec figures dans le texte, par MM. MUNTZ et A.-CH. GIRARD.

Les Engrais : Tome II, comprenant les engrais azotés et les engrais phosphatés. — Volume de 600 pages, par MM. MUNTZ et A.-CH. GIRARD.

Les Méthodes de Reproduction : croisement, sélection, métissage, par M. BARON, professeur à l'École vétérinaire d'Alfort.

Le Cheval considéré dans ses rapports avec l'économie rurale et les industries de transport, par M. LAVALARD, administrateur de la Compagnie générale des Omnibus.

Les Irrigations : Tome I. Les eaux d'irrigation et les machines; par M. RONNA, membre du Conseil supérieur de l'Agriculture.

Ouvrages sous presse :

Législation rurale, par M. GAUWAIN, maître des Requêtes au conseil d'État.

Les Irrigations : Tome II, comprenant les canaux et les systèmes d'irrigations, par M. RONNA.

Pour paraître incessamment :

Les Maladies virulentes des Animaux de la ferme, par M. le Dr ROUX, directeur du laboratoire de M. Pasteur, avec une préface de M. PASTEUR.

Agrologie française, par M. BOITEL, inspecteur général de l'Enseignement agricole.

Les Semences agricoles, par M. SCHRIBAUX, directeur de la station d'essai de semences à l'Institut Agronomique.

La Viticulture pratique, par M. PULLIAT, professeur à l'Institut Agronomique.

La Richesse agricole de la France, par M. TISSERAND, conseiller d'État, directeur au Ministère de l'Agriculture.

Les Maladies des Plantes, par M. PRILLIEUX, inspecteur général de l'Enseignement agricole.

Les Industries agricoles, par M. AIMÉ GIRARD, professeur au Conservatoire des Arts-et-Métiers et à l'Institut Agronomique.

TYPOGRAPHIE FIRMIN-DIDOT. — MESNIL (EURE).

www.ingramcontent.com/pod-product-compliance
Ingram Content Group UK Ltd.
Pitfield, Milton Keynes, MK11 3LW, UK
UKHW020611230726
13926UKWH00005B/2320